Manual de Medição de Vazão

GÉRARD J. DELMÉE

3.ª edição revista e atualizada

www.blucher.com.br

Manual de medição de vazão
© 2003 Gérard J. Delmée
3ª edição - 2003
4ª reimpressão - 2014
Editora Edgard Blücher Ltda.

Blucher

Rua Pedroso Alvarenga, 1245, 4º andar
04531-012 - São Paulo - SP - Brasil
Tel 55 11 3078-5366
contato@blucher.com.br
www.blucher.com.br

FICHA CATALOGRÁFICA

Delmée, Gérard Jean
Manual de medição de vazão / Gérard Jean Delmée. - 3ª ed. - São Paulo: Blucher, 2003.

Bibliografia.
ISBN 978-85-212-0321-6

1. Fluxo de fluidos - Medição I. Título.

06-2370 CDD-620.1064

Índices para catálogo sistemático:
1. Fluidos: Medição de vazão: Engenharia 620.1064

APRESENTAÇÃO

Completamente revisada e atualizada, esta edição do **Manual de Medição de Vazão** é publicada duas décadas depois da primeira. Foram atualizadas as tecnologias e as normas dos medidores de vazão, assim como a forma de apresentação das equações, isto em decorrência da disponibilidade dos recursos de cálculo numérico que nos são permitidos pela microinformática disponível neste início de século.

Na primeira edição, uma parte considerável do livro apresentava longas tabelas para facilitar o cálculo dos elementos primários, com o auxílio de uma calculadora. Um método de cálculo inédito, desenvolvido na ocasião, permitia determinar com exatidão os coeficientes de descarga, com o mínimo de iterações. Nesta edição, a resolução numérica das equações empíricas é feita na versão reduzida do programa **DIGIOPC**, (download gratuito no site www.blucher.com.br/vazao).

Interessante observar que os chamados "elementos deprimogênios" (os que geram uma depressão e daí, uma pressão diferencial) continuam sendo os mais empregados entre os sensores de vazão. Uma das razões desta perenidade, são as normas dedicadas a esses sensores, constantemente atualizadas, que permitem calcular a vazão com uma exatidão semelhante à dos medidores recentemente desenvolvidos. É possível afirmar que não haverá para outros sensores, literatura técnica e referências tão fartas quanto as que existem para medidores deprimogênios. Na última edição da norma americana API *chapter 14/section 3/part 2* do "*Manual of Petroleum Standards*", em cooperação com a *American Gas Association*, (AGA report No 3), existem 25 referências destacadas, citações de notáveis pesquisadores europeus e de mais de 100 trabalhos de pesquisadores norte-americanos, entre 1922 e 1999. Outra razão da sobrevivência de um método, inicialmente rudimentar, é a perfeição a que chegou o transmissor de pressão diferencial. As pressões diferenciais, que já foram avaliadas por meio de colunas d'água ou de mercúrio, e com medidores de foles, são hoje medidas com uma exatidão muito elevada por meio de células de diafragmas e outros sensores que podem ser submetidos a pressões estáticas elevadas e uma larga faixa de temperaturas ambientes. O transmissor de pressão diferencial é o único instrumento que é produzido em larga escala e que viabiliza alguns dos maiores fabricantes multinacionais. O desenvolvimento dos transmissores de pressão diferencial promove o dos elementos deprimogênios, e reciprocamente, tendo como resultado a participação importantes desses medidores na indústria.

Esta edição do Manual, como a primeira, dedicará uma atenção especial aos métodos de medição de vazão por pressão diferencial, não somente pela sua importância na instrumentação, como pela necessidade de assimilar os conceitos ligados aos geradores de depressão, considerados essenciais para a compreensão dos demais.

Manteve-se basicamente a seqüência de apresentação dos capítulos, acrescentando os medidores modernos e inserindo capítulos sobre escoamento crítico, orifícios de restrição e computadores de vazão. O Sistema Internacional SI serve de base aos cálculos, embora os exemplos possam usar outras unidades. As tabelas de conversões de unidades foram mantidas, com poucas revisões.

Através dos exemplos, procurou-se por em prática a teoria apresentada nos capítulos, dando soluções a problemas freqüentemente encontrados.

A escolha mais apropriada de um medidor de vazão continua sendo uma tarefa que exige muita atenção às especificações do instrumento. Neste início de século, a terminologia que diz respeito às qualidades dos instrumentos não é sempre empregada como definida oficialmente. Em princípio, a palavra "precisão" deve ser substituída por "exatidão". A expressão "classe de exatidão" será de grande interesse informativo, quando o conceito e os parâmetros correspondentes forem formalizados para todos medidores de vazão. Baseados na classificação dos medidores de líquidos outros que a água, foram adotados, neste livro, parâmetros para os medidores de vazão (ver o capítulo "Introdução").

A referência freqüente às normas poderá parecer cansativa, mas é indispensável para esta técnica cuja aplicação para transferências comerciais é comum e necessita de respaldo oficial. Salientamos que o texto formal das normas deverá ser consultado e citado literalmente, em caso de discussão sobre o assunto.

A intenção da atualização foi mostrar o que tem de mais moderno em matéria de medição de vazão. Apesar da tendência dos limites recuarem com o avanço da tecnologia, o estado da arte disponibiliza medidores com exatidões muito boas e as possibilidades de melhorar apreciavelmente este particular parecem pequenas. Os progressos deverão ser no sentido do alargamento das faixas de aplicação, da minimização dos custos, da "inteligência" embutida nos intrumentos e das faclidades de comunicação, com prioridade aos instrumentos não-intrusivos, ou inseríveis em carga.

Agradecimentos

Este é, na realidade, o 3.º livro que escrevo sobre as técnicas de medição de vazão e a metodologia de cálculo de elemetnos primários de vazão.

O primeiro teve uma edição extremamente limitada; 12 exemplares em copiadora a álcool, distribuídos aos meus chefes e colegas de trabalho na Cosipa, em 1967. Muitos me ajudaram, tanto na parte técnica, como a língua portuguesa que não dominava, na época. Os intermináveis cálculos eram feitos com uma calculadores mecânica a manivela! Havia pouca literatura disponível na época, o famoso Spink estava publicando sua 8.ª edição, que foi uma fonte de pesquisa de grande interesse para este 1.º trabalho.

O segundo é aquele publicado em 1981, o "Manual de Medição de Vazão". Não imaginava que seria lido por tantos estudantes, técnicos e engenheiros. A participação dos meus colegas de trabalho foi mais importante. Iniciado enquanto eu era gerente técnico da Engematic, e terminado quando assessor da diretoria da Natron, sempre pude contar com o auxílio dos meus colegas e amigos, nesses 5 anos que foram necessáros para redigir e organizar o livro. As tabelas foram montadas juntando fitas de impressora de minha calculadora programável HP 45! A literatura técnica era mais abundante e a lista de referências já ocupava mais de 1 página. O Spink estava na sua 9.ª e última edição.

Este terceiro livro levou em torno de 2 anos para ser elaborado. A edição preliminar do "manuscrito" foi facilitada pelo uso das ferramentas da informática. Contei com a arte de colegas de trabalho para elaborar as figuras, e com seus conhecimentos, para conferir os cálculos.

A estes muitos colegas e amigos, muito obrigado.

Meus agradecimentos mais profundos são para minha mulher, Maria José, minha filha Mylène, que me ajudaram a perseverar neste trabalho que as privou de maior dedicação da minha parte, e para meu filho, Hervé, cuja valiosa ajuda permitiu realizar o programa de cálculo DIGIOPC, a poderosa ferramenta que faz parte desta edição.

Dedico este livro aos meus netos Nicolas, Olivier, Élodie e Manon.

Gérard Delmée
Fevereiro de 2003

CONTEÚDO

NOTAÇÃO

Símbolo	Significado	Unidade
A	Área correspondente ao diâmetro D	m^2
a	Área correspondente do diâmetro d	m^2
C	Coeficiente de descarga	—
c	Coeficiente de expansão térmica dos líquidos	—
D	Diâmetro interno exato da tubulação, no trecho de medição	m
d	Diâmetro do orifício ou da garganta (bocal ou tubo de Venturi)	m
E	Fator de velocidade de aproximação = $(1-\beta^4)^{-0,5}$	—
F	Força	N
g	Aceleração da gravidade	m/s^2
K	Rugosidade ou coeficiente (definido em cada caso)	m
k	Relação dos calores específicos	—
L	Comprimento	m
M	Número de Mach	—
P	Pressão absoluta	Pa, bar
p	Pressão relativa	Pa. bar
Q_v	Vazão volúmica	m^3/s
Q_m	Vazão em massa	kg/s
Q_g	Vazão em peso	kgf/s
R	Constante dos gases	$bar \cdot m^3/mol \cdot K$
S	Seção	m^2
T	Temperatura absoluta	K
t	Temperatura	°C
$\overline{V}$	Velocidade	m/s
V	Volume	m^3
v	Volume específico	m^3/kg
w	Peso	kgf
Z	Fator de compressibilidade	—
β (beta)	Relação dos diâmetros d/D	—
γ (gama)	Peso específico	kgf/m^3
Γ (Gama)	Intensidade de pulsação	—
δ (delta)	Densidade relativa	—
ε (épsilon)	Fator de expansão isentrópica	—
μ (mi)	Viscosidade absoluta	$Pa \cdot s$
υ (ni)	Viscosidade cinemática	m^2/s
ω (ómega)	Fator acêntrico	—
ρ (rô)	Massa específica	kg/m^3
ϕ (fi)	Umidade relativa	%
Λ (Lambda)	Altura, cota, elevação	m
Δp (Delta p)	Pressão diferencial = $P_1 - P_2$ ou $p_1 - p_2$	Pa
$-_0$	Condições normais (0°C e 1 atm)	—
$-_1$	Condições de operação, na seção 1	—
$-_2$	Condições de operação, na seção 2	—
$-_b$	Condições de base	—
$-_c$	Condições críticas	—
$-_f$	Condições de operação (de fluxo)	—
$-_r$	Condições "reduzidas"	—
$-_s$	À pressão de saturação	—
$-_{sat}$	Às condições de saturação	—
$-_t$	À temperatura considerada	—

$-_u$	Condições usuais	—
C_p	Calor específico a pressão constante	J/kg · K
C_v	Calor específico a volume constante	J/kg · K
F_a	Fator de dilatação térmica	—
F_d	Fator de orifício de dreno	—
F_p	Fator de correção de pressão	—
F_u	Fator de umidade (gases)	—
F_v	Fator de vapor saturado	—
M_m	Massa molar	g/mol
P_o	Pressão atmosférica (para as condições normais)	Pa, kPa
P_s	Pressão de saturação	Pa, kPa
P_v	Pressão de vapor	Pa
R_e	Número de Reynolds	—
R_d	Número de Reynolds referente à seção de diâmetro d	—
R_D	Número de Reynolds referente à seção de diâmetro D	—
T_0	Temperatura igual a 0°C	K
V_s	Volume molar	cm^3/mol

1 INTRODUÇÃO

1.1 Histórico

A necessidade de se medir vazão surgiu quando, depois de canalizar a água para o consumo doméstico, a administração pública descobriu uma fonte de arrecadação e estabeleceu taxas para o consumo do líquido. Isso aconteceu há muitos séculos. Segundo consta, as primeiras medições de água teriam sido executadas por egípcios e romanos, povos cujas obras de adução de água fazem parte, hoje, das ruínas turísticas de vários países da Europa e do norte da África. Um texto do governador e engenheiro romano Julius Frontinus (30-103 d.C.) traz referências precisas a esse respeito.

O assunto só voltou a ser estudado no século XV, com Leonardo da Vinci (1452-1519), no trabalho intitulado "Sobre o movimento da água e das águas pluviais". No início do século XVII, Galileu Galilei (1564-1642), um dos criadores do método experimental, trouxe sua participação aos fundamentos da medição da vazão, e seu discípulo Evangelista Torricelli (1608-1647) estabeleceu a equação sobre o escoamento livre da água através de orifícios.

As bases da Mecânica dos Fluidos foram assentadas de forma definitiva por dois físicos do século XVIII: Daniel Bernoulli (1700-1782) e Leonardo Euler (1707-1783). Bernoulli formulou, em seu tratado de hidrodinâmica, publicado em 1738, a principal lei sobre o movimento dos líquidos, comumente chamada de "equação de Bernoulli"; e Euler estabeleceu as equações diferenciais gerais relativas ao movimento dos líquidos perfeitos. Ainda no século XVIII, Henri Pitot (1695-1771) apresentou um trabalho descrevendo o instrumento que passou para a posteridade como "tubo de Pitot" (hoje, "tubo Pitot" ou apenas "Pitot"), capaz de medir a velocidade da água. Em 1797, Giovanni Venturi (1746-1822) publicou o resultado dos seus estudos sobre o que ficou conhecido como "tubo de Venturi" (hoje, "tubo Venturi" ou apenas Venturi).

No século XIX, os trabalhos dos físicos Jean Poiseuille (1799-1869) (escoamento em tubos capilares e viscosidade dos fluidos), *sir* George Stokes (1819-1903) (trabalhos sobre a hidrodinâmica) e Osborne Reynolds (1842-1912) (número de Reynolds), contribuíram significativamente para a evolução da tecnologia da medição de vazão.

No século XX, a necessidade de se medir a vazão de fluidos em geral tornou-se premente, em decorrência do crescimento da aplicação dos processos contínuos na indústria, em substituição aos processos em batelada. Princípios já conhecidos foram aplicados em conjunto com novas tecnologias, resultando em instrumentos modernos e confiáveis. Foram desenvolvidos novos medidores, baseados em princípios e resultados de estudos de físicos que haviam pesquisado outros fenômenos. Os estudos de Theodor von Karman (1881-1963) deram orígem aos "vórtex"; os de Michael Faraday (1791-1867), ao medidor eletromagnético; e os de Gaspard Coriolis (1792-1843), ao medidor que aproveita os efeitos da aceleração complementar devida à "força de Coriolis". Foi o século dos congressos, das normas e da cooperação significativa das universidades e dos institutos de pesquisas com a iniciativa privada, para o desenvolvimento dos instrumentos e das normas.

Os congressos de importância histórica sobre o assunto, na primeira metade do século XX, foram os seguintes:

- 1932, Congresso de Milão — estabeleceu dados básicos sobre placas de orifício e bocais de vazão;
- 1934, Congresso de Estocolmo — consolidou dados existentes;
- 1939, Congresso de Helsinque — normalizou os bocais-Venturi;
- 1948, Congresso de Paris — mudou determinados coeficientes existentes e normalizou os coeficientes correspondentes às tomadas a D e $D/2$.

As normas internacionais ISO-R541, "Medição de vazão por placas de orifício", e ISO-R781, "Medição de vazão por tubo de Venturi", publicadas nos anos 60, foram atualizadas pela ISO-5167, publicada inicialmente em 1981 e subscrita por todos os países-membros 10 anos depois.

Devido à importância dos resultados da medição de vazão para a realização de operações comerciais — desde a compra de gasolina no posto de abastecimento até o uso de gasodutos e oleodutos internacionais —, as normas nacionais e internacionais, bem como as portarias e outros dispositivos legais, passaram a ser fundamentais. As normas sobre medição de vazão são fontes de informação extremamente importantes. No caso particular dos medidores baseados em placas de orifício, as normas utilizadas no Brasil são a ISO-5167 e a AGA 3. Desde os anos 80 (no século passado), as sucessivas revisões dessas normas vêm reduzindo suas pequenas diferenças e unificando os critérios que fundamentam os pontos principais: equação básica, tolerâncias de fabricação, limites de aplicação e trechos retos necessários. As normas sobre o assunto costumam ser o resultado dos estudos dos comitês de trabalho, que, por sua vez, depuram e consolidam os resultados de ensaios realizados em centros de desenvolvimento e de trabalhos desenvolvidos por pesquisadores.

Entre os congressos que contribuem para o desenvolvimento das técnicas de medição de vazão, o Flomeko é o mais importante. Em sua 10ª Conferência Internacional, no ano 2000, em Salvador (BA), foram apresentadas 98 palestras de alto interesse, muitas com aplicações práticas imediatas, outras abrindo perspectivas sobre tecnologias futuras. O princípio de medição mais abordado foi o ultra-sônico, com vinte palestras, o que evidencia o grande interesse dos pesquisadores e do mercado sobre esses medidores.

1.2 Unidades, definições

O Sistema Internacional de Unidades (SI) define sete unidades básicas; destas, as que mais diretamente interessam à técnica de vazão são:

- comprimento metro (m)
- massa quilograma-massa (kg)
- tempo segundo (s)
- temperatura termodinâmica kelvin (K)

A unidade de força do SI é o newton (N). A pressão é expressa em pascals (Pa), definida como 1 newton por metro quadrado (1 N/m^2), e a viscosidade dinâmica em poiseuilles (Pl), também chamada pascal-segundo (Pa · s). A seguir, definem-se as unidades do SI empregadas na técnica de medição de vazão de acordo com a terminologia adotada no XI CGPM, de 1960, e aperfeiçoada sucessivamente em 1971 e em 1983.

Comprimento (metro, m). O metro é o comprimento do percurso percorrido pela luz no vácuo durante 1/299 792 458 de segundo.

Massa (quilograma, kg). A massa de um cilindro especial, de liga irídio-platina, chamado "protótipo internacional do quilograma", no BIPM (Bureau International des Poids et Mesures), em Sèvres, França.

Tempo (segundo, s). O segundo é a duração de 9 192 631 770 períodos de radiação, correspondente à transição entre os dois níveis hiperfinos do estado fundamental do átomo de césio 133, não-perturbado pela ação de campos externos.

Temperatura termodinâmica (kelvin, K). O kelvin é a fração 1/273,16 da temperatura termodinâmica do ponto tríplice da água. O intervalo de temperatura da escala Kelvin pode também ser expresso em graus Celsius (°C). (Note-se que 0° C = 273,15 K e que a temperatura T, em K, é igual à temperatura t, em °C, mais 273,15).

Além dessas unidades fundamentais, são também empregadas as unidades força e massa específica, cujas definições são dadas a seguir.

Força (newton, N). O newton é a força que comunica a um corpo de massa igual a 1 kg, uma aceleração igual a 1 metro por segundo em cada segundo. O quilograma-força (kgf), unidade que não faz parte do SI, é o peso do protótipo internacional de 1 quilograma, quando submetido à ação da gravidade normal (1 kgf = 9,80665 N).

Massa específica (quilograma por metro cúbico, kg/m^3). Também chamada de "densidade absoluta" (*density*). O quilograma por metro cúbico é a massa específica de um corpo homogêneo, do qual um volume igual a 1 m^3 tem a massa igual a 1 kg.

Não se deve confundir essa densidade com a "densidade relativa" (*specific gravity*), expressa em valores adimensionais, e que é a relação da massa específica de um fluido com a de um fluido de referência, com ambas as massas específicas referidas às mesmas condições de pressão e temperatura. Observa-se, porém, que, na literatura norte-americana, é diferente a noção de densidade relativa, de acordo com os conceitos que se seguem.

a) *Densidade relativa dos líquidos.* O líquido de referência é geralmente a água a 60°F. Dessa forma, a densidade relativa de um líquido é afetada pelas condições de pressão e temperatura. A massa específica de um líquido pode ser conhecida sabendo-se sua densidade relativa a uma determinada temperatura e pressão e multiplicando-se pela massa específica da água a 60°F, já que

$$\delta_{(t,p)} = \frac{\rho_{(t,p)}}{\rho_{(\text{água a } 60°\text{F})}}$$

Temos então $\rho_{(t,p)} = \delta_{(t,p)} \cdot 999{,}08 \text{ kg/m}^3$.

b) *Densidade relativa real dos gases.* O gás de referência é o ar, nas mesmas condições de pressão e temperatura que o gás considerado. Se todos os gases tivessem exatamente as mesmas características de variação de massa específica em função da pressão e da temperatura, a densidade relativa real de um gás seria invariável (independente de P e T). Entretanto existem características levemente diferentes para cada gás, o que faz que a densidade relativa real de um gás tenha um valor dependente da pressão e da temperatura em que se encontra. Para contornar esse problema, estabeleceu-se a seguinte definição:

c) *Densidade relativa ideal dos gases.* É a relação entre a massa molar de um gás e a massa molar do ar, ou seja,

$$\delta = \frac{M_m \text{ gás}}{M_m \text{ ar}} = \frac{M_m \text{ gás}}{28{,}9625}$$

Nos capítulos subseqüentes, admitiremos as definições dadas em (a) e (c) respectivamente para líquidos e gases.

Pressão (pascal, Pa). O pascal é a pressão exercida por uma força de 1 N uniformemente distribuída sobre uma superfície plana se área igual a 1 m^2, perpendicular à direção da força.

Estas outras unidades de pressão também são usadas:

– Atmosfera (atm)	1 atm	= 101 325 Pa
– Bar (bar)	1 bar	= 10^5 Pa
– Quilograma-força por centímetro quadrado (kgf/cm^2)	1 kgf/cm^2	= 98 066,5 Pa
– Metro de água (mH_2O)	1 m$H_2O_{(4°C)}$	= 9 806,65 Pa
– Milímetro de mercúrio (mmHg) ou (torr)	1 mmHg$_{(0°C)}$	= 133,322 Pa

Quando a pressão é expressa em coluna de líquido (água ou mercúrio), torna-se necessário especificar a que temperatura o líquido está sendo considerado, devido à influência da temperatura sobre o peso específico do líquido. Por exemplo:

1 m$H_2O_{(4°C)}$ = 9 806,65 Pa ou 0,1 kgf/cm^2
1 m$H_2O_{(20°C)}$ = 9 789,29 Pa ou 0,099823 kgf/cm^2

Viscosidade dinâmica (pascal-segundo, Pa · s, ou poiseuille, Pl). O pascal-segundo é a viscosidade dinâmica de um fluido tal que, sob uma tensão tangencial constante e igual a 1 Pa, a velocidade adquirida pelo fluido diminui à razão de 1 m/s, por metro de afastamento na direção perpendicular ao plano de deslizamento:

Viscosidade cinemática (metro quadrado por segundo, m^2/s). O metro quadrado por segundo é a viscosidade cinemática de um fluido de viscosidade igual a 1 Pa·s, e cuja massa específica é igual a 1 kg/m^3.

Volume específico (metro cúbico por quiligrama, m^3/kg). É a grandeza recíproca da massa específica.

O sistema gravitacional baseia-se em peso, cuja relação com a massa depende da aceleração da gravidade (g). O valor da aceleração da gravidade varia de acordo com a latitude e a altitude do lugar. Os valores de g, por exemplo, em Paris, Greenwich e no Rio de Janeiro são apresentados na Tab. 1-1.

TABELA 1-1 Valores de *g* de acordo com a localidade

Lugar	Latitude	Longitude	Altitude	Valores de g (m/s^2)
Paris	48°50'N	2°20'E	61 m	9,80943
Greenwich	51°29'N	0°0'	48 m	9,81197
Rio de Janeiro	22°29'S	43°1'W	45 m	9,78801

A aceleração da gravidade normal corresponde à latitude de 45°, ao nível do mar. Seu valor é 9,80665 m/s^2. Na ausência de dados mais precisos, fornecidos por estações meteorológicas locais, as equações que se seguem podem ser usadas.

1) Para correção da aceleração da gravidade:

$$g_l = 9{,}7801855 - 28{,}247 \cdot 10^{-6}\,{}^{\circ}L + 20{,}299 \cdot 10^{-6}\,{}^{\circ}L^2 - 150{,}85 \cdot 10^{-9}\,{}^{\circ}L^3 - 0{,}3084 \cdot 10^{-3}\,H,$$

sendo: g_l a aceleração da gravidade local (m/s^2);
°L a latitude do local (graus e décimos);
H a altitude (m).

2) Para pressão atmosférica a uma determinada altitude:

$$P_{atm_H} = \frac{16\,793 - (H - 110)}{16\,793 + (H - 110)}$$

sendo: $Patm_H$ a pressão atmosférica à altitude H em bar;
H a altitude (m).

TABELA 1-2 Grandezas mais usadas na teoria de medição de vazão

Grandeza	Unidades do SI	Unidades usuais na indústria*
Comprimento	Metro (m)	cm; mm
Área	Metro quadrado (m^2)	cm^2; mm^2
Volume	Metro cúbico (m^3)	cm^3; mm^3
Tempo	Segundo (s)	min; h; dia
Massa	Quilograma (kg)	
Massa específica	Quilogr. p/metro cúbico (kg/m^3)	
Força	Newton (N)	quilograma-força (kgf)
Peso		quilograma-peso (kgp)
Peso específico		(kgf/m^3)
Pressão	Pascal (Pa)	bar; kgf/cm^2; kgf/m^2
Viscosidade dinâmica	Pascal-segundo (Pa.s)	poise, cP
Viscosidade cinemática	Metro quadr. p/ segundo(m^2/s)	stokes (cSt)
Vazão em massa	Quilograma p/segundo (kg/s)	t/h
Vazão em volume	Metro cúbico p/segundo (m^3/s)	m^3/h; m^3/dia
Vazão em peso		kgf/s; kgf/h

*As unidades utilizadas na indústria incluem tanto os múltiplos e submúltiplos das unidades do SI, quanto unidades dos antigos sistemas gravitacionais. As unidades britânicas ainda fazem parte do vocabulário técnico comum, mas são evitadas, salvo para as referências aos diâmetros nominais de tubulações, em polegadas, pressões nominais de acessórios de tubulação, em libras (às vezes simbolizadas por #), e casos excepcionais. As unidades britânicas são mencionadas nas tabelas de conversão do anexo A13.

Neste manual, as unidades do SI empregadas nas fórmulas, ainda que não-explicitadas individualmente, são as que constam na Tab. 1-2. Caso sejam empregadas outras unidades, estas serão explicitadas individualmente.

1.3 Conceitos de vazão

Entre as variáveis mais freqüentemente medidas, a vazão é a que requer os recursos tecnológicos mais diversos para o desenvolvimento de medidores e transmissores. A medição de vazão encontra importantes aplicações no transporte de fluidos (oleodutos, gasodutos), nos serviços públicos (abastecimento, saneamento) e na indústria em geral, para controle de relação, bateladas, balanços de massas, contribuindo para a qualidade e otimização de controles de processos. Em outra faixa de aplicações, os medidores domésticos (hidrômetro, medidor de gás) e os medidores de combustíveis (bombas de postos de abastecimento) fazem parte do cotidiano do consumidor.

A vazão é definida como a quantidade de fluido que passa pela seção reta de um duto, por unidade de tempo. O fluido pode ser um líquido, gás ou vapor. A maioria dos instrumentos de vazão é projetada para a medir fluidos homogêneos, numa única fase; porém existem instrumentos para medir vazão de fluidos em fases múltiplas, sob a forma de suspensões coloidais, de pastas ou de geléias. Geralmente, a medição é feita aproveitando-se o efeito de uma interação entre o fluido e o medidor. Assim, as propriedades dos fluidos precisam ser conhecidas em detalhe: o capítulo 2 será dedicado a esse assunto.

A quantidade do fluido pode ser medida em volume (vazão volúmica) ou em massa (vazão mássica). Quando se trata de vazão volúmica, especialmente nos casos de fluidos compressíveis, ainda é necessário especificar se o volume é referido em relação às condições de temperatura e pressão de operação, ou se é convertido às condições de referência.

Busca-se, sempre que possível, utilizar unidades que esclareçam como deve ser entendida a leitura da vazão:

- A *vazão mássica* é medida em kg/h, ou outra unidade que seja massa dividida por tempo.
- A *vazão volúmica* é medida em m^3/h ou outra unidade que seja volume dividido por tempo; a vazão volúmica pode ser medida nas condições de operação ou nas condições de referência:
  - se nas condição de operação, geralmente não se usa atributo na unidade; na literatura técnica norte-americana, usa-se o prefixo "a" (ex.: acuft/min), abreviação de *actual* (real), sendo comum a expressão "vazão atual";
  - se nas condições de referência, usa-se comumente prefixo N (ex.: Nm^3/h), que deve ser entendido como "normal". Como o Nm^3/h é relacionado na literatura técnica a 0°C e 760 mmHg, é preferível especificar as condições de referência; por exemplo, $m^3/min_{\ (15°C\ e\ 760\ mmHg)}$. As condições de referência (também chamadas "condições de base" ou "de contrato") geralmente utilizadas para vazões de gases são as seguintes:

T_b em °C e P_b em mmHg	T_b em °F e P_b em polHg ou psia
0°C e 760 mmHg (o clássico CNTP)	60°F e 30 polHg = 15,56°C e 762 mmHg
15°C e 760 mmHg (ISO)	70°F e 30 polHg = 21,11°C e 762 mmHg
20°C e 760 mmHg	68°F e 14,696 psia = 20 °C e 760 mmHg

P_b = pressão de base ou de referência;

T_b = temperatura de base ou de referência.

Notas:

1) 760 mmHg = 1 atmosfera física ao nível do mar = 101 325 Pa.
2) A condição 20°C e 101 135 Pa é adotada no Brasil pela indústria do Petróleo
3) A condição 60°F e 30 polHg corresponde ao "*Standard*" americano.
4) A notação Nm^3/h, comum na literatura técnica, deve ser evitada por usar indevidamente N com prefixo: o uso do N é reservado ao newton.

Observe-se que expressar a vazão em volume nas condições de referência é uma forma alternativa da representação em massa, salvo no caso particular dos gases úmidos. De fato, a vazão volúmica nas condições de referência é a vazão mássica dividida pela massa específica nas condições de referência, que é uma constante para um determinado fluido.

Por exemplo, ler uma vazão de 1 000 $m^3/h_{(0°C,\ 760\ mmHg)}$ de ar seco é o mesmo que ler 1 293 kg/h, já que a massa específica do ar seco a 0°C e 760 mmHg é 1,293 kg/m^3.

Optar por uma das forma de expressar a vazão depende do objetivo da medição, como se vê a seguir.

No caso da *vazão volúmica* nas condições de referência, estas são geralmente diferentes das condições de escoamento (de fluxo). Por exemplo, um gás pode estar a uma pressão de 20 bar e uma temperatura de 80°C (condições de fluxo) e o objetivo é ler a vazão equivalente a 0°C e 1 atm, que são as condições normais de temperatura e pressão para um gás. Usa-se o $m^3/h_{(ref.)}$ para compressores, sopradores, ventiladores, objetivando obter leituras compatíveis com as especificações da máquina. A temperatura de referência, geralmente a 20°C, deve ser especificada.

No caso da *vazão volúmica atual*, as condições de leitura são as mesmas que as de fluxo. Recomenda-se essa opção, em lugar da precedente, quando as condições de referência mudam o estado do fluido. Por exemplo: quando se mede um gás liquefeito de petróleo (GLP) a 35°C e 20 bar, esse fluido não permanece na fase líquida a 20°C e 1 atm. (outra condição de referência). Nessas condições, o GLP passa para a fase gasosa. Assim, a escolha recairá preferivelmente na vazão volúmica atual.

Dá-se preferência à *vazão mássica* quando o objetivo da medição é uma leitura independente de condições de referência. Geralmente, a vazão de vapor d'água é expressa em vazão mássica.

1.4 Classificação dos medidores

A classificação dos medidores de vazão pode ser feita de várias maneiras. A Tab. 1.3 separa os medidores em quatro grupos segundo o princípio de medição. O grupo dos medidores deprimogênios (geradores de Δp), que corresponde às tecnologias mais antigas, é o mais usado na indústria.

A seqüência de listagem dos medidores lineares não corresponde a qualquer critério de ordem de qualidade, de exatidão ou de maior quantidade de aplicações.

A cada princípio de funcionamento correspondem características que limitam as aplicações a faixas de diâmetros, de pressões, de temperaturas, de viscosidades e de teores de impurezas. A escolha entre os possíveis medidores para uma determinada aplicação pode considerar também a perda de carga introduzida pelo medidor na tubulação, os trechos retos disponíveis, os custos de implantação (incluindo os acessórios necessários) e os custos de manutenção.

TABELA 1-3 Classificação de princípios de medição de vazão

Medidores de vazão							
Geradores de Δp		Medidores lineares		Volumétricos		Em canais abertos	
Placa	T	Área variável	Λ	Diafragma	G	Callhas	L
Bocal	T	Coriolis	Λ	Disco de nutação	L	Vertedores	L
Venturi	T	Eletro-magnético	LC	Palheta	L		
		Térmico	Λ	Pistão oscilante	L		
Inserção		Turbina	Λ	Pistões recíprocos	L		
- Pitot	T	Ultra-sônico	T				
- Pitot de média	T	Vórtice	T	Rotor			
		Medidores especiais		- Lóbulo	G		
Especiais				- Engrenagem	L		
- Centrífugos	Λ	Força	Λ	- Semi-imerso	G		
- Laminares	G	Correlação	E				
- Jato	Λ	Laser	G				

T, líquidos, gases e vapor; G, medição de gases, exclusivamente; L, medição de líquidos, exclusivamente; LC, medição de líquidos condutores de eletricidade, exclusivamente; Λ, indica que não é usado para vapores, salvo exceção; E, líquidos com sólidos em suspensão.

1.5 Características dos instrumentos de medição

A cada técnica associa-se uma terminologia específica. No caso da medição de vazão, as expressões "vazão mássica" e "vazão volúmica" já foram abordados, e outros termos serão explicados nos capítulos pertinentes. Para os instrumentos de medição — e para as medições propriamente ditas —, usam-se expressões que podem ter várias interpretações. Os termos polêmicos são definidos da forma como estão sendo empregados neste manual.

1.5.1 Terminologia

Precisão. Esse termo não deve mais ser empregado em relatórios formais para designar a qualidade de um instrumento ou para traduzir a palavra inglesa *accuracy*. O *Vocabulário de metrologia legal e de termos fundamentais e gerais de metrologia* recomenda a palavra "exatidão" para traduzir *accuracy*, e acrescenta que exatidão é um qualitativo. Para definir a qualidade de um instrumento de medição de vazão relativamente à sua exatidão, adotamos, neste manual, a expressão "erro máximo admissível" (EMA), que inclui "linearidade", "histerese" e "repetitividade". Fontes de erros de medição incluem também "desvios de zero" e devem considerar a influência da pressão, da temperatura e da umidade. Uma das críticas ao termo "precisão" como quantitativo era que, a maiores precisões, faziam-se corresponder valores menores: precisão de ±0,1% maior que precisão de ±1%. O termo "imprecisão" teria sido mais apropriado, mas não seria aceito pelos usuários, daí a se recomendar "exatidão" como qualitativo, somente (boa exatidão, melhor exatidão que..., etc.). Entretanto folhetos técnico-comerciais da maioria dos fabricantes de instrumentos de medição de vazão ainda empregam "precisão" em termos quantitativos, para tratar a qualidade de exatidão dos seus produtos. Ver o Anexo A.01 para mais detalhes.

Linearidade. Erro máximo com que determinada característica se afasta de uma função linear. Usa-se "conformidade" quando a função não é linear, como, por exemplo, a saída de um transmissor de pressão diferencial que extrai a raiz quadrada do sinal de pressão diferencial, em relação a esta. Fala-se em conformidade em relação à função raiz quadrada, no caso.

Histerese. Erro máximo com o qual, para um mesmo sinal de entrada, uma leitura da saída afasta-se de outra, dependendo de ter sida alcançada a partir de sinais maiores ou menores. Ao se calibrar um instrumento, os valores de referência são aplicados sucessivamente de 0 a 100% e de 100% a 0, para verificar a histerese.

Repetitividade. Erro máximo com o qual um mesmo valor de saída é gerado, sendo todas as condições reproduzidas exatamente da mesma maneira.

Desvios de zero. Valor apresentado pelo instrumento quando não há sinal de entrada ou quando o sinal de entrada é muito pequeno, da mesma ordem ou menor que sua sensibilidade. Esse erro pode ser escondido por um artifício de "supressão de zero", que força a saída a zero quando o sinal está abaixo de determinado valor. Desvios de zero provocam geralmente um desvio da escala inteira. Eles podem ser o resultado de mudanças nas condições de operação do instrumento e, nesse caso, são previsíveis e facilmente corrigidos. Desvios de zero podem, entretanto, ocorrer com o tempo, por envelhecimento dos componentes, ou outro motivo. Nesses casos, não há outra solução a não ser a recalibração periódica do instrumento.

Largura de faixa [expressão análoga ao anglicismo "rangeabilidade" (*rangeability*) ou ao termo "dinâmica" (do francês *dynamique*)]. Relação entre os valores máximo e mínimo, lidos com a mesma exatidão, na escala de um instrumento. Para um instrumento de escala fixa, o valor máximo é o fim da escala. Para um transmissor de faixa ajustável, o valor máximo é o máximo valor da maior faixa ajustável. Por exemplo, um transmissor com rangeabilidade de 50:1 tem, em princípio, a exatidão especificada pelo fabricante entre o maior valor da maior faixa ajustável e o menor valor (2%) que pode transmitir com essa mesma exatidão.

1.5.2 Classes de exatidão

As medições de vazão não são realizadas com uma exatidão semelhante às de comprimento ou de massa, devido às limitações dos métodos de medição e à diversidade das variáveis de influência. Para caracterizar e diferenciar os vários tipos de medidor, empregaremos, neste manual, a expressão "classe de exatidão", em que é considerado o EMA, incluindo os erros de linearidade (ou conformidade), histerese e repetitividade, *em relação ao valor medido*. Os fabricantes costumam referir os erros ao valor final da escala (FE = fim de escala ou F.S. = *full scale*), em valor porcentual deste; excepcionalmente tratam os erros em relação ao valor medido. No caso específico das medições que fazem uso de transmissores de pressão diferencial, os fabricantes referem-se à extensão de faixa ajustada (% *of span*). Ao escolher um instrumento de medição, especial atenção deverá ser dedicada aos erros possíveis. Instrumentos com boa exatidão em valores altos da escala e pouca exatidão abaixo de 30% da escala poderão ser perfeitamente aceitáveis se a vazão medida estiver sempre — ou na maior parte do tempo — acima de 30%, mas serão inaceitáveis se a vazão permanecer por muito tempo em valores baixos.

A escala de valores apresentada na Tab. 1-4 será usada neste manual para definir classes de exatidão.

TABELA 1-4 Exemplos de classe de exatidão

0,1	0,15	0,3	0,5	1	1,5	2,5
EMA ± 0,1%	EMA ± 0,15%	EMA ± 0,3%	EMA ± 0,5%	EMA ± 1%	EMA ± 1,5%	EMA ± 2,5%

Na Tab. 1.4, o erro máximo admissível (EMA) é em relação ao valor medido (= valor lido = valor instantâneo), não em relação ao fim da escala FE.

Quanto à rangeabilidade, serão referenciadas neste manual as classes apresentadas na Tab. 1-5.

TABELA 1-5 Exemplos de classes de rangeabilidade

80	50	30	20	10	8	5	3
Rangeabilidade 80:1	Rangeabilidade 50:1	Rangeabilidade 30:1	Rangeabilidade 20:1	Rangeabilidade 10:1	Rangeabilidade 8:1	Rangeabilidade 5:1	Rangeabilidade 3:1
V_t = 1,3%	V_t = 2%	V_t = 3,3%	V_t = 5%	V_t = 10%	V_t = 13%	V_t = 20%	V_t = 33%

Ao critério de rangeabilidade, acrescenta-se o seguinte:

- a classe de exatidão vale dentro da rangeabilidade, entre 100% da escala e V_t (valor de transição);
- entre o valor mínimo correspondente à rangeabilidade, V_t, e um mínimo definido por um outro valor de rangeabilidade entre chaves, o EMA não excederá o dobro do correspondente à classe de exatidão escolhida;
- abaixo de V_{min}, o EMA não mais poderá ser definido pela especificação técnica do instrumento, porém será admissível avaliá-lo, para efeitos de estimativa de incerteza de medição, como dobrando a cada divisão por 2 da faixa entre V_{min} e zero.

Assim, se uma turbina tiver uma classe de exatidão 1 e classe de rangeabilidade 5 {20}, isso significa que:

- o EMA será ±1% do valor lido, entre 100% e 20% (5:1) da escala;
- entre 20% e 5% ({20:1}), o EMA não excederá ±2%;
- abaixo de 5%, o instrumento estará fora de sua faixa de trabalho; para efeitos de avaliação, pode-se considerar um EMA não superior a ±4% entre 5% e 2,5% da escala, não superior a ±8% entre 2,5% e 1,25% da escala, etc.

Muitos instrumentos de medição de vazão possuem o recurso de supressão (*zero cut off*), que força a indicação zero quando o sinal é muito fraco, nas proximidades de zero. Obviamente, não há como avaliar a incerteza de medição na faixa considerada. Valores de *zero cut off* de 0,5% e 1% são comuns, mas em certos instrumentos encontram-se valores de até 15%.

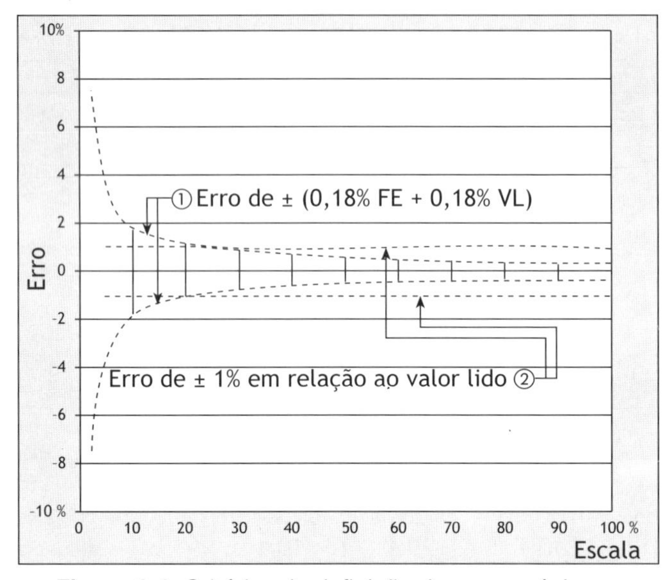

Figura 1-1 Critérios de definição de erros máximos.

A Fig. 1-1 exemplifica os critérios para definição de erros máximos. Conforme ilustrado, um instrumento com "precisão" de ±(0,18% FE + 0,18% VL) pode apresentar erro de até ±1% do valor lido, em 20% da escala (curva ①).

De acordo com o critério adotado neste manual, a classe de exatidão representada na curva ① da Fig. 1.1 é 1, com rangeabilidade 5 {10}. Isso significa que, até 20% da escala (5:1), o erro máximo admissível é ±1% do valor lido e que, até 10% da escala (10:1), o erro máximo admissível é ±2% do valor lido.

1.5.3 Erro máximo admissível e exatidão

A exatidão dos instrumentos de medição de vazão tem algumas características particulares, porém não é tratada uniformemente na literatura nem na propaganda dos fabricantes, o que dificulta sua compreensão pelos usuários.

O aspecto específico da vazão, no tocante à exatidão da medição, é que ela pode ser integrada para se obter uma leitura de totalização. O conceito da exatidão sobre a vazão totalizada deveria ser independente de o medidor (elemento primário + transmissor + corretores) ser uma turbina, um medidor de deslocamento positivo ou baseado em uma placa de orifício. O usuário pode ser levado a entender que, se o folheto do fabricante anuncia uma "precisão" de ± 0,25% para o medidor, com uma rangeabilidade de 20:1, a totalização não pode ter um erro maior que ± 0,25%, desde que a vazão instantânea nunca esteja abaixo de

5% da escala do medidor. (A rangeabilidade de 20:1 significa que o instrumento é preciso entre 100% e 5%, já que 100/5 = 20/1.)

O assunto abordado neste capítulo refere-se a medidores cujas características são tratadas nos Caps. 3 ("Medidores deprimogênios") e 4 ("Medidores lineares"), principalmente, e poderá ser mais bem compreendido após a leitura daqueles capítulos.

Uma das normas que melhor aborda o tema da exatidão de medidores de vazão é a ISO 9951, reproduzida na Portaria 114, de 16 de outubro de 1997. Pelo fato de referir-se a medidores rotativos tipo turbina e de deslocamento positivo, em que cada pulso representa um determinado volume no sinal de saída do medidor, a totalização é simplesmente o somatório dos pulsos, ou seja, dos volumes elementares representados pelos pulsos. Nesse caso, as normas, as portarias e os folhetos dos fabricantes tratam a exatidão na forma de erro máximo admissível sobre a vazão real (atual, nas condições de operação) medida, como representado na Fig. 1-2.

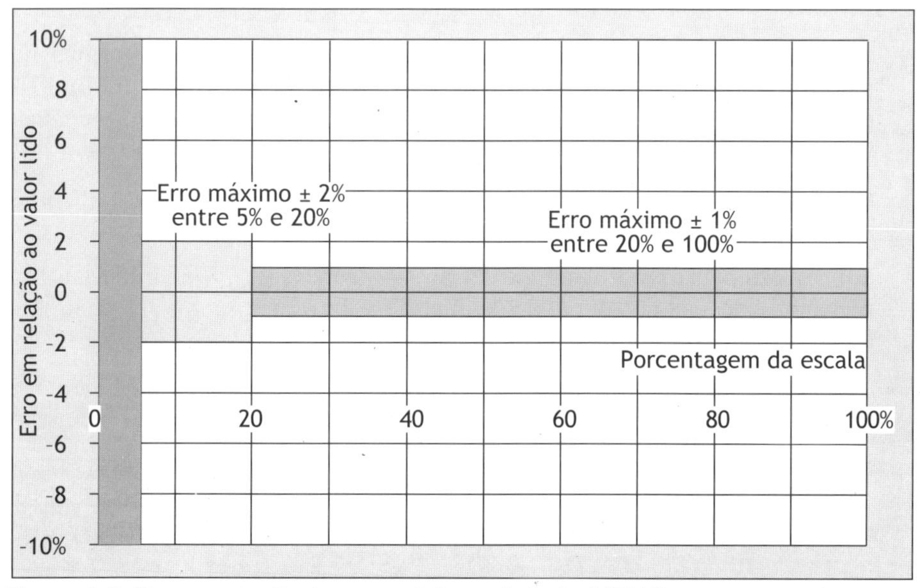

Figura 1-2 Representação do erro máximo admissível (EMA), para uma turbina com $Q_t = 0{,}2 \cdot Q_{max}$, e faixa de medição de 1:20, com EMA de ±1% na faixa alta e de ±2% entre Q_{min} e Q_t.

Se a turbina for equipada com um corretor PTZ, para corrigir os efeitos da pressão, da temperatura e do coeficiente de compressibilidade, e fornecer a leitura em termos de vazão nas condições de referência contratadas, o erro introduzido pelo corretor (E_{corr} a ser informado pelo fabricante) deverá ser acrescentado como segue:

$$\text{EMA}_{\text{corr}} = \left[\left(\text{EMA}_{\text{atual}}\right)^2 + \left(E_{\text{corr}}\right)^2\right]^{0,5}$$

Entretanto, quando o medidor for constituído por uma malha de medição de gás baseada em placa de orifício, com seu transmissor de pressão diferencial e correção de pressão, temperatura e de coeficiente de compressibilidade, a definição do EMA será mais complexa. As normas ISO 5167 e 5168 recomendam que a incerteza da medição seja calculada de acordo com a fórmula:

$$iQ_m = \pm\sqrt{(i_C)^2 + \left(\frac{2\beta^4}{1-\beta^4}\right)^2 \cdot (i_D)^2 + \left(\frac{2}{1-\beta^4}\right)^2 \cdot (i_d)^2 \cdot (i_\varepsilon)^2 \cdot \frac{1}{4}(i_{\Delta p})^2 + \frac{1}{4}(i_p)^2}\ \%$$

Por essa fórmula, é possível deduzir qual seria o EMA da malha que consideramos como "medidor". Temos que adotar alguns critérios, como segue.

- Considerar que o EMA é igual ou superior à incerteza, em cada ponto da escala do medidor.
- Não ultrapassar os limites do número de Reynolds em que a medição é válida.
- Em relação aos membros do somatório acima, considerar que:
  - a incerteza sobre o coeficiente de descarga (i_C) é definida pelas normas; na norma ISO 5167, a incerteza é constante, independente da vazão, até um limite inferior de número de Reynolds; já, na norma AGA 3, a incerteza sobre o coeficiente de descarga depende no número de Reynolds, para um determinado valor de α;
  - as incertezas sobre o diâmetro da tubulação (i_D) e sobre o diâmetro do orifício (i_d) são constantes, não dependendo da vazão;
  - a incerteza sobre o fator de expansão isentrópica (i_ϵ), é definida em função da relação $\Delta p/P$, mas não depende da exatidão do transmissor de pressão diferencial ou do transmissor de pressão, para efeitos práticos;
  - a incerteza sobre a pressão diferencial ($i_{\Delta p}$) é a principal fonte de erro e será tratada adiante;
  - a incerteza sobre a massa específica (i_ρ) é calculada à parte, em função da exatidão dos transmissores de pressão e de temperatura, da massa molar do gás e do coeficiente de compressibilidade: $i_\rho = \pm\,[(i_P)^2 + (i_{Mm})^2 + (i_T)^2 + (i_Z)^2]^{0,5}$.

O fato de a incerteza sobre a medição da vazão depender da exatidão do transmissor de pressão diferencial e de essa exatidão estar tradicionalmente relacionada ao valor do *span* ajustado é o que resulta na curva da Fig. 1.3.

Comparando as Fig. 1-3 e Fig. 1-1 (que poderia ser a curva de incerteza do transmissor de Δp), observa-se que, na primeira, o crescimento da incerteza, quando a vazão diminui, é maior que na segunda. Isso se deve ao termo $[{}^1/_4(i_{\Delta p})]^{0,5}$ da fórmula da incerteza.

Do gráfico da Fig. 1-3, a conclusão mais apropriada sobre o EMA do medidor consiste em adotar uma rangeabilidade de 4:1, com EMA de ± 1% na faixa alta, sendo Q_t = 25% e Q_{min} = 17%, com EMA de 2% entre Q_{min} e Q_t. Mas uma outra conclusão seria correta: adotar uma rangeabilidade de 5:1, com EMA de 1,5% na faixa alta, sendo Q_t = 20% e Q_{min} = 13%, com EMA de 3% Q_{min} e Q_t.

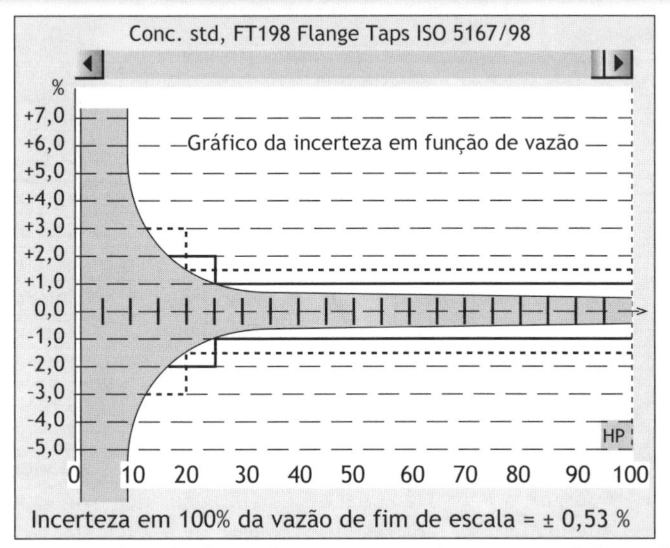

Figura 1-3 Incerteza em função da vazão e correspondente erro máximo admissível (EMA). Traços cheios: rangeabilidade 4:1; EMA de 1% entre 100% e 25%; de 2% entre 25% e 17%. Tracejados: rangeabilidade 5:1; EMA de 1,5% entre 100% e 20%; de 3% entre 20% e 13%.

Tanto no caso da turbina quanto no da malha com placa de orifício, existem três zonas. Para altas vazões, entre Q_{max} e Q_t, o EMA é baixo, para as vazões intermediárias, entre Q_{min} e Q_t, o EMA é o dobro do anterior; e abaixo de Q_{min}, o EMA, maior que os anteriores, não é especificado. Uma vez integrada e totalizada a vazão, a única forma de se conhecer o EMA sobre a leitura será dispor de três totalizadores, um para cada zona. Essa facilidade é disponível em instrumentos especializados.

A OIML R117 classifica os medidores de vazão para líquidos em 5 escalas de exatidão, de acordo com a seguinte tabela:

TABELA 1-6 Classes de exatidão

	0,3	0,5	1,0	1,5	2,5
A(*)	0,3%	0,5%	1,0%	1,5%	2,5%
B(*)	0,2%	0,3%	0,6%	1,0%	1,5%

*A diferença de EMA entre a linha A e a linha B refere-se a condições de aprovação de modelos de medidor de vazão para líquidos, sendo:
- a letra A para verificacão inicial de um sistema com uma etapa ou a segunda etapa de verificação e suas verificações subseqüentes,
- a letra B para verificação inicial (1.ª etapa) de um medidor que deve ser parte de um sistema de medição sujeito a uma verificação inicial de duas etapas.
Os valores adotados na tabela 1.4 para as classes de exatidão, são iguais aos da OIML, para os 5 maiores valores, com duas classes suplementares, para enquadrar os elementos secundários.

1.5.4 Quadro sinóptico das características

O quadro sinóptico representado na tabela 1-7, mostra as principais características das instalaçoes de medidores de vazão.

TABELA 1-7 Quadro

	Placas de orifício padrão	Placas de orifício excêntricas ou segmentais	Placas de orifício $^1/_4$ de círculo e entrada cônica	Orifícios integrais	Orifícios anulares V-cone
FLUIDOS					
Líq. limpos	Adequado	—	—	Adequado	Adequado
Líq. sujos	Não usar	Adequado	Não usar	Não usar	Adequado
Líq. carreg.	Não usar	Não usar	Não usar	Não usar	Não usar
Líq. viscosos	Não usar	Não usar	adequado	Não usar	Não usar
Líq. corrosivos	Adeq./restr.	Adeq./restr.	Adeq./restr.	Adeq./restr.	Adeq./restr.
Líq. erosivos	Não usar	Não usar	Não usar	Não usar	Restrições
Gases limpos	Adequado	Não usar	Adequado	Adequado	Adequado
Gases sujos	Não usar	adequado	Não usar	Não usar	Adeq./restr.
Gases úmidos	Adq.(dreno)	Adequado	Adq.(dreno)	Não usar	Adequado
Vap. superaq.	Adequado	Não usar	Não usar	Adequado	Adequado
Vap. sat. seco	Adequado	Não usar	Não usar	Adequado	Adequado
Vap. sat. úmid.	Restrições	Restrições	Não usar	Restrições	Adeq./restr.
Normas	ISO 5167 (ISO/TR 15377) AGA 3	BS 1042 (ISO/TR 15377)	BS 1042 (ISO/TR 15377)	Não há normas. Há literatura confiável	Não há normas. Há literatura "proprietária"
Limite inferior	50 mm (25 mm)	100 mm $\beta = 0,3$	25 mm	12 mm	O.A. 250 mm V.C. 13 mm
Função básica	Quadrática				
Cl. de exatidão	0,5 a 2	1 a 3	1 a 3	2 a 4	0,5 a 4
Cl. de rangeab.	3{5} a 5{15}	3{5}	3{5}	3{5}	3{5} a 5{15}
Trecho reto mínimo	10*D* a 5*D*, depende das curvas a montante. Retificador de fluxo possível		10*D*	—	4*D* (2*D*)
Acessórios	Flanges-orifício, válvula porta-placa, potes de selagem		Flanges-orifício, disp. de selagem	—	—
Instrumento auxiliar	Transmissor de pressão diferencial (Δ*PT*)			O Δ*PT* faz parte do medidor	Δ*PT*
Correções possíveis	Pressão, temp. Computador de vazão	Pressão, temperatura	Pressão, temperatura	Pressão, temperatura	Pressão, temperatura
Vantagem principal	Simplicidade. Incerteza calculável por norma (disp. testes dinâm.)	Simplicidade	Mede vazão de fluidos viscosos, até $R_D < 100$	Pode medir vazão em tubos de $^1/_2$ pol	Trecho reto muito curto. Boa classe de exatidão do V-Cone
Inconveniente principal	Possível desgaste da borda	Classe de exatidão modesta. Não pode ser usado para transferência comercial			Pouca literatura "proprietária"
Custo inicial	Médio ou elevado, se usado com um *meter run*	Baixo	Baixo/ médio, consider. os dispositivos de selagem	Baixo	Médio
Custo instalação	Médio, considerando as soldas na linha			Baixo	Médio
Custo manutenção	Baixo. Verificação/calibração fácil				
Estabilidade	Boa, mas pode ser afetada pela erosão ou detritos		Boa		

sinóptico das características

Bocal de vazão	Venturisbocais-Venturi	Venturis não-normalizados, aerofólios	Pitot, Pitot industrial, micro-Venturi	Pitot de média (*averaging Pitot*)	Cunha segmental (*wedge*)
Adequado	Adequado	—	P. adequado	Adequado	—
Não usar	Não usar	—	Não usar	Não usar	Adequado
Não usar	Não usar	—	Não usar	Não usar	Adequado
Não usar	Não usar	—	Não usar	Não usar	Adequado
Adequ./restr.	Adequ./restr.	—	—	Adeq./restr.	Adeq./restr.
Restrições	Restrições	—	—	Restrições	—
Adequado	Adequado	Adequado	Adequado	Adequado	—
Não usar	Não usar	—	Restrições	Restrições	—
Adeq. (dreno)	Adeq. (dreno)	—	Restrições	Restrições	—
Adequado	Adequado	—	Restrições	Adequado	—
Adequado	Adequado	—	Restrições	Adequado	—
Restrições	Restrições	—	Restrições	Restrições	—
ISO 5167 ASME	ISO 5167 ASME	Não há normas. Há literatura "proprietária"	Pitot: ISO 3966 P.I e M.V. Sem normas	Não há normas. Existe literatura "proprietária"	
50 mm (25 mm)	50 mm (25 mm)	200 mm	Pitot = I:50 mm M.V. 300 mm	50 mm	12 mm
Quadrática					
1 a 3	1 a 3	2 a 4	1 a 3	0,5 a 2	1 a 3
3{5} a 5{15}	3{5}	3{5}	3{5}	3{5}	3{5}
10 a 50*D*	7 a 15*D*	2 a 4*D*	Pitot + PI: 10*D*; M.V.: 5*D*	7 a 15*D*	1 a 4*D*
Flanges, dispositivo de selagem	—	—	—	*Hot taps*	—
ΔPT					
Pressão, temp. Computador de vazão	Pressão, temp. Computador de vazão	Pressão, temperatura	Pressão, temperatura	Pressão, temp. Computador de vazão	Pressão, temp. Computador de vazão
Pouca perda de carga; recomendado para vapor	Pouca perda de carga	Pouca perda de carga; recomendado para ar e gases a baixa pressão relativa	Podem ser inseridos com carga	Pode ser inserido sob carga, com uso de dispositivo *hot taps*	Mede líquidos viscosos
Fabricação custosa	Classe de exatidão modesta			Poucas alternativas de fornecedores	Poucas alternativas de fornecedores
Médio ou elevado, se usado com um *meter run*	Médio	Médio	Baixo	Baixo	Médio
Médio a alto, com *meter run*	Baixo	Baixo	Baixo	Baixo	Médio
Baixo	Baixo	Baixo	Baixo	Baixo	Baixo
Boa	Boa	Boa	—	—	Boa

TABELA 1-7 Quadro sinóptico

		Área variável	Medidor híbrido (P + área variável)	Medidores a efeito Coriolis	Medidores eletro-magnéticos	Medidores térmicos
FLUIDOS	Líq. limpos	Adequado	—	Adequado	Adequado(1)	Restrições
	Líq. sujos	Restrições	—	Adequado	Adequado(1)	—
	Líq. carregados	Não usar	—	Adequado	Adequado(1)	—
	Líq. viscosos	Restrições	—	adequado	—	—
	Líq. corrosivos	Adeq./restr.	—	Restrições	Adequado(1)	—
	Líq. erosivos	Restrições	—	Restrições	—	—
	Gases limpos	Adequado	—	Adequado	—	Adequado
	Gases sujos	Não usar	—	Adequado	—	—
	Gases úmidos	Adq.(dreno)	—	Adequado	—	Restrições
	Vap. superaq.	Adequado	Adequado	—	—	—
	Vap. sat. seco	Adequado	Adequado	—	—	—
	Vap. sat. úmid.	Restrições	Adequado	—	—	—
Normas		Não há		ANSI/ASME MFC-11M	ISO 6817 ISO 9104	Não há
Limite inferior		3 mm	25 mm	3 mm	3mm	8 mm
Cl. de exatidão		0,5 a 5	0,5 a 1	0,1 a 0,5	0,5 a 2	1 a 5
Cl. de rangeab.		10	30 a 100	40 a 100	30 a 100	10 a 100
Trecho reto mínimo		Não há necesidade	5*D* (M)	N/A, (cuidado com cavitação)	5 a 10*D* (M) 3*D* (J)	10 a 20*D* (M) 3*D* (J)
Acessórios		acoplamento magnético	Conforme a aplicação			
Instrumento auxiliar		Não há necessidade	Computador de vazão			
Correções possíveis		N/A	Pressão, temperatura	Auto-correção da densidade	N/A	Temperatura
Vantagem principal		Litura direta	Grande rangeabilidade	Excelt. exatidão *Q* massa direta	Sem obstáculo no fluxo	*Q* massa direta
Inconveniente principal		Exatidão modesta, transm. difícil	Uso específico	Preço elevado. Tamanho limitado	Mede somente fluidos com condutibilidade elétrica	Pode ser afetado por depósitos de impurezas
Custo inicial		Baixo	Médio	elevado	Médio	Médio
Custo instalação		Baixo	Médio	Médio	Médio	Baixo
Custo manutenção		Baixo	Médio	Médio	Baixo	Baixo
Estabilidade		Boa	Boa	Muito boa	Boa, mas depende da aplicação	Depende do fluido medido

(1) O líquído deve ter uma condutividade elétrica, cujo limite inferior depende do tipo de medidor

das características (continuação)

Medidores ultrassônicos Doppler, Transit time	Turbinas	Vórtices	Target	Correlação	Laminares
Adequado(T)	Adequado	Adequado	—	—	Restrições
Adequado(T,D)	—	Restrições	Restrições	—	—
Adequado(D)	—	—	—	Adequado	—
Adequado(T,D)	—	—	Adequado	—	—
Adequado(T,D)	—	—	—	—	—
Adequado(T,D)	—	—	—	—	—
Adequado(T)	Adequado	Adequado	—	—	Adequado
Restrições(T,D)	—	—	—	—	—
Restrições(T,D)	—	—	—	—	—
—	—	Adequado	—	—	—
—	—	Adequado	—	—	—
—	—	Restrições	—	—	—
ASME MFC-YY AGA-9	AGA-7/ ISO 2715	ANSI/ASME MFC-6M	Não há normas		
12 mm	6 mm	12 mm	15 mm	—	6 mm
Linear volúmico				Especial	Linear volúmico
0,15 a 5	0,1 a 1	0,1 a 1,5	0,5 a 5	—	1 a 3
10{20}	10{50}	10{20}	3 a 20	—	10 {20}
= placas com $\beta = 0{,}7$	Consultar normas	= placas com $\beta = 0{,}7$		—	Especial
Maleta para clamp-on	—	—	—	—	—
Computador específico	Sensor de pulsos	sensor de turbilhões	—	—	—
Pressão, temperatura, Z	Pressão, temperatura, Z	Pressão, temperatura, Z	—	—	—
Boa exatidão, Normas	Boa exatidão, Normas	Boa exatidão	—	—	Temperatura Composição
Recalibração dificultosa	Recalibração dificultosa	Nº de Reynolds inferior elevado	Mede líquidos viscosos	Específico para medições dificultosas	Mede baixas vazões
Médio/alto	Médio	Médio	Baixo	—	Médio
Baixo(clamp on) Médio (inserção)	Médio/elevado	Médio	Baixo	—	Baixo
Médio	Médio	Médio	Baixo	—	Baixo
Varia conforme a tecnologia	Depende do fluido medido	Boa	Boa	—	Boa

eletromagnético utilizado.

PROPRIEDADES DOS FLUIDOS

Conhecer as principais propriedades dos fluidos é indispensável para a abordagem de qualquer estudo sobre medidores de vazão, tanto para a compreensão dos vários princípios de funcionamento, como para a justificativa dos limites de suas aplicações. Associadas à medição da vazão, outras variáveis — chamadas "variáveis de influência" — provocam desvios de leitura na maioria dos medidores. A pressão e a temperatura são as principais responsáveis pelas alterações nas características dos fluidos. Uma vez conhecidas e quantificadas as alterações (provocadas pela pressão e pela temperatura nas propriedades dos fluidos) que interagem com o medidor de vazão, os efeitos podem ser corrigidos e os erros eliminados. Os medidores de vazão que utilizam tecnologias de microprocessadores, em sua maioria, têm o computador de vazão como complemento necessário para corrigir os efeitos das "variáveis de influência".

Os estados possíveis de um fluido são o *líquido* e o *gasoso*. A fase *vapor* é uma forma do estado gasoso. Em geral os líquidos são pouco compressíveis, porém os derivados do petróleo apresentam uma compressibilidade que deve ser levada em conta. Vapores e gases, ao contrário, são compressíveis; isso significa que um determinado volume pode conter uma massa maior ou menor de gás, dependendo de suas condições de pressão e temperatura.

O termo "vapor" usado isoladamente significa, em geral, que se trata de vapor d'água; caso contrário, os vapores são explicitados com o nome do produto em questão, como, por exemplo, "vapor de GLP" (gás liquefeito de petróleo). Usualmente, os vapores que não os de água são tratados na literatura como gases.

Os fluidos podem estar numa das três fases, (gás, vapor ou líquido) dependendo das condições de pressão e temperatura. A rigor, a distinção das fases deveria ocorrer de acordo com as regiões apresentadas no gráfico da Fig. 2-1.

A Fig. 2-1 mostra como varia a pressão de um fluido, em função do volume, para várias temperaturas. Cada curva é para uma única temperatura (isoterma). A temperatura crítica de um fluido (T_c) é aquela acima da qual um gás não pode ser liquefeito por simples compressão.

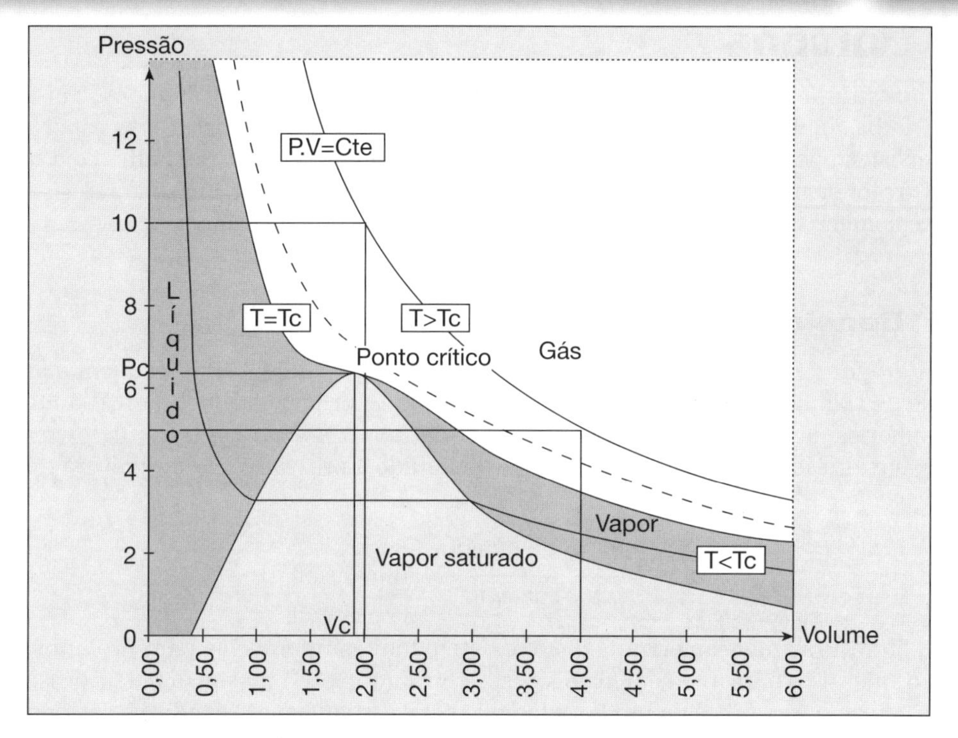

Figura 2-1 Estados de um fluído.

A curva $T > T_c$ mostra que, quando a temperatura T do produto é superior à sua temperatura crítica T_c, o produto está em fase *gasosa*. Quando T é muito superior a T_c, a pressão é aproximadamente uma função inversa do volume. Para os gases considerados perfeitos, temos $PV = nRT$.

Quando a temperatura T do produto é inferior à sua temperatura crítica, a curva ($T < T_c$) tem um aspecto diferente: enquanto a pressão é baixa, a diminuição do volume corresponde a um aumento de pressão (trata-se da fase *vapor* ou vapor superaquecido); porém, quando se reduz o volume abaixo de determinado valor, as diminuições de volume adicionais não provocam mais aumentos de pressão: o vapor está saturado e há formação de condensado. Prosseguindo a compressão até que todo o produto esteja condensado, ocorre uma nova mudança: o produto passa para a fase *líquida*. Uma diminuição adicional de volume irá corresponder a um aumento considerável da pressão, tendo em vista que os líquidos são pouco compressíveis.

A cada temperatura corresponde uma curva. O conjunto dos pontos de mudança de fase, nas curvas de temperaturas $T < T_c$, determina uma faixa cuja largura diminui à medida que as temperaturas aumentam. Dentro dessa faixa, o estado corresponde ao vapor saturado. O ponto crítico situa-se no topo dessa faixa. Ao ponto crítico correspondem a pressão crítica (P_c) e o volume crítico (V_c).

A curva tracejada na região da fase gasosa da Fig. 2-1 mostra um gás real, em que a pressão não varia exatamente como o inverso do volume. O fator de compressibilidade (Z) é considerado, nesse caso, e $PV = ZnRT$.

2.1 LÍQUIDOS

A *densidade* e a *viscosidade* são importantes propriedades dos líquidos, considerando que ambas interagem com os medidores de vazão. No caso de misturas, a especificação da composição pode também ser muito importante. Quando não se trabalha com líquidos limpos, o teor de impurezas deve ser conhecido. A *condutividade* é uma característica que interage com medidores eletromagnéticos e será tratada na seção correspondente.

2.1.1 Densidade dos líquidos

A *densidade absoluta* (ρ) ou *massa específica* dos líquidos é medida em massa por unidade de volume; por exemplo, kg/m^3 (no Sistema Internacional) e lb/cuft (na literatura anglo-americana. Usa-se freqüentemente a *densidade relativa* (δ) (*specific gravity*, em inglês), em alternativa à massa específica ρ do líquido à pressão p e temperatura t de operação:

$$\delta_{(t,p)} = \frac{\rho_{(t,p)} \text{ do líquido}}{\rho_{t\ \text{ref}} \text{ da água}} \quad (\text{adimensional})$$

Na literatura anglo-americana, onde existem muitas referências para produtos de petróleo, o valor de ρ para água é 999,08 kg/m^3, a 60°F (15,56°C). Assim, a partir dessas referências, a massa específica de um líquido pode ser calculada conhecendo-se sua densidade relativa:

$$\rho_{(t,\ p)} \text{ do líquido, em kg/m}^3 = \delta_{(t,\ p)} \cdot 999{,}08$$

A temperatura afeta o volume de todos os líquidos, provocando alteração na densidade. Em conseqüência, um aumento de temperatura aumenta o volume e diminui a densidade.

Como mostra a Fig. 2-1, os líquidos podem ser compressíveis, dependendo de sua pressão e temperatura. Quanto mais abaixo de sua temperatura crítica, menos compressível o líquido. Isso corresponderia a trechos quase verticais das curvas isotermas na Fig. 2-1.

Em muitos cálculos de vazão, os valores exatos da densidade do líquido, nas condições de operação e nas condições de referência, devem ser conhecidos com precisão. Nesses casos, deve-se consultar a literatura especializada sobre o assunto. Inúmeros estudos foram realizados no intuito de se estabelecer uma correlação entre a densidade de líquidos e suas outras propriedades, como temperatura e pressão críticas. Para aplicar as fórmulas empíricas desenvolvidas para determinar a densidade dos líquidos, os seguintes parâmetros são utilizados:

$$\text{Temperatura reduzida} = \frac{\text{Temperatura abs. do líquido}}{\text{Temperatura crítica}} = \text{ ou: } T_r = \frac{T_f}{T_c}$$

$$\text{Pressão reduzida} = \frac{\text{Pressão abs. do líquido}}{\text{Pressão crítica}} = \text{ ou: } P_r = \frac{P_f}{P_c}$$

Para misturas de líquidos puros, usa-se a noção de temperatura, de pressão e de compressibilidade "pseudo-reduzidas". Trata-se da pressão, da temperatura e da compressibilidade do fluido divididas, respectivamente, pelas médias ponderadas das temperaturas, pressões e compressibilidades críticas dos componentes, tendo como base a fração molar y_i de cada componente:

$$T_{pc} = \Sigma y_{(i)}\, T_{c(i)} = y_{(1)}T_{c(1)} + y_{(2)}T_{c(2)} + y_{(3)}T_{c(3)} + \text{etc.};$$
$$P_{pc} = \Sigma y_{(i)}\, P_{c(i)} = y_{(1)}P_{c(1)} + y_{(2)}P_{c(2)} + y_{(3)}P_{c(3)} + \text{etc.};$$
$$Z_{pc} = \Sigma y_{(i)}\, Z_{c(i)} = y_{(1)}Z_{c(1)} + y_{(2)}Z_{c(2)} + y_{(3)}Z_{c(3)} + \text{etc.}$$

A massa molar média é a média ponderada das massas molares dos componentes:

$$M_{m\,(\text{mix})} = \Sigma y_{(i)}\, M_{m(i)} = y_{(1)}M_{m(1)} + y_{(2)}M_{m(2)} + y_{(3)}M_{m(3)} + \text{etc.}$$

TABELA 2-1 Propriedades físicas de alguns líquidos (usar somente na equação de Racket)

Líquido	Temperatura crítica (K)	Pressão crítica (bar abs.)	Z_{RA}
Metano	190,58	46,0	0,2892
Etano	305,42	48,8	0,2808
Propano	369,82	42,5	0,2766
Isobutano	408,14	36,5	0,2754
*n*Butano	425,18	38,0	0,2730
*n*Pentano	469,65	33,7	0,2684
Etileno	282,36	50,4	0,2815
Propileno	364,76	46,0	0,2779
Acetileno	308,32	61,4	0,2709
Benzeno	562,16	48,9	0,2698
Metanol	513,15	80,9	0,2334
Etanol	516,16	61,4	0,2502
Fenol	694,20	61,3	0,2780

A equação de Racket modificada pode ser usada para estimar os volumes específicos dos líquidos, à pressão de saturação, em cm³/mol:

$$v_s = \frac{R.T_c}{P_c} \cdot Z_{RA}^{\left[1+(1-Tr)^{2/7}\right]} \qquad [2.1]$$

Para determinar a massa específica (em g/cm³), divide-se M_m (em g/mol) por v_s em (cm³/mol). Observa-se que

$$1\ \text{g/cm}^3 = 1\ \text{kg/dm}^3 = 1\,000\ \text{kg/m}^3$$

Para avaliar o efeito da compressibilidade, aplica-se a equação de Lu:

$$F_p = 1 + Z_L \cdot P_r$$
$$Z_L = 0{,}269T_r - 0{,}5163T_r^2 + 0{,}35217T_r^3 - 0{,}0461 \qquad [2.2]$$

Exemplo

Calcular a massa específica do isobutano, C_4H_{10} (M_m = 58,1243) a 310,93 K e 137,9 bar abs.

Na Tab. 2-1, temos:

T_c = 408,14 K; P_c = 36,5 bar abs; Z_{RA} = 0,2754;
$T_r = T_f/T_c$ = 310,93/408,14 = 0,762

Usando R (constante dos gases) = 83,144 compatível com as unidades [bar · cm³/mol · K], e aplicando a equação [2.1], temos:

$$v_s = \frac{83{,}144 \cdot 408{,}14}{36.5} \cdot 0{,}2754^{\left[1+(1-0{,}762)^{0{,}2857}\right]} = 108{,}81\ \text{cm}^3/\text{mol}$$

A massa específica saturada é 58,1243/108,81 = 0,534 kg/dm³ = 534,18 kg/m³

A compressibilidade dos líquidos (Z_L) é calculada com a equação de Lu [2.2]:

$P_r = P_f/P_c$ = 137,9/36,5 = 3,778
Z_L = 0,269 · (0,762) – 0,5163 · (0,762)² + 0,3521 · (0,762)³ – 0,0461 = 0,01468
F_p = 1 + (0,01468 · 3,778) = 1,05548

A massa específica do isobutano (C_4H_{10}), a 310 K e 137,9 bar abs. é

534,18 · 1,05548 = 563,81 kg/m³.

2.1.1.1 Correção limitada

Para correções de densidade em medições de vazão, é possível usar uma equação simplificada que leva em conta somente o efeito da temperatura, admitindo-se que as variações de pressão terão efeitos desprezíveis, na faixa de operação:

$$\rho = A + B \cdot t + C \cdot t^2$$

Para encontrar os termos A, B e C, são necessários três valores de ρ: o mínimo, o médio e o máximo, correspondentes à faixa de temperatura considerada.

EXEMPLO

Determinar os valores de A, B e C para os seguintes casos:

Água à pressão de 70 bar e temperatura entre 120°C e 200°C, média de 160°C.

Temperatura mínima, 120°C: ρ_{sat} = 942,83 kg/m³, $\rho_{70\ bar}$ = 946,13 kg/m³.
Temperatura média, 160°C: ρ_{sat} = 907,25 kg/m³, $\rho_{70\ bar}$ = 911,06 kg/m³.
Temperatura máxima, 200°C: ρ_{sat} = 864,68 kg/m³, $\rho_{70\ bar}$ = 868,66 kg/m³.

Usando o recurso de cálculo numérico disponível em planilhas eletrônicas, encontramos:
A = 1 007,36; B = – 0,23538; e C = – 0,002291,

valores válidos somente para a faixa considerada.

2.1.1.2 Correção de temperatura dos derivados de petróleo

Pode haver necessidade de se calcular a densidade de escoamento (ρ_f) a partir da densidade de referência (ρ_b) correspondente, para obter a leitura de vazão de um produto derivado de petróleo, nas condições de referência.

A norma API 2540 fornece a solução para o cálculo da densidade e dos graus API de produtos derivados de petróleo. O American Petroleum Institute, num programa conjunto com o National Bureau of Standards, desenvolveu uma equação de densidade baseada em 463 amostras de cinco diferentes produtos derivados de petróleo. Os resultados desse trabalho constam do Cap. 11.1 da API Standards 2530, de 1980/87 ("Volume Correction Factors").

A equação de densidade dos produtos se baseia no coeficiente de expansão térmica (α_b) a 15,5°C (60°F), temperatura de referência adotada pelo API. O coeficiente é calculado em função da densidade de referência, como segue:

$$\alpha_b = (K_0/\rho_b^2) + (K_1/\rho_b) \quad [2.4]$$

em que K_0 e K_1 devem ser escolhidos na Tab. 2-2.

TABELA 2-2 Constantes K_0 e K_1 para cinco grupos

Grupos de produtos	K_0	K_1
Óleos crus	341,0957	0,0
Querosenes de aviação, querosenes, solventes	330,3010	0,0
Gasolinas e naftalenos	192,4571	0,2438
Óleos lubrificantes	144,0427	0,1895
Óleo díesel, óleos combustíveis	103,8720	0,2701

Observação: Os pentanos e os "C_{5^+}" não são cobertos por estes dados.

A densidade do produto à temperatura de funcionamento pode ser calculada pela seguinte equação:

$$\rho_f = \rho_b \exp\left[- \alpha_b \Delta T_F \left(1 + 0{,}8\alpha_b \cdot \Delta T_F\right)\right] \quad [2.5]$$

sendo: ρ_f e ρ_b expressos em kg/m^3;

$\Delta T_F = T_F - 60$ (com T_F expressa em graus Fahrenheit).

No caso, a densidade ρ_b deve ser calculada a partir de ρ_f, o que obriga o uso de uma solução iterativa. O método de Newton é eficaz nesse caso, e pode ser aplicado na equação em que ρ_b é a variável: calcula-se seu valor metodicamente, por aproximações sucessivas, para que

$$\boldsymbol{\rho_b} \exp\left[-\alpha_b \Delta T_F(1 + 0{,}8\alpha_b \Delta T_F)\right] \quad [2.5a]$$

seja igual a ρ_f. Acha-se portanto o zero da função F rearranjada como segue:

$$F = \ln \rho_b - \ln \rho_f - \alpha_b \Delta T_F \left(1 + 0{,}8\alpha_b \Delta T_F\right), \quad [2.5b]$$

cuja derivada é

$$F' = (1/\rho_b) + \alpha'_b \Delta T_F + (1{,}6\, \alpha_b \alpha'_b \Delta T_F^2) \quad [2.5c]$$

em que

$$\alpha'_b = (2K_0/\rho_b^3) + (K_1/\rho_b^2) \quad [2.5d]$$

A iteração para encontrar a densidade de referência ρ_b é então

$$(\rho_b)_n = (\rho_b)_{n-1} - (F_{n-1}/F'_{n-1}) \quad [2.5e]$$

Para o método de Newton, é necessário iniciar os cálculos com um valor aproximado da variável. No caso, o valor inicial é:

$$\rho_{b_0} = \rho_f\,[1 + \Delta T_F \exp\,(0{,}0106\ °API - 8{,}05)] \quad [2.5f]$$

Para usar esse valor inicial de ρ_b, é necessário calcular os °API do produto à temperatura de escoamento. Isso é feito invertendo-se a equação da norma API, para obter os °API, obtendo-se o valor de ρ_f:

$$\rho_f = [1 - 0{,}1278 \cdot 10^{-4} \cdot \Delta T_F - 0{,}62 \cdot 10^{-8} \cdot \Delta T_F^2][141{,}5/(131{,}5 + °API)] \cdot \rho_a$$

onde ρ_a= 999,08 (ver 2.1.1).

Invertendo, obtemos:

$$°API = [\{[1 - (0{,}1278 \cdot 10^{-4} \cdot \Delta T_F) - (0{,}62 \cdot 10^{-8} \cdot \Delta T_F^2)] \cdot (141{,}5 \cdot \rho_a)\}/\rho_f] - 131{,}5 \quad [2.6]$$

Exemplo

Calcular a densidade de referência, ρ_b, a 15,56°C, de uma gasolina cuja densidade ρ_f a uma temperatura de 27°C, é 724,5 kg/m³.

a) Cálculo de ΔT_F em °F:
15,56°C = 60°F; 27°C = 80,6°F ⇨ ΔT_F = 20,6°F.

b) Cálculo dos °API, aplicando [2.6]:
$°API = [\{[1 - (0{,}1278 \cdot 10^{-4} \cdot 20{,}6) - (0{,}62 \cdot 10^{-8} \cdot 20{,}6^2)] \cdot (141{,}5 \cdot 999{,}08)\}/724{,}5] - 131{,}5 = 63{,}57$..

c) Cálculo inicial de ρ_{b0}, aplicando [2.5f]:
$\rho_{b_0} = 724{,}5[1 + 20{,}6 \cdot \exp\,(0{,}0106 \cdot 63{,}57 - 8{,}05)] = 733{,}84$ kg/m³.

d) Cálculo de α_b, com [2.4]e de α'_b, com [2.5d](ver a Tab. 2-2, para a gasolina):
$\alpha_b = (192{,}4571/733{,}84^2) + (0{,}2438/733{,}84) = 0{,}6896 \cdot 10^{-3}$;
$\alpha'_b = (2 \cdot 192{,}4571/733{,}84^3) + (0{,}2438/733{,}84^2) = 0{,}1427 \cdot 10^{-5}$.

e) Cálculo de F_0 e de F'_0 (valores iniciais de F e F'), aplicando [2.5b] e 2.5c]:
$F_0 = \ln 733{,}84 - \ln 724{,}5 - (0{,}6896 \cdot 10^{-3})(20{,}6)[(1 + 0{,}8 \cdot (0{,}6896 \cdot 10^{-3})(20{,}6) = -0{,}0015579$;
$F'_0 = (1/733{,}84) + (0{,}1427 \cdot 10^{-5})(20{,}6) + [1{,}6 \cdot (0{,}6896 \cdot 10^{-3})(0{,}1427 \cdot 10^{-5})(20{,}6)^2] = 0{,}0013927$.

f) Cálculo de ρ_b, primeira iteração, aplicando [2.5e]:
$\rho_b = 733{,}84 - (-0{,}0015579/0{,}0013927) = 734{,}96$ kg/m³.

g) Uma segunda iteração consistiria em repetir os passos (d) a (f) utilizando 734,96 como ρ_b no passo (f). Verifica-se que não é necessária outra iteração, já que a mudança sobre ρ_b seria insignificante. Considerar, portanto, o valor 734,96 kg/m³ como final.

2.1.1.3 Cavitação

O fenômeno de cavitação ocorre quando a pressão de um líquido cai abaixo da pressão de vapor para voltar, em seguida, acima desta. Existe uma formação local de vapor, cujas "bolhas" implodem a seguir, quando a pressão aumenta. As quedas de pressão localizadas, que provocam a cavitação de um líquido, podem ser provocadas por restrições de área, seja por válvulas ou por elementos primários de vazão intrusivos. Tais elementos primários são não somente os elementos deprimogênios — placas de orifício, bocais, Venturis —, mas também vórtex e turbinas. A cavitação é um fenômeno que deve ser evitado, já que a influência sobre a medição de vazão será uma não-linearidade. As partes metálicas locais poderão sofrer efeitos destrutivos com o tempo, dependendo do seu contato direto com o local afetado. Na Fig. 2-2 pode-se ver o efeito da cavitação sobre o obturador de uma válvula de controle.

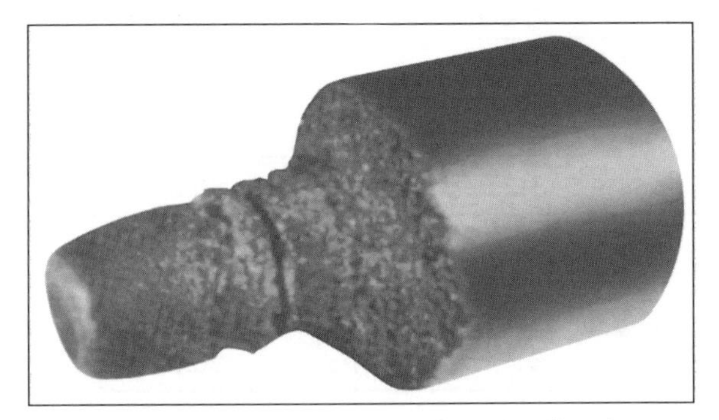

Figura 2-2 Obturador de válvula de controle danificado por cavitação.

É necessário verificar se há possibilidade de ocorrência desse efeito, calculando-se o valor da pressão de vapor do líquido e comparando-o ao menor valor da pressão que poderá ocorrer em conseqüência do aumento de velocidade provocado pelo elemento primário na tubulação.

Para os líquidos da Tab. 2-3, são aplicáveis as Eqs. [2-7] de Pitzer/Lee e Kesler:

$$\left.\begin{aligned} f_{0(Tr)} &= 5{,}92714-(6{,}09648/Tr)-(1{,}28862\cdot\ln Tr)+\left(0{,}169347\cdot T_r^6\right)\\ f_{1(Tr)} &= 15{,}2518-(15{,}6875/Tr)-(13{,}4721\cdot\ln Tr)+\left(0{,}43577\cdot T_r^6\right)\\ P_{vp} &= \exp\left[f_{1(Tr)}+\left(f_{1(Tr)}\cdot\omega\right)\right]\cdot P_c \end{aligned}\right\} \qquad [2.7]$$

Para outros líquidos, equações empíricas podem ser desenvolvidas a partir de curvas disponíveis na literatura. Para o caso específico da água, a pressão de vapor é tratada na Sec. 2.3.4.

Tabela 2-3 Constantes a serem aplicadas nas Eqs. [2.7]

Líquido	T_c (temperatura crítica) (K)	P_c (pressão crítica) (bar abs.)	ω (fator acêntrico)
Metano	190,4	46,0	0,011
Etano	305,4	48,8	0,099
Propano	369,8	42,5	0,153
Isobutano	408,2	36,5	0,183
n-Butano	425,2	38,0	0,199
n-Pentano	469,7	33,7	0,251
Etileno	282,4	50,4	0,089
Propileno	364,9	46,0	0,144
Benzeno	562,2	48,9	0,212
Metanol	512,6	80,9	0,556
Etanol	513,9	61,4	0,644
Fenol	694,2	61,3	0,438
Etilbenzeno	617,1	36,0	0,301

EXEMPLO

Calcular a pressão de vapor do etilbenzeno a 347,2 K.

1) Cálculo da pressão reduzida (T_r):

$T_r = T_f/T_c = 347{,}2/617{,}1 = 0{,}56263$

2) Cálculo de $f_{0(Tr)}$ e de $f_{1(Tr)}$ aplicando a equação [2.7]:

$f_{0(Tr)} = 5{,}92714 - (6{,}09648/0{,}56263) - (1{,}28862 \cdot \ln(0{,}56263)) + (0{,}169347 \cdot (0{,}56263^6)) = 5{,}92714 - (10{,}8357) - (-0{,}74113) + (0{,}0053717) = -4{,}16206$

$f_{1(Tr)} = 15{,}2518 - (15{,}6875/0{,}56263) - (13{,}4721 \cdot \ln(0{,}56263)) + (0{,}43577 \cdot (0{,}56263^6)) = 15{,}2518 - (27{,}8824) - (-7{,}74825) + (0{,}013823) = -4{,}86853$

3) Cálculo da pressão de vapor:

$P_{vp} = (e^{[-4{,}16206 + (-4{,}86853 \cdot 0{,}301)]}) \cdot 36{,}0 = 0{,}003597 \cdot 36{,}0 = 0{,}130$ bar.

Em casos especiais, como no projeto de orifícios de restrição para líquidos, o escoamento é propositalmente crítico. Precauções especiais devem ser tomadas para evitar os efeitos destrutivos da cavitação.

2.1.2 Viscosidade dos líquidos

A viscosidade pode ser definida como a resistência que o fluido oferece ao deslocamento de suas partículas.

A *viscosidade absoluta* (ou *viscosidade dinâmica*) é definida na equação de Newton, aplicada a um dispositivo experimental em que o fluido preenche um espaço e entre duas placas, uma fixa e outra, de superfície S, deslocando-se em relação à placa fixa a uma velocidade V, e que aplica à placa móvel uma força F:

$$\mu = \frac{F \cdot e}{S \cdot V}$$

A viscosidade absoluta tem como unidade o Pa · s (pascal-segundo ou poiseuille), no sistema Sistema Internacional. Essa unidade é raramente empregada na indústria, sendo preferido o cP (centipoise):

$$1 \text{ Pa} \cdot \text{s} = 1\,000 \text{ cP}.$$

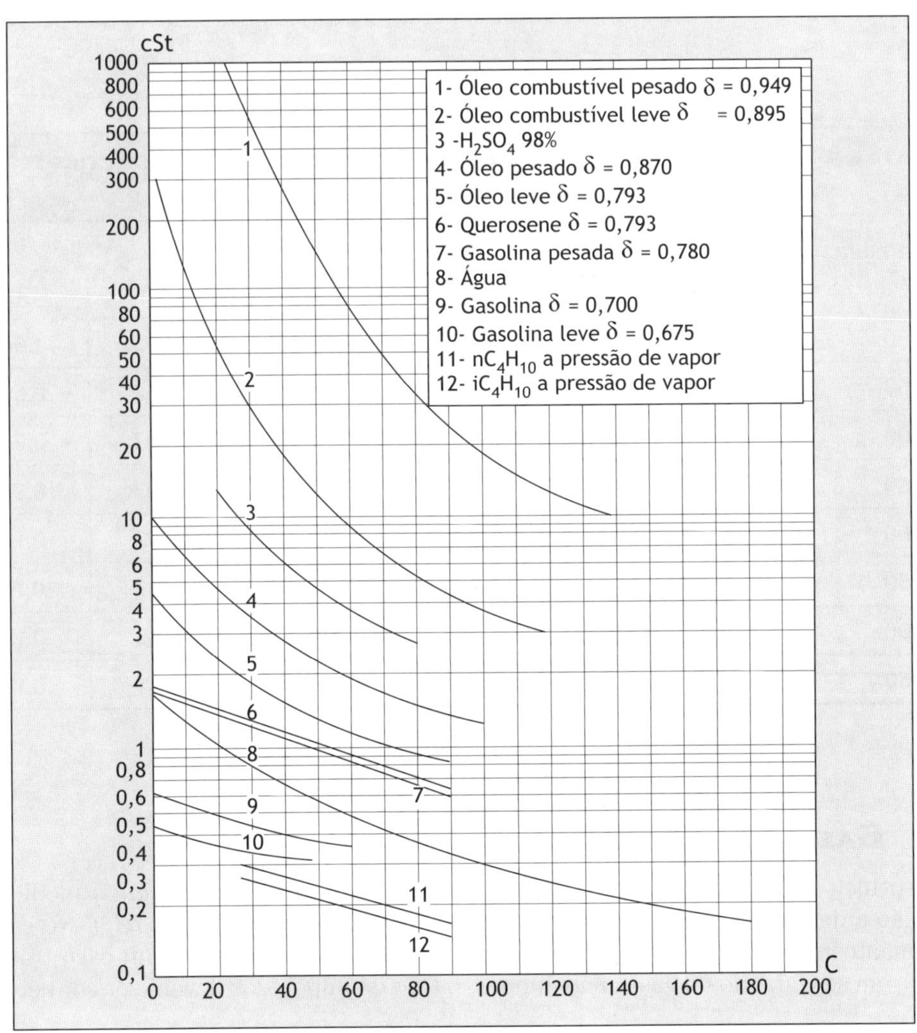

Figura 2-3 Viscosidade dos líquidos, em função da temperatura

Uma outra expressão da viscosidade muito usada para líquidos é a *viscosidade cinemática*, ν (lê-se "ni", a letra grega correspondente ao nosso ene). É a relação entre a viscosidade absoluta do fluido (μ) e sua massa específica (ρ), à mesma temperatura (a viscosidade dos líquidos não é alterada significativamente pela pressão):

$$\nu = \mu/\rho$$

A viscosidade cinemática tem como unidade o metro quadrado por segundo (m^2/s), no sistema Sistema Internacional. A unidade usualmente empregada na indústria é o centistokes (cSt):

$$1 \text{ cSt} = 10^{-6} \text{ m}^2/\text{s}$$

Para se ter a viscosidade absoluta (μ) em cP, a partir da viscosidade cinemática (ν) em cSt, multiplica-se ν por $\rho \cdot 10^{-3}$, sendo ρ em kg/m^3.

A Tab. 2-4 fornece dados da viscosidade da água. Vê-se que é muito pouco sensível ao efeito da pressão: a 50°C, uma pressão de 100 bar altera a viscosidade da água em 0,4%.

TABELA 2-4 Viscosidade cinemática da água (em cSt) em função da temperatura e da pressão

Temperatura (°C)	Pressão (bar abs.)					
	1	20	50	100	300	500
0	1,79	1,78	1,77	1,76	1,70	1,64
50	0,557	0,556	0,555	0,555	0,552	0,548
100		0,295	0,296	0,296	0,297	0,299
150		0,204	0,205	0,205	0,207	0,210
200		0,157	0,158	0,159	0,162	0,165
250			0,136	0,137	0,139	0,141
300				0,125	0,125	0,127
350					0,121	0,122

2.2 GASES

As principais características dos gases, diretamente relacionadas com a medição da vazão, são a densidade, a viscosidade e o coeficiente isentrópico k (= C_p/C_v). No caso de misturas, a composição também é importante. A umidade dos gases é um caso tratado à parte. E, em se tratando de gases não-limpos, o teor de impurezas deverá ser conhecido.

2.2.1 Densidade dos gases

No Sistema Internacional, a *densidade absoluta*, ou *massa específica* dos gases (ρ), é medida em massa por unidade de volume; por exemplo, kg/m^3 (lb/cuft, na literatura anglo-americana). Usa-se freqüentemente a *densidade relativa* (δ) (*specific gravity*, na literatura anglo-americana). Diferentemente da densidade dos líqdidos, a densidade relativa dos gases tem várias definições, dependendo do atributo:

- densidade relativa *real* — relação entre a massa específica do gás e a do ar, nas mesmas condições de pressão e de temperatura;
- densidade relativa *ideal* — relação entre a massa molar do gás e a do ar:

$$\delta = \frac{M_m \text{ gás}}{M_m \text{ ar}} = \frac{M_m \text{ gás}}{28{,}9625}$$

Nas seções que se seguem, a densidade relativa dos gases, sem atributo, será sempre a ideal.

A massa específica de um gás (ρ), em determinadas condições de pressão P e de temperatura T, pode ser calculada de acordo com a seguinte equação geral dos gases:

$$\rho = \frac{M_m \cdot P}{R \cdot T \cdot Z}$$

sendo: ρ a massa específica do gás (kg/m^3);
M_m a massa molar do gás (kg/mol);
P a pressão do gás (bar absolutos);
R a constante dos gases ($83{,}143 \cdot 10^{-6}$ bar $\cdot$ m^3/mol $\cdot$ K);
T a temperatura absoluta do gás (K);
Z o fator de compressibilidade.

Para misturas de gases, recorre-se aos conceitos de temperaturas e de pressão "reduzidas":

$$Tr = \frac{\text{Temperatura abs. do gás}}{\text{Temperatura crítica}} = \frac{T_f}{T_c}$$

$$Pr = \frac{\text{Pressão abs. do gás}}{\text{Pressão crítica}} = \frac{P_f}{P_c}$$

Os valores de Z dependem da pressão e da temperatura de cada gás. Muitos estudos foram realizados para estabelecer a correlação entre os valores de Z e outras propriedades físicas dos gases, como a pressão e a temperatura críticas e a massa molar. Existem livros especializados que fornecem valores precisos do fator de compressibilidade de gases puros.

Tabela 2-5 Propriedades físicas dos gases

Gás	Fórmula	Massa molar (10^{-3} kg/mol)	ρ_o a 0°C e 1 atm (kg/m³)	Temperatura crítica, T_c(K)	Pressão crítica, P_c(bar abs.)
Ar		28,9625	1,29305	132,4	37,71
Argônio	Ar	38,948		151,16	48,64
Acetileno	C_2H_2	26,0382	1,0989	309,5	62,40
Amônia	NH_3	17,0306	0,724	406,2	114,25
Benzeno	C_6H_6	78,11		561,6	48,33
n-Butano	C_4H_{10}	58,1243	2,5317	425,2	37,97
Isobutano	C_4H_{10}	58,1243	2,5290	408,1	36,48
Cloro	Cl_2	70,906		416,9	79,80
Dióxido de carbono	CO_2	44,00995	1,9770	304,3	73,98
Monóxido de carbono	CO	28,01055	1,2505	134,3	35,16
Etano	C_2H_6	30,0701	1,2794	305,4	48,84
Etileno	C_2H_4	28,0542	1,2528	283,1	51,17
Etil-alcool	C_2H_5OH	46,07		516,3	63,93
Hélio	He	4,0026	0,1785	373,56	90,07
Hidrogênio	H_2	2,0159	0,089886	33,28	12,96
Metil-álcool	CH_3OH	32,04		513,2	79,74
Gás sulfúrico	H_2S	34,0799	1,4497	373,6	90,05
Metano	CH_4	16,0430		190,7	46,41
n-Octano	C_8H_{18}	114,23		569,2	24,92
Nitrogênio	N_2	28,0134	1,25047	125,06	33,92
Oxigênio	O_2	31,9988	1,42901	154,39	50,33
Propano	C_3H_8	44,0972	1,8911	370,0	42,57
Dióxido de enxofre	SO_2	64,07	2,925	430,3	78,73
Vapor d'água seco	H_2O	18,0152		647,3	221,2

Tabela 2-6 Valores de Z para o ar

Pressão (kgf/cm² abs.)	Temperatura (°C)							
	−50	0	20	50	100	150	200	250
0,1	0,99984	0,99994	0,99996	0,99999	1,00001	1,00002	1,00003	1,00003
0,4	0,99938	0,99977	0,99985	0,99995	1,00004	1,00010	1,00013	1,00014
1	0,99845	0,99941	0,99963	0,99987	1,00011	1,00024	1,00031	1,00035
4	0,99379	0,99763	0,99852	0,99948	1,00045	1,00099	1,00127	1,00142
10	0,98465	0,99430	0,99651	0,99888	1,00125	1,00253	1,00324	1,00362
40	0,94190	0,98037	0,98888	0,9978	1,00659	1,01125	1,01374	1,01502
70	0,90770	0,97210	0,9859	1,0003	1,0143	1,0215	1,0254	1,0272
100	0,88750	0,97050	0,9882	1,0065	1,0242	1,0333	1,0379	1,0400

Para os gases *industriais*, geralmente se utilizam as curvas de Nelson e Obert, que definem o fator Z em função da pressão e da temperatura reduzidas.

Já para os gases *petroquímicos*, entre várias equações, a de Benedict-Webb-Rubin (BWR), calculável numericamente, fornece resultados muito satisfatórios.

E, para o caso específico do gás *natural*, as equações foram aperfeiçoadas ao longo de décadas de estudos, e fazem parte do relatório AGA 8 [2.3].

EXEMPLO

Calcular a massa específica do ar seco:

(1) a 0°C e 1 atm; e
(2) a 150°C e 100 kgf/cm^2 abs.

Na Tab. 2-6, encontramos, para (1), Z = 0,99941 (considerando 1 atm ≈1 kgf/cm^2, aproximação válida, neste caso) e, para (2), Z = 1,0333. Convertendo as unidades, temos:

1 atm = 1,01325 bar; e 100 kg/cm^2 = 98,0665 bar
0°C = 273,15 K; e 150°C = 423,15 K

Na Tab. 2-5, a massa molar do ar é $28{,}9625 \cdot 10^{-3}$ kg/mol, ou 0,0289625 kg/mol. Aplicando a equação geral dos gases, Eq. [2.8], temos:

1) $\rho_{(°C,\ 1\ atm)} = 0{,}0289625 \cdot 1{,}01325/(83{,}143 \cdot 10^{-6} \cdot 273{,}15 \cdot 0{,}99941) = 1{,}293\ kg/m^3$;

2) $\rho_{(150°C,\ 100\ kg/cm^2)} = 0{,}02896625 \cdot 98{,}0665/(83{,}143 \cdot 10^{-6} \cdot 423{,}15 \cdot 1{,}0333) = 78{,}151\ kg/m^3$.

2.2.1.1 Equações para densidade e fator Z dos gases

Entre as equações para calcular a densidade e a compressibilidade dos gases, as equações de Benedict-Webb-Rubin (BWR) e de Redlich-Kwong (RK) têm uma exatidão satisfatória para uso geral na medição de vazão.

- Equação BWR

$$P_f = RT_f\varpi = (B'_0RT_f - A'_0 - C'_0/T_f^2)\varpi^2 + b'RT_f - a')\varpi^3 + a'\alpha'\varpi^6 + c'\varpi^3/T_f^2)(1+\gamma'\varpi^2)\ e^{-\gamma'\varpi^2} \quad [2.9]$$

onde R = 8 314,41 (para uso com as unidades abaixo e os parâmetros da Tab. 2-7);
P_f = pressão absoluta do gás (em kgf/cm^2);
T_f = temperatura absoluta do gás (em K);
$\varpi = 16{,}0185/\rho_f$ sendo ρ_f (em kgf/m^3 ou em kg/m^3) a densidade do gás a P_f e à T_f;
$B'_0, A'_0, C'_0, b', a', c', \alpha'$ e γ' são mostrados na Tab. 2-7.

A equação BWR é implícita: no caso, temos P_f = é uma função de ρ_f e T_f, não sendo possível inverter a equação para a forma explícita, em que ρ_f = seria uma função de P_f e T_f. A resolução desse tipo de equação deve ser feita por um método iterativo.

TABELA 2-7 Coeficientes a serem aplicados na equação BWR

	$B'_0 \times 10^3$	$A'_0 \times 10^{-3}$	$C'_0 \times 10^{-6}$	$b' \times 10^4$	$a' \times 10^{-3}$	$c' \times 10^{-6}$	$\alpha' \times 10^8$	$\gamma' \times 10^5$
Benzeno	50,3006	659,632	347 557	766,332	564,417	119 208	70 003,8	2 930,11
Butano	124,363	1 021,88	100 603	399,998	190,738	32 061,3	1 101 139	3 400,14
Etano	62,7738	421,081	18 197,9	111,225	34,9757	3 320,34	24 340,2	1 180,05
Etileno	55,6845	338,398	13 288,3	86,0037	26,2450	2 140,13	17 801,12	923,040
Octano	151,803	1 490,56	730 648	2 847,12	2 112,78	456 803	436 526	9 574,76
Pentano	156,754	1 234,13	214 942	668,148	412,908	83 514,5	181 011	4 750,20
Propano	97,3152	696,362	51 501,4	225,010	96,0322	13 071,8	60 721,4	2 200,09

- Equação RK

$$Z^3 - Z^2 - (B^2 - B - A)\,Z - AB = 0, \qquad [2.10]$$

sendo: Z o fator de compressibilidade do gás a T_f e P_f;
$A = 0{,}427\,48\,P_r/T_r^{2,5}$;
$B = 0{,}086\,64\,P_r/T_r$;
P_r e T_r são a pressão e a temperatura do gás reduzidas.

Para misturas de gases, P_r e T_r são a média ponderada das pressões e das temperaturas dos componentes, reduzidas. As ponderações são relativas às frações molares dos componentes na mistura ou às suas porcentagens em volume, de forma praticamente equivalente.

Observação importante

Na aplicação do método iterativo para resolver as equações BWR ou RK, é necessário tomar-se o cuidado de verificar se o resultado matemático corresponde a uma realidade física: os valores de P_r e T_r podem não corresponder ao estado gasoso ou vapor e, mesmo assim, haver um resultado matemático para as equações.

Quando o valor de T_r for superior a 1,00 – significando que a temperatura do gás é maior que a temperatura crítica —, não haverá problema, já que, por definição desta, a fase será a gasosa . Entretanto, quando T_r estiver compreendida entre 0,65 e 1,00, só haverá uma solução correspondente a uma realidade física se o valor de P_r corresponder à fase vapor, na Fig. 2-1. Essa limitação pode ser vista nas curvas de Nelson e Obert das Figs. 2-4(a) e 2-4(b).

É possível idealizar uma curva relacionando P_r a T_r abaixo da qual não haveria uma solução física (o fluido estaria na fase líquida) para as equações em questão:

$$P_r = e^{[8{,}156 \ln (Tr) - 0{,}02]} \qquad [2.11]$$

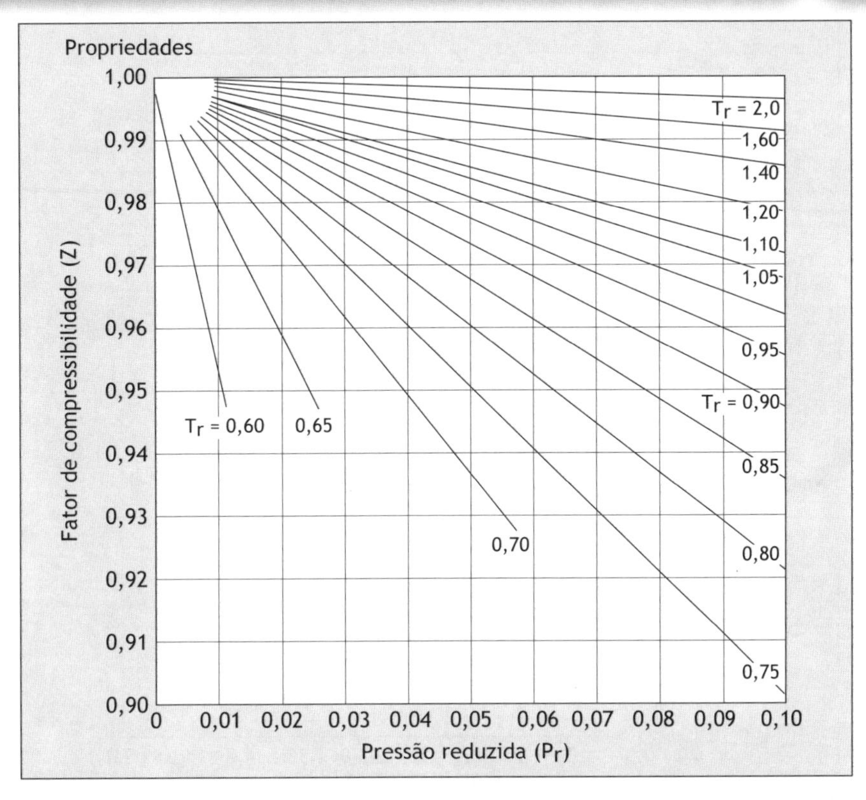

Figura 2-4(a) Curvas de Nelson e Obert para Z (P_r entre 0 e 0,1). Não usar para amônia. O desvio máximo para água, hidrogênio e hélio é, aproximadamente, 1,5 a 2%. Para outros gases da Tab. 2-5, isolados ou em mistura, o erro máximo é inferior a 1%.

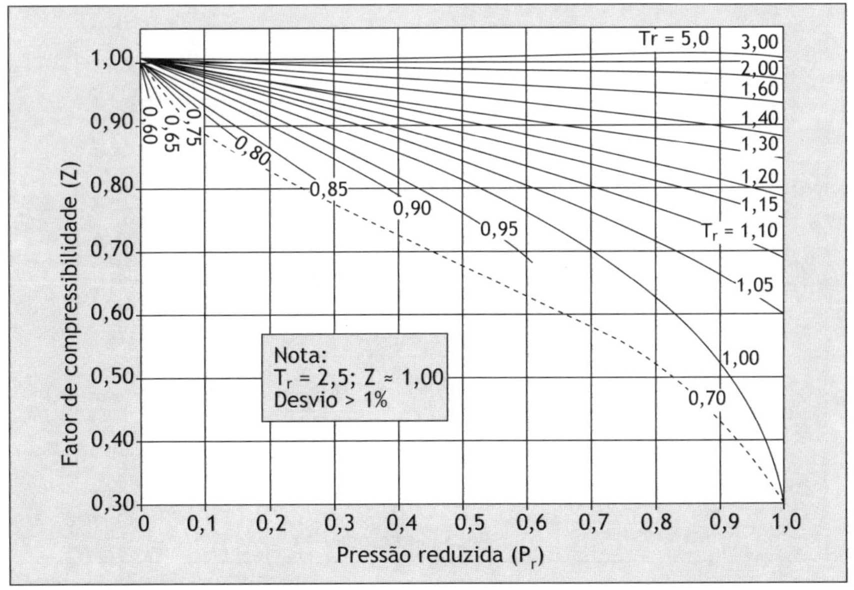

Figura 2-4(b) Curvas de Nelson e Obert para Z (P_r entre 0 e 1,0). Não usar para amônia. O desvio máximo para água, hidrogênio e hélio é, aproximadamente, 1,5 a 2%. Para outros gases da Tab. 2-5, isolados ou em mistura, o erro máximo é inferior a 1%.

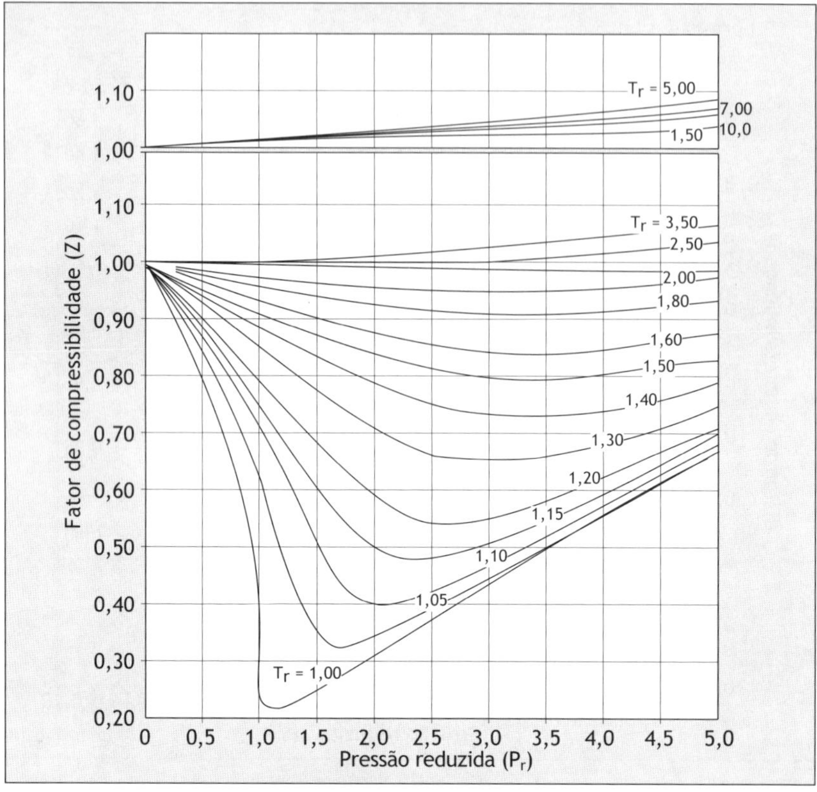

Figura 2-4(c) Curvas de Nelson e Obert para Z (P_r entre 0 e 0,5). Não usar para amônia. O desvio máximo para água, hidrogênio e hélio é, aproximadamente, 1,5 a 2%. Para outros gases da Tab. 2-5, isolados ou em mistura, o erro máximo é inferior a 1%.

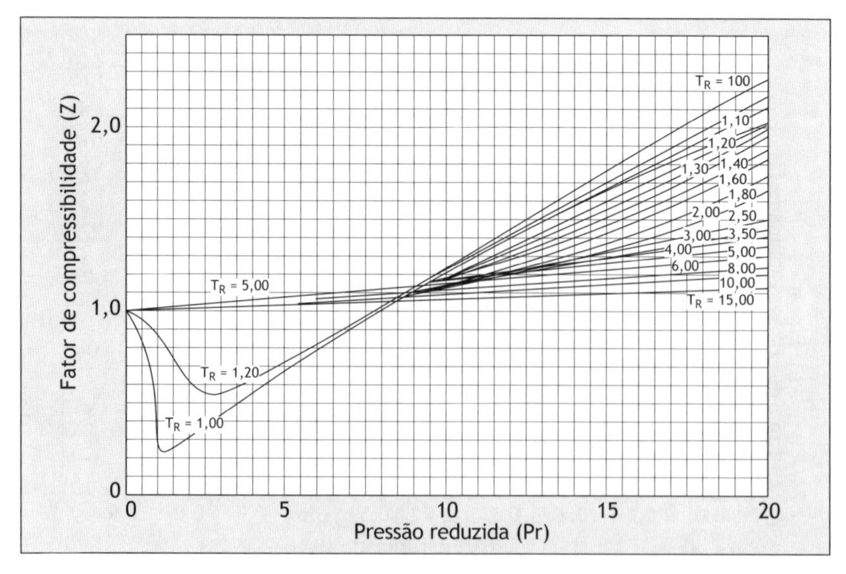

Figura 2-4(d) Curvas de Nelson e Obert para Z (P_r entre 0 e 20). Não usar para amônia, hidrogênio e hélio, água e misturas que contenham hidrogênio. O erro para oxigênio, argônio, ar, nitrogênio, monóxido de carbono, etano, metano, etileno e propano é inferior a 5%.

2.2.1.2 Relatório AGA 8 sobre gás natural

O relatório AGA 8 (ref.2.3), é tido como uma referência extremamente importante na determinação da compressibilidade do gás natural. Na seqüência dos estudos sobre o assunto, esse relatório sucede ao também conhecido NX-19.

Em princípio, as misturas de gases consideradas no gás natural são especificadas entre dos seguintes limites, em termos de porcentagem molar:

Metano	50 a 100%	Nitrogênio	0 a 50%
Dióxido de carbono	0 a 50%	Etano	0 a 20%
Propano	0 a 5%	Butanos	0 a 2%
Pentanos	0 a 2%	Hexanos e C_{6+}	0 a 1%

$$\Sigma (H_2O + H_2S + H_2 + CO + O_2 + He + Ar) < 1\%$$

A incerteza do resultado da aplicação do método em relação a valores experimentais é inferior a 0,1% numa região de pressões até 100 bar e de temperaturas entre –50°C e 70°C, passando progressivamente para valores maiores, atingindo 1% para pressões da ordem de 700 bar e temperaturas na faixa de –130°C a 200°C. A equação para se determinar o fator de compressibilidade (Z) é a seguinte:

$$Z = 1 + Bd + Cd^2 + Dd^3 + Ed^5 + A_1d^2 (1 + A_2d^2) \exp(-A_2d^2) \qquad [2.12]$$

sendo: Z o fator de compressibilidade;
d a densidade molar do gás;
A_1, A_2, B, C, D e E coeficientes que são função da temperatura e da composição do gás.

Na equação de Z, o coeficiente empírico B é conhecido como *segundo virial*. Para se determinar o valor de B para uma determinada mistura, é necessário analisar previamente as interações binárias formadas pelos seguintes pares:

Metano/Etano	CO_2/Etano	Nitrogênio/Etano
Metano/Propano	CO_2/Propano	Nitrogênio/Propano
Metano/*i*-Butano	CO_2/*i*-Butano	Nitrogênio/*i*-Butano
Metano/*n*-Butano	CO_2/*n*-Butano	Nitrogênio/*n*-Butano
Metano/*i*-Pentano	CO_2/*i*-Pentano	Nitrogênio/*i*-Pentano
Metano/*n*-Pentano	CO_2/*n*-Pentano	Nitrogênio/*n*-Pentano
Metano/*n*-Hexano	CO_2/*n*-Hexano	Nitrogênio/*n*-Hexano
Metano/*n*-Heptano	CO_2/*n*-Heptano	Nitrogênio/*n*-Heptano
Metano/*n*-Octano	CO_2/*n*-Octano	Nitrogênio/*n*-Octano
Metano/*n*-Nonano	CO_2/*n*-Nonano	Nitrogênio/*n*-Nonano
Metano/*n*-Decano	CO_2/*n*-Decano	Nitrogênio/*n*-Decano
CO_2/Metano	CO_2/Nitrogênio	Nitrogênio/Metano

A resolução completa da equação, que passa pela determinação dos coeficientes A_1, A_2, B, C, D e E, é complexa e só pode ser feita por computador.

O programa Digiopc, possui um módulo para cálculo do fator Z e da densidade absoluta (ρ), usando algoritmos de iteração adequados. Nele, a programação corresponde à edição 1985 da AGA 8, porém verificou-se que os resultados são iguais aos da revisão de 1991, com diferenças inferiores a 0,1%, conforme anexo A.11.

O cálculo do fator de compressibilidade do gás natural, de acordo com a AGA 8, é usado para as medições de vazão volúmica ou mássica. Existem computadores de vazão que efetuam o cálculo em "tempo real". Quando a composição do gás não muda apreciavelmente, os sinais de entrada necessários são somente a pressão e a temperatura do gás. Entretanto é necessário que a composição seja informada, caso mude contínua ou freqüentemente.

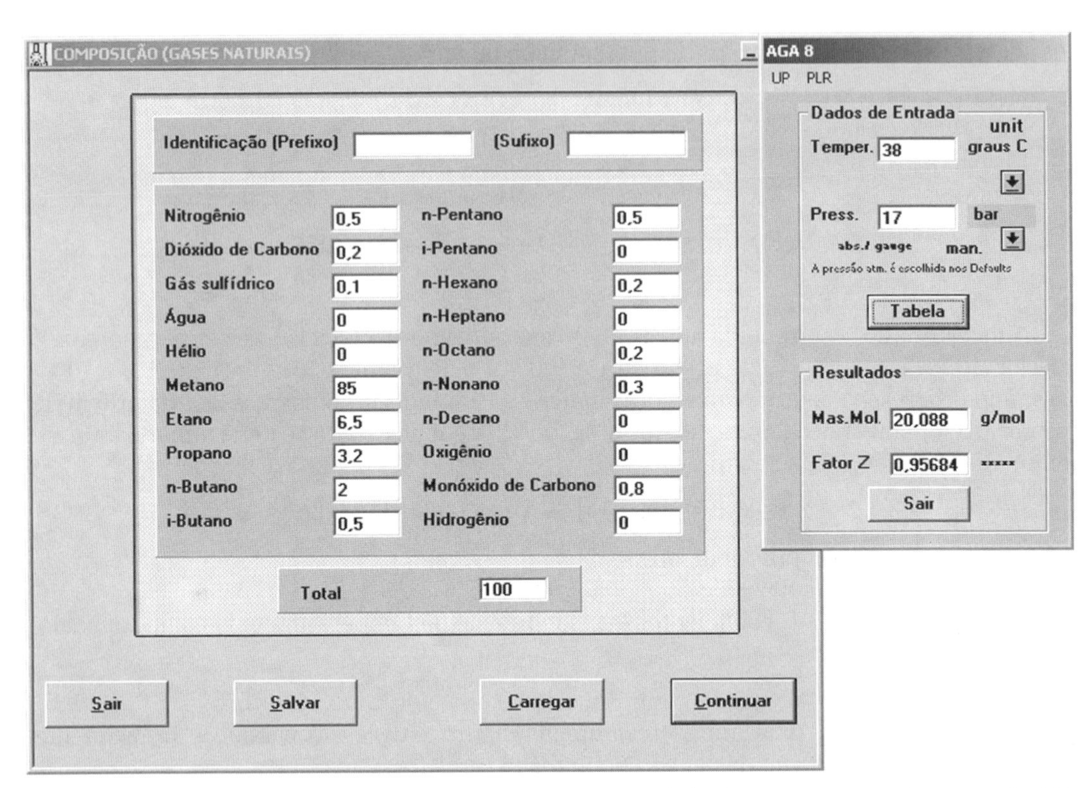

Figura 2-5 Tela do programa Digiopc mostrando a composição de um gás natural, a pressão (17 bar relativos) e a temperatura, bem como os resultados do cálculo, de acordo com a AGA 8. No caso, a pressão absoluta é calculada acrescentando-se a pressão atmosférica, parametrizada nos *defaults*.

Como alternativa ao método indireto da determinação da densidade e do fator de compressibilidade por cálculo, podem ser usados densitômetros ou dispositivos especiais, que apresentam resultados com ótima exatidão.

2.2.1.3 Densidade dos gases úmidos

A densidade dos gases úmidos é calculada levando-se em conta o valor da umidade relativa, participando cada gás com sua pressão parcial, de acordo com a lei de Dalton. A pressão de saturação do vapor d'água saturado é uma função única da temperatura, conforme a Tab. 2-6. A pressão parcial do vapor d'água é:

$$P_v = P_s \cdot (\%_{\text{umi}}/100)$$

sendo: P_s a pressão de saturação do vapor d'água à temperatura considerada;
$\%_{\text{umi}}$ a porcentagem de umidade relativa do gás úmido.

TABELA 2-8 Pressão de vapor d'água P_s em função da temperatura

t (°C)	Pressão (bar)	t (°C)	Pressão (bar)	t (°C)	Pressão (bar)	t (°C)	Pressão (bar)
1	0,0066	26	0,0333	51	0,1289	76	0,4011
2	0,0071	27	0,0353	52	0,1354	77	0,4182
3	0,0076	28	0,0375	53	0,1422	78	0,4357
4	0,0081	29	0,0397	54	0,1493	79	0,4539
5	0,0087	30	0,0421	55	0,1566	80	0,4729
6	0,0093	31	0,0445	56	0,1644	81	0,4924
7	0,0100	32	0,0472	57	0,1723	82	0,5126
8	0,0107	33	0,0499	58	0,1806	83	0,5335
9	0,0115	34	0,0528	59	0,1894	84	0,5551
10	0,0123	35	0,0558	60	0,1994	85	0,5774
11	0,0130	36	0,0589	61	0,2078	86	0,6005
12	0,0139	37	0,0623	62	0,2176	87	0,6243
13	0,0149	38	0,0657	63	0,2277	88	0,6489
14	0,0159	39	0,0694	64	0,2383	89	0,6743
15	0,0170	40	0,0733	65	0,2493	90	0,7006
16	0,0180	41	0,0772	66	0,2607	91	0,7556
17	0,0192	42	0,0814	67	0,2716	92	0,8142
18	0,0205	43	0,0858	68	0,2848	93	0,8766
19	0,0218	44	0,0904	69	0,2975	94	0,9430
20	0,0231	45	0,0952	70	0,3108	95	1,0134
21	0,0246	46	0,1002	71	0,3245	96	1,0881
22	0,0262	47	0,1054	72	0,3388	97	1,1673
23	0,0279	48	0,1109	73	0,3535	98	1,2512
24	0,0296	49	0,1167	74	0,3688	99	1,3400
25	0,0314	50	0,1227	75	0,3847	100	1,4340

A equação a ser utilizada, no caso, é:

$$\rho_{(úmido)} = \frac{M_m \cdot (P - Pv)}{R.T.Z} + \frac{M_{m(água)} \cdot Pv}{R.T} = \frac{1}{R.T} \cdot \left\{ \left[M_m \cdot (P - Pv) / Z \right] + M_{m(água)} \cdot Pv \right\} \quad [2.13]$$

Exemplo

Calcular a massa específica do ar, sendo a umidade relativa 95% e a temperatura 40°C. (T = 313,15 K) e pressão de 1 bar absoluto.

Na Tab. 2-6, o valor de Z do ar a 1 bar e a 40°C é interpolado: Z = 0,9998.

Na Tab. 2-5, a massa molar do ar é $28{,}9625 \cdot 10^{-3}$ kg/mol e a da água é $18{,}0153 \cdot 10^{-3}$ kg/mol.

Na Tab. 2-8, P_s a 40°C é 0,0733 bar ⇒ $P_v = 0{,}0733 \cdot 95/100 = 0{,}069\,6$ bar,

$\rho = [1/(83{,}144 \cdot 10^{-6} \cdot 313{,}15)] \cdot \{[28{,}9625 \cdot 10^{-3} \cdot (1 - 0{,}0696)/0{,}9998] + 18{,}0153 \cdot 10^{-3} \cdot 0{,}0696\}$;

$\rho = 1{,}083$ kg/m^3.

2.2.2 Viscosidade dos gases

A viscosidade absoluta dos gases puros (μ_1), a uma temperatura t (°C), pode ser avaliada com a fórmula de Sutherland, conhecendo-se a viscosidade absoluta (μ_0) a 0°C e o número de Sutherland (C_n), na Tab. 2-9 :

$$\mu_1 = \mu_0 \cdot [(273 + t)/273]^{1,5} \cdot [(273 + C_n)/(273 + C_n + t)] \qquad [2.14]$$

TABELA 2-9 Números de Sutherland e limites de aplicação

Gás	Fórmula	μ_0*	C_n	Limites de utilização (°C)
Ar		173	125	15 a 800
Acetileno	C_2H_2	93	148	0 a 100
Amoníaco	NH_3	83,1	503	20 a 300
Argônio	Ar	209	79	0 a 100
Benzeno	C_6H_6	67,7	448	130 a 315
Cloro	Cl_2	123	350	20 a 500
Dióxido de carbono	CO_2	138	254	20 a 280
Etano	C_2H_6	86,1	252	25 a 300
Etileno	C_2H_4	83,9	225	20 a 300
Hidrogênio	H_2	84,8	138	20 a 825
Monóxido de carbono	CO	166	101	20 a 280
Metano	CH_4	100	164	20 a 500
Nitrogênio	N_2	166	105	20 a 825
Oxigênio	O_2	192	125	15 a 830
Propano	C_3H_8	75	290	20 a 300

* 1 micropoise (1 μP) = 10^{-4} cP.

A viscosidade de uma mistura gasosa pode ser calculada a partir da fórmula de Herning-Zipperer:

$$\mu_{1\,mix} = \frac{n_1\mu_1\left(M_{m1}\cdot T_{c1}\right)^{0,5} + n_2\mu_2\left(M_{m2}\cdot T_{c2}\right)^{0,5} + \cdots + n_n\mu_n\left(M_{mn}\cdot T_{cn}\right)^{0,5}}{n_1\left(M_{m1}\cdot T_{c1}\right)^{0,5} + n_2\left(M_{m2}\cdot T_{c2}\right)^{0,5} + \cdots + n_n\left(M_{mn}\cdot T_{cn}\right)^{0,5}} \qquad [2.15]$$

sendo: $\mu_{1\,\mathrm{mix}}$ a viscosidade da mistura, na temperatura considerada (μP);
μ_1 a viscosidade de cada componente, na temperatura considerada (μP);
M_{m1}, M_{m2}, M_{mn} o massa molar de cada componente;
T_{c1}, T_{c2}, T_{cn} a temperatura crítica de cada componente.

O efeito da pressão sobre a viscosidade dos gases é objeto de equações empíricas, como no método de Reichenberg, que consta na ref. [5.5], ou por meio de gráficos (ver Fig. A-07, no anexo A.05), em função de P_r e de T_r.

2.2.3 Coeficiente $k = C_p/C_v$ dos gases

O coeficiente k representa a relação dos calores específicos C_p/C_v (calor específico, respectivamente, a pressão e a volume constantes); é uma propriedade que deve ser conhecida no caso de medição de gases por meio de elementos primários geradores de pressão diferencial.

A Tab. 2-10 fornece os valores de k para vários gases puros, já que sua influência sobre os resultados é relativamente pequena. Geralmente não se leva em conta o efeito das variações da pressão e da temperatura sobre o valor de k. Para cálculos precisos, e para misturas de gases, a ref. [5.5] fornece informações sobre mais de quarenta gases diferentes.

TABELA 2-10 Valores de *k* de gases puros para diferentes pressões e temperaturas

Gás	*k* 20°C, 1 bar	*k* 20°C, 10 bar	*k* 20°C, 70 bar	*k* 50°C, 1 bar	*k* 100°C, 1 bar	*k* 150°C, 1 bar
Ar	1,402	1,419	1,533	1,401	1,398	1,394
Monóxido de carbono	1,402	1,421	1,565	1,401	1,398	1,395
Dióxido de carbono	1,297	1,362	—	1,283	1,263	1,248
Nitrogênio	1,401	1,418	1,530	1,401	1,399	1,397
Oxigênio	1,397	1,416	1,549	1,394	1,387	1,379
Hidrogênio	1,406	1,407	—	1,402	1,399	1,397

2.2.4 Poder calorífico do gás natural

O poder calorífico de misturas de gases combustíveis pode ser calculado a partir das propriedades dos seus componentes. No caso específico do gás natural, a norma ASTM 3588 fornece os dados que permitem efetuar o cálculo do poder calorífico superior — PCS- (*gross heating value* -GHV-, em inglês) do gás úmido, com NC componentes, na condição de referência de 20°C e 1 atm. Com a inclusão deste cálculo nos computadores de vazão, é possível converter os volumes totalizados em energia.

A fórmula a ser aplicada, no caso, é:

$$(\mathrm{PCS})_{\text{úmido}} = (1 - x_{\mathrm{H_2O}}) \cdot \sum_{j=1}^{NC} x_j (\mathrm{PCS}) j \qquad [2.16]$$

em que: $(\mathrm{PCS})_{\text{úmido}}$ é o poder calorífico superior do gás natural úmido, em kcal/m^3;
$(\mathrm{PCS})_j$ é o poder calorífico superior do j-ésimo componente, em kcal/m^3;
x_j é a fração molar do j-ésimo componente, base seca;
$x_{\mathrm{H_2O}}$ é a fração molar do vapor d'água no gás úmido, a 20°C e 1 atm.

A tabela 2-11 reproduz os valores do PCS sos componentes do gás natural, a serem aplicados na fórmula [2.16]

TABELA 2-11 PCS para componentes do gás natural

Componente	Poder calorífico superior kcal/m³ a 20°C e 1 atm
Metano	8 848,81
Etano	15 504,70
Propano	22 045,60
i-Butano	28500,81
n-Butano	28 592,23
i-Pentano	35 051,81
n-Pentano	35120,74
n-Hexano	41 676,10
n-Heptano	48 222,58
n-Octano	54 751,33
n-Nonano	61 308,33
n-Decano	67 839,71
Nitrogênio	0,00
CO_2	0,00
H_2S	5 583,48

2.3 VAPOR D'ÁGUA

As principais propriedades físicas do vapor d'água que interagem com os medidores de vazão são a densidade, a viscosidade e o coeficiente de expansão isentrópica $k = C_p/C_v$. O vapor d'água pode ser superaquecido ou saturado. Quando o vapor está saturado, a cada temperatura corresponde uma única pressão, densidade, viscosidade e um único valor de k. Quando está superaquecido, a densidade, a viscosidade e o valor de k dependerão do grau de superaquecimento do vapor em relação à temperatura de saturação para a pressão considerada.

Existem tabelas e gráficos de densidade e de viscosidade do vapor d'água, porém as equações empíricas destinadas a calcular esses valores têm a vantagem da compatibilidade com os computadores.

Entre as várias equações que determinam as propriedades do vapor d'água, temos:

2.3.1 Massa específica do vapor

$$\rho_f = 1/\{4{,}555 \cdot (T/P) + 1{,}89 - x + (1{,}89 - x)^2 \cdot [(82{,}5/T) - (162\,460/T^2)] \cdot (P/T) + (1{,}89 - x)^4 \cdot (0{,}218 - 126\,970/T^2) \,.\, (P/T)^3 - [(1{,}89 - x)^{13} \cdot (3{,}635 \cdot 10^{-4} - 6{,}768 \cdot 10^{64}/T^{24})\,(P/T)^{12}]\} \qquad [2.17]$$

sendo: $x = 2\,642/T \cdot \exp\,(186\,300/T^2)$;

T a temperatura absoluta do vapor d'água (K);

P a pressão absoluta (atm).

2.3.2 Viscosidade do vapor

$$\mu_f = 0{,}0001 \cdot (V_a + V_b) \qquad [2.18]$$

$$V_a = 0{,}407 \cdot T + 80{,}4.$$

Se $t > 350°C$: $V_b = [\rho_f \cdot (1{,}021 \cdot 10^{-5} \cdot \rho_f + 6{,}765 \cdot 10^{-4}) + 0{,}353]$.
Se t 350°C: $V_b = 1{,}858 \cdot 0{,}0059 \cdot T$.

2.3.3 Coeficiente $k = c_p/c_v$ do vapor

$$k = [k_x - (0{,}0753 \cdot T_r)] + 1{,}3655 \qquad [2.19]$$

$k_1 = T_r \cdot (-0{,}1208 \cdot T_r + 0{,}36401)$; $k_2 = k_1 - 0{,}25444$;
$k_3 = T_r \cdot (1{,}52574 \cdot T_r - 2{,}24953) + 1$; $k_x = P_r . (k_2 / k_3)$;

Onde P_r = pressão reduzida = $P_{(bar)}/221{,}2$; T_r = temperatura reduzida = $T_{(K)}/647{,}3$.

2.3.4 Pressão de vapor d'água

Para o vapor saturado, a seguinte seqüência permite calcular a pressão de saturação com muita exatidão, em função da temperatura.

Equação para vapor saturado [2.20]	Parâmetros a serem aplicados na Eq. [2.20]
$T_i = 1 - T_r$	T_r = Temperatura reduzida = $T_{(K)}/647{,}3$
$T_a = [(T_i \cdot A1 + B1) \cdot T_i + C1] \cdot T_i$	$A_1 = -118{,}9646225$
$T_b = \{[(T_a + D1) \cdot T_i] + E1\} \cdot T_i$	$B_1 = 64{,}23285504$
$T_c = [(T_i \cdot F1 + G1) \cdot T_i + 1] \cdot T_r$	$C_1 = -168{,}1706546$
$T_d = T_b/T_c$	$D_1 = -26{,}08023696$
$T_e = T_i^2 \cdot 10^6$	$E_1 = -7{,}691234564$
$T_g = T_d - (T_i/T_e)$	$F_1 = 20{,}9750676$
$T_h = e^{Tg}$	$G_1 = 4{,}16711732$
$P_{s\ (bar\ abs.)} = T_h \cdot 221{,}2$	

2.4 CONCLUSÃO SOBRE O CAPÍTULO 2

As propriedades dos fluidos acabam ocupando uma parte considerável de qualquer estudo sobre a medição de vazão. Foram abordados aqui os principais aspectos das propriedades dos líquidos, gases e vapor, porém não é possível uma abrangência tão completa quanto a dos livros especializados sobre o assunto.

É importante saber que, aliando os conhecimentos sobre essa matéria com os da vazão, consegue-se interpretar de forma mais completa os resultados de uma medição de vazão.

Graças aos esforços de pesquisadores que desenvolveram as equações sobre as propriedades dos fluidos descritas neste capítulo, é possível fazer cálculos muito exatos da densidade ρ e do valor de Z. No caso do gás natural, a incerteza é da ordem de ±0,1% numa larga faixa de pressões e de temperaturas. No caso geral, a incerteza sobre ρ e Z é da ordem de ±0,5% Os valores da viscosidade (μ) e do coeficiente $k = C_p/C_v$ não exigem a mesma exatidão. Os métodos citados neste capítulo determinam μ e k com uma incerteza da ordem de ±1%, suficiente na maioria dos casos. Para maiores detalhes ou mais precisão, será preciso recorrer à literatura especializada citada na lista de referências.

MEDIDORES DEPRIMOGÊNIOS

A medição de vazão por elementos primários deprimogênios, em particular por placas de orifício, apesar de ser a mais antiga, ainda é a mais utilizada em todo o mundo, por dar origem a medidores extremamente versáteis, empregáveis na maioria das aplicações industriais. O elemento primário, diretamente em contato com o fluido, é o primeiro elo de uma malha de medição. A malha completa é geralmente complementada por um transmissor de pressão diferencial e um instrumento receptor.

3.1 Teoria resumida

A teoria da medição de vazão por pressão diferencial é fundamentada em leis físicas conhecidas. As equações teóricas devem ser complementadas por coeficientes práticos, para que a vazão possa ser medida com precisão. A teoria considera a equação da continuidade e a equação de Bernoulli.

3.1.1 Equação da continuidade

A equação da continuidade aplica-se diretamente a líquidos incompressíveis que fluem em tubulação completamente preenchida, cuja seção varia de S_1 para S_2. Num determinado instante, ao longo da tubulação, a vazão volúmica Q_v é igual ao produto da velocidade V pela seção S:

$$S_1 \cdot V_1 = S_2 \cdot V_2 = Q_v \qquad [3.1]$$

3.1.2 Equação de Bernoulli

A equação de Bernoulli foi desenvolvida para estabelecer a relação entre velocidade e pressão num filete líquido cujo diâmetro (muito pequeno, por hipótese) varia num certo trecho, passando da seção 1 (dS_1) à seção 2 (dS_2), como na Fig. 3-1.

Uma das demonstrações teóricas consiste em aplicar o teorema da mecânica, que estabelece ser o trabalho das forças aplicadas a um corpo igual ao incremento de energia cinética do mesmo. Considera-se que o elemento do filete limitado pelas seções [1 e 2], ao passar para a posição [1′ e 2′] durante um tempo dt, teve o mesmo incremento de energia que um elemento de filete [1/1′] passando para a posição[2/2′], já que o elemento [1′/2] é comum.

Os trabalhos das forças presentes e o acréscimo de energia são calculados como segue:

- Trabalho das forças de pressão

$$p_1 \cdot dS_1 \cdot V_1 \cdot dt - p_2 \cdot dS_2 \cdot V_2 \cdot dt$$

- Trabalho das forças de gravidade

$$(\Lambda_1 - \Lambda_2) \cdot dw$$

onde $dw = \gamma \cdot V_1 \cdot dt \cdot dS_1 = \gamma \cdot V_2 \cdot dt \cdot dS_2$

- Acréscimo de energia

$$(V_2^2 - V_1^2) \cdot dw/2g$$

Igualando, temos:

$$\frac{V_1^2}{2g} + \frac{p_1}{\gamma} + \Lambda_1 = \frac{V_2^2}{2g} + \frac{p_2}{\gamma} + \Lambda_2$$

Essa é a equação de Bernoulli, em que:

V é a velocidade (m/s);
p a pressão (kgf/m^2);
g a aceleração da gravidade (m/s^2);
γ a densidade (kgf/m^3);
Λ a elevação (m).

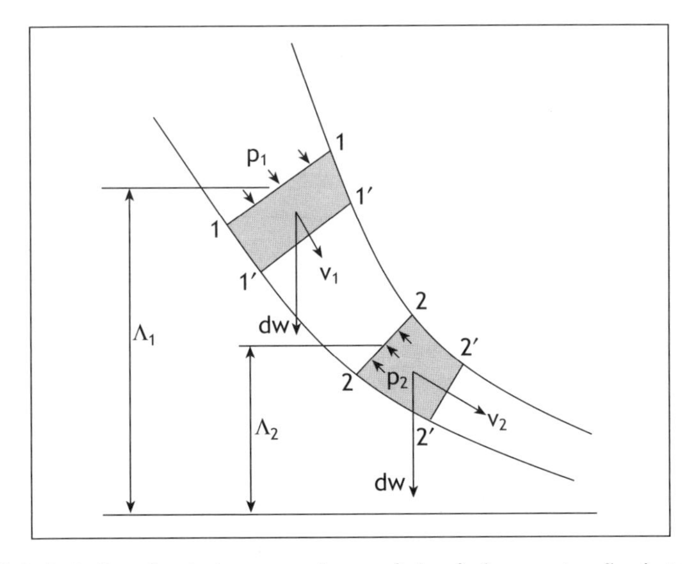

FIGURA 3-1 Aplicação do teorema da mecânica à demonstração do teorema de Bernoulli.

A equação apresenta-se geralmente da seguinte forma simplificada, para um trecho horizontal e utilizando o sistema S.I:

$$\frac{V_1^2}{2} + \frac{p_1}{\rho} = \frac{V_2^2}{2} + \frac{p_2}{\rho} \qquad [3.2]$$

sendo: V a velocidade em m/s
p a pressão em Pa
ρ a massa específica do fluido, em kg/m^3

os índices $_1$ e $_2$ referem-se à seção 1 a à seção 2, respectivamente.

Rearranjando a equação anterior para uso direto em cálculos de elementos deprimogênios e empregando os símbolos β e E, usados internacionalmente, temos:

$$V_1 = E\beta^2 \cdot \sqrt{(2/\rho)\cdot(p_1 - p_2)} \qquad [3.3]$$

onde: $\beta = d/D$
$E = 1/\sqrt{(1-\beta^4)}$;
D = diâmetro correspondente à seção 1;
d = diâmetro correspondente à seção 2.

Essa é a equação teórica fundamental, que gera as demais em medição de vazão. Passar da equação teórica à prática, significa não limitar-se à seção de um filete líquido e generalizar a equação para a velocidade média da seção, cujo perfil de velocidades é uma função do número de Reynolds.

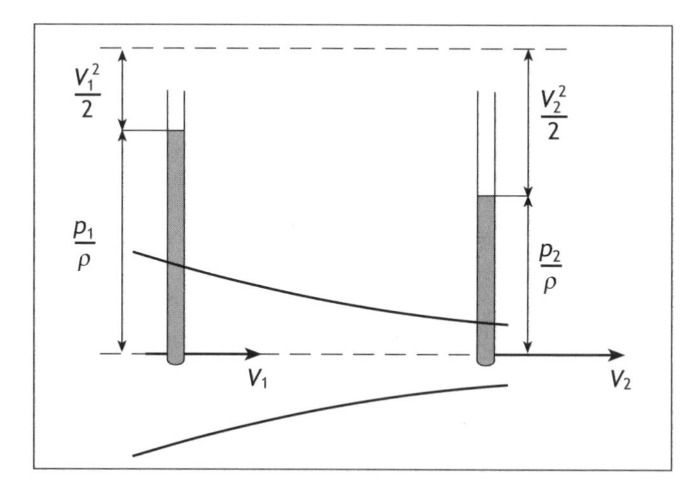

FIGURA 3-2 Variações da coluna de líquido em função da velocidade.

A equação de Bernoulli é extremamente útil, pois mostra claramente que a velocidade V_1 pode ser determinada conhecendo-se os seguintes dados:

- as dimensões geométricas do filete (por extensão, do elemento primário d e D);
- a pressão diferencial (V_1 é diretamente proporcional à $\sqrt{p_1 - p_2}$, ou seja, à $\sqrt{\Delta p}$);
- a massa específica, (V_1 é inversamente proporcional à $\sqrt{\rho}$).

3.1.3 Coeficiente de descarga

A equação de Bernoulli não pode ser aplicada diretamente para escoamentos reais, já que estes são muito diferentes do filete líquido adotado como critério inicial. Num escoamento real, com número de Reynolds superior a 4 000 (escoamento turbulento), a velocidade não é igual à velocidade média em todos os pontos, e as linhas fluidas não acompanham o formato geométrico da tubulação, especialmente no caso de placas de orifício, como mostram as Figs. 3-3 e 3-4.

FIGURA 3-3 Escoamento real por placa de orifício.

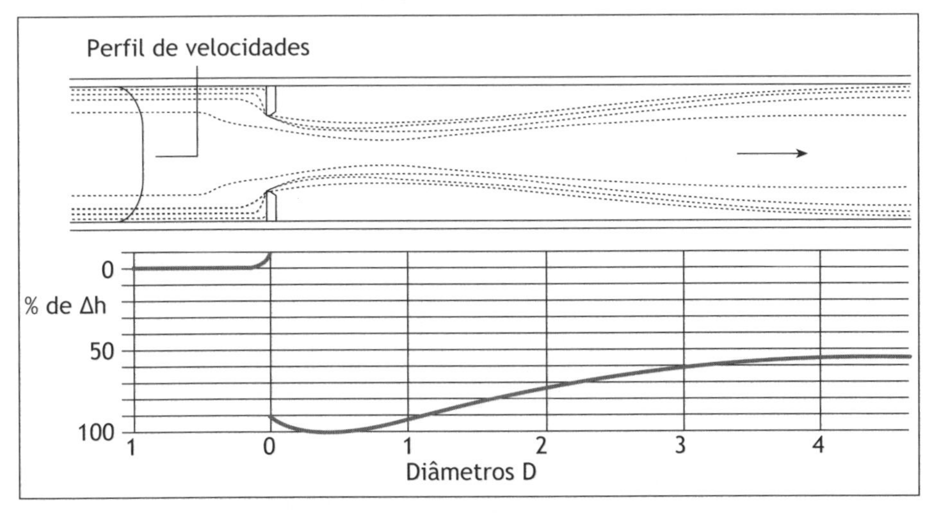

FIGURA 3-4 Escoamento idealizado, com as variações de pressão ao longo da linha

A fim de permitir o uso prático da equação de Bernoulli, é necessário introduzir o coeficiente de descarga (C):

$$\mathbf{C} = \frac{\textbf{vazão real}}{\textbf{vazão teórica}}$$

Para estabelecer o coeficiente C, a vazão teórica é calculada a partir de medidas precisas das dimensões do elemento, da massa específica do fluido e da pressão diferencial. A vazão real é medida pelo tempo necessário para se preencher um determinado volume ou para completar um peso definido de líquido. Esses levantamentos são realizados em centros de pesquisas e universidades de diversos países, e os valores de C são "consolidados" em comitês internacionais de normalização.

Os coeficientes de descarga dos elementos deprimogênios são função do tipo de elemento primário (placa, bocal, Venturi...), da posição das tomadas (*flange taps*, *radius taps*...), do diâmetro da linha (D), do valor de β e do número de Reynolds (R_D). Os coeficientes de descarga dos elementos deprimogênios estão representados na Fig. 3-5.

Observa-se que as curvas representativas das variações dos valores de C em função dos números de Reynolds tendem geralmente a ser mais constantes para valores elevados de R_D e que são tanto mais próximas de 1 quanto mais aerodinâmico seu perfil: tubos Venturi têm um coeficiente de descarga próximo a 1, enquanto que placas de orifício de canto reto apresentam um valor de C em torno de 0,61 para altos números de Reynolds.

Vários pesquisadores dedicaram-se a estudar a forma de representar essas curvas sob forma de equações chamadas de "empíricas" por representar resultados experimentais. A tarefa foi resolvida de forma diferente, ao longo do tempo, evoluindo junto com o progresso dos recursos do cálculo numérico e da disponibilidade da informática:

- Buckingham desenvolveu equações específicas para placas de orifício, uma para cada tipo de tomada.
- Jean Stolz apresentou uma única equação para placas de orifício com tomadas *corner taps*, *flange taps* e *radius taps*, um progresso muito grande em relação às anteriores, porém limitou sua aplicação a números de Reynolds relativamente elevados (R_D limite inferior = $1\,260\beta^2D$).
- Reader-Harris e Gallagher aproveitaram a estrutura da equação de Stolz e estenderam a aplicabilidade da equação empírica a números de Reynolds mais baixos, ao limite inferior do escoamento turbulento: 4 000 ou $170\beta^2D$, o maior.

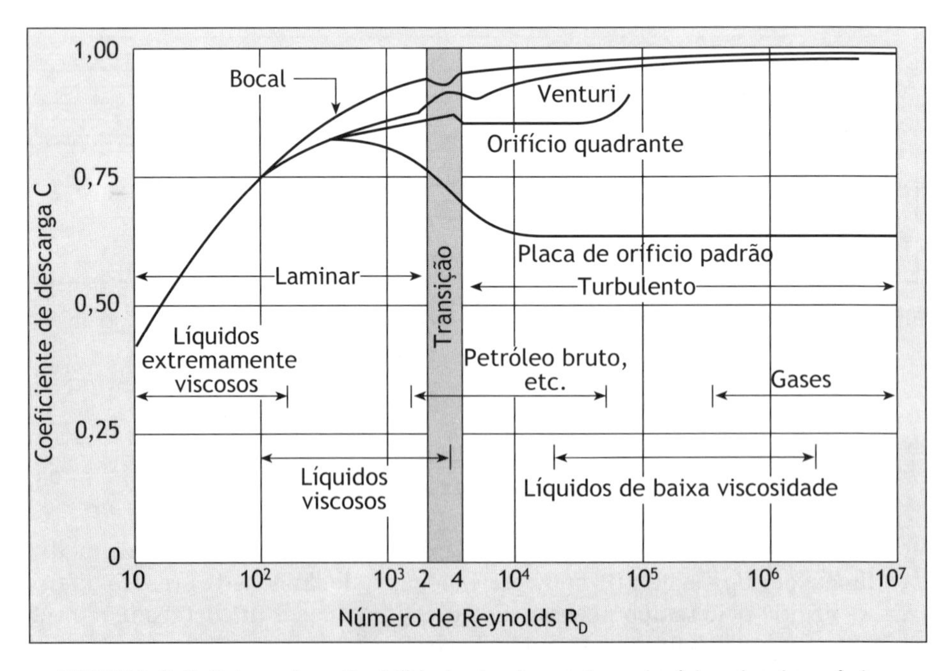

FIGURA 3-5 Faixas de aplicabilidade de elementos primários deprimogênios, em função de R_D.

Usando a equação $Q_{real} = C \cdot Q_{teórica}$, e combinando a equação de Bernoulli com a da continuidade, temos:

$$Q_v = CE\beta^2 \cdot S_1 \cdot \sqrt{\left[2 \cdot (p_1 - p_2)/\rho\right]} \quad [3.4]$$

Substituindo S_1 por $\pi D^2/4$ e considerando que $\pi/4\sqrt{2} = 1{,}1107$, temos:

$$Q_v = 1{,}1107 \cdot CE\beta^2 \cdot D^2 \cdot \sqrt{(p_1 - p_2)/\rho} \quad [3.5]$$

com Q em metros cúbicos por segundo (m^3/s); p_1 e p_2 em pascals (Pa); D em metros (m); ρ em quilogramas por metro cúbico (kg/m^3).

O produto $CE\beta^2$ pode ser tratado em conjunto, sendo C uma característica de cada elemento primário e o produto $E\beta^2$ representativo das dimensões geométricas.

3.1.4 Número de Reynolds

Osborne Reynolds (1842-1912) desenvolveu um "identificador de regime" de escoamento baseado em parâmetros cujas unidades, uma vez efetuada a operação, resultam em valor adimensional:

$$R_e = \frac{V \cdot D}{\nu} \quad [3.6]$$

sendo V a velocidade (m/s);
D o diâmetro (m);
a viscosidade (m^2/s).

Quando o número de Reynolds se refere à seção onde o diâmetro é D, costuma-se escrever R_D. Excepcionalmente, nas referências sobre a medição de vazão, o número de Reynolds se refere ao diâmetro d e, nesse caso, escreve-se R_d.

O número de Reynolds é válido para líquidos, gases e vapores e permite definir três regimes de escoamento:

abaixo de R_D = 2 000, regime laminar;
entre R_D = 2 000 e 4 000, regime transitório;
acima de R_D = 4 000, regime turbulento.

Os valores 2 000 e 4 000 são limites aproximados.

O número de Reynolds pode também ser calculado pela fórmula:

$$R_D = \frac{4 \cdot Q_m}{\pi \cdot D \cdot \mu_p} = \frac{1{,}273 \cdot Q_m}{D \cdot \mu_p}$$

sendo Q_m a vazão mássica (kg/s);
D o diâmetro da tubulação (m);
μ_p a viscosidade do fluido (Pa · s).

3.2 Equação para Fluidos reais

A equação de Bernoulli foi desenvolvida para fluidos incompressíveis. Em decorrência disso, nela consta uma única massa específica de operação, sem os índices $_1$ ou $_2$. Com fluidos compressíveis, a massa especifica se altera, pela mudança de pressão, quando o fluido passa pelo elemento primário. Torna-se necessário, então, introduzir um fator ε para corrigir esse efeito: a equação generalizada para fluidos compressíveis inclui o parâmetro $\boldsymbol{\varepsilon}$:

$$Q_v = 1{,}1107 \cdot CE\beta^2 \cdot D^2 \cdot \varepsilon \cdot \sqrt{(p_1 - p_2)/\rho} \qquad [3.8]$$

E, ainda, considerando que a vazão mássica Q_m (kg/s) = Q_v (m^3/s) · ρ (kg/m^3) e substituindo $p_1 - p_2$ por Δp, temos:

$$Q_m = 1{,}1107 \cdot CE\beta^2 \cdot D^2 \cdot \varepsilon \cdot \sqrt{\Delta p \cdot \rho} \qquad [3.9]$$

O fator $\boldsymbol{\varepsilon}$, chamado de "fator de expansão isentrópica", pode ser representado por uma equação simples nos casos de placas de orifício, ver 3.2.2.

3.2.1 Equações para coeficientes de descarga

A norma AGA3/ANSI/API 2530 (1991), Ref.[2.1], adotou a equação empírica de Reader-Harris/Gallagher (RG), para representar o coeficiente de descarga *C*. Os trabalhos de Buckingham, nos Estados Unidos, e de Stolz, na França, foram fundamentais para o desenvolvimento dessas equações. Para os orifícios com tomadas de $2\frac{1}{2}D$ e $8D$ (*pipe taps*), a equação de Buckingham ainda é empregada pela AGA 3 e seguida em toda a literatura sobre o assunto. A nova norma ISO 5167 adotou equação de RG atualizada e estendida às tomadas *flange taps*, *radius taps* e *corner taps*, com parâmetros ligeiramente diferentes. Essas diferenças estão ligadas a considerações sobre limites de β, incertezas e dados laboratoriais considerados para os cálculos estatísticos que geraram os parâmetros.

As equações da nova norma ISO 5167 e da AGA3 são mostradas no seguinte quadro comparativo:

AGA eq. [3.10a]	ISO 5167* eq. [3.10b]
$0{,}5961 + 0{,}0291\beta^2 - 0{,}229\beta^8$ $+0{,}000511 \cdot (10^6\,\beta/R_D)^{0,7}$ $+(0{,}21 + 0{,}0049A)\beta^4\,(10^6/R_D)^{3,5}$ $+(0{,}0433 + 0{,}0712\,e^{-8,5\,L_1} - 0{,}1145\,e^{-6L_1}) \cdot$ $\cdot\,(1 - 0{,}23A) \cdot \beta^4/(1-\beta^4)$ $-\,0{,}0116\,[M'_2 - 0{,}52\,M'^{1,3}_2]\,\beta^{1,1} \cdot (1 - 0{,}14A)$	$0{,}5961 + 0{,}0261\beta^2 - 0{,}216\beta^8$ $+\,0{,}000521 \cdot (10^6\,\beta/R_D)^{0,7}$ $+(0{,}188 + 0{,}0063A)\,\beta^{3,5}\,(10^6/R_D)^{0,3}$ $+(0{,}043 + 0{,}08\,e^{-10L_1} - 0{,}123\,e^{-7L_1}) \cdot$ $\cdot\,(1 - 11A) \cdot \beta^4/(1-\beta^4)$ $-\,0{,}031\,[M'_2 - 0{,}8\,M'^{1,1}_2]\,\beta^{1,3}$
Se $D < 71{,}12$ mm, acrescentar o termo seguinte, com D em mm	
$+\,0{,}003\,(1-\beta)\,[2{,}8 - (D/25{,}4)]$	$+0{,}011\,(0{,}75-\beta)\,[2{,}8 - (D/25{,}4)]$

* Edição ISO 5167 submetida à aprovação internacional em 1998, chamada a seguir ISO 5167.
$A = ((19\,000\,\beta)/R_D)^{0,8}$, $M'_2 = 2\,L'_2/(1-\beta)$.

- Para as tomadas *corner taps* (somente ISO 5167):

  $L_1 = L'_2 = 0.$

- Para as tomadas *flange taps* (AGA3 e ISO 5167):

  $L_1 = L'_2 = 25{,}4/D$ (sendo D em milímetros).

- Para as tomadas *radius taps* (somente ISO 5167):

  $L_1 = 1;\ L'_2 = 0{,}47.$

A equação empírica de Buckingham para as tomadas *pipe taps* na norma AGA 3, considerando-se os parâmetros convertidos para D em mm, é a seguinte:

O produto CE é considerado, ao invés de C:

$$\left.\begin{aligned} CE &= C'E\left[1+\left(B_1\beta / R_D\right)\right] \\ C'E &= \Big\{0{,}5925+\left(0{,}4623 / D\right)+\left[0{,}440-\left(1{,}524 / D\right)\right]\beta^2+\left[0{,}935+\left(5{,}715 / D\right)\right]\beta^5 \\ &\quad +1{,}35\,\beta^{14}+\left(7{,}207 / D^{0,5}\right)\left(0{,}25-\beta\right)^{5/2}\Big\} / \left(1+0{,}000015\,\mathrm{A}\right) \\ A &= 905-5000\beta+9000\beta^2-4200\beta^3+\left(22\,225 / D\right),\ \text{e}\ \mathrm{B}_1=0{,}03937\,\mathrm{D}\,\beta\,\mathrm{A} \end{aligned}\right\} \quad [3.11]$$

Observações: (1) D deve ser expresso em milímetros; (2) os termos imaginários da equação devem ser igualados a zero.

3.2.2 Fator de expansão isentrópica

O fator de expansão isentrópica ε, aplicado para gases e vapores, é representado por uma equação empírica, válida para placas de orifício com tomadas "*flange taps*", "*corner taps*" e "*radius taps*". Para tomadas a $2\frac{1}{2}\,D$ e $8\,D$, ver Y_1 na tabela 3.21.

Caso a pressão do gás seja a da tomada a montante, usa-se a equação:

$$\varepsilon_1 = 1-[(0{,}41+0{,}35\beta^4)\cdot(\Delta p/P)/k] \quad [3.12]$$

com Δp e P(abs.) nas mesmas unidades e sendo k o coeficiente isentrópico.

Caso a pressão do gás seja a da tomada a jusante, a densidade do gás deve ser calculada considerando-se a pressão P_2, e a equação será:

$$\varepsilon_2 = \varepsilon_1[1+\Delta p/P_2)]^{0,5} \quad [3.13]$$

Nota-se que, na norma ISO 5167, a equação apresentada para o cálculo de ε foi alterada em relação à anterior, de 1991, para:

$$\varepsilon_1 = 1-(0{,}351+0{,}256\beta^4+0{,}93\beta^8)[1-(P_2/P_1)^{1/k}] \quad [3.14]$$

Esse assunto é objeto de polêmica e será discutido no Cap. 3 (Sec.24.3.1).

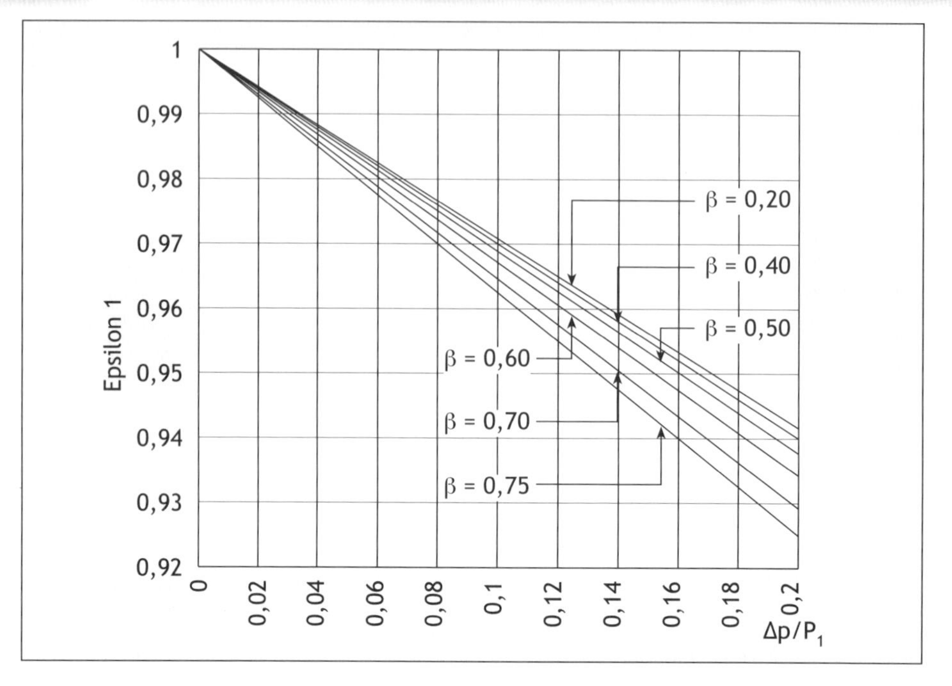

FIGURA 3-6 Gráfico de ε_1, em função de $\Delta p/P_1$, para $k = 1,4$, na ISO 5167 (1991) e AGA3 (1991) (de acordo com a equação [3.12], para placas de orifícios concêntricas).

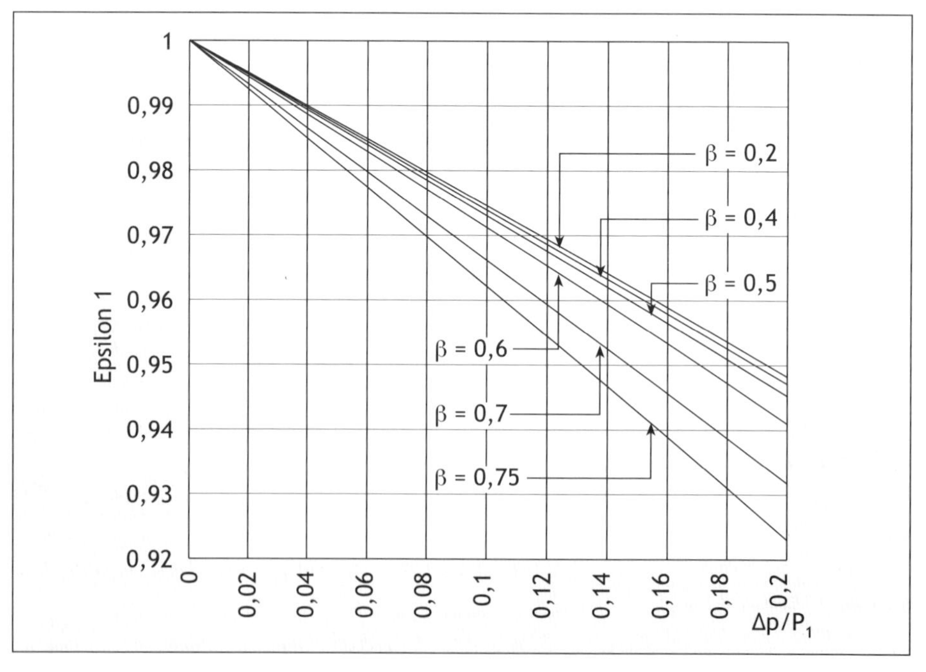

FIGURA 3-7 Gráfico de ε_1, em função de $\Delta p/P_1$, para $k = 1,4$, na ISO 5167 (de acordo com a equação [3.14], para placas de orifícios concêntricas).

3.2.3 Cálculo típico de placa de orifício

De acordo com as práticas estabelecidas, os elementos primários geradores de pressão diferencial são calculados individualmente para cada aplicação. O cálculo pode ser feito em três sentidos, dependendo das necessidades:

- cálculo das dimensões do elemento primário (valor de β) para a fabricação, conhecendo-se o diâmetro da tubulação, o Δp a ser gerado, a vazão normal e de fim de escala, (FE) e os dados do fluido;
- cálculo da vazão, caso o medidor esteja instalado, conhecendo-se o diâmetro da tubulação, o valor de β, o Δp gerado, e os dados do fluido;
- cálculo do Δp a ser gerado, caso se queira especificar o transmissor, por exemplo, conhecendo-se o diâmetro da tubulação, o valor de β, a vazão normal e de fim de escala e os dados do fluido.

Os dados de vazão normal e de fim de escala são necessários para se avaliar adequadamente o coeficiente de descarga, que varia com o número de Reynolds, por sua vez função direta da vazão.

O cálculo preciso do resultado deve ser feito de forma iterativa nos dois primeiros sentidos, pois a incógnita não pode ser isolada, devido aos fatores que determinam o coeficiente de descarga:

- no primeiro sentido, o valor de C depende do valor de β, que é a incógnita;
- no segundo sentido, o valor de C depende do número de Reynolds, que depende da vazão, que é a incógnita;

No terceiro sentido, o cálculo poderá ser iterativo, no caso de fluido compressível, devido ao coeficiente de expansão $\boldsymbol{\varepsilon}$, que depende de Δp, que é a incógnita.

O exemplo a seguir é típico, sendo a metodologia aplicável a qualquer tipo de placa de orifício, de bocal de vazão ou tubo Venturi.

Exemplo

Calcular o valor de β de uma placa de orifício concêntrica a ser fabricada em aço inoxidável 316, com tomadas *flange taps*. O fluido é ar seco, a 8,6 bar absolutos e 45°C, com faixa de vazão, em m^3/h (0°C e 1 atm), de 800/1 000 (normal/FE). A tubulação será em aço-carbono, com diâmetro interno de 77,93 mm (3 pol sch. 40) [ver schedule no anexo A 01]. Considerar a pressão diferencial de fim de escala em 25 kPa e usar a equação da AGA3 para C e $\boldsymbol{\varepsilon}$.

Em se tratando de um fluido compressível, a equação a ser aplicada é a [3.8]:

$$Q_v = 1{,}1107 \cdot CE\beta^2 \cdot D^2 \cdot \varepsilon \cdot \sqrt{(p_1 - p_2)/\rho}$$

Ou, isolando o produto $CE\beta^2 \cdot \boldsymbol{\varepsilon}$, adotando a notação $\Delta p = p_1 - p_2$ e frisando que os valores a serem considerados são os *de operação*, com índice f, temos:

$$CE\beta^2 \cdot \varepsilon = Q_{vf} \cdot \sqrt{\rho_f} \,/\left[1{,}1107 \cdot D_f^2 \cdot \sqrt{\Delta p}\right]$$

- Cálculo de ρ

O valor de ρ deve ser calculado em kg/m^3, nas condições de operação aplicando a equação [2-8]. Os valores exatos de Z para as condições de referência e de operação são: 0,9994 e 0,9976, respectivamente.

$\rho_{\text{ref.}} = 1{,}293$ kg/m^3 e $\rho_f = 9{,}4385$ kg/m^3.

- Cálculo de Q_v

Deve ser calculado para a vazão normal ($Q_{v\text{NOR}}$) e a vazão de fim de escala ($Q_{v\text{FE}}$), em m^3/s, nas condições de operação. Aplicando a equação $Q_0 \cdot \rho_0 = Q_{vf} \cdot \rho_f$, temos:

$Q_{vf\text{FE}} = (1\,000/3\,600) \cdot 1{,}293/9{,}4385 = 0{,}038053$ m^3/s

$Q_{vf\text{NOR}} = (800/3\,600) \cdot 1{,}293/9{,}4385 = 0{,}030442$ m^3/s

- Cálculo de D_f

Deve ser em metros, à temperatura de operação e considerando que o fator de dilatação linear do aço-carbono é $12 \cdot 10^{-6}$/°C:

$D_f = 77{,}93 \cdot [1 + 0{,}000012 \cdot (45 - 20)] = 77{,}953$ mm $= 0{,}077953$ m

Podemos agora calcular o valor de $CE\beta^2 \cdot \varepsilon$:

$CE\beta^2 \cdot \varepsilon = 0{,}038053 \cdot \sqrt{9{,}4385}/[1{,}1107 \cdot 0{,}077953^2 \cdot \sqrt{25\,000}] = 0{,}10955$

Para o valor de ε, calcula-se um valor preliminar de $\beta(\beta^*)$, estimando-se $C = 0{,}61$ e $\varepsilon = 1$, de forma que $E\beta^2 = 0{,}10955/0{,}61 = 0{,}1796$

$\beta^* = \{(E\beta^2)^2/[1 + (E\beta^2)^2\}^{0,25} \Rightarrow \{0{,}1797^2/[1 + (0{,}1796)^2\}^{0,25} = 0{,}421$

- Cálculo de ε, para a vazão normal

O cálculo de ε para a vazão normal deve ser feito considerando-se o Δp_{NOR}. Estima-se o Δp_{NOR} pela relação quadrática entre a pressão diferencial e a vazão:

$\Delta p_{\text{NOR}} = (Q_{vf\text{NOR}}/Q_{vf\text{FE}})^2 = 16$ kPa.

Para se calcular a relação $\Delta p_{\text{NOR}}/P$, a pressão P deverá estar nas mesmas unidades que Δp_{NOR}: 860 kPa. Aplicando a Eq. [3.12], teremos:

$$\varepsilon = 1 - \left(0,41 + 0,35\beta^4\right) \cdot \frac{\Delta p}{P_1} \cdot \frac{1}{k}$$

$$\varepsilon = 1 - \left(0,41 + 0,35 \cdot \left(0,421\right)^4\right) \cdot \frac{16}{860} \cdot \frac{1}{1,41} = 0,9944$$

Assim, $CE\beta^2 = 0{,}10955/0{,}9944 = 0{,}11017$.

Para concluir o cálculo, é necessário calcular o valor do número de Reynolds correspondente à vazão normal, para se aplicar à equação empírica do coeficiente de descarga.

- Cálculo do número de Reynolds ($R_D = V_f \cdot D_f/\nu_f$) correspondente à vazão normal

A velocidade é $Q_{vf\text{NOR}}/S$: $V_f = 0{,}030442/(\pi \cdot 0{,}077953^2/4) = 6{,}3781$ m/s.
A viscosidade ν_f deve ser expressa em m^2/s:

$\nu_f = 0{,}0195 \cdot 9{,}4385 \cdot 10^{-6} = 0{,}183 \cdot 10^{-6}$;

$R_{D\text{NOR}} = 6{,}3781 \cdot 0{,}077953/0{,}183 \cdot 10^{-6} = 0{,}2406 \cdot 10^6$

Aplica-se a Eq. [3.10] com os coeficientes da AGA para $D > 71{,}12$ mm, para calcular o valor de C dessa placa de orifício concêntrica, com tomadas *flange taps*. É necessário utilizar um método iterativo que faça convergir os valores de β de tal forma que $CE\beta^2$ seja igual a 0,11017. No caso, encontramos o valor exato $\beta = 0{,}42438$.

- Cálculo de $d_{(20)}$, diâmetro do orifício, à temperatura de usinagem

Calcula-se inicialmente o diâmetro do orifício à temperatura de operação:

$d_f = D_f \cdot \beta = 0{,}077953 \cdot 0{,}42438 = 0{,}03308$ m ou 33,08 mm.

Calcula-se o diâmetro d a 20°C considerando-se o coeficiente de dilatação linear do aço inoxidável 316, que é $17{,}5 \cdot 10^{-6}$ / °C:

$d_{20} = 33{,}08/[1 + 0{,}0000175 \cdot (45\text{-}20)] = 33{,}07$ mm.

- Avaliações de aplicabilidade

Deve-se verificar se o elemento primário calculado é adequado à aplicação. A cada tipo de elemento deprimogênio correspondem limitações:

- limites de β;
- limites de $\Delta p/P$, para o valor de ε;
- limites superior e inferior dos diâmetros d e D;
- limites de número de Reynolds;
- limites de rugosidade da tubulação;
- limites de trecho reto necessário.

3.2.4 Cálculo por computador

O programa Digiopc destina-se ao cálculo dos elementos primários de vazão que geram pressões diferenciais:

- placas de orifício clássicas, de acordo com as normas ISO 5167 e AGA3;
- placa de orifício de pequenos diâmetros;
- placas excêntricas e segmentais;
- placas de bordo quadrante e de entrada cônica;
- bocais e Venturis.

A tela DEFAULT permite definir os parâmetros mais usuais. Na tela SENTIDO, escolhe-se se o objeto do cálculo é o valor de beta, a vazão ou a pressão diferencial.

Na tela de definições gerais, especificam-se os materiais da tubulação e do elemento primário, a rugosidade da tubulação e a altitude do local de utilização do elemento primário. A tela de entrada de dados da Fig. 3-9 deverá ser preenchida com os dados requeridos. As opções podem ser mostradas e escolhidas por meio do botão, como se vê na Fig. 3-8, que mostra o caminho para se abrir a tela auxiliar de preenchimento da composição do gás natural (Fig. 3-10).

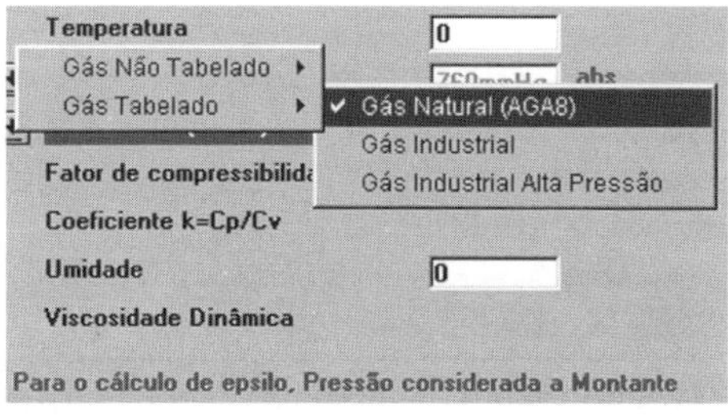

FIGURA 3-8 Caminho de abertura da tela da gás natural no programa Digiopc.

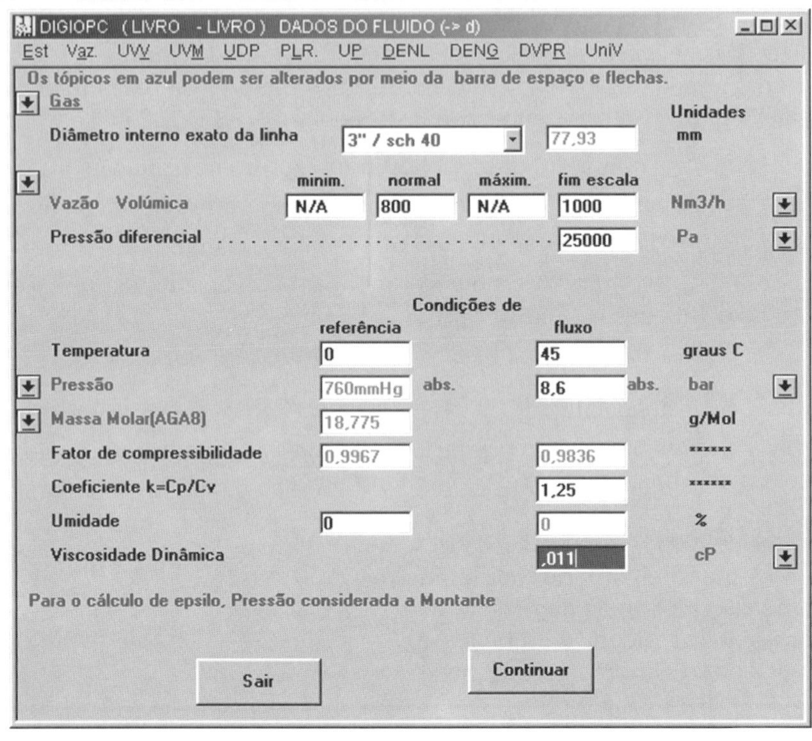

FIGURA 3-9 Tela de entrada de dados do programa Digiopc.

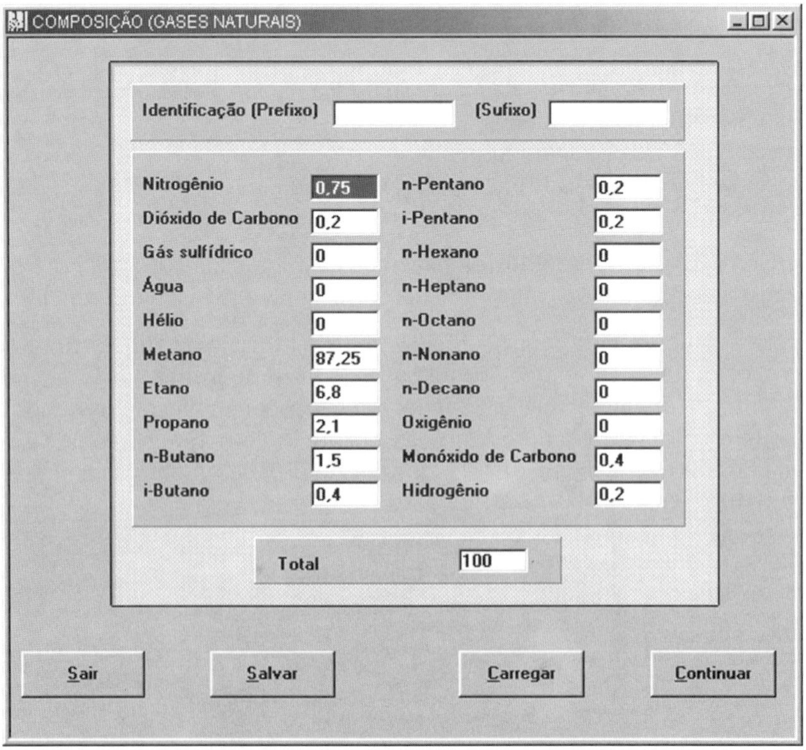

COMPOSIÇÃO (GASES NATURAIS)

Identificação (Prefixo) [ ] (Sufixo) [ ]

Nitrogênio	0,75	n-Pentano	0,2
Dióxido de Carbono	0,2	i-Pentano	0,2
Gás sulfídrico	0	n-Hexano	0
Água	0	n-Heptano	0
Hélio	0	n-Octano	0
Metano	87,25	n-Nonano	0
Etano	6,8	n-Decano	0
Propano	2,1	Oxigênio	0
n-Butano	1,5	Monóxido de Carbono	0,4
i-Butano	0,4	Hidrogênio	0,2

Total 100

Sair Salvar Carregar Continuar

FIGURA 3-10 Tela de preenchimento da composição do gás natural.

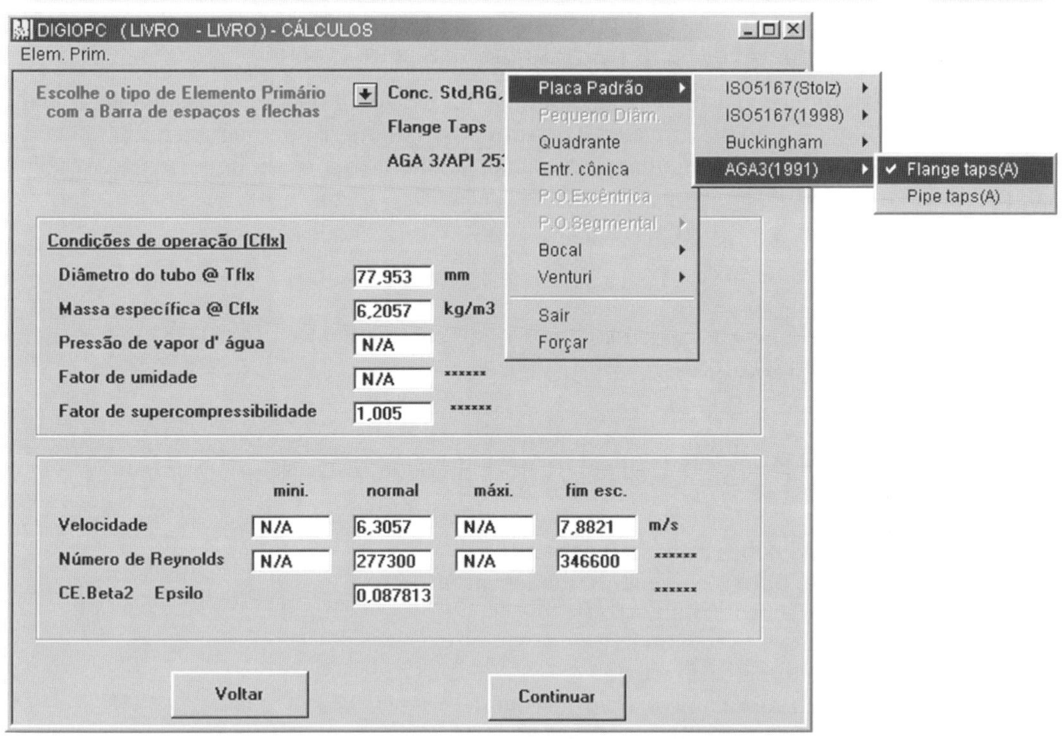

FIGURA 3-11 Tela de cálculos preliminares e seleção do elemento primário.

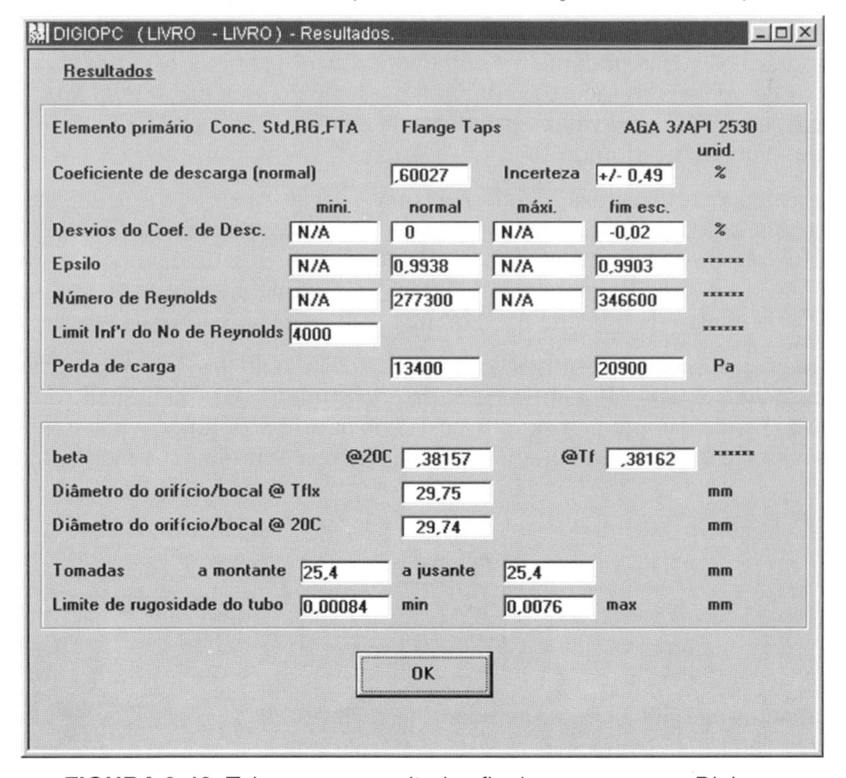

FIGURA 3-12 Tela com os resultados finais, no programa Digiopc.

Na tela CÁLCULOS (Fig. 3-11), é possível escolher o tipo de elemento primário, a norma e a disposição das tomadas, bem como o dreno ou respiro eventual.

Os resultados finais constam na tela da Fig. 3-12, RESULTADOS. No caso, o dado mais importante é o diâmetro do orifício a 20°C. Trata-se do diâmetro de usinagem da placa de orifício, que deverá ser gravado na haste da placa, se ela for realizada de forma convencional, presa entre flanges.

3.3 Incerteza

A incerteza dos elementos deprimogênios pode ser avaliada na Eq. [3.15], que consta nas normas ISO 5167 e ISO 5168.

$$iQ_m = \pm\sqrt{(i_C)^2 + \left(\frac{2\beta^4}{1-\beta^4}\right)^2 \cdot (i_D)^2 + \left(\frac{2}{1-\beta^4}\right)^2 \cdot (i_d)^2 + (i_\varepsilon)^2 + \frac{1}{4}(i_{\Delta p})^2 + \frac{1}{4}(i\rho)^2}\ \% \qquad [3.15]$$

sendo: iQ_m a incerteza sobre a vazão mássica;
iC a incerteza sobre o coeficiente de descarga;
iD a incerteza sobre o diâmetro D;
id a incerteza sobre o diâmetro d;
$i\varepsilon$ a incerteza sobre o fator isentrópico;
$i\Delta p$ a incerteza sobre a pressão diferencial;
$i\rho$ a incerteza sobre a massa específica.

A incerteza é um parâmetro associado ao resultado de uma medição, que caracteriza a dispersão dos valores que podem ser fundamentalmente atribuídos a um valor medido, o mensurando. Considera-se a incerteza de uma medição como a metade da faixa de valores dentro da qual se espera que o valor verdadeiro da medida se encontre. Ela pode ser expressa em porcentagem do mesurando.

Pode-se calcular a incerteza, sendo ela uma estimativa do erro. A incerteza relativa ao coeficiente de descarga, estabelecida nas normas sobre placas de orifício, é chamada convencionalmente de "incerteza aleatória". É estimada estatisticamente e associada a um nível de confiança de 95%. Em conseqüência, há uma probabilidade de 95% de que o valor verdadeiro esteja dentro da faixa de mais ou menos o valor percentual da incerteza.

A incerteza aleatória é determinada através do cálculo do desvio padrão dos resultados e a multiplicação deste pelo valor apropriado do t de Student, para a obtenção dos intervalos de confiança ao nível de confiança exigido. O desvio padrão é definido como a raiz quadrada positiva da média aritmética dos quadrados dos desvios em relação à média aritmética de n medições.

$$S_{Yi} = \left[\frac{\sum_{r=1}^{n}\left[(Yi)r - \overline{Y}i\right]^2}{n-1}\right]^{1/2} \qquad [3.16]$$

sendo: $\overline{Y}_i$ a média aritmética de n medições da variável Y_i;
$(Y_i)_r$ o valor da r-ésima medição da variável Y_i;
n o número total de medições da variável Y_i.

O valor de Student permite definir a incerteza sobre um valor, com um número limitado de medições. O valor $t_{95\%}$ de Student para um nível de confiança de 95% é dado na Tab.3-1, em função do número de graus de liberdade $\nu\lambda$:

TABELA 3-1 Valores de Student para nível de confiança de 95%

$\nu\lambda$	$t_{95\%}$	$\nu\lambda$	$t_{95\%}$	$\nu\lambda$	$t_{95\%}$
1	12,706	5	2,571	15	2,131
2	4,303	6	2,447	20	2,086
3	3,182	7	2,365	30	2,042
4	2,776	10	2,228	60	2,000
Para $\nu\lambda$ muito mais elevados, $t_{95\%} = 1,96$					

Quando se considera o valor da média, então $\nu\lambda = n - 1$, sendo n o número de medições. A incerteza sobre um valor individual x é:

$$e_{r95\%} = t_{95\%} \cdot s_{Yi}$$

Ao aplicar a equação do cálculo da incerteza de um elemento deprimogênio objetivando um grau de confiança de 95%, a incerteza de cada variável deveria ter um grau de confiança de 95%, por coerência com a incerteza sobre C, que, de fato, é definida pelas normas como tendo esse grau de confiança. Na prática, usa-se o valor do *erro máximo admissível* (EMA) dos transmissores para os valores medidos, admitindo-se que o grau de confiança é maior que 95%, o que coloca o resultado sobre a incerteza i_{Qm} do lado conservativo.

No caso dos transmissores de pressão diferencial, a incerteza $i_{\Delta p}$ é definida em relação à faixa ajustada. A incerteza em relação ao valor medido depende então da vazão. Devido à relação quadrática entre a vazão e a pressão diferencial, a incerteza $i_{\Delta pr}$ no valor $r\%$ da escala de vazão (0 a 100%) será calculada como segue, em função do EMA sobre a faixa calibrada EMA_{FC} (especificado como *accuracy of calibrated span* na literatura técnica em língua inglesa):

$$i_{\Delta pr} = [EMA_{FC\Delta p} \cdot (100/r\%)^2]\%$$

Assim, para um transmissor de pressão diferencial com EMA de 0,1% em relação ao valor da faixa calibrada, o valor de $i_{\Delta pr}$ para $r = 50\%$ da vazão será:

$$i_{\Delta pr} = [0,1 \cdot (100/50)^2]\% = 0,4\%$$

Essa relação quadrática é a razão da forma da curva do crescimento da incerteza da vazão para valores abaixo de 50% da escala. Nota-se também que, se for usado o recurso do *split range*, deixando-se a cada transmissor de pressão diferencial a função de medir Δp numa rangeabilidade de 3:1 *da vazão*, o transmissor de alto Δp medirá entre 100% e 33% da vazão, e o de baixa entre 33% e 11% da vazão; cada transmissor terá, no pior caso, sua *accuracy of calibrated span* multiplicada por 9.

No caso dos gases, vapores e do vapor d'água, a incerteza sobre ρ é calculada à parte, em função das incertezas sobre a pressão, a temperatura, a massa molar e o coeficiente de compressibilidade. Nesse caso, a incerteza da medição de pressão e de temperatura deve também ser avaliada em função do EMA no valor medido.

3.3.1 Incertezas sobre *C* e ϵ

As incertezas sobre o coeficiente de descarga i_c vêm sendo estudadas ao longo dos anos, passando de mais de ±1%, a ±0,5% nos últimos anos. A norma ISO 5167 atribui aos coeficientes de descarga as seguintes incertezas, desde que β, D e R_D sejam aceitos como sem erro:

$$\left.\begin{array}{l}(0{,}7-\beta)\%\ \text{para}\ 0{,}1 \leq \beta < 0{,}2;\\ 0{,}5\%\ \text{para}\ 0{,}2 \leq \beta \leq 0{,}6;\\ (1{,}667\beta - 0{,}5)\%\ \text{para}\ 0{,}6 < \beta \leq 0{,}75.\end{array}\right\}\ \text{ISO 5167}$$

A norma AGA 3 define outros valores de incerteza, estes sendo dependentes de β e de R_D:

$$\left.\begin{array}{l}\text{para}\ \beta > 0{,}175\text{:}\ i_c = 0{,}56 - 0{,}255\beta + 1{,}931\beta^8\\ \text{para}\ \beta \leq 0{,}175\text{:}\ i_c = 0{,}7 - 1{,}055\beta\end{array}\right\}\ \text{AGA3}$$

Os valores de i_c da AGA3 ainda devem ser corrigidos em função de R_D

$$i_c = i_{c\infty} \times 1 + 0{,}7895 \cdot \left(\frac{4\ 000}{R_D}\right)^{0,8}$$

A incerteza sobre o fator de expansão isentrópica ε é a seguinte, desde que β, $\Delta p/P$ e k sejam aceitos como sem erro:

4 $\Delta p/P$% se for empregada a Eq. [3.12];

3 $\Delta p/P$% se for empregada a Eq. [3.14] da última revisão *98 da norma para o cálculo de ε_1.

Observações

- Para aplicar as Eqs. [3.12] ou [3.14], a relação P_2/P_1 deve ser inferior a 0,75.
- Para $P_2/P_1 > 0{,}98$, as Eqs. [3.12] e [3.14] fornecem resultados aproximadamente iguais.

3.3.2 Estimativa de incerteza da malha

O programa Digiopc permite estimar a incerteza da malha de medição de vazão, incluindo os transmissores. No caso de medição de gás ou de vapor, os transmissores de pressão e de temperatura destinados aos cálculos da densidade do fluido são considerados. A incerteza sobre Δp depende do transmissor de pressão diferencial. Deverá ser preenchida a "precisão" do transmissor, definida em relação ao *span* calibrado. Embora o termo não seja permitido, é assim que os fabricantes de instrumentação geralmente se expressam para traduzir *accuracy*.

A estimativa de incerteza não inclui os erros sistemáticos sobre C e ε, já que podem ser eliminados por meios apropriados, como computadores de vazão. Os desvios de C ao longo da escala constam na tela de resultados, bem como os valores de ε.

No exercício sobre a avaliação da incerteza que consta nas Figs. 3-13 a 3-16, a placa de orifício calculada na seção 3.2.4 foi tratada sob quatro hipóteses:

- Fig. 3-13 — com um transmissor de pressão diferencial.
- Fig. 3-14 — com dois transmissores de pressão diferencial em *split range*.
- Fig. 3-15 — idem anterior, apontando que não haverá o trecho reto ideal a montante, mas que será superior à metade deste. Isso acrescenta 0,5% de incerteza ao valor da incerteza cobre C.
- Fig.3-16 – com um transmissor de pressão diferencial, trecho reto insuficiente, como o caso anterior e incluindo um dreno. Observa-se, nesse caso, que a inclusão de um dreno na própria placa de orifício, proibida na norma ISO 5167 (omissa na AGA3) é admitida

da no outro documento da ISO: na TR 15377 de 1998, desde que se inclua uma incerteza adicional especificada no documento em questão e adotado no programa Digiopc.

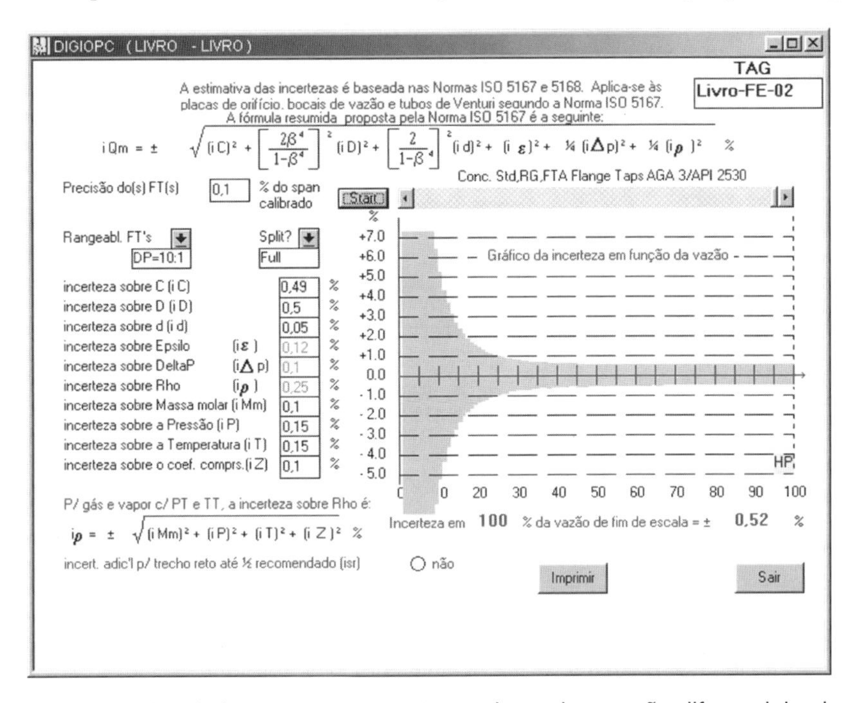

FIGURA 3-13 Estimativa da incerteza com um transmissor de pressão diferencial pelo programa Digiopc.

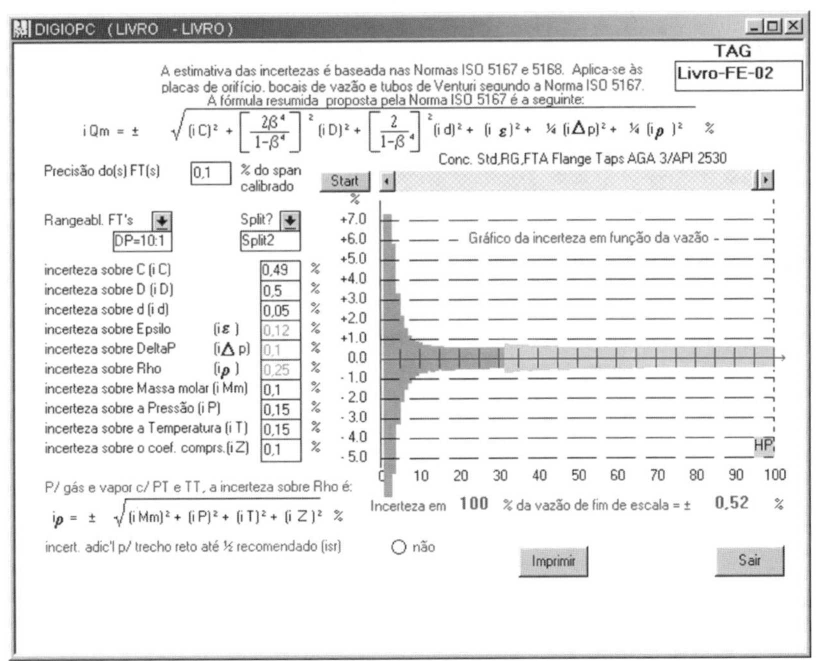

FIGURA 3-14 Estimativa da incerteza com dois transmissores de pressão diferencial em *split range* pelo programa Digiopc.

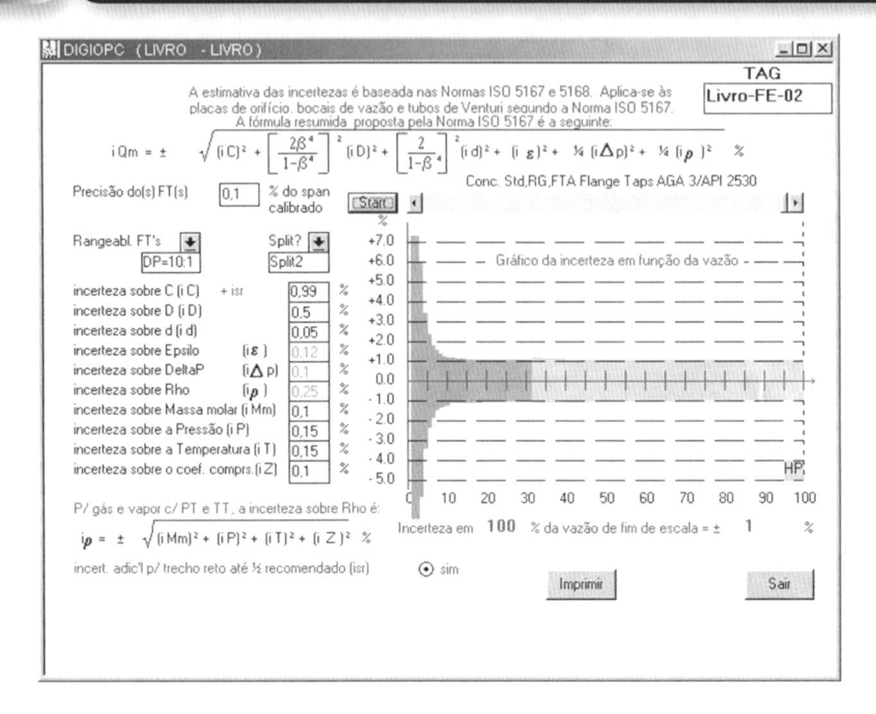

FIGURA 3-15 Estimativa da incerteza com dois transmissores de pressão diferencial em *split range* e um trecho reto insuficiente, pelo programa Digiopc.

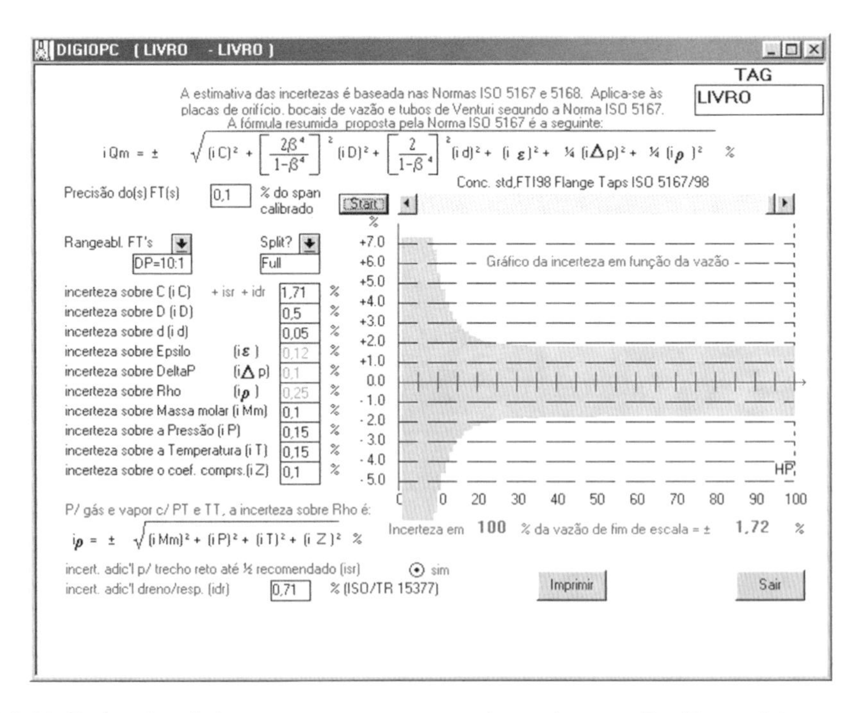

FIGURA 3-16 Estimativa da incerteza com um transmissor de pressão diferencial, um trecho reto insuficiente e inclusão de um dreno, pelo programa Digiopc. Observa-se que a placa foi recalculada para FTI98, isto é, usando a equação da norma ISO 5167, *flange taps.*

As placas de orifício são calculadas convencionalmente de tal forma que o coeficiente de descarga adotado seja o correspondente à vazão normal. Se a malha de medição consistir somente num transmissor de pressão diferencial, um extrator de raiz quadrada (que pode pertencer ao transmissor de Δp ou a um módulo de painel) e um instrumento de leitura, o valor da vazão terá uma incerteza mínima na vazão normal e haverá um erro sistemático nas outras vazões.

De fato, quando a malha de medição é simples, como a descrita, a leitura da vazão é calculada em função da pressão diferencial de acordo com a equação:

$$Q_v = K\sqrt{\Delta p}$$

O valor de K é calculado de acordo com os valores de Q_v e de Δp, que são conhecidos:

$$K = Q_v / \sqrt{\Delta p}$$

Comparando com a equação completa da placa de orifício para um fluido incompressível [3.8], vemos que incluímos em K os parâmetros seguintes:

$$K = 1{,}1107 \cdot C \cdot E\beta^2 \cdot D^2 \cdot \sqrt{1/\rho} \qquad [3.17]$$

O valor de K constante implica considerar o coeficiente de descarga constante, o que não é verdadeiro, como mostra a Fig. 3-17. Para números de Reynolds elevados, o coeficiente de descarga varia pouco; porém, abaixo de R_D = 100 000, a derivada da função passa a ter valores muito diferentes de zero, ou seja, a curva representativa fica cada vez mais inclinada, levando a erros sistemáticos elevados, se a malha for simples e a rangeabilidade alta.

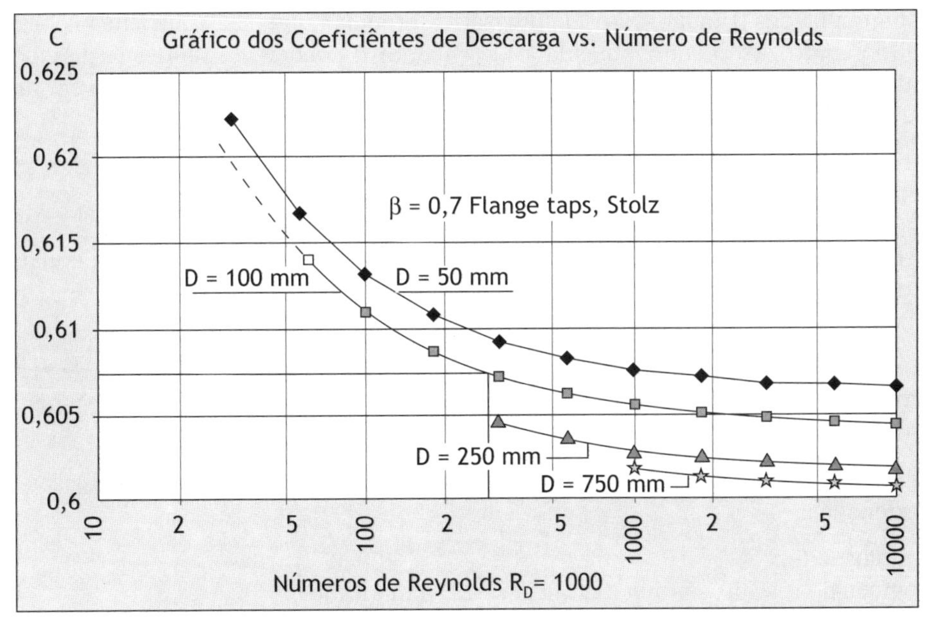

FIGURA 3-17 Coeficientes de descarga em função do número de Reynolds, segundo Stolz.

Por muitos anos, até a década de 1980, essa particularidade do coeficiente de descarga limitou a aplicação das placas de orifício a uma rangeabilidade de 3,5:1, ou seja, considerava-se que entre 30% e 100% da vazão, os erros sistemáticos provocados pelo fato de o coeficiente de descarga não ser constante ficavam numa faixa de aproximadamente 1%.

Evitar trabalhar nas faixas combinadas de números de Reynolds e de valores de β que correspondem a variações importantes do coeficiente de descarga foi também um cuidado que Stolz teve ao limitar sua equação empírica a valores mínimos calculados como segue:

$$\text{Para tomadas } \textit{Flange taps} \text{ e } \textit{Radius taps}\text{: } R_{D\min} = 1\,260\beta^2 D$$

$$\text{Para tomadas } \textit{Corner taps}\text{: } R_{D\min\,(\beta \leq 0{,}45)} = 5\,000,\ R_{D\min\,(\beta \leq 0{,}45)} = 10\,000$$

Com o advento dos microprocessadores, surgiram instrumentos capazes de calcular o coeficiente de descarga correto para os números de Reynolds correspondentes a cada vazão, o que mudou completamente a faixa de aplicabilidade das placas de orifício:

- Não havendo mais razão para limitar os números de Reynolds a mínimos relativamente elevados, os estudos de equações empíricas cobrindo uma faixa mais abrangente de números de Reynolds continuaram. Os pesquisadores Reader-Harris e Galagher (*RG*) apresentaram para a edição da AGA 3, de 1991, uma equação que permite calcular coeficientes de descarga para números de Reynolds de até 4 000.
- Os computadores de vazão incluíram também cálculos de outras variáveis como, no caso de fluidos compressíveis, o valor do fator de expansão ε, que, por depender de $\Delta p/P$, não tem valor constante, bem como as correções de pressão, de temperatura e do fator de compressibilidade Z, em função da composição do gás.
- Os computadores de vazão, inicialmente instrumentos de painel, migraram para o campo. Com recursos de componentes de baixo consumo e tecnologia apropriada, foram disponibilizados transmissores de pressão diferencial, que passaram a incorporar computadores de vazão com capacidade de calcular o coeficiente de descarga em tempo real. A transmissão da vazão corrigida é feita pelo sinal analógico, ou via serial, junto com outros valores (P, T, etc...).
- Surgiram também transmissores de pressão diferencial com EMA muito baixo e rangeabilidade elevada.

O conjunto desses avanços fez da placa de orifício um elemento primário considerado adequado para transferências comerciais para gases, equiparando-a às turbinas e aos medidores ultra-sônicos.

Na realidade, para respeitar todos os requisitos das normas sobre placas de orifício, é necessário considerar o trecho de medição como parte do elemento primário e a instalação de acordo com as normas também.

Relativamente à fabricação do trecho de medição, as seguintes características devem ser coordenadas:

- circularidade;
- ausência de ressaltos numa distância de $2D$ a montante;
- rugosidade no trecho a $17D$ a montante da placa, segundo AGA ($10D$ segundo ISO);
- requisitos das tomadas.

A instalação diz respeito aos comprimentos retos a montante e a jusante, eventualmente a condicionadores de fluxo e à instalação adequada do transmissor de pressão diferencial.

3.4 Influência das normas modernas sobre a aplicabilidade

Para ilustrar a importância da mudança ocorrida na aplicabilidade das placas de orifício, toma-se como exemplo uma medição de vazão de produtos líquidos derivados de petróleo.

Exemplo

Calcular uma placa de orifício para medição de gasolina, com os dados indicados a seguir. Vazão do líquido: nas condições de referência.

D: 100 mm a 20°C.
Q_v: 5 m^3/h (mín.); 35 m^3/h (nor.); 45 m^3/h (máx.); 50 m^3/h (FE).
Δp: 1 000 mmH_2O a 15°C.
Temperatura: 20°C de referência; 50°C de operação.
Densidade: 720 kg/m^3 de referência; 691,3 kg/m^3 de operação.
Viscosidade: 0,4321 cP de operação.

Números de Reynolds calculados:

R_D = 29 450 (mín.); 206 200 (nor.); 265 100 (máx.); 294 500 (FE).
Valor de $CE\beta^2$: 0,3437.

Solução n.º1

Se for escolhida a norma ISO 5167, de 1991, que utiliza o algoritmo de Stolz, os resultados finais serão os seguintes:

- Coeficiente de descarga para o número de Reynolds normal: C = 0,60815.
- Incerteza sobre o valor de C: $i_C = \pm$ 0,7%.
- Desvios de C para os valores de R_D diferentes de 206 200:
  +2,13% para a vazão mínima; –0,11% para a máxima; –0,13% para a de FE.
- Diâmetro do orifício, a 20°C: 70,29 mm.
- Não se poderia aplicar a placa calculada de acordo com essa norma para vazões abaixo de 10,8 m^3/h, que correspondem ao número de Reynolds-limite 63 300.
- O desvio de C para a vazão-limite de 10,8 m^3/h seria 0,92%.

Solução n.º2

Se for aplicada a norma AGA3* de 1991, os resultados passarão a ser:

- Coeficiente de descarga, para o número de Reynolds normal: C = 0,6104.
- Incerteza sobre o valor de C: $i_C = \pm$ 0,53%.
- Desvios de C para valores de R_D diferentes de 206 200:
  +2,22% para a vazão mínima; –0,16% para a máxima; –0,22% para a de FE
- Diâmetro do orifício, a 20°C: 70,19 mm.
- A placa pode ser aplicada para toda a faixa, desde a vazão mínima (5 m^3/h) até a vazão de fim de escala (50 m^3/h).

* Note-se que a norma AGA3 pode ser aplicada a líquidos e vapor, também.

Solução n.º3

Entretanto, se for aplicada a norma ISO 5167, os resultados passarão a ser:

- Coeficiente de descarga para o número de Reynolds normal: $C = 0{,}61036$.
- Incerteza sobre o valor de C: $i_C = \pm\, 0{,}67\%$.
- Desvios de C para os valores de R_D diferentes de 206 200: +2,06% para a vazão mínima; –0,15% para a máxima; –0,20% para a de FE.
- Diâmetro do orifício, a 20°C: 70,19 mm.
- A placa pode ser aplicada para toda a faixa, desde a vazão mínima (5 m^3/h) até a vazão de fim de escala (50 m^3/h).

Considerando as soluções apresentadas do exemplo anterior, é possível extrairmos algumas conclusões:

- Os valores calculados do diâmetro do orifício d são iguais para os dois últimos casos, e diferentes do primeiro caso em 0,14% sobre o diâmetro d e em 0,36% sobre a vazão, o que é admissível para uma medição que não seja para transferência comercial.
- No primeiro caso, não se pode aplicar a placa abaixo de 10,8 m^3/h, o que limita a rangeabilidade a 4,6:1. Se a rangeabilidade fosse 3,5:1, a vazão mínima aplicável seria 14,3 m^3/h e o desvio de C para esse valor seria 0,62%
- Nos dois últimos casos, é indispensável o uso de um computador de vazão que calcule o valor correto de C para cada vazão, a fim de evitar que os desvios do coeficiente de descarga se tornem erros sistemáticos. A rangeabilidade de 10:1 é conseguida, desde que o transmissor de pressão diferencial possa medir 1/100° do valor de fim de escala. Caso necessário, podem ser usados dois transmissores em *split range*. No caso, o transmissor de alta Δp seria calibrado em 1 000 mm H_2O e o de baixa em 100 mmH_2O a 15°C.
- Relativamente às incertezas sobre C, respectivamente ±0,7%, ±0,53% e ±0,67% nos três casos; observa-se nos dois últimos casos um progresso em relação à equação de Stolz. As equações da AGA3, de 1991, e da ISO 5167 foram desenvolvidas pelos mesmos pesquisadores (*RG*). Entretanto os parâmetros considerados para a AGA são somente para *flange taps*, enquanto que foram ligeiramente alterados na ISO, para abranger as tomadas *corner taps* e *radius taps*, em prejuízo de uma incerteza um pouco maior. Pela mesma razão, os desvios sobre C são um pouco diferentes.
- Se a viscosidade fosse maior, o número de Reynolds seria menor, numa região de maiores desvios. Uma simulação com viscosidade de 3,15 cP levaria a um R_D mínimo de 4 000 e a um desvio de C de 7,47%, nos dois últimos casos.

Um detalhe interessante a ser observado é que, quando se usa um computador de vazão para corrigir o coeficiente de descarga, a vazão que corresponde à pressão diferencial de fim de escala *não corresponde* à vazão de fim de escala da entrada de dados. Nos dois últimos casos, a vazão de fim de escala que corresponde à pressão diferencial de 1 000 mmH_2O seria 49,9 m^3/h, ao invés de 50 m^3/h dos dados de entrada do cálculo. De fato, o computador de vazão corrige os 0,2% de desvio do coeficiente de descarga e calcula a vazão correta, que é 49,9 m^3/h.

Observa-se que, via de regra, as placas de orifício são calculadas como se a malha de medição não incluísse o computador de vazão. Com a difusão cada vez maior de computadores de vazão acoplados a placas de orifício, o cálculo da placa se reduzirá à verificação de sua aplicabilidade às condições da medição. Os valores de β não serão mais "quebrados", reduzindo-se a valores "redondos" ($\beta = 0,6$, por exemplo). É provável que as normas passem a privilegiar somente poucos valores redondos de β e consigam reduzir ainda mais as incertezas, baixando mais os valores mínimos dos números de Reynolds.

Esse exemplo foi escolhido somente para mostrar o efeito dos desvios de C, quando a rangeabilidade é elevada. Num caso verdadeiro, se os dados do fluido fossem esses, seria preferível adotar uma pressão diferencial maior, por exemplo 2 500 mmH_2O, ao invés de 1 000 mmH_2O. O efeito do aumento de pressão diferencial traria diversos benefícios:

- nos três casos, a menor pressão diferencial aproveitável seria 2,5 vezes maior, mais compatível com as faixas usuais dos transmissores de Δp;
- os erros sistemáticos devidos aos desvios de C são menores, quando β diminui;
- caso não fosse usado um computador de vazão, o erro na vazão mínima (7,2 m^3/h) seria 0,92%, com rangeabilidade de 7:1.

3.5 PLACAS DE ORIFÍCIO CLÁSSICAS

As placas de orifício clássicas são concêntricas, de parede fina e aresta viva, e fabricadas a partir de chapa de aço inoxidável ou de material compatível com o fluido a ser medido. Suas dimensões são completamente definidas em normas nacionais e internacionais. A norma brasileira é a NBR ISO 5167. As normas internacionais mais utilizadas são a ISO 5167, Ref.[4.1] [4.3] e a AGA 3, Ref.[2.1].

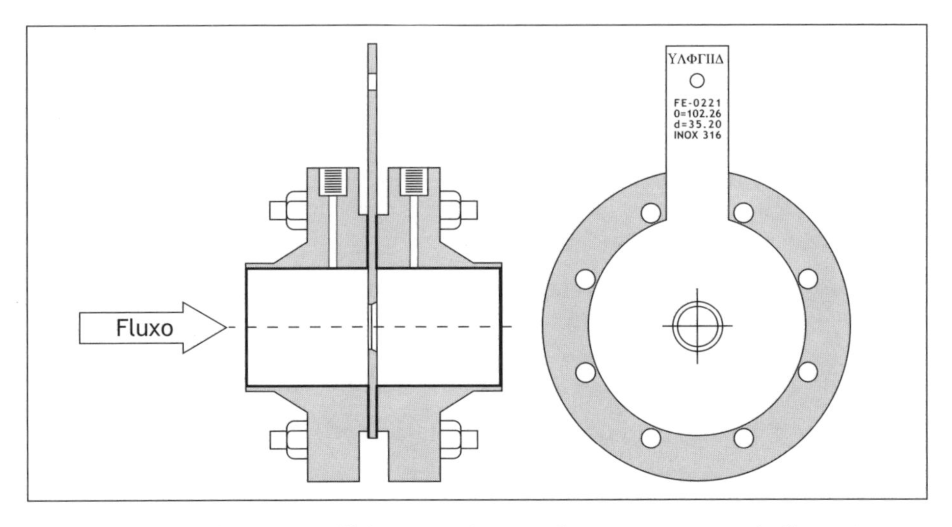

FIGURA 3-18 Placa de orifício montada entre flanges com tomada *flange taps*.

3.5.1 Tomadas

Existem vários critérios de colocação das tomadas de placas de orifício padrão. Essa falta de padronização se justifica parcialmente por considerações de praticidade de instalação; há também um motivo criado pela dispersão inicial dos esforços de pesquisa. As quatro possibilidades de colocação de tomadas, ainda em uso, são:

- nos flanges, (*"flange taps"*)
- a D e $\frac{1}{2}D$, (*"radius taps"*)
- nos cantos e (*"corner taps"*)
- a $2\frac{1}{2}D$ e $8D$. (*"pipe taps"*)

As três primeiras disposições são consideradas na norma ISO 5167, ao passo que a AGA3 considera somente as tomadas "nos flanges" e "a $2\frac{1}{2}D$ e $8D$". Havia uma quinta forma de colocação, chamada *vena contracta*, que teve seu uso difundido nos Estados Unidos. Esse arranjo de tomadas gerou polêmica quando de sua inclusão nas normas internacionais, mais prestigiadas pelos países europeus. Porém, depois de várias décadas de discussão, acabou abandonada. Medições de vazão por placa de orifício que ainda usam esse disposição de tomadas não mais são respaldadas por normas. O programa Digiopc dispõe dessa opção para verificar cálculos de placas instaladas antes da mudança ou para calcular uma placa com β até 0,8, fora de normas, em casos particulares, como o de dutos de grande diâmetro, por exemplo.

As distâncias entre as tomadas e a placa de orifício utilizam os seguintes símbolos:

l_1, distância entre a face montante da placa e o centro da tomada a montante;
l_2, distância entre a face montante da placa e o centro da tomada a jusante;
l_2, distância entre a face jusante da placa e o centro da tomada a jusante.

3.5.1.1 Tomadas nos flanges (*flange taps*)

Essa técnica tem tendência a ser cada vez mais empregada para tubos de diâmetro superior a 2 pol. As vantagens principais desse tipo de colocação de tomadas são:

a) A normalização da distância entre os furos, independente do diâmetro da linha, permite o uso de acessórios de instalação com distância entre furos padronizada. Assim é que o chamado "bloco equalizador" tem a mesma distância entre furos de 54 mm ($2\ ^1/_8$ pol) que o das tomadas nos flanges.

b) Sendo os flanges fornecidos com as tomadas usinadas (no caso de flanges de pescoço), todas as precauções quanto à eliminação de rebarbas já devem ter sido tomadas, evitando assim erros de medição.

As tolerâncias mecânicas em relação às distâncias entre o centro das tomadas e as faces da placa, depois das juntas colocadas, são as seguintes:

$l_1 = l'_2 = (25{,}4 \pm 0{,}5)$ mm, para $\beta > 0{,}6$ e $D < 150$ mm;
$l_1 = l'_2 = (25{,}4 \pm 1)$ mm, para $\beta \leq 0{,}6$;
$l_1 = l'_2 = (25{,}4 \pm 1)$ mm, para $\beta > 0{,}6$ e $150\ \text{mm} \leq D \leq 1\ 000$ mm.

As tomadas serão feitas na espessura do flange. Dois pares de tomadas diametralmente opostas serão preferivelmente praticados. Os flanges acoplados à placa de orifício, além de terem as características gerais correspondentes ao diâmetro e classe considerados, apresentarão uma espessura adequada para receber as tomadas roscadas (geralmente a rosca da tomada será de ½ pol NPT). Recomenda-se que os flanges tenham um dispositivo simples adequado para permitir seu afastamento (*jack screw*).

O diâmetro das tomadas deverá ser inferior a $0{,}13D$ não excedendo 13 mm. As duas tomadas deverão ter o mesmo diâmetro.

A limitação desse tipo de tomada, não aplicável em tubos com diâmetro inferior a 2 pol, deve-se à instabilidade existente quando a tomada a jusante fica além do plano da *vena contracta*.

3.5.1.2 Tomada em *D* e ½ *D* (*radius taps*)

Nessa disposição, a tomada de alta pressão é colocada a $1D$ da face montante da placa e a tomada de baixa pressão a $0{,}5D$ da *mesma* face montante da placa de orifício.

As tolerâncias mecânicas em relação às distâncias entre o centro das tomadas e as faces da placa são:

$l_1 = D \pm 0{,}1D$;
$l_2 = 0{,}5D \pm 0{,}02D$, para $\beta \leq 0{,}6$;
$l_2 = 0{,}5D \pm 0{,}01D$, para $\beta > 0{,}6$.

As tomadas permitem utilizar flanges normais, cujo custo é menor que os flanges-orifício. Em contrapartida, as tomadas devem ser soldadas à tubulação, tomando-se os seguintes cuidados (Fig. 3-19):

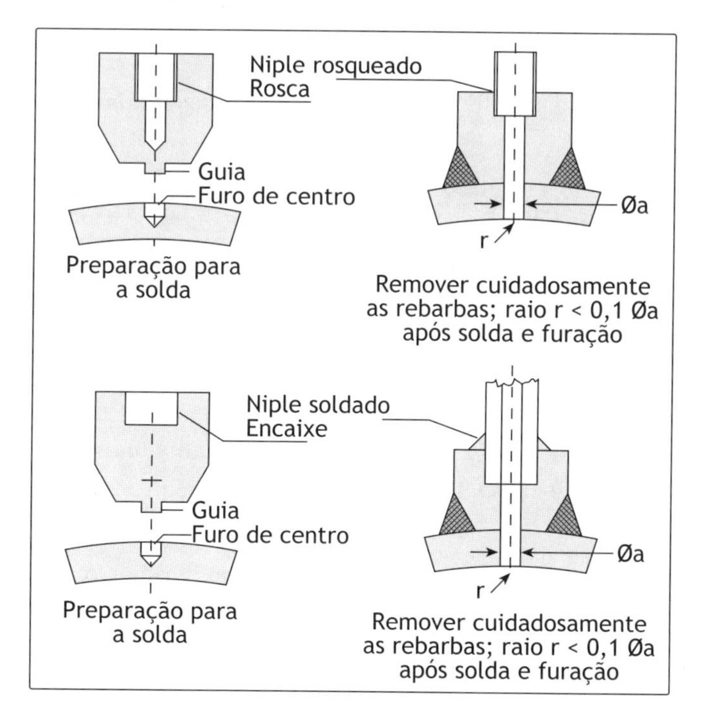

FIGURA 3-19 Tomadas de Δp soldadas na tubulação.

- O eixo de furação das tomadas de pressão e o eixo da tubulação deverão ser perpendiculares entre si e estar num mesmo plano.
- A saída do furo deverá ser circular.
- As bordas deverão estar livres de rebarbas e formar um ângulo o mais "vivo" possível com a superfície interna do tubo.
- É permitido um leve arredondamento, com raio inferior a 0,1 × o furo da tomada.
- Os diâmetros das tomadas de pressão serão sempre inferiores a $0{,}08D$ e, de preferência, compreendidos entre 6 e 13 mm ($^1/_4$ a $^1/_2$ pol).
- Os diâmetros das tomadas a montante e a jusante serão iguais.
- Os furos das tomadas deverão ser cilíndricos a partir da superfície interna da tubulação, em um comprimento superior ou igual a 2,5 vezes o diâmetro das tomadas de pressão.

3.5.1.3 Tomadas em canto (*corner taps*)

Essa técnica, muito mais desenvolvida na Europa, tem a vantagem de poder ser aplicada em conjunto com câmaras piezométricas usinadas nos flanges ou com blocos-orifícios curtos. Quando as tomadas são simplesmente furos nos flanges, o centro da abertura na linha deverá ser a meio diâmetro do furo da tomada distante da respectiva face da placa.

O afastamento das tomadas de pressão, internamente ao tubo, deverá ser igual a meio diâmetro da tomada ou à metade de sua largura, de maneira que não haja espaço entre a saída interna da tomada e a face do orifício. As tomadas poderão ser individuais ou fendas anelares, comunicando-se com câmaras piezométricas também anelares, como mostra a Fig. 3.20.

O diâmetro a das tomadas individuais ou a largura a das fendas deverão obedecer aos seguintes critérios:

No caso de fluidos limpos e vapores:
para $\beta \leq 0{,}65$, $a \leq 0{,}03D$;
para $\beta > 0{,}65$, $0{,}01D \leq a \leq 0{,}02D$.

No caso de fluidos limpos:
$1 \text{ mm} \leq a \leq 10 \text{ mm}$, para qualquer valor de β.

Vapor, no caso de câmara anelar:
$1 \text{ mm} \leq a \leq 10 \text{ mm}$ para qualquer valor de β.

Se for vapor e gases liquefeitos, no caso de tomadas individuais:
$4 \text{ mm} \leq a \leq 10 \text{ mm}$, para qualquer β.

As fendas anelares poderão ser contínuas, em todo seu perímetro. Caso sejam descontínuas, elas deverão se comunicar com a parte interna da tubulação por aberturas cujos eixos formem entre si ângulos iguais, em quantidade não inferior a quatro, e cuja área de abertura individual seja pelo menos igual a 12 mm^2. Se forem usadas tomadas individuais, os eixos da tomada e da tubulação deverão formar um ângulo o mais próximo possível de 90° e estar contidos no mesmo plano.

O diâmetro interno do bloco-suporte deve estar compreendido entre D e $1{,}04D$. A espessura c do bloco a montante deve ser inferior ou igual a $0{,}5D$, a espessura c' do bloco a jusante deve, também, ser inferior a $0{,}5D$. Se o diâmetro b for superior a D, será necessário respeitar a seguinte relação:

$$\frac{b-D}{D} \leq \frac{D}{c}\frac{0{,}1}{0{,}1+2{,}3\beta^4}\% \leq 4\%$$

A espessura f deverá ser superior ou igual ao dobro da largura a da fenda anelar. A área da seção livre da câmara anelar ($g \times h$) deverá ser superior ou igual à metade da área total das aberturas de tomadas de pressão que ligam a câmara à tubulação.

Todas as superfícies dos blocos destinadas a entrar em contato com o fluido devem ser limpas e cuidadosamente usinadas.

As tomadas que ligam as câmaras piezométricas aos instrumentos secundários, deverão ter um diâmetro j compreendido entre 4 e 10 mm.

Os blocos-suporte piezométricos a montante e a jusante não serão necessariamente simétricos, mas cada peça deverá estar de acordo com as especificações definidas anteriormente.

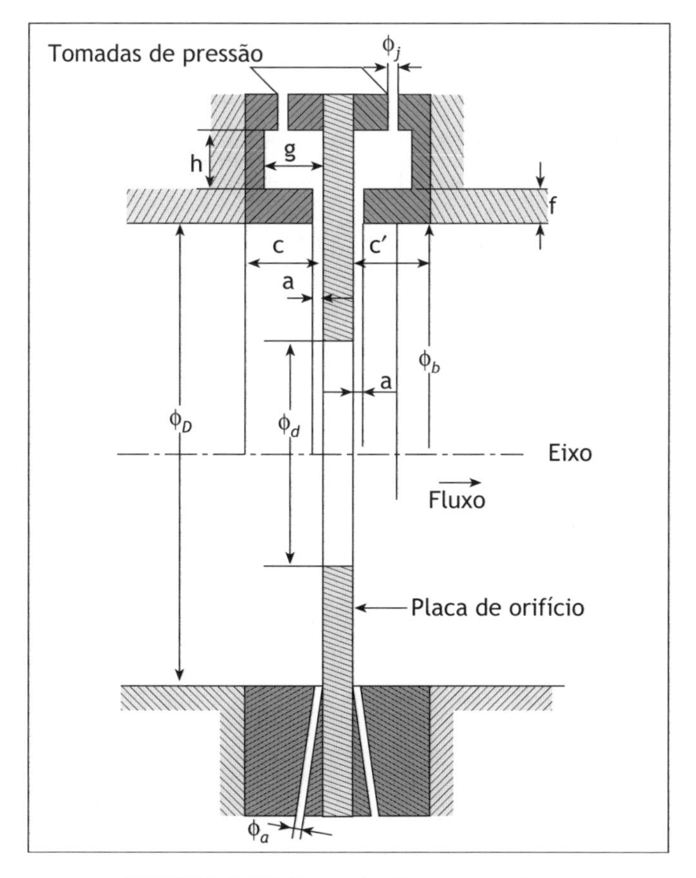

FIGURA 3-20 Tomadas tipo *corner taps.*

3.5.1.4 Tomadas em $2^1/_2D$ e 8D "*full flow taps*" ou "*pipe taps*"

Largamente empregadas no passado nas regiões ocidentais dos Estados Unidos, essa tomada limita-se atualmente a casos especiais ou ao cálculo de orifícios de restrição. A influência da rugosidade do tubo em que se faz a medição aumenta a imprecisão da medição em 50% e restringe seu uso a orifícios de restrição, onde se aceita menor exatidão, e a casos em que se deseja medir uma pressão diferencial menor que aquela existente na região próxima à placa de orifício.

3.5.2 Detalhes construtivos das placas clássicas

Independentemente do tipo de tomada, as placas de orifício clássicos (isto é, cobertas pelas normas ISO 5167 e AGA 3) devem ser fabricadas e instaladas de acordo com determinadas especificações mínimas. As especificações recomendadas são descritas a seguir.

a) Face a montante, planicidade

A face a montante deverá ser plana. Ela será assim considerada quando o interstício entre uma régua de comprimento D, colocada ao longo de um diâmetro, e a face da placa for inferior a $0{,}005 \cdot (D - d)$, isto é, com inclinação em relação a uma perpendicular ao eixo inferior a 0,5%.

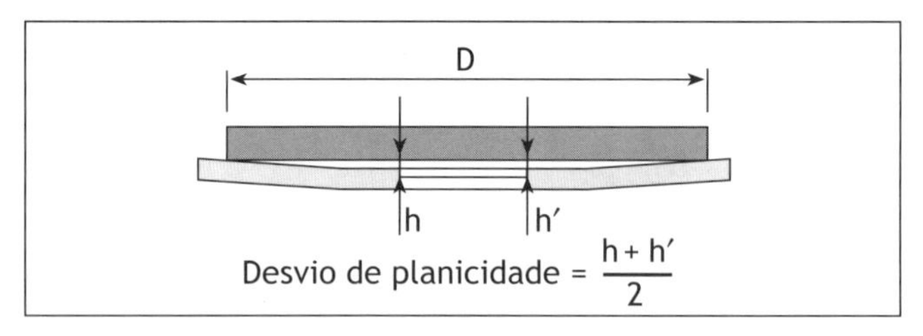

FIGURA 3-21 Medição de planicidade.

b) Rugosidade da face a montante

A rugosidade da face a montante da placa de orifício deverá ser inferior a $10^{-4}d$, sendo determinada em um círculo concêntrico ao orifício com diâmetro não inferior a D.

c) Identificação da face a montante

Será útil identificar adequadamente a face a montante. Recomenda-se que, na medida do possível, a identificação seja visível depois da instalação da placa na linha. Geralmente isso é conseguido através de inscrição na lingüeta.

d) Face a jusante

A face a jusante deverá ser paralela à face a montante. Não será necessário atingir a mesma qualidade de estado de superfície que para a face a montante. A planicidade e o estado de superfície serão julgados por simples exame visual.

e) Espessura *e*

A parte cilíndrica *e* do orifício deve ter espessura compreendida entre *D*/200 e *D*/50. Quando, por motivo de robustez, a espessura *E* da placa é maior que a parte cilíndrica *e* do orifício, a face jusante da placa deve receber um chanfro a 45°.

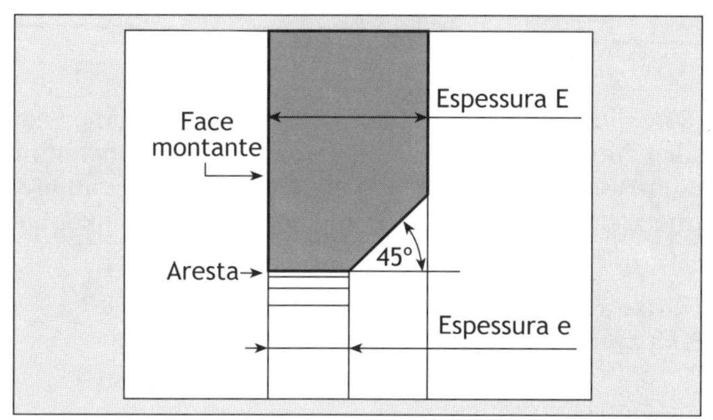

FIGURA 3-22 Perfil de uma placa de orifício clássica.

f) Espessura *E*

A espessura da placa deve ser inferior a *D*/20 e igual ou superior a *e*, para tubos superiores a 3 pol, e poderá ser 3 mm, no caso de tubulações de 2 pol.

São recomendadas as espessuras que constam na Tab. 3-1.

TABELA 3-1 Espessuras *E* recomendadas – mm (pol)

β	Δp (mmH_2O)	*D* (mm)				
		≤ 75	150	250	500	750
≤ 0,5	< 25 000	3 (1/8)	3 (1/8)	5 (3/16)	10 (3/8)	12 (1/2)*
	< 5 000	3 (1/8)	3 (1/8)	3 (1/8)	6 (1/4)	10 (3/8)
	< 2 500	3 (1/8)	3 (1/8)	3 (1/8)	6 (1/4)	10 (3/8)
> 0,5	< 25 000	3 (1/8)	3 (1/8)	5 (3/16)	10 (3/8)	12 (1/2)
	< 5 000	3 (1/8)	3 (1/8)	3 (1/8)	5 (3/16)	10 (3/8)
	< 2 500	3 (1/8)	3 (1/8)	3 (1/8)	5 (3/16)	6 (1/4)

*Δp máx. = 12 500 mm H_2O.
Sendo necessário acabamento superficial, é tolerável uma diminuição na espessura de até 5% em relação à bitola da chapa. Entretanto os valores de *E*, medidos em quaisquer pontos da placa, não poderão diferir entre si mais de 0,005*D*.
Quando a placa for utilizada para vapor, a espessura poderá ser aumentada até o dobro das recomendadas na tabela, para D ≤ 150 mm.

g) Ângulo do chanfro

Quando a espessura *E* da placa for superior à espessura *e* do orifício, a placa deverá ser chanfrada na jusante. A superfície cônica deverá ser usinada com cuidado. O ângulo do chanfro deverá ser 45°±15°. A placa não poderá ser chanfrada se sua espessura *E* for inferior ou igual a 0,02*D*.

h) Arestas

As arestas do orifício não deverão apresentar defeitos visíveis à vista desarmada. A aresta a montante do orifício deverá ser "viva". A acuidade da aresta será considerada adequada se nenhum raio luminoso for refletido, quando examinada à vista desarmada.

i) Diâmetro d do orifício

O valor d será medido em vários diâmetros situados em planos meridianos formando ângulos aproximadamente iguais entre si. É necessário medir d no mínimo em quatro diâmetros. O orifício deve ser cilíndrico e perpendicular à face montante da placa. Nenhum diâmetro poderá diferir do valor do diâmetro médio, nem de qualquer outro diâmetro medido, para além dos seguintes limites:

$d \pm 0,08\%$ para $12 \text{ mm} < d \leq 16 \text{ mm}$;
$d \pm 0,07\%$ para $16 \text{ mm} < d \leq 20 \text{ mm}$;
$d \pm 0,06\%$ para $20 \text{ mm} < d \leq 25 \text{ mm}$;
$d \pm 0,05\%$ para $d > 25 \text{ mm}$.

Em relação ao diâmetro d, resultado do cálculo da placa de orifício, ver 3.24.2.

O diâmetro $d = \beta D$ deverá respeitar os valores máximo e mínimo de β estabelecidos na tabela 3-3; entretanto, para determinados elementos primários, esses limites poderão ser reduzidos.

j) Placas simétricas

Se a placa se destina a medir vazão de fluido nos dois sentidos:

- ela não poderá ser chanfrada;
- suas duas faces deverão ser de acordo com as especificações recomendadas para a face montante [ver 3.5.2(a) e (b)];
- a espessura E deverá ser igual à espessura e do orifício;
- as duas arestas do orifício deverão estar de acordo com a descrição da aresta a montante [ver item (h)];
- as tomadas serão preferencialmente do tipo simétrico (*flange taps*, *corner taps*). No caso de necessidade de tomadas do tipo D e $D/2$, serão necessários dois pares de tomadas, a serem usadas alternadamente de acordo com o sentido do fluxo.

k) Materiais de fabricação

A placa pode ser fabricada com qualquer material e por qualquer método de fabricação, mas sempre de acordo com descrições anteriores. De um modo geral, a placa será fabricada em metal com boas características de resistência à erosão e à corrosão (os aços inox AISI 316 e 304 são geralmente empregados).

l) Dimensões gerais das placas de orifício do tipo presa entre flanges

A Tab. 3-2 fornece as dimensões gerais de um placa de orifício, de acordo com o tipo dos flanges entre os quais será colocada. O diâmetro externo da placa é igual ao diâmetro de furação do flange menos 1 diâmetro de furo, mais 3 mm, para minimizar a possível excentricidade, na instalação. O tamanho de lingüeta é tal que a inscrição possa ser lida depois da instalação da placa.

O furo de dreno (para gases) ou de respiro (para líquidos) não é permitido pela norma ISO 5167, tanto na sua versão original de 1981 como nas revisões de 1991 e de *98. Entretanto a norma BS 1048 já estabelecia regras para cáculo da correção a ser aplicada, a fim de compensar a presença dessas áreas "parasitas" de passagem de fluxo. Em 1998, o *Technical report* da ISO/TR 15377 adotou o texto da BS 1042 e introduziu o critério de incerteza suplementar, para caso de a placa ser provida de dreno ou respiro. Nas placas novas, aconselha-se prever uma forma de eliminar os condensados ou as bolsas de gás por acessórios de tubulação, como prevê a norma ISO, em vez de se usar os recursos permitidos pelo TR 15377.

Tabela 3-2 Dimensões gerais de placas de orifício presas entre flanges

Diâmetro nominal (pol)	Ø				*C*	*L*
	150 lb	300 lb	600 lb	900 lb		
1	67	73	73	79	102	25
1 $^1/_2$	86	95	95	98	102	25
2	105	111	111	143	102	25
2 $^1/_2$	124	130	130	165	102	25
3	137	149	149	168	102	25
4	175	181	194	206	102	25
6	222	251	267	289	121	35
8	279	308	321	359	121	35
10	340	362	400	435	140	35
12	410	422	457	498	140	40
14	451	486	492	—	140	40
16	514	540	565	—	152	40
18	549	597	613	—	152	40
20	606	654	682	—	152	40
24	717	775	790	—	152	40

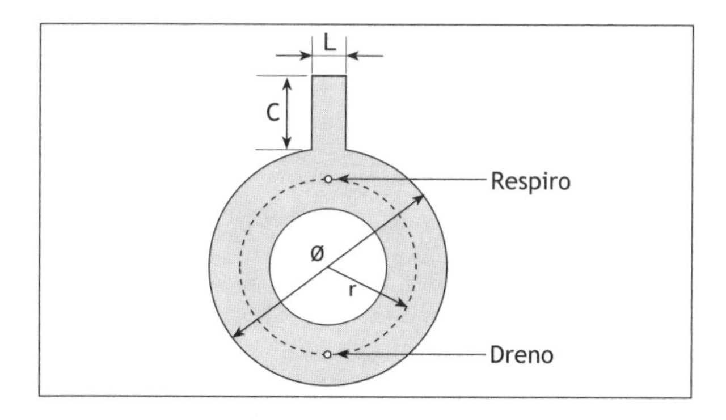

As placas de orifício têm uma enorme flexibilidade de aplicação, já que é possível calculá-las com extensos limites de β e de pressões diferenciais. O aço inoxidável é o material mais usual para a fabricação das placas clássicas. São empregados também o Hastelloy, para fluidos corrosivos, o Monel, para oxigênio, ou ainda o titânio, o tântalo, e em certos casos o Teflon.

3.5.3 limites de aplicação

Todos os fluidos homogêneos e numa única fase podem ser medidos por placas de orifício clássicas, desde que respeitados os limites estabelecidos pelas normas, dependendo da norma adotada, ISO 5167 (91), ISO 5167 ou AGA 3/ANSI/API 2530:

TABELA 3-3 Limites de aplicação segundo as normas ISO 5167 e AGA 3

Limites	ISO 5167 (91)	ISO 5167	AGA 3
Valor de β	0,2 a 0,75	0,1 a 0,75	0,02 a 0,75
Valor de $\Delta p/P$ p/cálculo de ε	$> 0{,}75$	$> 0{,}75$	$> 0{,}75$
Diâmetro inferior de d (mm)	12,5	12,5	11,4
Diâmetro D (mm)	$50 \leq D \leq 1\,000$	$50 \leq D \leq 1\,000$	$43 \leq D \leq 730$
Número de Reynolds (FT)	$> 1\,260\beta^2 D$	$> 5\,000$ e $170\beta^2 D$	$> 4\,000$
Trecho reto necessário	Ver Seç. 3.6	Ver Seç. 3.6	Ver Seç. 3.6
Rugosidade da tubulação	Ver Seç. 3.7	Ver Seç. s.7	Ver Seç. 3.7

A norma AGA 3 considera a possibilidade de utilizar placas de orifícios com "d" menor que 11,4 mm, até 6,35 mm, desde que a incerteza seja aumentada, em relação a incerteza citada em 3.3.1.

3.6 Instalação

As placas de orifício clássicas podem ser instaladas em tubulações de seção circular horizontais, verticais ou inclinadas. Para líquidos, a instalação vertical deve ser com fluxo ascendente. As incertezas de medição são estabelecidas pelas normas, desde que as condições de rugosidade, perpendicularidade, circularidade, concentricidade, de trecho reto e de detalhes de tomadas sejam respeitadas. Assim, para medições precisas, o elemento primário é constituído por um trecho calibrado (*meter run*), e não mais apenas pela placa de orifício.

A Fig. 3-23 apresenta uma vista em corte de um trecho calibrado, com o tubo a montante, alargado ou brunido de forma a apresentar a rugosidade requerida pela norma, num comprimento mínimo de 10D (ISO 5167) ou 17D (AGA3).

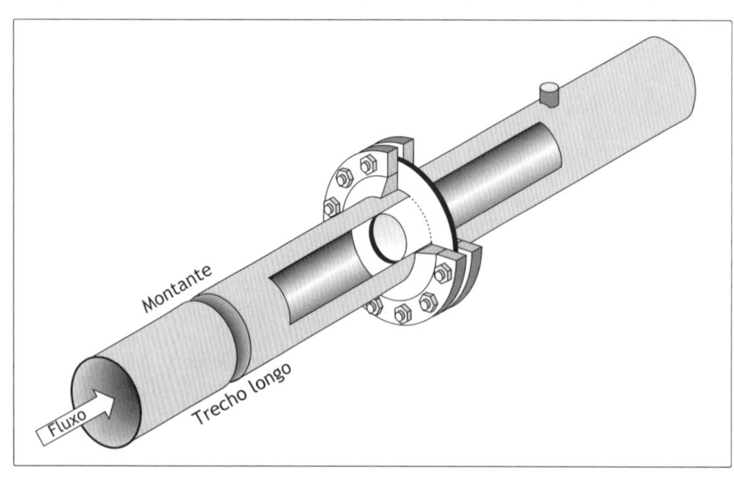

FIGURA 3-23 Trecho calibrado com tomadas *flange taps*. A tomada a jusante no tubo é prevista para colocação de um poço de termorresistência.

Os trechos retos antes e depois da placa de orifício clássica foram revisados, nas últimas edições das normas, tendo-se aumentado os requisitos, de forma a reduzir a incerteza dos coeficientes de descarga. A tabela 3-4 é válida para as normas AGA 3 e ISO 5167.

TABELA 3-4 Trechos retos necessários para placas de orifício clássicas

b	Trecho reto a montante										A jusante	
	A		B		C		D		E		J	
	N	R	N	R	N	R	N	R	N	R	N	R
0,20	6	6	10	10	19	19	16	8	12	6	4	2
0,40	18	9	13	10	44	19	16	8	12	6	6	3
0,50	30	16	18	16	44	19	20	9	12	6	6	3
0,60	44	30	30	18	44	19	26	11	14	7	7	3,5
0,67	44	30	44	30	44	30	28	14	18	9	7	3,5
0,75	44	35	44	30	44	30	36	18	24	12	8	4

N: valores necessários para manter a incerteza de C nos limites da norma (ISO 5167 e AGA 3). Quando se usam os valores das colunas R (somente ISO), deve-se acrescentar 0,5% à incerteza de C.
As colunas de A a E, são algumas das configurações de tubulação consideradas na norma ISO 5167:
A, uma curva de 90° ou duas curvas no mesmo plano, distantes de 30*D*, no mínimo;
B, duas curvas no mesmo plano, distantes mais de 10*D* e menos de 30*D*;
C, duas curvas em planos perpendiculares, com $15D \geq S \geq 5D$;
D: expansão de 0,5*D* a *D*, com comprimento de *D* a 2*D*;(somente ISO 5167)
E, válvula de esfera, com passagem plena;
J, para todas as configurações, de A a E.

As normas ISO 5167 e AGA3 2000 (*part 2 installation*) permitem o uso de condicionadores de fluxo para reduzir o comprimento reto antes das placas de orifício clássicas. Outros condicionadores de fluxo podem ser utilizados, desde que haja referências confiáveis de que a distribuição das velocidades corresponda a um perfil "completamente desenvolvido" (*full developped*).

A Tab. 3-5 mostra a distância permitida entre a placa e um retificador de fluxo constituído por um feixe de dezenove tubos, desde que a distância entre a singularidade e a placa seja ≥ 18 D.

TABELA 3-5 Trechos retos permitidos, incluindo o retificador de fluxo de dezenove tubos

β	Uma curva de 90°	Duas curvas de 90° em planos perpendiculares separadas por 2*D*	Um tê de 90°	Válvula fechada parcialmente (mín. 50% aberta)
0,2	13	13,5	13	9*
0,4	13	13,5	13	9*
0,5	13	13,5	13 até β = 0,54	9*
0,6	13	13,5	13*	9*
0,67	13	13,5	13*	9*
0,75	14	13,5*	13*	Não há

*Deve corresponder a uma incerteza suplementar de 0,5% sobre o valor do coeficiente de descarga da placa de orifício.

TABELA 3-6 Distâncias a serem previstas no projeto de tubulações com medidor de vazão por placa de orifício, para medições **não destinadas a qualquer transferência comercial**. (Valores de A e B em mm).

Placa ou bocal de vazão		*D*	A_1 Esq. ①	A_2 Esq. ②	A_3 Esq. ③	A_4 Esq. ④	A_5 Esq. ⑤	A_6 Esq. ⑥	*B*	Placa ou bocal de vazão		
Esq. ①	Um acessório ($C \leq 6D$)	Nom. (pol.)	17*D*	22*D*	28*D*	35*D*	13,5*D*	44*D*	4,5*D*	2 curvas em planos diferentes	Separadas por 10*D*	Esq. ③
		2	870	1 120	1 430	1 790	690	2 240	230			
		3	1 290	1 672	2 130	2 660	1 030	3 340	340			
		4	1 730	2 240	2 860	3 570	1 380	4 490	460		Seguidas	Esq. ④
		6	2 580	3 340	4 260	5 320	2 050	6 690	680			
		8	3 450	4 470	5 680	7 110	2 740	8 930	910			
		10	4 320	5 588	7 110	8 890	3 430	11 180	1 140			
Esq. ②	2 curvas no mesmo plano	12	5 190	6 710	8 540	10 680	4 120	13 420	1 370	Redução/expansão		Esq. ⑤
		14	6 050	7 830	9 970	12 460	4 810	15 660	1 600			
		16	6 900	8 930	11 370	14 210	5 480	17 860	1 830			
		18	7 770	10 050	12 800	16 000	6 170	20 110	2 060	Válvula		Esq. ⑥
		20	8 640	11 180	14 220	17 780	8 680	22 354	2 290			
		24	10 370	13 420	17 080	21 350	8 240	26 840	2 750			
		30	12 950	16 760	21 340	26 670	11 640	33 530	3 430			

As distâncias indicadas podem ser revistas quando for definido o valor de β.

3.7 RUGOSIDADE

A rugosidade dos trechos a montante e a jusante das placas de orifício clássicas deve ser inferior a determinados limites. As normas ISO 5167 e AGA3 não definem os mesmos valores para a rugosidade R_a (média aritmética dos picos e vales).

A norma ISO 5167 fornece duas tabelas que levam em conta os valores de β e os números de Reynolds: uma para as rugosidades máximas e outra para as mínimas (Tabs. 3-7 e 3-8).

TABELA 3-7 Rugosidades máximas, expressas em $10^4 R_a/D$ na ISO 5167

β	R_D								
	$\leq 10^4$	$3 \cdot 10^4$	10^5	$3 \cdot 10^5$	10^6	$3 \cdot 10^6$	10^7	$3 \cdot 10^7$	10^8
$\leq$ 0,20	15	15	15	15	15	15	15	15	15
0,30	15	15	15	15	15	15	15	14	13
0,40	15	15	10	7,2	5,2	4,1	3,5	3,1	2,7
0,50	11	7,7	4,9	3,3	2,2	1,6	1,3	1,1	0,92
0,60	5,6	4,0	2,5	1,6	1,0	0,73	0,57	0,46	0,36
$\geq$ 0,65	4,2	3,0	1,9	1,2	0,78	0,56	0,3	0,43	0,26

TABELA 3-8 Rugosidades mínimas, expressas em $10^4 R_a/D$, na ISO 5167 (até $\beta = 0{,}5$: $10^4 R_a/D = 0$)

β	R_D			
	$\leq 3 \cdot 10^6$	10^7	$3 \cdot 10^7$	10^8
0,60	0,0	0,0	0,003	0,004
$\geq$ 0,65	0,0	0,013	0,016	0,012

As especificações dos *meter runs*, definidas pela AGA 3 (2000), são mais rigorosas: num comprimento de $17D$ no trecho a montante e a jusante, a rugosidade deve obedecer à seguinte tabela:

Diâmetros	$\leq$ 12 pol		> 12 pol	
Limites de β	< 0,6	$\geq$ 0,6	< 0,6	$\geq$ 0,6
Rugosidade máxima	300 μpol	250 μpol	600 μpol	500 μpol
Rugosidade mínima	34 μpol			

A circularidade deverá ser melhor que 0,25%, em relação ao diâmetro médio (D_m), até $1D$ a montante da placa, e a diferença entre os valores extremos dos diâmetros deverá ser inferior a 0,5% do D_m no trecho todo.

TABELA 3-9 Valores usuais de rugosidade, conforme a ISO 5167

Material	Condição	k_r (mm)
Latão, Cu, Al, plásticos, vidro	Liso, sem sedimentos	< 0,03
Aço	Novo, sem costura, trefilado a frio	< 0,03
	Novo, sem costura, trefilado a quente ou laminado	0,5 a 0,10
	Novo, soldado longitudinalmente	0,5 a 0,10
	Novo, soldado espiralado	0,10
	Levemente oxidado	0,10 a 0,20
	Enferrujado	0,20 a 0,30
	Encrustado	0,50 a 2,0
	Betuminado, novo	0,03 a 0,05
	Betuminado, normal	0,10 a 0,20
	Galvanizado	0,13
Ferro fundido	Novo	0,25
	Enferrujado	1,0 a 1,5
	Incrustado	> 1,5
	Betuminado, novo	0,03 a 0,05
Fibrocimento	Isolado e não-isolado, novo	< 0,03
	Não-isolado, normal	0,05

3.8 CUIDADOS COMPLEMENTARES DE INSTALAÇÃO

As normas ISO 5167 e AGA 3 estabelecem ainda que as placas sejam instaladas concentricamente à linha de processo, que esta não deve ser ovalizada (circularidade definida) e que não haja qualquer desalinhamento que possa provocar um degrau apreciável na emenda do tubo com o flange ou do flange com o bloco-orifício a montante da placa.

- Circularidade (especificações para *meter run*, ver Sec. 3.6)

Num comprimento de $2D$ a montante da placa de orifício, a tubulação deve ser cilíndrica. A tubulação será considerada cilíndrica se, nesse comprimento de $2D$, nenhum diâmetro, em qualquer plano, diferir mais que 0,3% do diâmetro médio, medido como segue.

A circularidade deverá ser verificada em três seções, num comprimento de $0{,}5D$ (uma delas correspondente ao plano da solda do flange-orifício, se for o caso). Nenhum diâmetro poderá diferir mais que 0,3% da média do valor de D. Em cada seção, o diâmetro médio D será determinado pela média aritmética de quatro valores medidos, formando ângulos de aproximadamente 45° entre si.

- Concentricidade e perpendicularidade

A placa de orifício deverá ser centralizada em relação ao tubo. A distância e_{cl}, medida na paralela ao eixo da tomada, entre a linha de centro da tubulação e a linha de centro da placa, deverá ser inferior a:

$$0{,}0025D/(0{,}1 + 2{,}3\beta^4)$$

A distância e_{cn}, medida na perpendicular ao eixo da tomada, entre a linha de centro da tubulação e a linha de centro da placa, deverá ser inferior a:

$$0{,}005D/(0{,}1 + 2{,}3\beta^4)$$

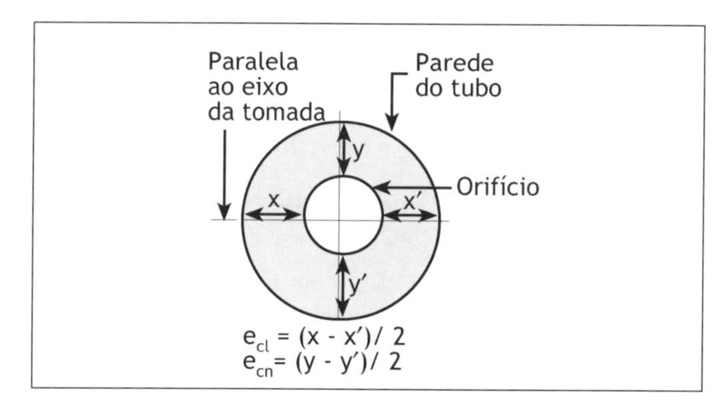

FIGURA 3-24 Concentricidade.

Se a linha de centro da placa, no alinhamento do eixo de uma das tomadas, tiver uma excentricidade tal que

$$0{,}0025D/(0{,}1 + 2{,}3\beta^4) < e_{cl} \leq 0{,}005D/(0{,}1 + 2{,}3\beta^4)$$

uma incerteza adicional de 0,3% deverá ser acrescentada aritmeticamente à incerteza do coeficiente de descarga C. Caso exceda o maior valor, o desvio não estará coberto pelas normas.

O plano da placa deverá ser perpendicular ao eixo da tubulação com tolerância de 1°.

- Limite de altura do degrau em função da distância deste à placa

Não poderá haver degrau superior a 0,3% de D, devido a diferenças de diâmetro, desalinhamento ou qualquer outro motivo dentro de $2D$ a montante da placa. Uma incerteza adicional de 0,2% deverá ser acrescentada ao coeficiente de descarga C, caso o degrau ΔD exceda 0,3% de D, mas esteja em conformidade à seguinte relação:

$$\frac{\Delta_D}{D} < 0{,}002\left[\frac{\frac{S}{D}+0{,}4}{0{,}1+2{,}3\beta^4}\right] \quad \text{e} \quad \frac{\Delta_D}{D} < 0{,}05$$

Caso exceda o maior valor, o desvio não estará coberto pelas normas.

3.9 EXATIDÃO DA MEDIÇÃO E EXTENSÃO DA FAIXA (*rangeabilidade*)

A faixa de medição ou rangeabilidade (do inglês *rangeability*) das placas de orifício é a relação entre o maior e o menor valor, lidos na escala com a exatidão anunciada. A rangeabilidade das placas de orifício é limitada pelo menor valor por duas razões:

- pelos limites inferiores dos números de Reynolds;
- pela dificuldade de se medirem baixos valores de pressão diferencial.

Muito esforço foi dispendido pelos grupos de trabalho que elaboram as normas sobre placas de orifício clássicas, pelos fabricantes de transmissores de pressão diferencial e pelos idealizadores de computadores de vazão, buscando aumentar a exatidão das malhas de medição.

Com a apuração de dados mais cuidadosamente selecionados e lançando mão de recursos de cálculos numéricos mais poderosos, os grupos de trabalho das normas ISO 5167 e AGA 3 produziram equações e diminuíram as incertezas, possibilitando o cálculo de vazões correspondentes a números de Reynolds de 4 000, com enorme ganho de rangeabilidade.

Os fabricantes de transmissores de pressão diferencial oferecem instrumentos com erro máximo de ±0,1% (ou melhor) em relação à faixa calibrada.

Os idealizadores de computadores de vazão elaboraram programas capazes de calcular a vazão, levando em conta os valores do coeficiente de descarga e do fator de expansão isentrópica do momento, além de calcular constantemente o valor da massa específica do fluido medido.

Para contornar um problema inerente ao princípio de medição — a queda quadrática da pressão diferencial correspondente à diminuição linear da vazão —, é possível utilizar transmissores em *split range*. Ou seja: um transmissor para a faixa alta de pressão diferencial é utilizado entre 100% e 9% do Δp (correspondentes respectivamente a 100% e 30% da vazão), e outro de 9% de Δp_{FE} para baixo. Dessa forma, cada transmissor é calibrado para uma faixa em que sua exatidão em relação ao valor medido é melhor que 1%, implicando numa participação inferior a 0,5% na incerteza da medição.

O transmissor de menor faixa deve ser capaz de suportar pressões diferenciais mais altas, qualidade encontrada nos transmissores modernos.

3.10 PLACAS DE ORIFÍCIO ESPECIAIS

Em muitos casos de medição de vazão, as placas de orifício clássicas não podem ser aplicadas, seja por questão de diâmetro, de viscosidade, de impurezas ou de falta de trecho reto. Temos então que lançar mão de placas de orifício especiais. Para cada caso, foi encontrada uma solução.

3.10.1 Placas de orifício para pequenos diâmetros

As placas de orifício clássicas não podem ser utilizadas para tubulações com $D \leq 50$ mm, de acordo com a norma ISO 5167. Entretanto o relatório técnico ISO/TR 15377, Ref.[4.1] permite aplicar a Eq. [3.10], relativa a placas com tomadas do tipo *corner taps* para diâmetros tais que 25 mm $\leq D \leq$ 50 mm, desde que sejam respeitados os seguintes limites:

$$0{,}4 \leq \beta \leq 0{,}7 \quad \text{e} \quad 0{,}1 \leq CE\beta^2 \leq 0{,}35.$$

A incerteza sobre C é 0,6% para $0{,}4 \leq \beta \leq 0{,}6$ e β% para $0{,}6 < \beta \leq 0{,}7$.

3.10.1.1 Trecho calibrado ASME

Para os casos em que a tubulação é menor que 25 mm, existem trabalhos e referências confiáveis que permitem aplicar placas de orifício a tubos de até 12 mm. Consultar ASME 1971, Ref. [5.1] e trabalhos publicados por fabricantes de instrumentos mundialmente conhecidos.

A incerteza associada aos coeficientes de descarga de placas de pequeno diâmetro é da ordem de ± 2%.

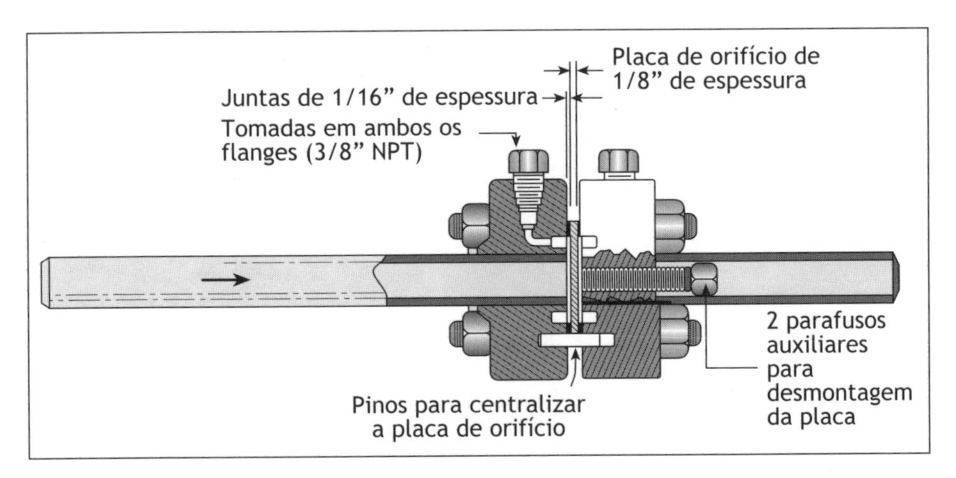

FIGURA 3-25 Trecho de medição polido, de acordo com a ASME.

A Fig. 3-25 representa o trecho de medição polido para pequenos diâmetros, de acordo com a ASME. O polimento do tubo é uma exigência extremamente rigorosa e só pode ser obtido por brunimento ou meios eletrolíticos.

A placa é centralizada por pinos ou outro dispositivo adequado. As tomadas de pressão diferencial são do tipo *corner taps*, com anel piezométrico interno.

O programa Digiopc utiliza a equação proposta pela ASME para calcular placas de orifício de pequenos diâmetros:

$$CE = C'E + B_m\sqrt{\frac{10^6}{R_D}}$$

$$C'E = 0{,}5991 + \frac{0{,}1118}{D} + \left[0{,}3155 + \frac{0{,}4445}{D}\right]\cdot\left(\beta^4 + 2\beta^{16}\right) \qquad [3.18]$$

$$B_m = \frac{0{,}0132}{D} - 0{,}000192 + \left[0{,}01648 - \frac{0{,}02946}{D}\right]\cdot\left(\beta^4 + 4\beta^{16}\right)$$

Outros modelos de placas para tubos com diâmetros de até 12 mm podem ser calculados com a mesma equação, mas estes deverão ser calibrados para serem utilizados com exatidão.

Os diâmetros dos orifícios de placas para tubos de pequenos diâmetros necessitam uma usinagem especializada.

3.10.1.2 Orifícios integrais

É possível calcular placas de orifício montadas em conjunto com transmissores de vazão. São os chamados "orifícios integrais".

O tipo mais conhecido é o *U-bend* (Fig. 3-26), em que o fluido a ser medido, num tubo de diâmetro interno da ordem de 10 mm, penetra na câmara de alta pressão do transmissor de pressão diferencial, passa desta para a câmara de baixa pressão, por meio de um tubo curvado em U, e sai da câmara de baixa para o consumo. A pequena placa é inserida nesse percurso, na saída do tubo curvado em U, internamente à conexão de baixa pressão.

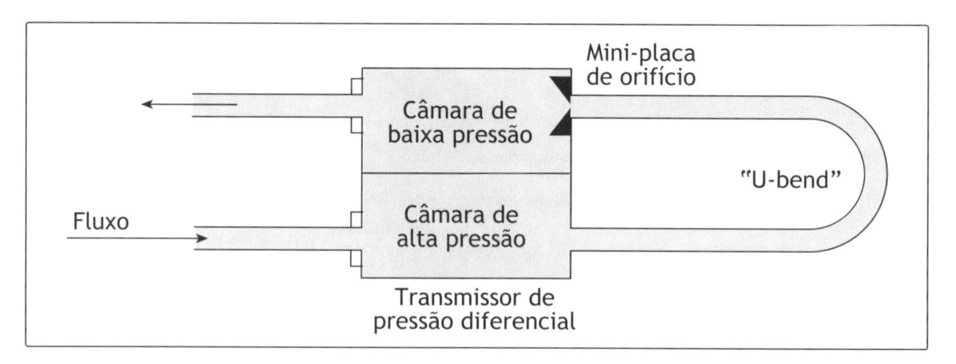

FIGURA 3-26 Orifício integral estilo *U-bend*, com o respectivo transmissor.

Outra realização é o tipo *by pass* (Fig. 3.27), em que a miniplaca de orifício é montada no mesmo eixo de processo, com um dispositivo que interliga as 2 câmaras por fora do transmissor, para medir a baixa pressão.

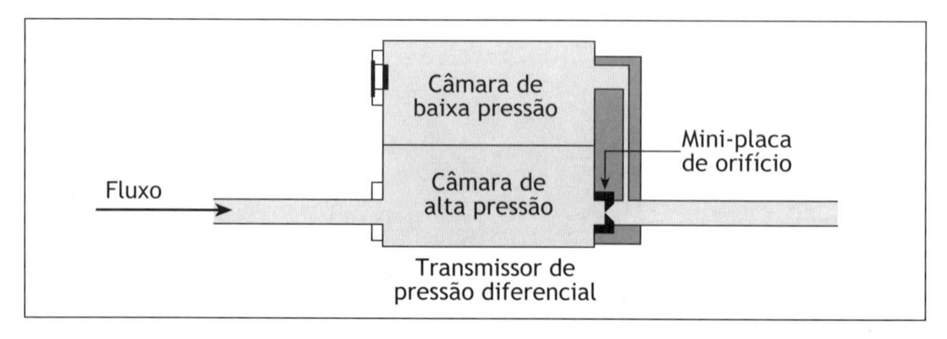

FIGURA 3-27 Orifício integral estilo *by pass*, com o respectivo transmissor.

3.10.2 Elementos primários para baixos números de Reynolds

Quando o número de Reynolds calculado é inferior aos limites citados em 3.5.3, geralmente devido a uma viscosidade elevada, podem ser usadas as placas de canto arredondado de $^1/_4$ de círculo (ou *quadrant edge*) e as de entrada cônica. Ambos os perfis são citados no relatório técnico ISO/TR 15377, Ref. [4.1].

3.10.2.1 Placas de orifício de $^1/_4$ de círculo

Para as placas de orifício com perfil de $^1/_4$ de círculo (*quadrant*) de raio r (Fig. 3-28(a)) temos os seguintes parâmetros:

coeficiente de descarga	$C = 0{,}73823 + 0{,}3309\beta - 1{,}1615\beta^2 + 1{,}5084\beta^3$	[3.19]
limites de β	$0{,}245 \leq \beta \leq 0{,}6$	
incerteza sobre C	2% para $\beta > 0{,}316$ e 2,5% para $\beta \leq 0{,}316$	
limite de d e D	d deve ser $\geq$ 15 mm e $D \leq 500$ mm	
limite de R_D	$1000\beta + 9{,}4[10^6(\beta - 0{,}24)^8] \leq R_D \leq 10^5\beta$	
relação r/D	$3{,}17 \cdot 10^{-6} \cdot e^{16{,}8\beta} + 0{,}0554 \cdot e^{1{,}016\beta} + 0{,}029$ (com tolerância de $\pm\, 0{,}05r$)	[3.20]

3.10.2.2 Placas de orifício de entrada cônica

Para as placas de entrada cônica (Fig. 3.28(b)), os parâmetros são os seguintes:

coeficiente de descarga	C = 0,734
limites de β	$0{,}1 \leq \beta \leq 0{,}316$
incerteza sobre C	2%
limite de D e d	d deve ser $\geq$ 6 mm e $D \leq 500$ mm
limite de R_D	$80 \leq R_D \leq 2 \cdot 10^5\beta$

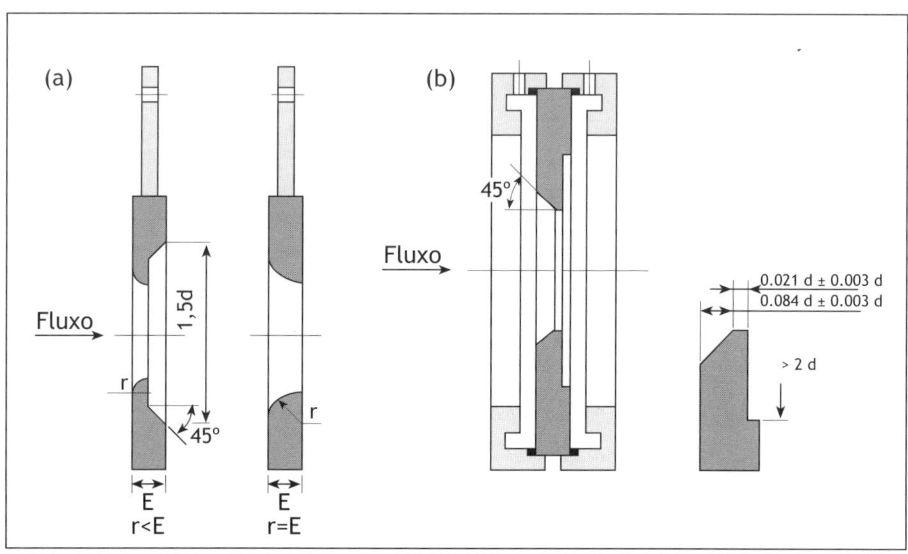

FIGURA 3-28 Placas de orifício para baixos números de Reynolds: (a) quadrante; (b) entrada cônica.

EXEMPLO

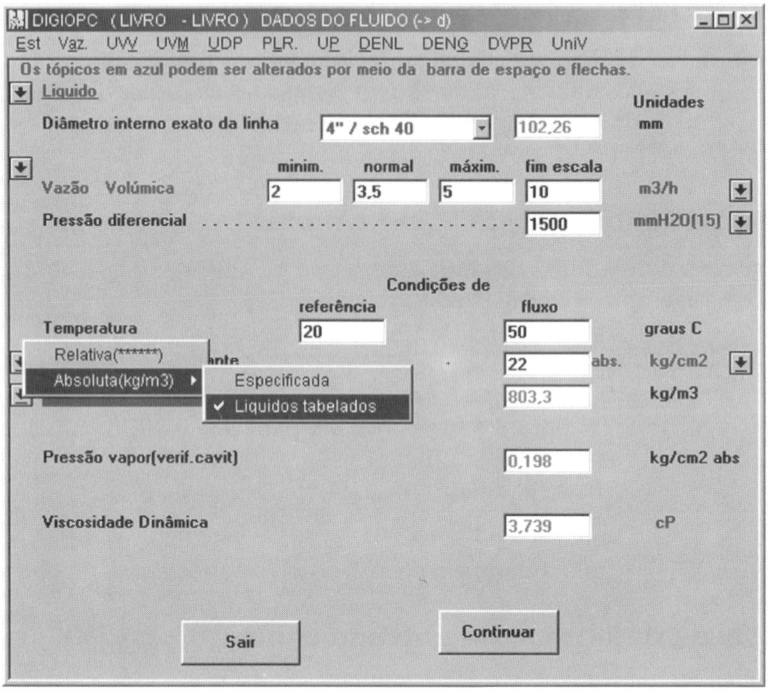

DIGIOPC (LIVRO - LIVRO) DADOS DO FLUIDO (-> d)
Est Vaz. UVV UVM UDP PLR. UP DENL DENG DVPR UniV
Os tópicos em azul podem ser alterados por meio da barra de espaço e flechas.
Liquido
Unidades
Diâmetro interno exato da linha
4" / sch 40
102,26
mm
minim.
normal
máxim.
fim escala
Vazão Volúmica
2
3,5
5
10
m3/h
Pressão diferencial
1500
mmH2O(15)
Condições de
referência
fluxo
Temperatura
20
50
graus C
Relativa(******)
Absoluta(kg/m3)
Especificada
Liquidos tabelados
22
abs.
kg/cm2
803,3
kg/m3
Pressão vapor(verif.cavit)
0,198
kg/cm2 abs
Viscosidade Dinâmica
3,739
cP
Sair
Continuar

FIGURA 3-29 Programa Digiopc: dados de entrada até abertura da densidade.

DIGIOPC - COMPOSIÇÃO (LÍQUIDOS)
COMPOSIÇÃO (LÍQUIDOS)
Acetona
Ácido Acético
Água
Álcool Anidro
Álcool Hidratado
Amonia
Benzeno
Cloro
Diesel
Etano
Etanol
Etileno
Fenol
Gasolina
GLP
iso Butano
Metano
Metanol
Nafta
n Butano
n Pentano
Propano
Propileno
Sair
Continuar

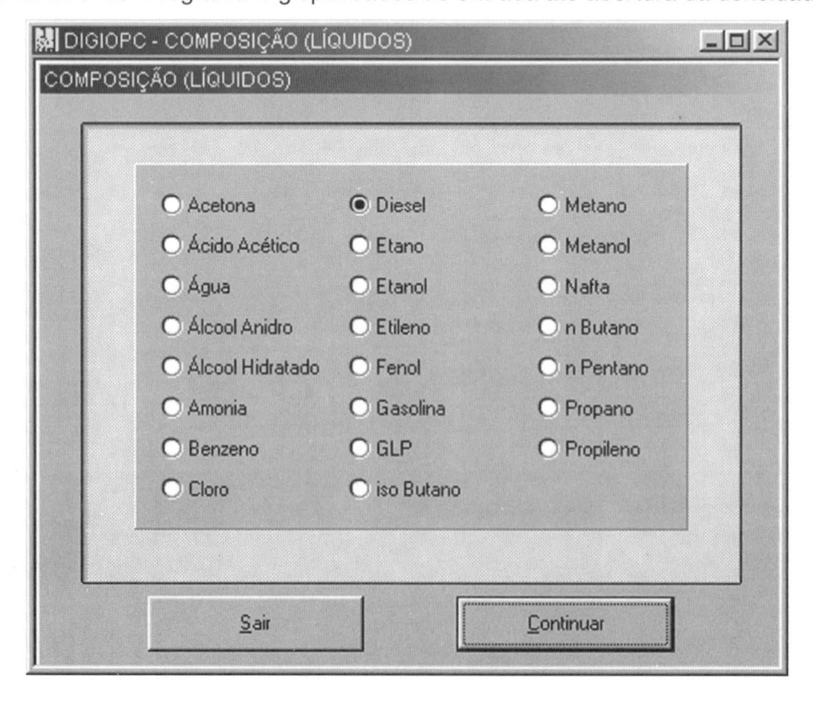

FIGURA 3-30 Programa Digiopc: tela auxiliar para seleção do líquido.

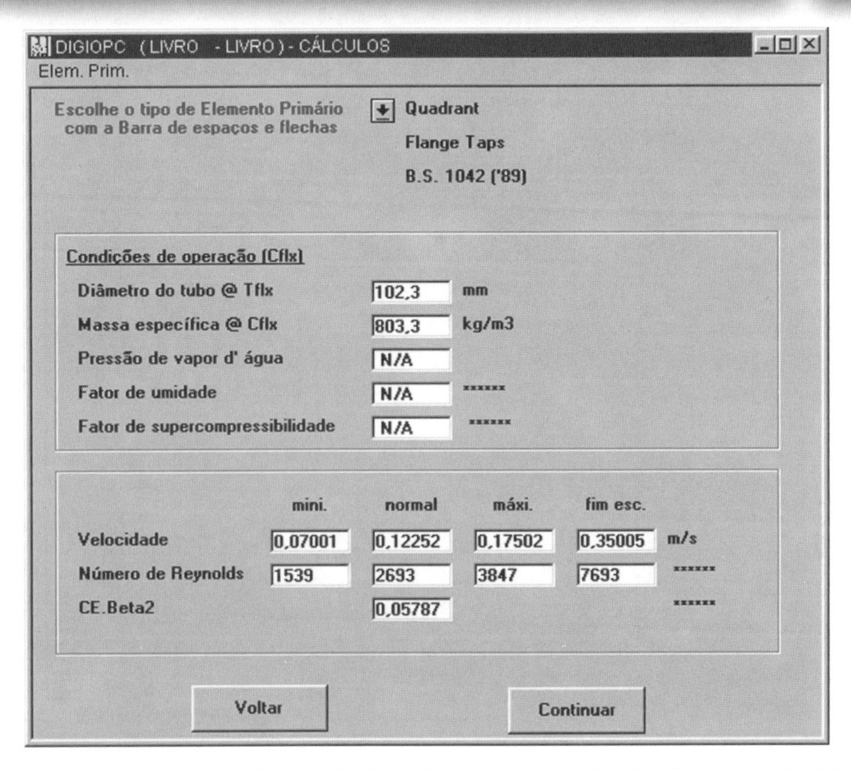

FIGURA 3.31 Programa Digiopc: tela de cálculo para escolha do elemento primário com "quadrante" selecionado.

Nas telas das Figs. 3-32 e 3-33 estão calculados os dois tipos de placas de orifício utilizados para fluidos viscosos: orifício de bordo quadrante e orifício de entrada cônica. No caso, ambos os tipos podem ser usados, já que o número de Reynolds limite inferior é menor que o menor R_D a ser medido. A opção por um ou outro tipo de elemento primário será de ordem prática.

Orifício de bordo quadrante — Pode ser usado com tomadas tipo *flange taps*. A fabricação do bordo quadrante requer um equipamento de comando numérico ou uma grande habilidade do torneiro num torno convencional.

O orifício de entrada cônica — Requer tomadas do tipo *corner taps*, preferivelmente com câmaras piezométricas. A fabricação do orifício é delicada, já que as tolerâncias mecânicas são reduzidas, mas não requerem o uso de um torno CNC (comando numérico por computador). O controle de qualidade pode requerer instrumentos especiais.

Em ambos os casos, deve-se tomar o cuidado de assegurar que a pressão diferencial seja corretamente aplicada ao transmissor. Fluidos viscosos podem "congelar" (endurecer) nas tubulações de impulso, onde a temperatura é mais baixa que na tubulação, não propagando mais a pressão da linha. É o caso dos óleos combustíveis.

DIGIOPC (LIVRO - LIVRO) - Resultados.

Resultados

Elemento primário Quadrant Flange Taps B.S. 1042 ('89)

					unid.
Coeficiente de descarga (normal)		.7727	Incerteza	+/- 2,5	%
	mini.	normal	máxi.	fim esc.	
Desvios do Coef. de Desc.	0	0	0	0	%
Epsilo	N/A	N/A	N/A	N/A	******
Número de Reynolds	1539	2693	3847	7693	******
Limit Inf'r do No de Reynolds	273				******
Perda de carga		164		1340	mmH2O(15)

beta	@20C	.27324	@Tf	.27329	******
Diâmetro do orifício/bocal @ Tflx		27,96			mm
Diâmetro do orifício/bocal @ 20C		27,94	raio r	2,86	mm
Tomadas	a montante	25,4	a jusante	25,4	mm
Limite de rugosidade do tubo		0	min	0 max	mm

OK

FIGURA 3-32 Programa Digiopc: tela de resultado do cálculo para placa tipo “quadrante”.

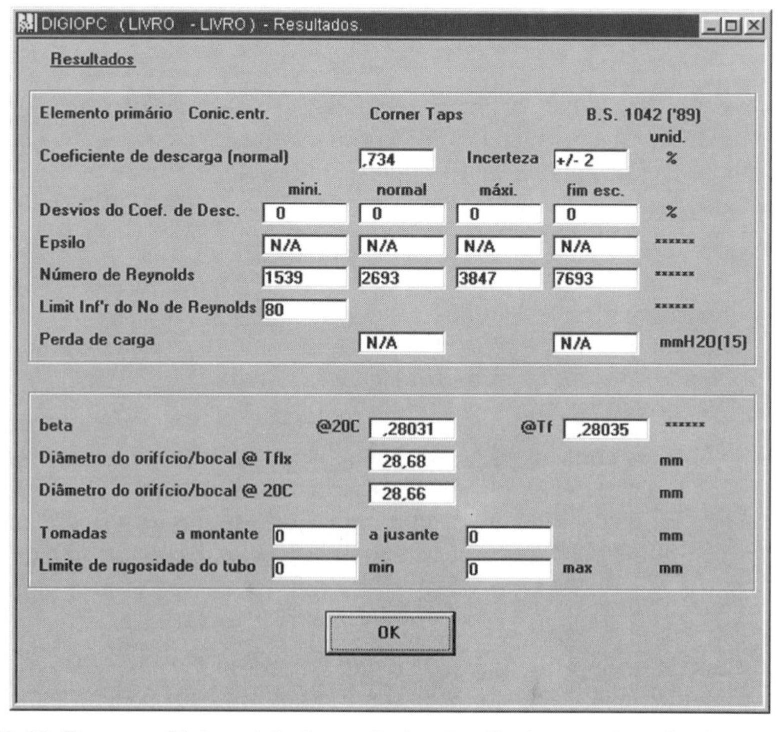

DIGIOPC (LIVRO - LIVRO) - Resultados.

Resultados

Elemento primário Conic.entr. Corner Taps B.S. 1042 ('89)

					unid.
Coeficiente de descarga (normal)		.734	Incerteza	+/- 2	%
	mini.	normal	máxi.	fim esc.	
Desvios do Coef. de Desc.	0	0	0	0	%
Epsilo	N/A	N/A	N/A	N/A	******
Número de Reynolds	1539	2693	3847	7693	******
Limit Inf'r do No de Reynolds	80				******
Perda de carga		N/A		N/A	mmH2O(15)

beta	@20C	.28031	@Tf	.28035	******
Diâmetro do orifício/bocal @ Tflx		28,68			mm
Diâmetro do orifício/bocal @ 20C		28,66			mm
Tomadas	a montante	0	a jusante	0	mm
Limite de rugosidade do tubo		0	min	0 max	mm

OK

FIGURA 3-33 Programa Digiopc: tela de resultados do cálculo para placa tipo “entrada cônica”.

3.10.2.3 Medidor tipo cunha

Para medição de fluidos viscosos, como óleos combustíveis, que necessitam de aquecimento para serem bombeados, o medidor tipo cunha é uma solução econômica e confiável. A exatidão, entretanto, é modesta, com EMA da ordem de ± 2%.

Uma cunha segmental deixa uma abertura *H* na parte inferior (ou lateral) do tubo de medição, provocando uma pressão diferencial entre montante e jusante dessa restrição local. As tomadas de pressão podem ser simples ou flangeadas, para receber selos tipo diafragma. Usa-se este último caso quando o fluido medido é aquecido para redução da viscosidade, permitindo seu transporte por bombeamento. Um congelamento do fluido ocorreria em linhas de impulso normais, já que o fluido não circula entre o elemento primário e o transmissor. Com selos tipo diafragma, montados de forma a ter-se o mínimo de espaço sem circulação, as pressões são aplicadas ao transmissor via capilares, preenchidos com óleo silicone ou outro que tenha propriedades adequadas para não alterar a pressão a ser medida (Ver seção 3.18.6).

Os medidores tipo cunha dispõem de várias relações *H/D*, para se escolher a melhor faixa de pressão diferencial, considerando-se o diâmetro e a vazão a ser medida. Quando selos tipo diafragma são usados, dá-se preferência a pressões diferenciais da ordem de 5 000 mmH_2O, uma vez que são mais fáceis de medir por transmissores de selo remoto.

Esse mesmo elemento primário pode também ser usado para vapor, embora não tenha sido desenvolvido para essa aplicação.

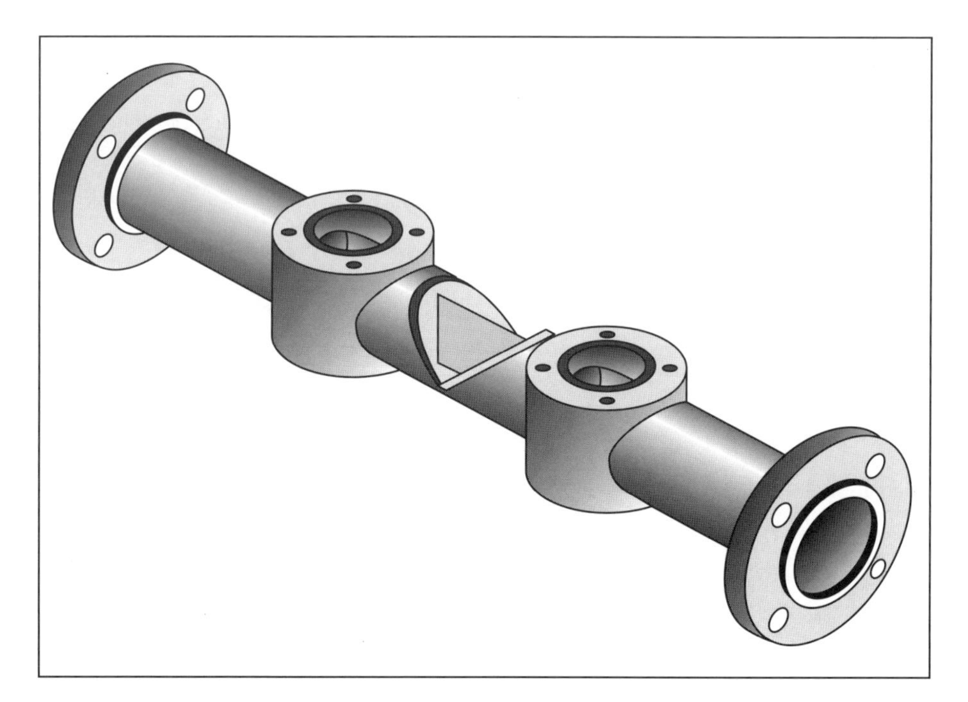

FIGURA 3-34 Medidor de vazão tipo "cunha", para líquidos viscosos.

3.10.3 Placas de orifício para fluidos carregados

Empregam-se as placas excêntricas e as segmentais quando o fluido medido carrega impurezas que poderiam ser represadas a montante pela parte inferior da placa. Prefere-se a placa excêntrica nos casos de presença de condensados em medições de gases sujos. A segmental, mais imprecisa, pode ser aplicada para líquidos carregados de sólidos, como, por exemplo, em adutoras. Os parâmetros correspondentes às placas de orifício para fluidos carregados são descritos a seguir.

3.10.3.1 Placas de orifício excêntricas

Coeficiente de descarga para tomadas *flange taps* a 180° do orifício:

$$C = C' + (B/R_D{}^{0,75}) \qquad [3.21]$$

$$C' = 0,5949 + 0,4078\,\beta^2 + 0,0955 \cdot [\beta^4/(1-\beta^4]$$

$$B = -139,7 + 1\,328,8\beta - 4\,228,2\beta^2 + 5\,691,9\beta^3 - 2\,710,4\beta^4$$

limites de β — $0,3 \leq \beta \leq 0,8$
incerteza sobre C — 2% para $D = 100$ mm ou 1,5% para $D > 100$ mm
limite de D — $D \geq 100$ mm
limite de R_D — $R_D > 10\,000$

(Fonte: Freeman, 1988)

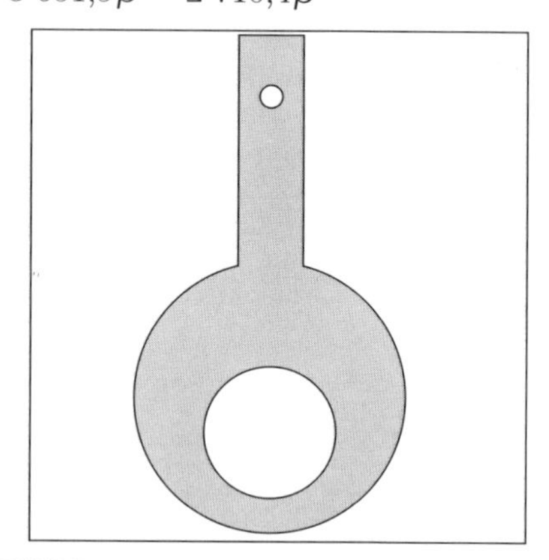

FIGURA 3-35 Placa de orifício excêntrica.

3.10.3.2 Placas de orifício segmentais

Coeficiente de descarga para tomadas *flange taps* a 180° do orifício:

$$C = 0,6037 + 0,1598\beta^{2,1} - 0,2918\beta^8 + [0,0244(\beta^4/1-\beta^4)] - 0,0790\beta^3 \qquad [3.22]$$

limites de β — $0,3 \leq \beta \leq 0,84$
incerteza — 2%
limite de D — $D \geq 100$ mm
limite de R_D — $R_D \geq 10\,000$

(Fonte: Freeman, 1988)

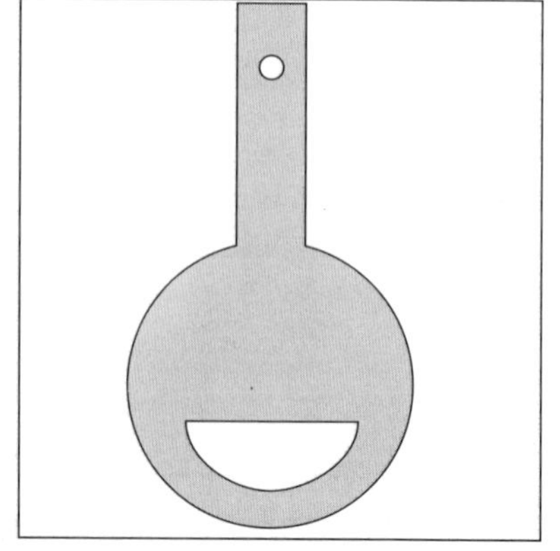

FIGURA 3-36 Placa de orifício segmental.

EXEMPLO

Cálculo de placas para fluidos carregados para ar úmido. A umidade é de 80% no ponto de medição, e a leitura será relativa ao ar seco, eliminando por cálculo a umidade.

A tela UMIDADE permite usar a umidade medida num outro ponto que não o local da medição da vazão. Por exemplo, se a umidade do ar em questão fosse na sucção de um soprador, a pressão P_u e a pressão T_u seriam os valores correspondentes ao ar atmosférico, à pressão atmosférica local e à temperatura atmosférica do momento, ou a valores médios do local.

Foram calculados três tipos de placa para fluidos carregados, conforme segue. O desenvolvimento é mostrado nas figuras 3-37 a 3-43; os resultados são os seguintes:

1. Placa excêntrica:
   C = 0,63963 β = 0,7171 d = 145,36 mm.
2. Placa segmental:
   C = 0,6118 β = 0,72865 H aberto = 106,25 mm.
3. Placa segmental 98%:
   C = 0,6118 "β"= 0,72865 H aberto = 107,55 mm.

Na última realização, o diâmetro do círculo do segmento é 98% de D, preferido no caso de diâmetros de até 6 pol.

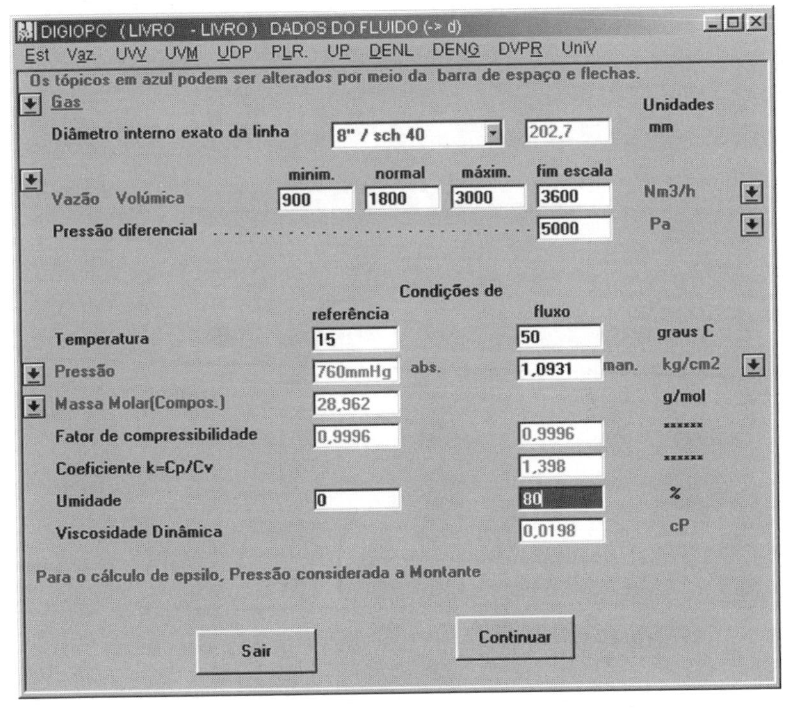

FIGURA 3-37 Programa Digiopc: tela de entrada de dados para gás, no caso ar. Quando a umidade é preenchida com o valor 80% da umidade relativa, abre-se a tela da Fig. 3.38.

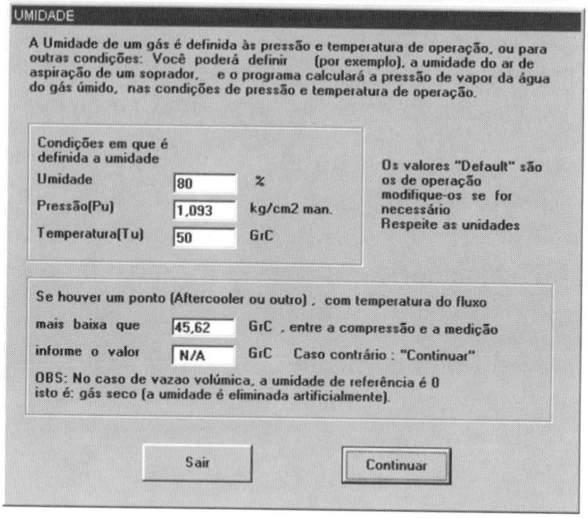

UMIDADE
A Umidade de um gás é definida às pressão e temperatura de operação, ou para outras condições: Você poderá definir (por exemplo), a umidade do ar de aspiração de um soprador, e o programa calculará a pressão de vapor da água do gás úmido, nas condições de pressão e temperatura de operação.
Condições em que é definida a umidade
Umidade 80 %
Pressão(Pu) 1,093 kg/cm2 man.
Temperatura(Tu) 50 GrC
Os valores "Default" são os de operação modifique-os se for necessário
Respeite as unidades
Se houver um ponto (Aftercooler ou outro), com temperatura do fluxo
mais baixa que 45,62 GrC , entre a compressão e a medição
informe o valor N/A GrC Caso contrário : "Continuar"
OBS: No caso de vazao volúmica, a umidade de referência é 0
isto é: gás seco (a umidade é eliminada artificialmente).
Sair
Continuar

FIGURA 3-38 Programa Digiopc: tela de umidade com as alternativas do local de medição da umidade.

DIGIOPC (LIVRO - LIVRO2) DADOS DO FLUIDO (-> d)
Est Vaz. UVV UVM UDP PLR. UP DENL DENG DVPR UniV
Os tópicos em azul podem ser alterados por meio da barra de espaço e flechas.
Gas
Diâmetro interno exato da linha 8" / sch 40 202,7
Unidades
mm
minim. normal máxim. fim escala
Vazão Volúmica 900 1800 3000 3600 Nm3/h
Pressão diferencial 5000 Pa
Condições de
referência fluxo
Temperatura 15 50 graus C
Pressão 760mmHg abs. 1,0931 abs. kg/cm2
Massa Molar(Compos.) 28,962 g/mol
Fator de compressibilidade 0,9996 0,9999 ******
Coeficiente k=Cp/Cv 1,398 ******
Umidade 0 80 % Nota
Viscosidade Dinâmica 0,0198 cP
A Pressão de vapor(Pv) calculada é:
0,10064
kg/cm2
Para o cálculo de epsilo, Pressão considerada a Montante
Nota: Umid. refer. a: PU =1,093 kg/cm2abs. , e TU=50GrC
Sair
Continuar

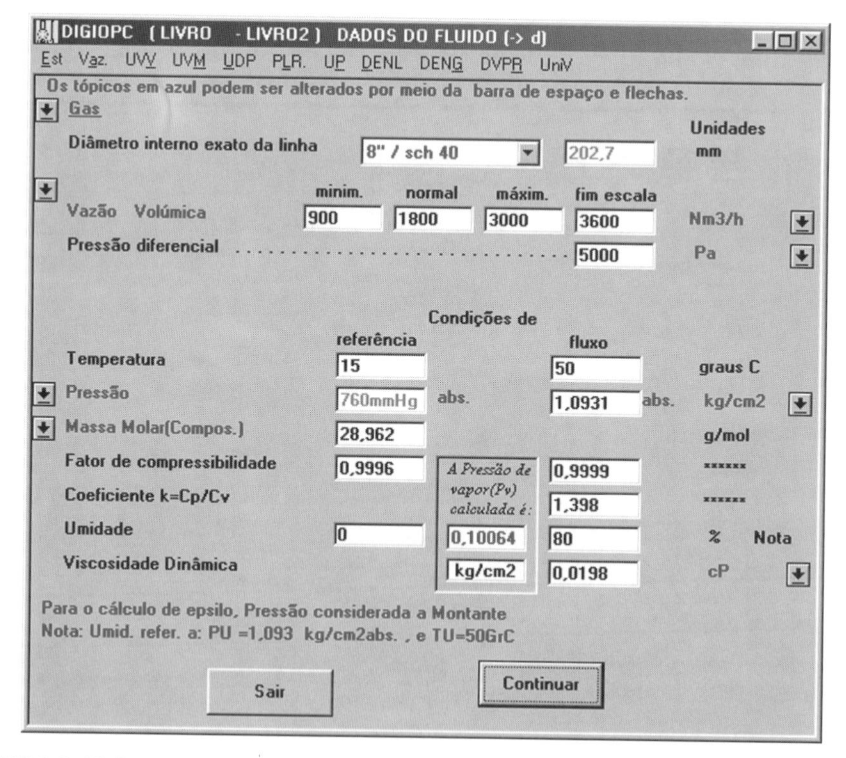

FIGURA 3-39 Programa Digiopc: tela de entrada de dados, com os dados de umidade calculados.

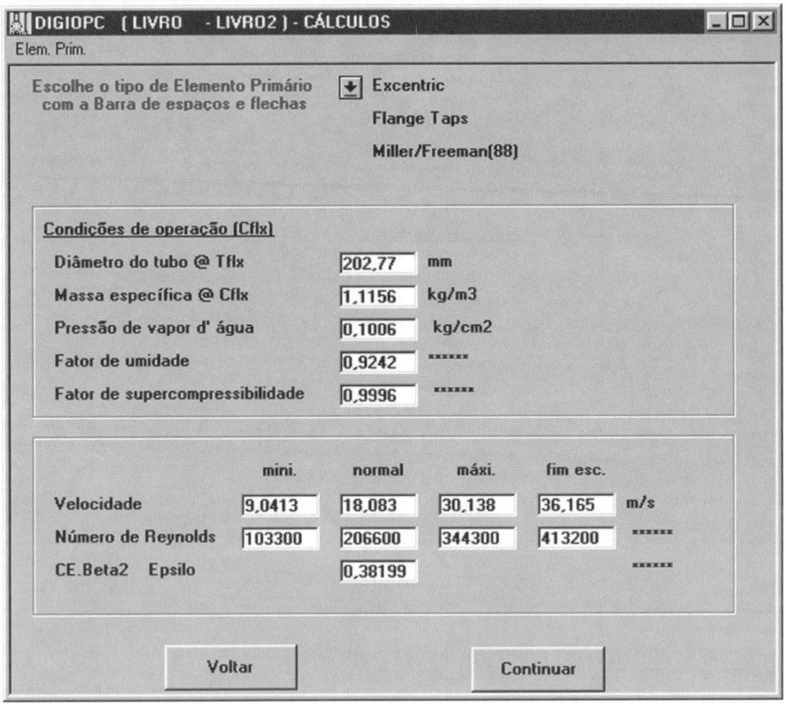

DIGIOPC (LIVRO - LIVRO2) - CÁLCULOS

Elem. Prim.

Escolhe o tipo de Elemento Primário com a Barra de espaços e flechas | Excentric
Flange Taps
Miller/Freeman(88)

Condições de operação (Cflx)

Diâmetro do tubo @ Tflx	202,77	mm
Massa específica @ Cflx	1,1156	kg/m3
Pressão de vapor d' água	0,1006	kg/cm2
Fator de umidade	0,9242	******
Fator de supercompressibilidade	0,9996	******

	mini.	normal	máxi.	fim esc.	
Velocidade	9,0413	18,083	30,138	36,165	m/s
Número de Reynolds	103300	206600	344300	413200	******
CE.Beta2 Epsilo		0,38199			******

Voltar | Continuar

FIGURA 3-40 Programa Digiopc: tela de cálculos, com elemento primário selecionado para "excêntrica".

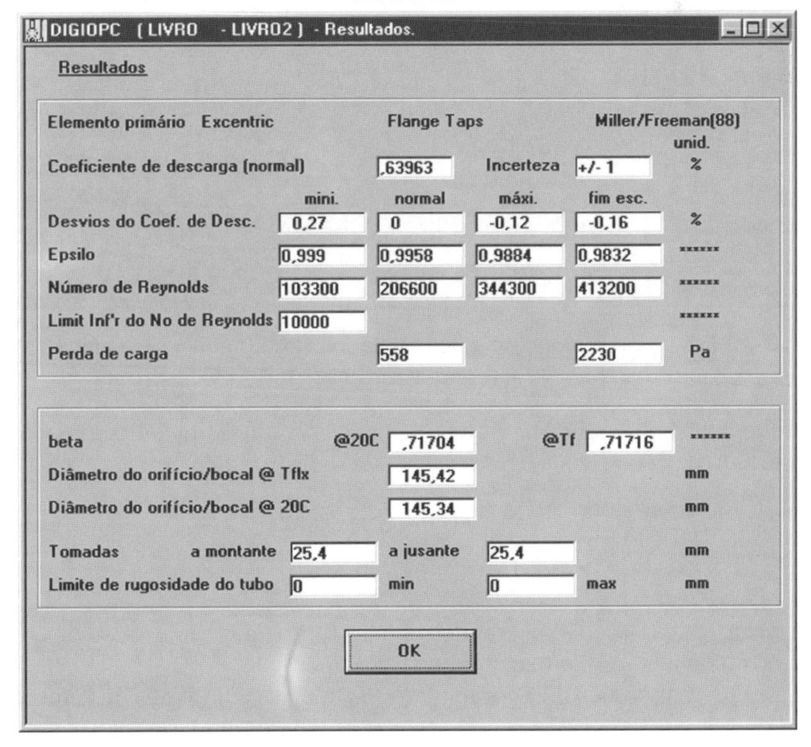

FIGURA 3-41 Programa Digiopc: tela de resultados para placa de orifício excêntrica.

DIGIOPC (LIVRO - LIVRO2) - Resultados.

Resultados

Elemento primário Segmental Flange Taps ASME 1971

	mini.	normal	máxi.	fim esc.	unid.
Coeficiente de descarga (normal)		.6118	Incerteza	+/- 2	%
Desvios do Coef. de Desc.	0	0	0	0	%
Epsilo	0.9991	0.9963	0.9897	0.9851	******
beta	@20C	.7286	@Tf	.72872	******
Altura H (aberta) @Flx		106.33			mm
Altura H (aberta) @20C		106.24			mm
Tomadas	a montante	25.4	a jusante	25.4	mm
Limite de rugosidade do tubo	0	min	0	max	mm

OK

FIGURA 3-42 Programa Digiopc: tela de resultados ("recortada") para placa de orifício segmental.

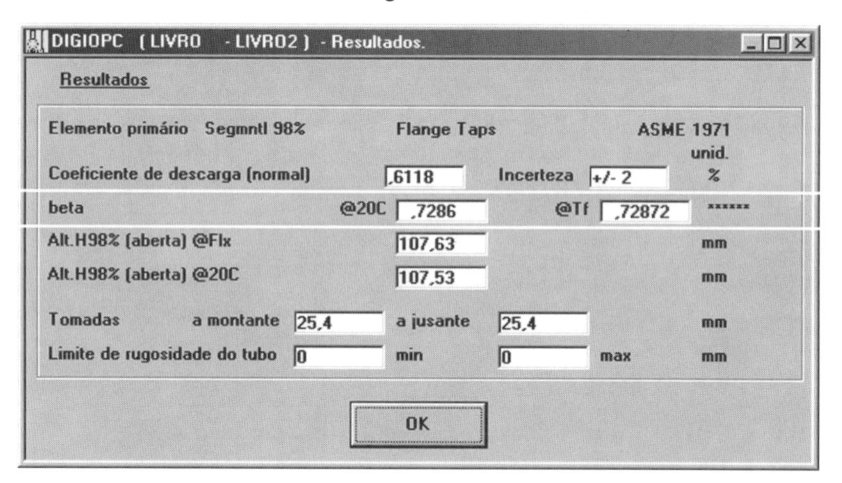

DIGIOPC (LIVRO - LIVRO2) - Resultados.

Resultados

Elemento primário Segmntl 98% Flange Taps ASME 1971

					unid.
Coeficiente de descarga (normal)		.6118	Incerteza	+/- 2	%
beta	@20C	.7286	@Tf	.72872	******
Alt.H98% (aberta) @Flx		107.63			mm
Alt.H98% (aberta) @20C		107.53			mm
Tomadas	a montante	25.4	a jusante	25.4	mm
Limite de rugosidade do tubo	0	min	0	max	mm

OK

FIGURA 3-43 Programa Digiopc: tela de resultados ("recortada") para placa de orifício segmental 98%.

Nota-se que a vazão do gás seco, nas condições de referência, é calculada a partir da vazão do gás úmido nas condições de operação, de acordo com a equação:

$$Q_L = Q_1 \cdot \frac{\left(P_1 - P_{VP}\right) \cdot T_L \cdot Z_L}{P_L \cdot T_1 \cdot Z_1} \qquad [3.23]$$

sendo: Q_L a vazão do gás seco, nas condições de referência;
Q_1 a vazão do gás úmido nas condições de operação;
P_1, T_1 e Z_1 as condições de operação; P_L, T_L e Z_L as condições de referência;
P_{VP} a pressão de vapor d'água (P_{VP} = porcentagem umidade relativa $\times$ pressão de saturação à temperatura de operação).

3.10.4 Trechos retos limitados

Uma dificuldade encontrada com freqüência nas indústrias siderúrgicas é a falta de trecho reto para instalar placas de orifícios clássicas. Para contornar esse problema, foram desenvolvidas as placas de orifício *anulares* e o *V-cone*.

As placas anulares podem ser projetadas de várias maneiras; a Fig. 3-44b mostra uma delas. Os parâmetros relativos às placas anulares dependem da realização construtiva adotada, especialmente da forma de fixação do disco em relação ao tubo ou ao carretel de medição.

A necessidade do trecho reto é reduzida: 4 D a montante e 1 D a jusante.

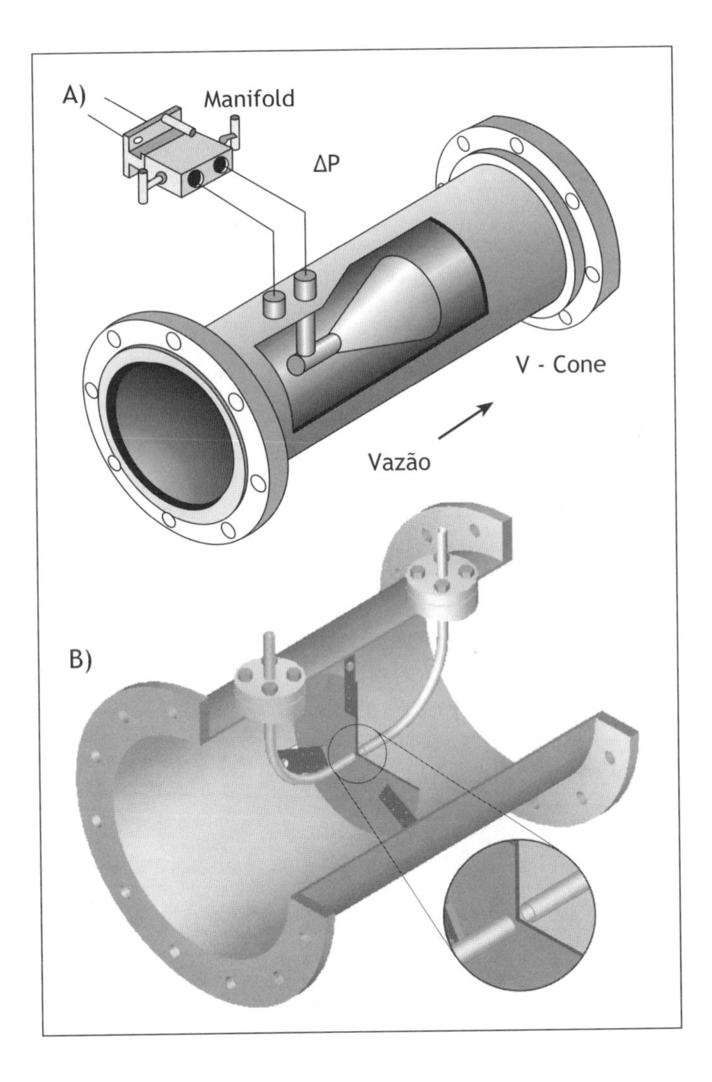

FIGURA 3-44 (a) *V-cone*, um tipo de Venturi anular; a tomada de baixa pressão é ligada à extremidade traseira do cone de saída. (b) Placa de orifício anular; as tomadas de pressão estendem-se até o centro da tubulação, a uma distância de 10 mm das faces da placa.

3.11 BOCAIS DE VAZÃO

Pesquisas relacionadas aos bocais de vazão remontam a meados do século XIX; mas somente em 1930 a Alemanha padronizou a forma do bocal de entrada do elemento que foi adotada posteriormente (1932) pela ISA (então International Standards Association), predecessora da ISO.

A recomendação ISO R-541 tratou detalhadamente dos coeficientes e dos fatores de correção desse bocal, ainda se referindo a ele como "*ISA nozzle*". A ASME (American Society of Mechanical Engineers) começou a desenvolver seu programa de pesquisas em 1934, e o resultado foi uma recomendação para um bocal com uma parte convergente com perfil elíptico (*ASME long radius flow nozzle*).

Uma diferença importante entre os bocais ISA e ASME, além do perfil, consiste na colocação das tomadas. No primeiro caso, a colocação das tomadas é "em canto" (*corner taps*), ao passo que, no segundo, as tomadas são do tipo D e $^1/_2D$.

Aspectos de ordem prática devem ser analisados para se escolher entre um e outro tipo de bocal, especialmente no tocante à exeqüibilidade do perfil do orifício e da comodidade de se terem as tomadas no tubo ou no anel-suporte do bocal.

No caso de medição de vazão de vapor, em que a velocidade atinge 30 m/s ou mais, pode ser preferível um bocal de vazão, que provoca uma pressão diferencial menor que uma placa de orifício, nas mesmas condições (vazão, pressão, temperatura), e, em conseqüência, menos perda de carga. Como outra vantagem do bocal, a forma aerodinâmica do perfil de entrada do fluido não fica tão sujeita a desgaste prematuro do canto vivo de uma placa de orifício, quando a velocidade do fluxo é elevada.

3.11.1 Bocal ISA

A Fig.3-45(a) mostra um bocal ISA cortado por um plano que passa por seu eixo. O bocal compõe-se de uma parte convergente de perfil arredondado e de uma garganta cilíndrica.

3.11.1.1 Perfil do bocal ISA

Face a montante

Distinguem-se nessa face as seguintes partes:

- uma parte plana A, perpendicular ao eixo;
- uma parte convergente, definida por dois arcos de circunferência B e C;
- uma garganta cilíndrica;
- uma expansão brusca F.

A parte plana A deverá ser limitada por uma circunferência centrada no eixo, de diâmetro $1{,}5d$, e pelo perímetro interno da tubulação, de diâmetro D.

Quando $d = {}^2/_3D$, a largura radial dessa parte plana será nula. Quando d for superior a ${}^2/_3D$, a face a montante não comportará a parte plana de entrada na parte interna da tubulação. Nesse caso, o bocal deverá ser fabricado como se D fosse superior a $1{,}5d$, usinando-se posteriormente a face de entrada, truncando-se a parte B de forma que seu maior diâmetro seja exatamente igual a D.

O arco de circunferência B deverá ser tangente à parte plana de entrada A, quando d for inferior a $^1/_3 D$. Seu raio R_1 deverá ser igual a $0{,}2d$, com tolerância de 10%, quando β for inferior a 0,5 e a $0{,}2d$, com tolerância de 3%, quando β for superior ou igual a 0,5. Seu centro deverá ser situado a $0{,}2d$ da parte plana de entrada A e a $0{,}75d$ do eixo de revolução.

O arco de circunferência C deverá ser tangente ao arco de circunferência B e à garganta E. Seu raio R_2 deverá ser igual a $^1/_3 d$, com tolerância de 10%, quando β for inferior a 0,5, e a $^1/_3 d$, com tolerância de 3%, quando β for superior ou igual a 0,5. Seu centro deverá estar situado a $^1/_2 d + {}^1/_3 d = {}^5/_6 d$ do eixo de revolução e a $0{,}3041d$ da parte plana de entrada A. [O valor 0,3041 é igual a $(12 + \sqrt{39})/60$].

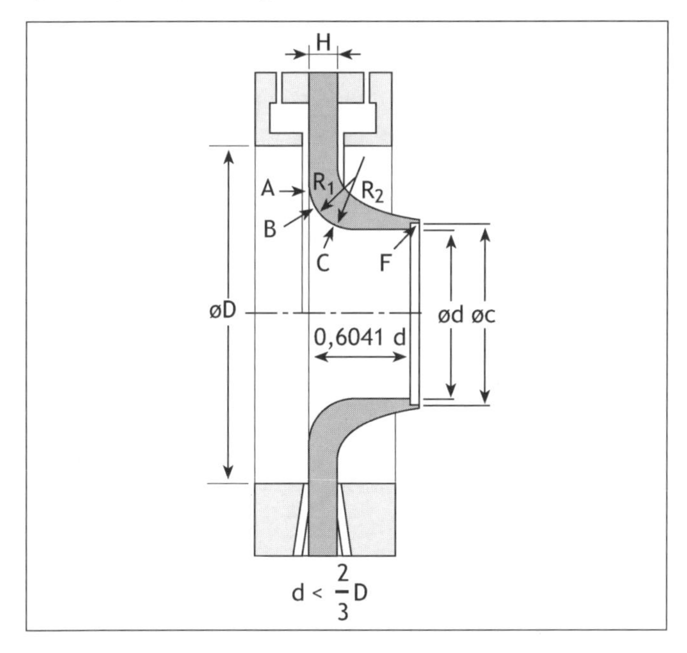

FIGURA 3-45(A) Bocais de vazão: ISA

Garganta

A garganta E, de diâmetro d, deverá ter um comprimento $b = 0{,}3d$ e ser cilíndrica. Nenhum diâmetro deve diferir em mais que 0,05% do valor do diâmetro calculado, nem do diâmetro médio.

A expansão F deverá ter um diâmetro c igual ou superior a $1{,}06d$ e um comprimento igual ou inferior a $0{,}03d$. A aresta de saída deverá ser "viva".

O comprimento total do bocal, excluindo a expansão, deverá estar de acordo com o que estabelece o seguinte quadro:

Valores de β	Comprimento total do bocal, exceto a expansão
$0{,}3 \leq \beta \leq 2/3$	$0{,}6041 \cdot d$
$2/3 < \beta \leq 0{,}8$	$\{0{,}4141 + [(0{,}75/\beta) - (0{,}25/\beta) - 0{,}5225]^{1/2}\} \cdot d$

O perfil da parte convergente deverá ser verificado por meio de um gabarito.

A superfície da face a montante deverá ser polida de forma tal que a rugosidade máxima seja inferior a $0{,}0003d$.

Face a jusante

A espessura H não deverá ultrapassar $0{,}1D$. Sua superfície poderá ser de perfil qualquer, não havendo necessidade de acabamento especial.

3.11.1.2 Tomadas de pressão do bocal ISA

As tomadas de pressão do bocal ISA são feitas em cantos (*corner taps*) e obedecem às condições dadas em 3.5.1.3, referentes a tomadas de pressão em canto.

3.11.1.3 Parâmetros do bocal ISA

Para o formato ISA, com tomadas *corner taps*, os parâmetros são os seguintes:

coeficiente de descarga,

$$C = 0{,}9900 - 0{,}2262\beta^{4,1} - \left(\frac{1{,}75\beta^2 - 3{,}3\beta^{4,15}}{10^3}\right)\cdot\left(\frac{10^6}{R_D}\right)^{1,15} \quad [3.24]$$

limites de β — $0{,}3 \leq \beta \leq 0{,}8$

incerteza sobre C — 0,8% para $\beta \leq 0{,}6$ ou $(2\beta - 0{,}4)$ % para $\beta > 0{,}6$

limite de D — $50 \text{ mm} \leq D \leq 500 \text{ mm}$

limite de R_D — $7 \,.\, 10^4 \leq R_D \leq 10^7$ para $\beta < 0{,}44$ ou $2 \cdot 10^4 \leq R_D \leq 10^7$ para $\beta \geq 0{,}44$

3.11.2 Bocal ASME

A Fig. 3.45(b) representa vistas de bocais de raio longo cortados por um plano que passa pelo eixo da garganta. As duas formas de bocal são compostas por um perfil convergente em arco de elipse e uma garganta cilíndrica. A parte interior do bocal apresenta uma simetria de revolução, com eventual exceção das saídas das tomadas de pressão.

3.11.2.1 Perfil do bocal ASME de β elevado

Face a montante

Distinguem-se, nessa face, as seguintes partes:

- uma parte convergente A;
- uma garganta cilíndrica B;
- um chanfro, uma expansão brusca ou um corte C.

A parte convergente A tem forma de de elipse. A distância do centro da elipse ao eixo de revolução é de $0{,}5D$. O grande eixo da elipse deve ser paralelo ao eixo de revolução. O valor da metade do eixo maior tem $0{,}5D$ e o valor da metade do eixo menor, $0{,}5(D - d\ )$.

O perfil da parte convergente deverá ser verificado no gabarito. A superfície da face a montante é polida, de forma tal que sua rugosidade fique inferior a $0{,}0003d$.

Garganta

A garganta B de diâmetro d apresenta comprimento de $0{,}6d$ e é cilíndrica. Qualquer que seja a seção escolhida, o diâmetro correspondente não deve ser diferente de 0,05% de d.

Parte a jusante

A saída do bocal descrito na ISO 5167 é simples, formada por ângulos vivos, sem arredondamentos. A distância entre a parede da tubulação e a face externa do bocal à altura da garganta deve ser superior ou igual a 3 mm.

A espessura H é igual ou superior a 3 mm, e igual ou inferior a $0{,}15D$. A espessura F do bocal à altura da garganta deve estar compreendida entre 3 e 13 mm.

3.11.2.2 Perfil do bocal ASME de β reduzido

As características gerais são as mesmas que as apresentadas para o bocal de β elevado, exceto pela forma da elipse, que é a seguinte:

- a parte convergente A tem a forma de $\frac{1}{4}$ de elipse, sendo a distância do centro da elipse ao eixo de revolução de $\frac{1}{2}d + \frac{2}{3}d = \frac{7}{6}d$.
- o eixo maior da elipse é paralelo ao eixo de revolução; o valor de metade do eixo maior é igual a d e o valor da metade do eixo menor igual a $\frac{2}{3}d$.

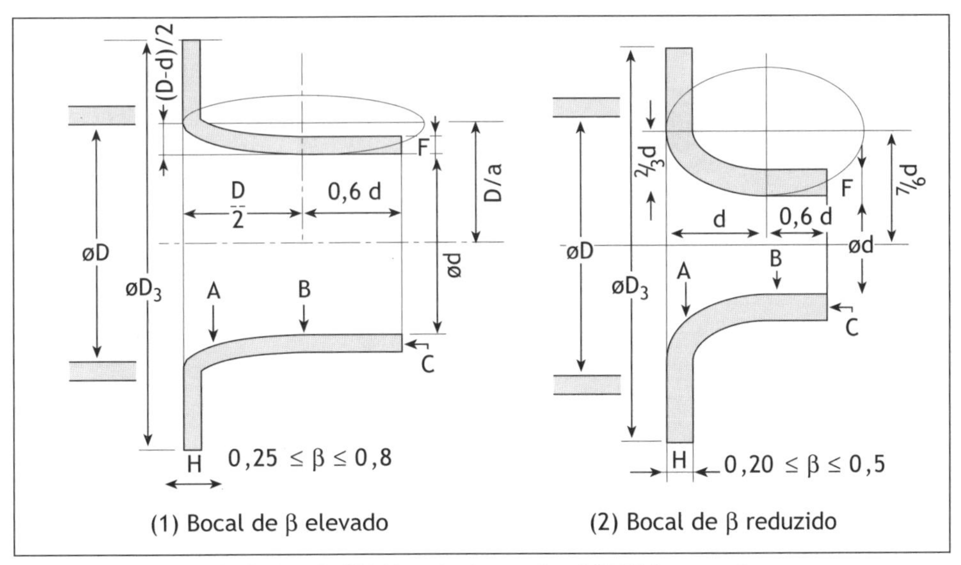

FIGURA 3.45(B) Bocais de vazão: ASME *long radius*.

3.11.2.3 Tomadas de pressão do bocal ASME

As tomadas de pressão devem estar de acordo com a descrição dada em 3.5.1.2. A tomada a montante posiciona-se a $1D \pm 0{,}2D - 0{,}1D$ da face de entrada do bocal. O eixo da tomada a jusante deve estar a $0{,}5D \pm 0{,}01D$ da face de entrada do bocal, mas não pode estar em plano situado mais a jusante que a extremidade do bocal. As tomadas a montante e a jusante saem da parede interna da tubulação.

3.11.2.4 Parâmetros do bocal ASME

Para o formato ASME, com tomadas *radius taps*, os parâmetros são os seguintes:

coeficiente de descarga, $C = 0{,}9965 - 0{,}00653\beta^{0,5}(10^6/R_D)^{0,5}$ [3.25]

limites de β	$0{,}2 \leq \beta \leq 0{,}8$
incerteza sobre C	2%
limite de D	$50\ mm \leq D \leq 630\ mm$
limite de R_D	$10^4 \leq R_D \leq 10^7$

3.11.3 Fator de expansão isentrópica dos bocais (e Venturis)

O fator ε_1 da Eq. [3.26] está representado graficamente nas Figs. 3-46 e 3-47:

$$\varepsilon_1 = \{[(k\tau^{2/k})/(k-1)]\,[(1-\beta^4)/(1-\beta^4\,\tau^{2/k})][(1-\tau^{(k-1)/k})/(1-\tau)]\}^{1/2} \quad [3.26]$$

em que: τ = relação P_2/P_1; (P_1 e P_2 = pressões absolutas a montante e a jusante);
k = coeficiente $k = C_p/C_v$.

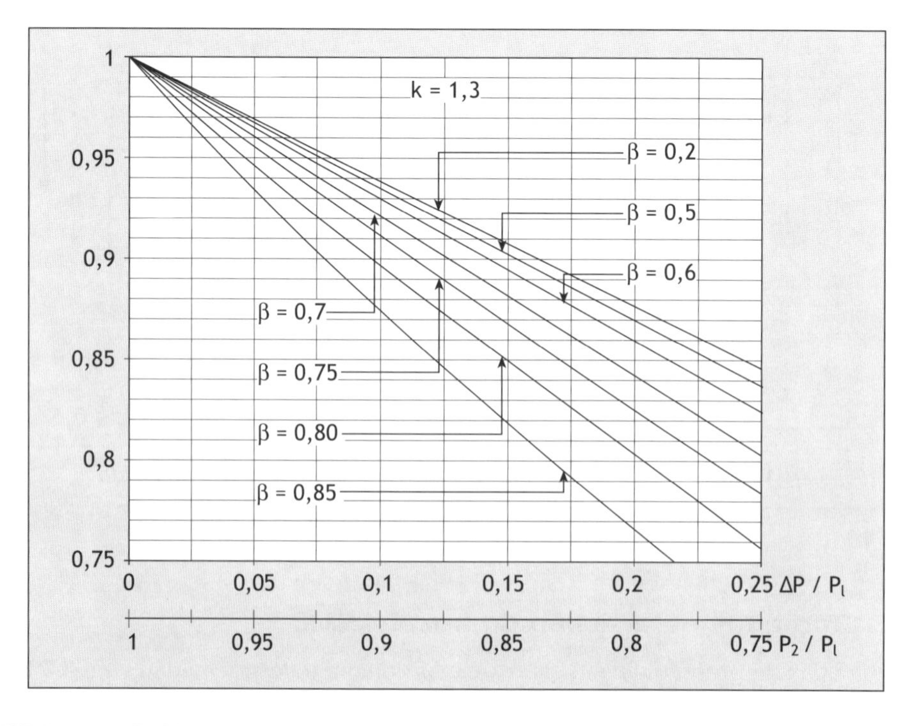

FIGURA 3-46 Gráfico de ε, em função de Δ_p/P_1 e de P_2/P_1 para bocais e Venturis, $k = 1{,}3$.

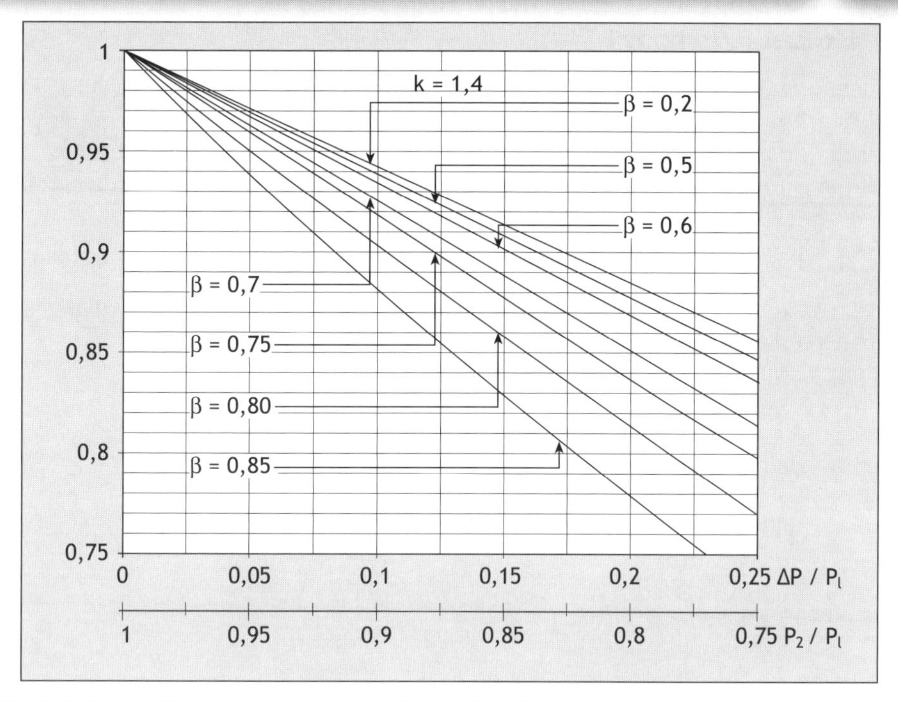

FIGURA 3-47 Gráfico de ε, em função de Δ_p/P_1 e de P_2/P_1 para bocais e Venturis, $k = 1,4$.

3.11.4 Realizações construtivas

Os bocais de vazão podem ser fabricados com qualquer material e por qualquer método de fabricação, mas deverão estar conformes com a descrição anterior. De modo geral, os bocais serão fabricados em metal com boas características de resistência a erosão e corrosão. Os aços inox AISI 316 e 304 são geralmente empregados.

As Figs. 3-48 e 3-49 mostram exemplos de realizações construtivas de bocal ASME e ISA, respectivamente. A montagem vista na Fig. 3-48 é recomendada para medições de vapor sob alta pressão.

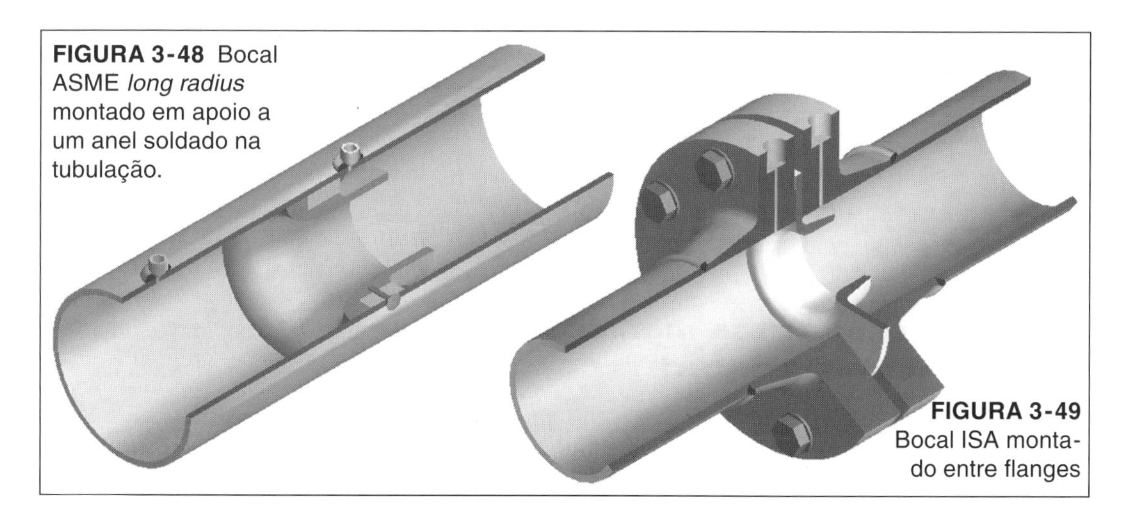

FIGURA 3-48 Bocal ASME *long radius* montado em apoio a um anel soldado na tubulação.

FIGURA 3-49 Bocal ISA montado entre flanges

3.11.5 Bocal-Venturi

Os bocais-Venturi raramente são utilizados para medição de vazão, na versão clássica. Vários fabricantes adotam as linhas gerais dos bocais-Venturi para elementos primários "proprietários", com a necessidade de calibração, já que não podem utilizar as equações fornecidas pelas normas. Um formato especial dos bocais-Venturi é utilizada como "bocais sônicos" (ver Sec. 3.2.3.2).

A Fig. 3-50 mostra os detalhes dimensionais para a fabricação de bocais-Venturi.

O coeficiente de descarga dos bocais-Venturi clássicos pode ser calculado de acordo com a equação fornecida pela ISO 5167:

$$C = 0{,}95 - 0{,}196 \cdot \beta^{4,5} \qquad [3.27]$$

Os limites de uso dos bocais-Venturi são os seguintes:

$$65 \text{ mm} \leq D \leq 500 \text{ mm}$$
$$d \geq 50 \text{ mm}$$
$$0{,}316 \leq \beta \leq 0{,}775$$
$$1{,}5 \cdot 10^5 \leq R_D \leq 2 \cdot 10^6$$

A Fig. 3-50 traz, na metade superior, a representação de um bocal-Venturi convencional, com o diâmetro maior do cone divergente igual ao diâmetro interno da tubulação; e, na metade inferior, apresenta uma versão truncada, com o diâmetro maior do cone divergente inferior ao diâmetro interno da tubulação. O perfil de entrada do bocal-Venturi é o mesmo que o do bocal ISA 1932.

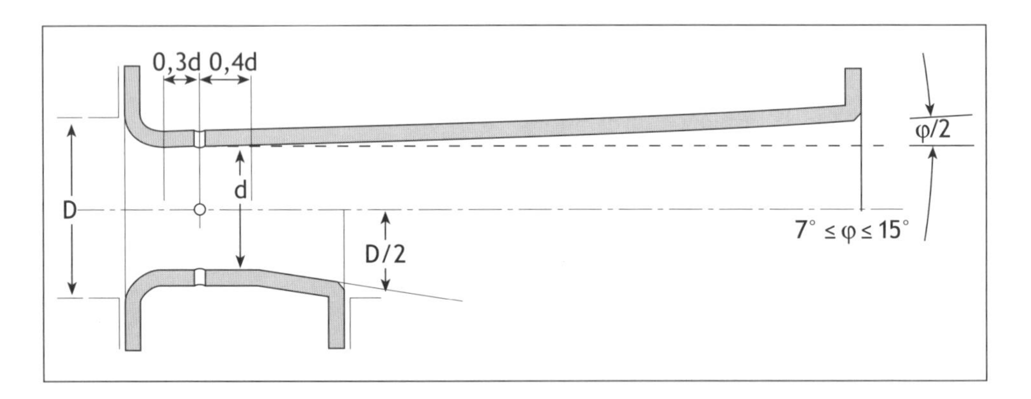

FIGURA 3-50 Bocal-Venturi.

3.11.6 Trechos retos mínimos para bocais e bocais-Venturi

A Tab. 3-10 mostra os trechos retos mínimos para a instalação de bocais e bocais-Venturi, de acordo com a ISO 5167. A tabela completa da ISO considera um número maior de situações de "singularidades" e de valores de β.

Tabela 3-10 Trechos retos mínimos para bocais e bocais-Venturi												
β	Trecho reto a montante										A jusante	
	A		B		C		D		E		J	
	N	R	N	R	N	R	N	R	N	R	N	R
0,20	10	6	14	7	34	17	16	8	12	6	4	2
0,40	14	7	18	9	36	18	16	8	12	6	6	3
0,50	14	7	20	10	40	20	18	9	12	6	6	3
0,60	18	9	26	13	48	24	22	11	14	7	7	3,5
0,67	24	13	34	17	58	29	27	14	18	9	7	3,5
0,75	36	18	42	21	70	35	38	19	24	12	8	4
0,80	46	23	50	25	80	40	54	27	30	15	8	4

N: valores necessários para manter a incerteza de *C* dentro dos limites da norma. Quando se utilizam os valores das colunas R, acrescenta-se 0,5 % à incerteza de *C*. A a E: algumas das configurações de tubulação consideradas na norma ISO 5167; A, uma curva a 90°, ou duas curvas no mesmo plano, distantes 30*D*, no mínimo; B, duas ou mais curvas no mesmo plano; C, duas ou mais curvas em planos perpendiculares; D, expansão de 0,5*D* a *D* com comprimento de *D* a 2*D*; E, válvula de esfera, com passagem plena; J, para todas as configurações, de A a E.

Exemplo

Calcular um bocal "*long radius*" montado numa linha de 6 pol. sch 80 para uma vazão de vapor de 20 ton/h (FE), sendo a vazão normal 14 ton/h. O vapor é superaquecido, com pressão de 15 kg/cm^2 manométricos e 350°C. Depois de calcular o bocal como "*long radius*", verificar a diferença do resultado "*d*" quando o perfil da parte convergente é alterada para "ISA 1932".

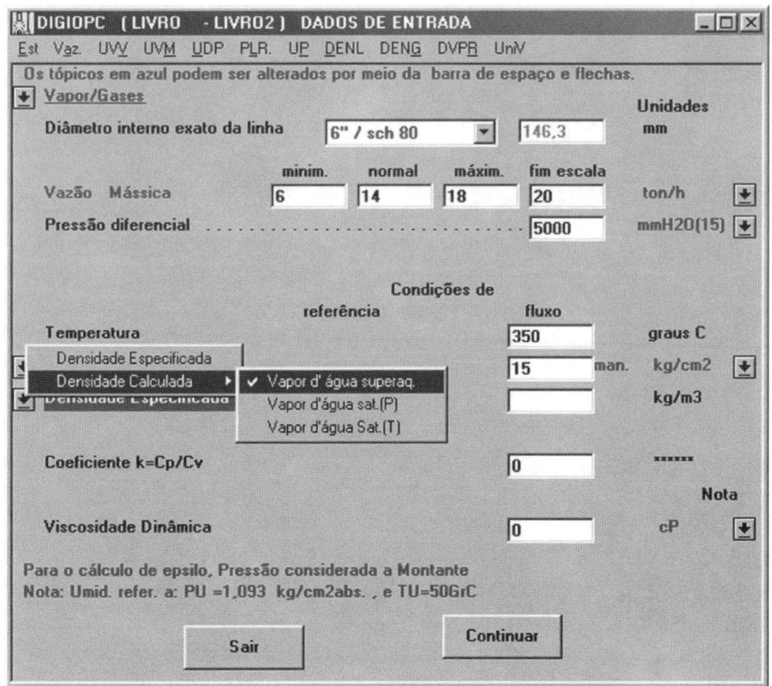

FIGURA 3-51 Programa Digiopc: tela de entrada de dados para vapor, com abertura do menu para selecionar a propriedade de vapor d'água.

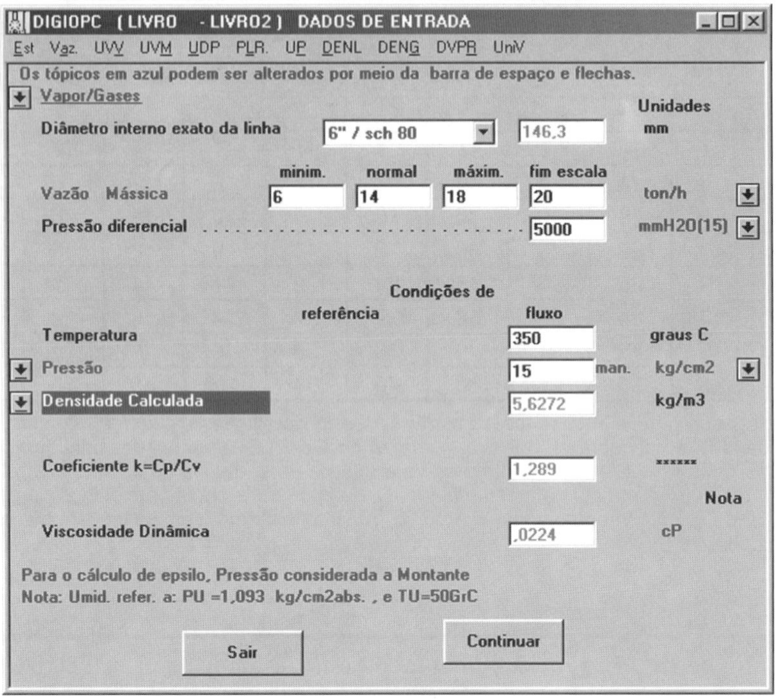

DIGIOPC (LIVRO - LIVRO2) DADOS DE ENTRADA
Est Vaz. UVV UVM UDP PLR. UP DENL DENG DVPR UniV
Os tópicos em azul podem ser alterados por meio da barra de espaço e flechas.
Vapor/Gases
Unidades
Diâmetro interno exato da linha
6" / sch 80
146,3
mm
minim.
normal
máxim.
fim escala
Vazão Mássica
6
14
18
20
ton/h
Pressão diferencial
5000
mmH2O(15)
Condições de
referência
fluxo
Temperatura
350
graus C
Pressão
15
man.
kg/cm2
Densidade Calculada
5,6272
kg/m3
Coeficiente k=Cp/Cv
1,289
Nota
Viscosidade Dinâmica
,0224
cP
Para o cálculo de epsilo, Pressão considerada a Montante
Nota: Umid. refer. a: PU =1,093 kg/cm2abs. , e TU=50GrC
Sair
Continuar

FIGURA 3-52 Programa Digiopc: tela de entrada de dados para vapor preenchida. Nota-se que os valores calculados são mais claros e não podem ser alterados diretamente.

DIGIOPC (LIVRO - LIVRO2) - CÁLCULOS
Elem. Prim.
Escolhe o tipo de Elemento Primário
com a Barra de espaços e flechas
Long Radius n
Radius Taps
ISO 5167
Placa Padrão
Pequeno Diâm.
Quadrante
Entr. cônica
P.O.Excêntrica
P.O.Segmental
Bocal
Venturi
Sair
Forçar
ISA1932
Long Radius
Bocal-Venturi
Condições de operação (Cflx)
Diâmetro do tubo @ Tflx
146,88
mm
Massa específica @ Cflx
5,6272
kg/m3
Pressão de vapor d' água
N/A
Fator de umidade
N/A
Fator de supercompressibilidade
N/A
mini.
normal
máxi.
fim esc.
Velocidade
17,48
40,787
52,44
58,267
m/s
Número de Reynolds
645000
1505000
1935000
2150000
CE.Beta2 Epsilo
0,44159
Voltar
Continuar

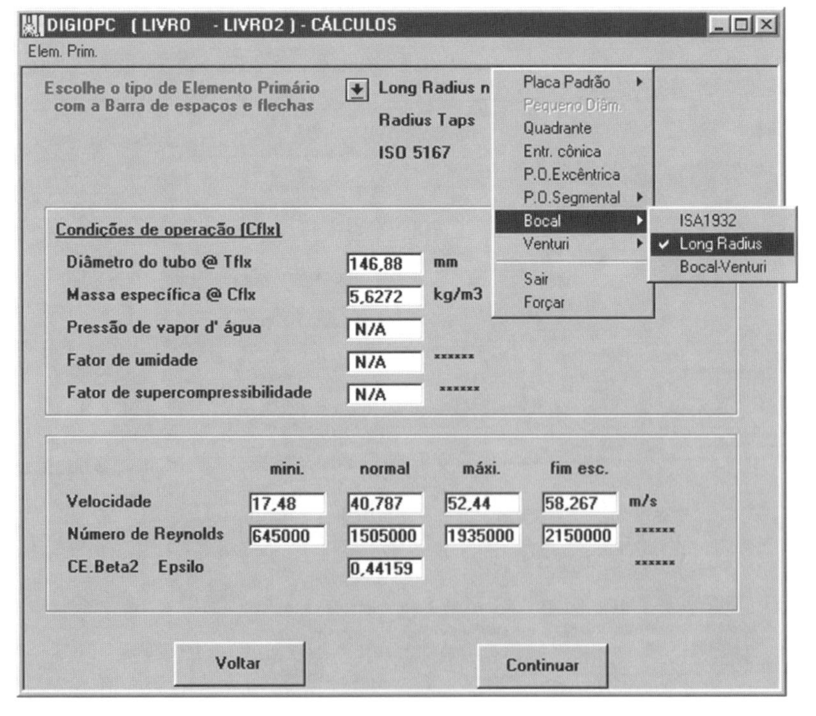

FIGURA 3-53 Programa Digiopc: tela de cálculo, mostrando a seleção do elemento primário para bocal tipo *long radius*.

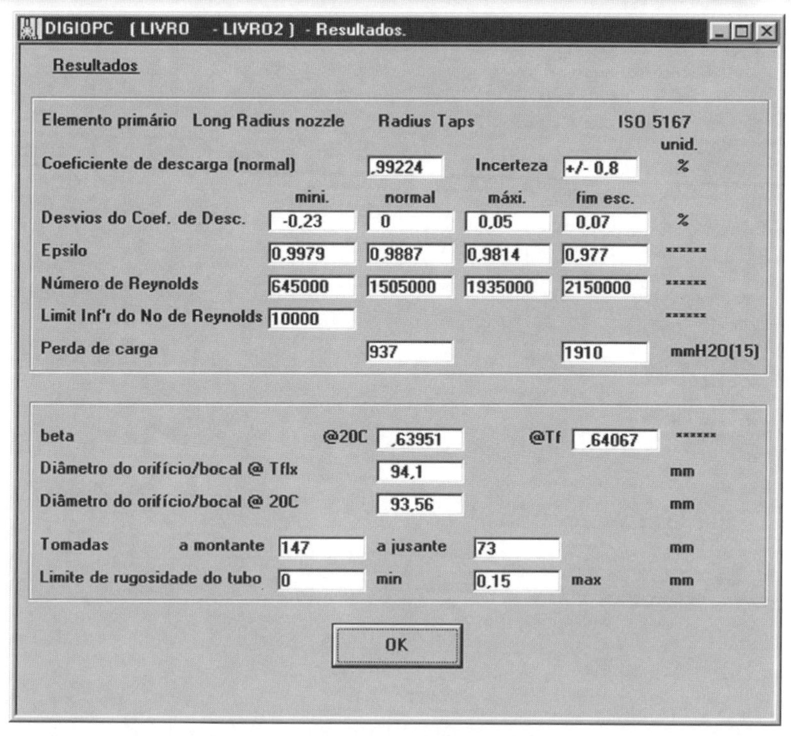

FIGURA 3-54 Programa Digiopc: tela de resultados do cálculo do bocal.

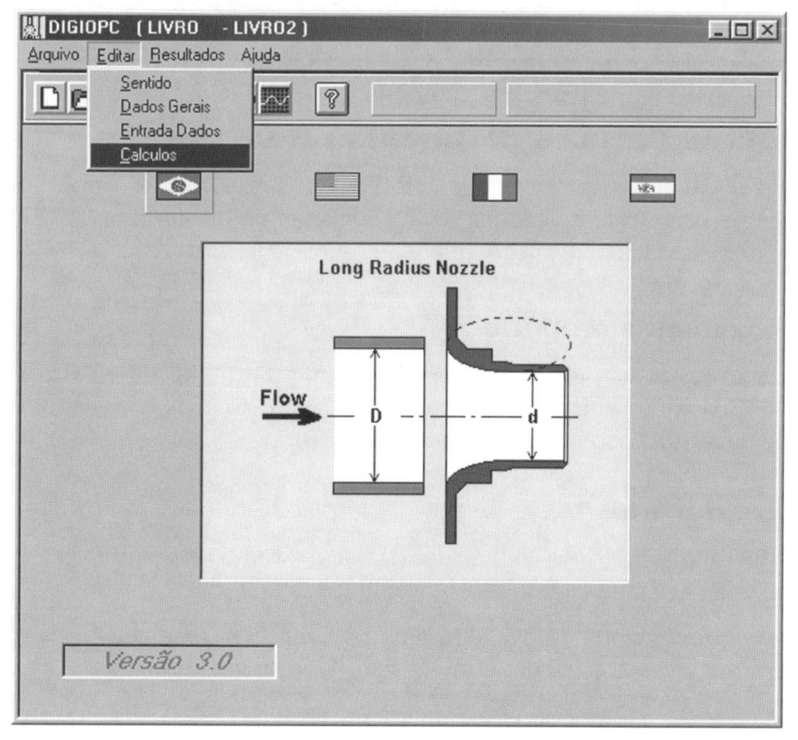

FIGURA 3-55 Programa Digiopc: volta ao menu principal, para trocar o tipo de elemento primário, selecionando CÁLCULOS.

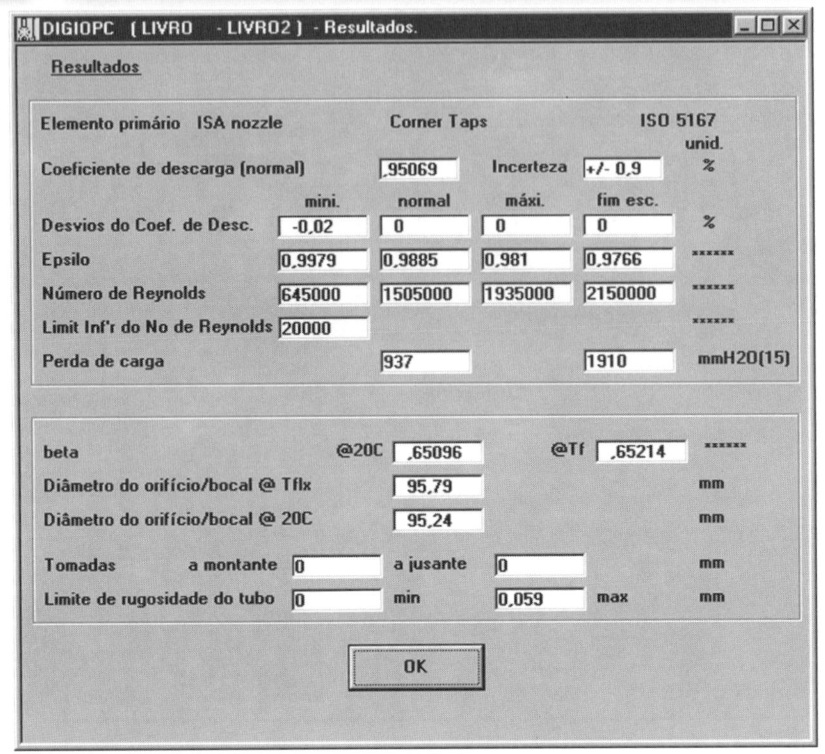

FIGURA 3-56 Programa Digiopc: resultados obtidos após troca na tela RESULTADOS do tipo de bocal para ISA 1932.

3.11.7 Outras formas de bocais de vazão

Além dos bocais de vazão e dos bocais-Venturi normalizados, foram desenvolvidos outros elementos primários perfilados, cujos coeficientes de descarga e dimensões nem sempre estão disponíveis na literatura publicada sobre o assunto.

Bocal com tomadas embutidas

Esse tipo de bocal foi desenvolvido pela ASME e normalizado em 1976 como ANSI/ ASME PTC-6. Sua representação se encontra na Fig. 3-57(a) e a curva de variações do coeficiente de descarga correspondente, na Fig. 3-57(c).

Bocais "proprietários"

A Fig. 3-58 representa tipos conhecidos de bocal, produzidos por fabricantes que geralmente os utilizam para medição de vazão de água:

- o *Dall flow tube* (George Kent) gera uma pressão diferencial mais elevada que os bocais-Venturi convencionais, para um mesmo valor de β;
- o *lo-loss* (*Badger meter*) tem uma recuperação de pressão elevada e, em conseqüência, apresenta uma perda de carga residual baixa, em relação à pressão diferencial que gera.

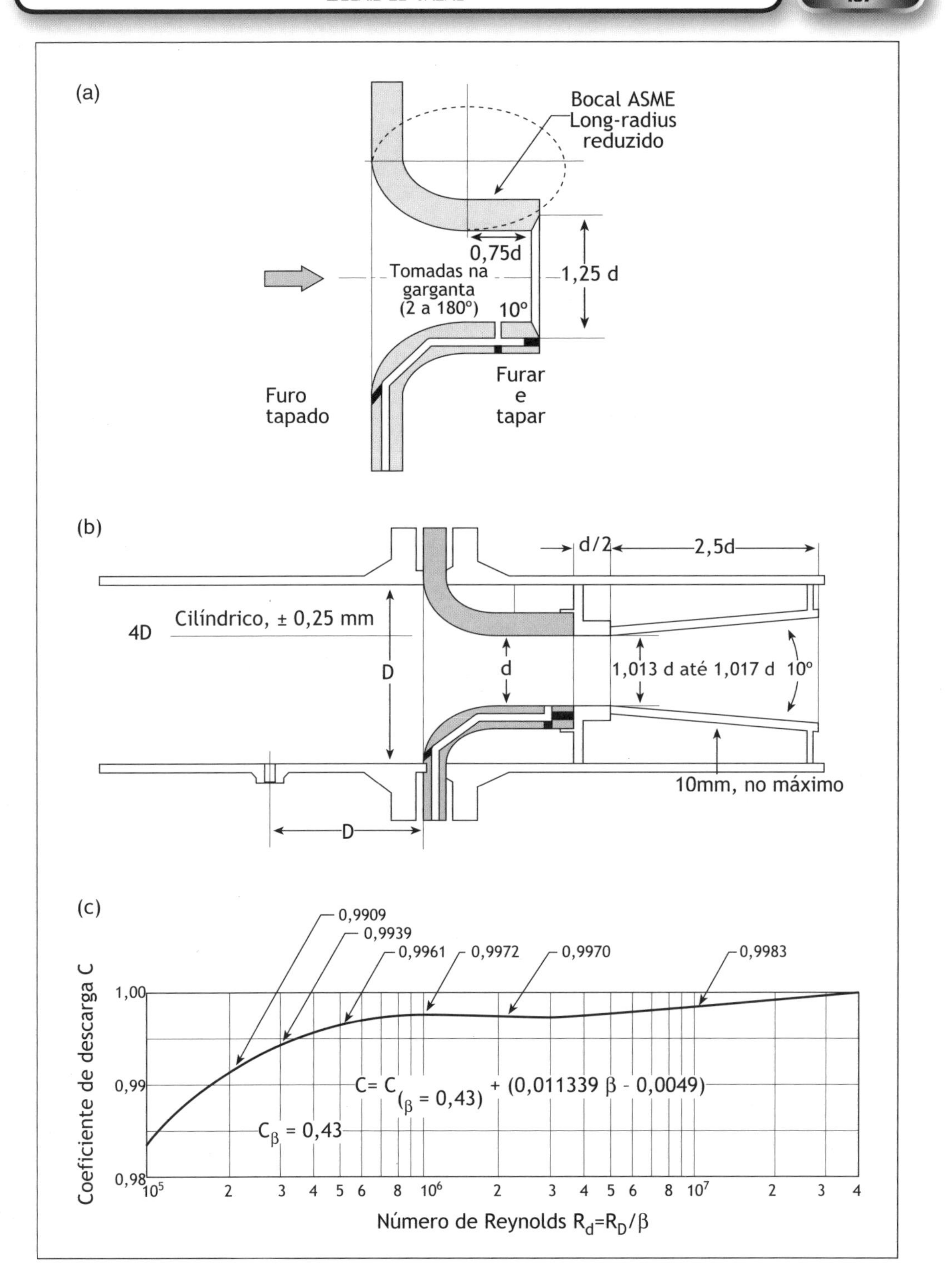

FIGURA 3-57 Bocal de vazão ASME PTC-6. (a) Formato geral; (b) bocal com cone de recuperação; (c) curva do coeficiente de descarga *C* em função do número de Reynolds.

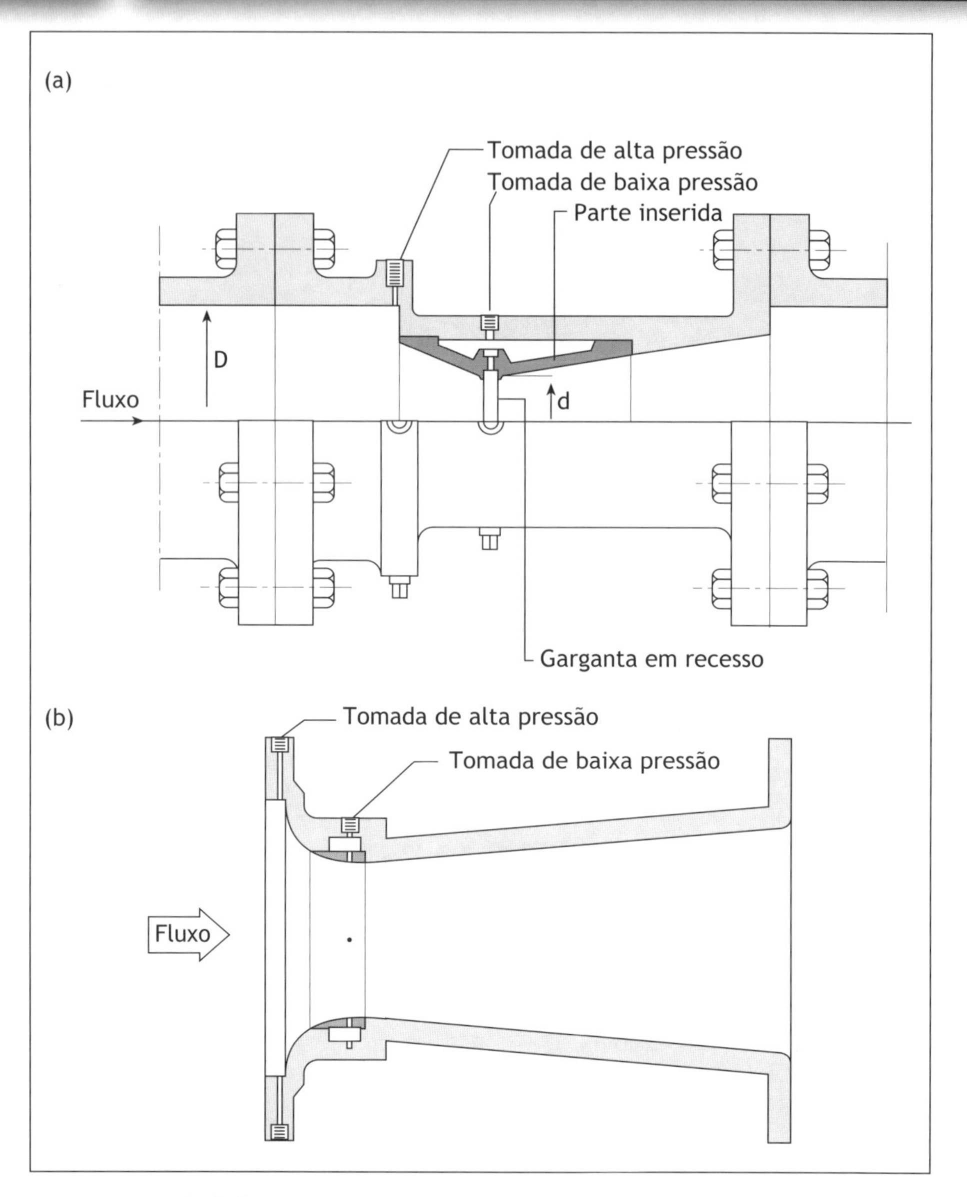

FIGURA 3-58 O *Dall flow tube* (a) e o *lo-loss tube* (b).

3.12 TUBOS VENTURI

Venturis são especialmente recomendados quando se requer um elemento primário tratado na norma ISO 5167 que cause pouca perda de carga, com uma pressão diferencial apreciável.

3.12.1 Formato geral

A forma dos tubos Venturi clássicos é simples:

- uma parte cilíndrica, onde ficam as tomadas de alta pressão;
- o cone convergente, com ângulo de 21° ± 1°;
- a garganta, cilíndrica, com comprimento igual ao diâmetro, onde ficam as tomadas de baixa pressão;
- o cone divergente, com ângulo de 7° a 15°.

Na maioria das realizações, as tomadas de alta e de baixa possuem anéis piezométricos, para obter uma pressão média em cada plano. Os tubos Venturi clássicos podem ser fabricados de três maneiras, de acordo com a ISO 5167, quais sejam: fundidos, usinados ou calandrado e soldados.

Geralmente para pequenos diâmetros, de 2 a 8 pol, são preferidos os usinados; os fundidos são raramente utilizados, justificados quando fabricados em série; os calandrados e soldados são para diâmetros maiores. Os materiais de fabricação variam bastante: aço-carbono, inox, bronze, Hastelloy, Monel, PVC, fibra de vidro, entre outros.

A ISO 5167 fornece os detalhes construtivos que possibilitam a fabricação e o controle dimensional dos três tipos de Venturi. As tabelas a seguir, extraídas daquela norma, resumem os detalhes construtivos dos Venturis fundidos, usinados e calandrados/soldados.

	Venturi fundido	Venturi usinado	Venturi calandrado e soldado
Usado em tubulações	100 a 800 mm	50 a 250 mm	200 a 1.200 mm
β	0,3 a 0,75	0,4 a 0,75	0,4 a 0,7
Comprimento mínimo (A) da Fig. 3-59	D ou 0,25D + 250 mm	1D	1D
Rugosidade R_a	$10^{-4}D$ ou <	$10^{-5}d$ ou < (para garganta e os raios adjacentes)	< 5 x $10^{-4}D$
R_1	1,375D ± 20%	< 0,25D ou zero	Sem raio
R_2	3,625d ± 0,125d	< 0,25d ou zero	Sem raio
R_3	entre 5 e 15d	< 0,25d ou zero	Sem raio
Comprimento da garganta	$^1/_3d$	Entre o fim do R_2 e o plano das tomadas de pressão: < 0,25d	

Coeficiente de descarga R_D (até)	Venturi fundido		Venturi usinado		Venturi calandrado	
	C	i_C	C	i_C	C	i_C
4×10^4	0,957	± 2,5%	—	—	0,96	± 3%
5×10^4	—	—	0,970	± 3%	—	—
6×10^4	0,966	± 2%	—	—	0,97	± 2,5%
1×10^5	0,976	± 1,5%	0,977	± 2,5%	0,98	± 2,5%
$1{,}5 \times 10^5$	0,982	± 1%	—	—	—	—
2×10^5	—	—	0,992	± 2,5%	—	—
3×10^5	—	—	0,998	± 1,5%	—	—
5×10^5	—	—	0,995	± 1%	—	—
$2 \times 10^5 \leq R_D \leq 10^6$	—	—	0,995	± 1%	—	—
$2 \times 10^5 \leq R_D \leq 2 \times 10^6$	0,984	± 0,7%	—	—	0,985	± 1,5%

3.12.2 Instalação dos Venturis

Os trechos retos necessários (Tab. 3-11) antes de Venturis clássicos são relativamente curtos, compensando seu comprimento maior que os bocais de vazão.

TABELA 3-11 Trechos retos mínimos para Venturis

β	Trecho reto a montante									
	A		B		C		D		E	
	N	R	N	R	N	R	N	R	N	R
0,30	8	3	8	3	4	—	4	—	2,5	—
0,40	8	3	8	3	4	—	4	—	2,5	—
0,50	9	3	10	3	4	—	5	4	3,5	2,5
0,60	10	3	10	3	4	—	6	4	4,5	2,5
0,70	14	3	19	3	4	—	7	6	5,5	3,5
0,75	16	8	22	8	4	—	7	6	5,5	3,5

N: valores necessários para manter a incerteza de C dentro dos limites da norma. Quando se utilizam valores das colunas R, acrescenta-se 0,5 % à incerteza de C.

A a E: configurações de tubulação consideradas na norma ISO 5167:

A, uma curva a 90°, com o raio maior ou igual ao diâmetro da tubulação; B, duas ou mais curvas no mesmo plano ou em planos diferentes, com o raio maior ou igual ao diâmetro da tubulação; C, redução de $1{,}33D$ a D num comprimento de $2{,}3D$; D, expansão de $0{,}67D$ a D num comprimento de $2{,}5D$; E, válvula de esfera ou de gaveta, com passagem plena.

Não há necessidade de trecho reto a jusante, inclusive para o Venturi truncado (cone divergente com comprimento igual a 35% do convencional).

A rugosidade da tubulação deve ser tal que $R_a/D \leq 3{,}2 \cdot 10^{-4}$.

3.12.3 Tipos de Venturi

Embora os tubos Venturi tenham sido desenvolvidos inicialmente para fluidos incompressíveis, é comum sua aplicação ao ar e outros gases. Deve-se observar, entretanto, que a relação de pressões P_2/P_1 fique superior a 0,75.

Quando não se dispõe de trecho reto suficiente, é possível truncar o cone de saída em até 35% de seu comprimento, sem alterar significativamente a perda de carga. Relativamente ao coeficiente de descarga, não há alteração com um truncamento do cone de descarga em até 65%.

Para os casos de fluidos carregados, que podem depositar impuresas na entrada do cone convergente, numa linha horizontal, é possível usar o Venturi excêntrico, com a parte inferior sem mudança de direção.

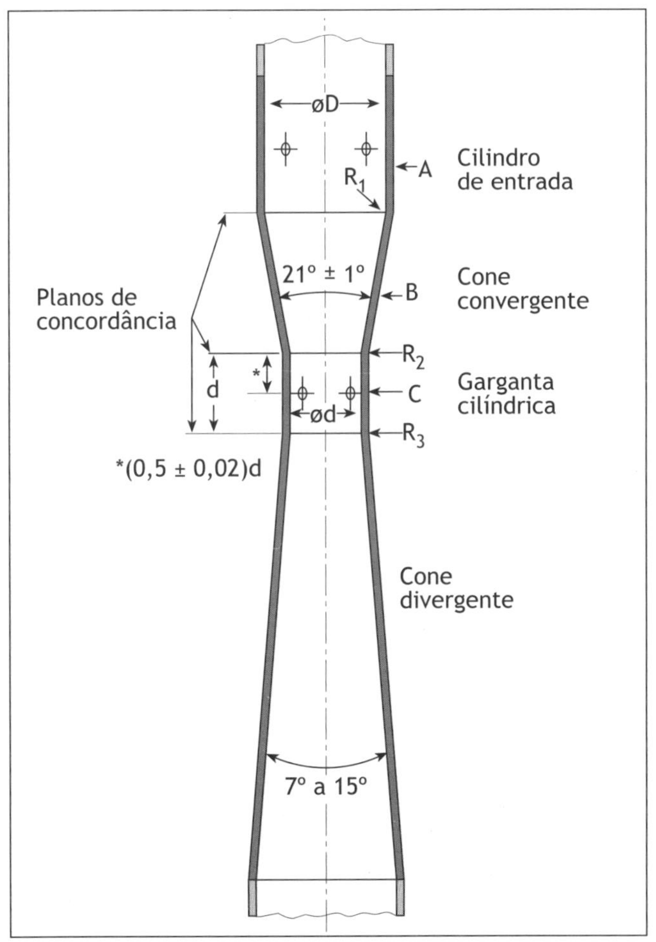

FIGURA 3-59 Tubo Venturi clássico.

No caso de medição de vazão de ar de combustão de caldeiras ou de fornos industriais, o Venturi *special intake* [Fig. 3-60a] é uma solução de baixo custo que não requer trecho reto a montante: o ar entra diretamente no cone convergente. Este pode ser aberto diretamente ao ar livre ou colocado na saída da caixa do filtro-silenciador. No primeiro caso, a alta pressão do transmissor é aberta à pressão atmosférica; no segundo, a alta pressão é tomada na caixa do filtro-silenciador.

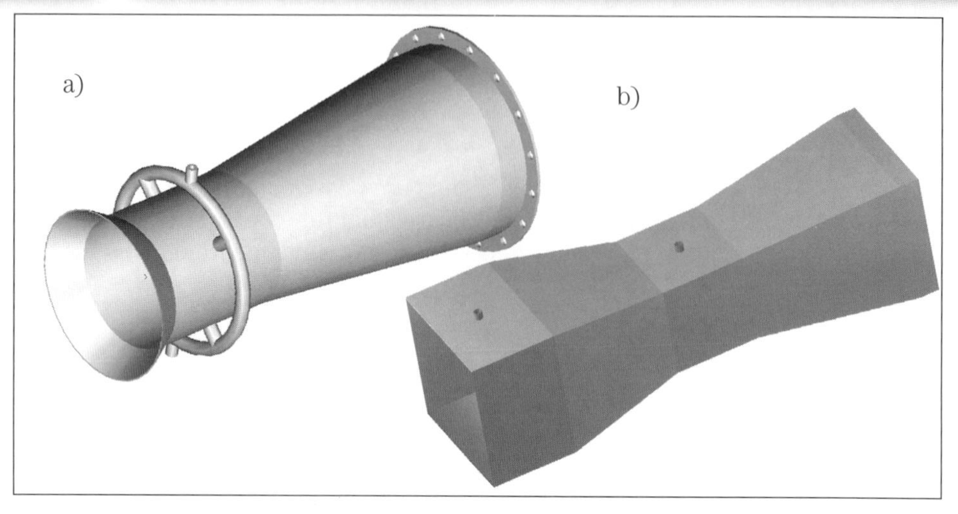

FIGURA 3-60 a) Venturi "*Special Intake*" b) Venturi retangular.

Venturis de seção retangular [Fig. 3-60b], com contração em um ou dois planos, podem ser construídos, com base na Ref. [5.9], para aplicação em dutos de ar de combustão de caldeiras ou de fornos industriais, ou outra em que o trecho reto é relativamente curto.

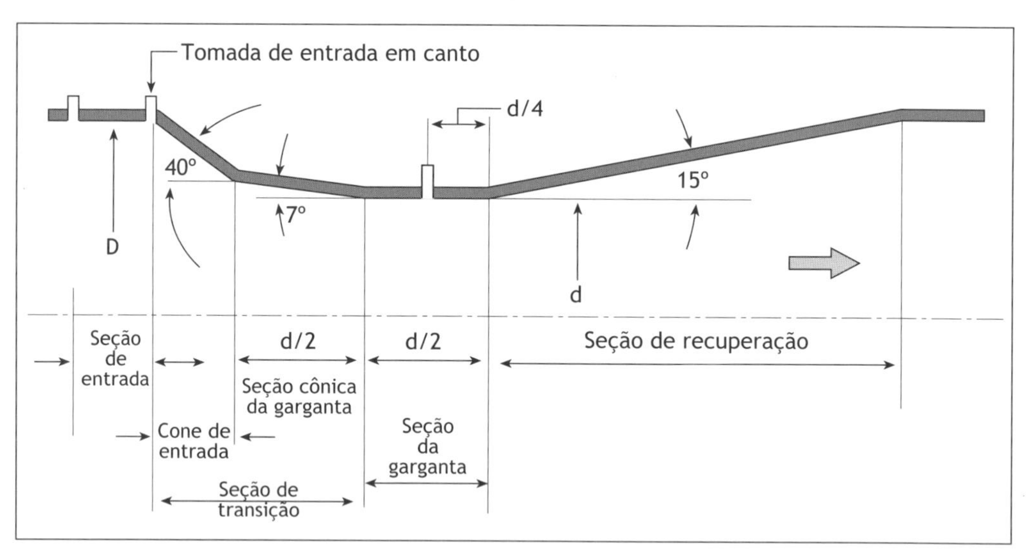

FIGURA 3-61 Tubo Venturi universal curto, UVT.

A Fig. 3-61 representa um tipo de Venturi curto (UVT, *universal Venturi tube*) para instalações em trechos retos reduzidos. O comprimento total do UVT é da ordem de $3D$, dependendo do valor de β, contra $5D$ para os Venturis convencionais.

3.12.4 Fator de expansão isentrópica ϵ_1 dos Venturis

Para calcular o coeficiente de expansão isentrópica (ε_1) dos Venturis para fluidos compressíveis, usa-se a mesma equação empregada para os bocais de vazão [3.25].

A incerteza sobre ε_1 é $(4 + 100\beta^8)(\Delta p/P_1)$, de acordo com a ISO 5167.

3.13 AEROFÓLIOS

Os aerofólios são empregados principalmente para ar quente de combustão em caldeiras e fornos industriais. Não existem muitos dados confiáveis sobre esse elemento primário, seja com referência a especificações construtivas, seja quanto aos coeficientes correspondentes.

Os aerofólios não devem ser usados para medição exata de vazão, mas podem ser utilizados nas malhas de controle de combustão onde se deseja um sinal repetitivo representativo da vazão do ar.

As principais qualidades desse sistema são a baixa perda de carga residual, causada por sua presença no duto, e a pouca exigência de necessidade de trecho reto a montante. Os aerofólios são geralmente fabricados em conjunto com o duto necessário para seu funcionamento, incluindo o trecho reto. A perda de carga residual é inferior a 20% da pressão diferencial, medida ao nível das tomadas.

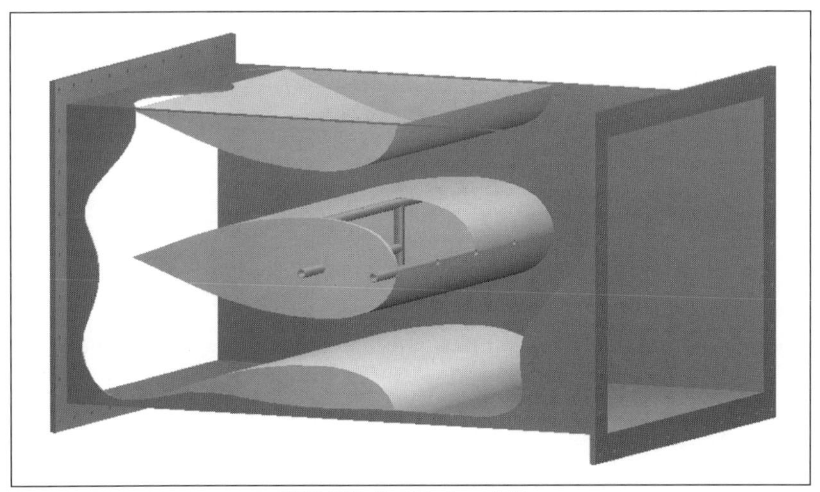

FIGURA 3-62 Aerofólio.

3.13.1 Características construtivas

A Fig. 3.62 ilustra a forma geral de um medidor de vazão tipo aerofólio. Nessa aplicação o ar quente passa por duas aberturas retangulares, formadas pelas paredes do duto e a asa central e as asas superior e inferior. O perfil das paredes e da asa é aerodinâmico, visando minimizar a perda de carga residual.

A forma do perfil é constituída por arcos de círculos, na seqüência a seguir. Sendo E a espessura máxima da asa, o bordo de ataque é um arco de círculo de raio igual a $E/2$, centrado a $0{,}060E$ do plano de simetria. Segue-se um arco de 20°, de um círculo de raio $3E/2$, até atingir a espessura máxima. A curvatura de saída do aerofólio é formada por um arco de 20° de um círculo de raio igual a $4E$, seguido por sua tangente até o bordo de fuga. Portanto, qualquer que seja E, a distância do bordo de ataque da asa até o plano que passa pela parte mais espessa será $0{,}838E$ e o comprimento total $2{,}92E$.

As tomadas são colocadas no bordo de ataque e no plano de menor seção de passagem, como se vê na Fig. 3-62, com diâmetro de 8 a 10 mm. O diâmetro equivalente (D_e) é calculado da seguinte forma:

$$D_e = \frac{4\,A\,L}{2\left(A + L\right)}$$

O comprimento do trecho reto a montante será $1{,}0D_e$, e o trecho reto a jusante $0{,}5D_e$ (A e L são altura e largura do duto retangular).

Os materiais de construção podem ser aço-carbono (até 80°C), aço-carbono acalmado (até 400°C) e aço inox AISI 304 (até 600°C).

3.13.2 Coeficientes de vazão dos aerofólios

Um aerofólio assemelha-se a um tubo de Venturi de seção retangular onde a tomada de alta pressão é submetida à pressão total, isto é, à pressão de impacto do ar numa zona de alta velocidade. As equações para calcular a pressão diferencial gerada por um aerofólio ou calcular suas dimensões são as seguintes:

$$\sqrt{\Delta p} = V_1 \frac{\sqrt{\gamma_1}}{0{,}96 \cdot \sqrt{2g} \cdot \beta^2 \cdot \varepsilon} \quad [3.28]$$

ou

$$\beta^2 = \frac{V_1\sqrt{\gamma_1}}{CE\sqrt{2g} \cdot \varepsilon \cdot \sqrt{\Delta p}} \quad [3.29]$$

sendo: V_1 a velocidade média (em m/s) nas condições de operação, calculada em função da área $S_1 = A_{(t)} \cdot L_{(t)}$ [em que $A_{(t)}$ e $L_{(t)}$ são as dimensões do duto à temperatura t°C], e CE = 0,96
Δp em mmH_2O
γ em kgf/m^3;
ε o coeficiente de expansão, o mesmo que para os Venturis clássicos.

3.13.3 Limites de aplicação e incerteza dos aerofólios

Os aerofólios devem ter sua aplicação limitada aos seguintes valores de β:

$$0{,}32 \leq \beta \leq 0{,}59$$

O número de Reynolds inferior é 80 000; o superior é ilimitado. Não existindo dados precisos sobre os coeficientes de descarga relativos a aerofólios, o valor da vazão medida com esse sistema deverá ser considerado como estimativo. É possível que o desvio entre a vazão real e a calculada de acordo com as Eqs. [3.28] e [3.29] não seja superior aos seguintes valores (incluindo os desvios sobre e sobre as dimensões geométricas):

β	Incerteza
$0{,}32 \leq \beta \leq 0{,}45$	± 3%
$0{,}45 < \beta \leq 0{,}59$	± 5%

Exemplo

Calcular um Aerofólio para as seguintes condições:

Fluido: ar quente

Q_1	Vazão máxima	15 000 m^3/h
Δp	Pressão diferencial	100 mm H_2O a 4°C
Q_m	Vazão usual	10 000 m^3/h = $2/3Q_1$
A	Altura do retângulo	0,6 m
L	Largura do retângulo	0,7 m
T_L	Temperatura de leitura	273 K
T_1	Temperatura de projeto	443 K (170°C)
P_L	Pressão de leitura	1,033 kgf/cm^2
μ_1	Viscosidade dinâmica	$25{,}2 \cdot 10^{-6}$ Pa · s
P_1	Pressão de projeto	1,053 kgf/cm^2

Dados auxiliares

λ	Coef. de dilat. linear do aço-carbono =	0,000012/°C
$L_{(170)} = 0{,}7[1 + (170 - 20) \cdot 12 \cdot 10^{-6}] =$		0,7013 m
$A_{(170)} = 0{,}6[1 + (170 - 20) \cdot 12 \cdot 10^{-6}] =$		0,6011 m
ε	Fator de expansão isentrópica =	0,997 (ver 3.12.4)
γ_1	(ver 2.2.1)	0,812 kgf/m^3

Cálculo das dimensões do aerofólio

$$Q_1 = \frac{Q_L \cdot \gamma_L}{\gamma_1} = \frac{15\ 000 \cdot 1{,}293}{0{,}812} = 23\ 885\ m^3/h$$

$$V_1 = \frac{Q_1}{L_{(t)} \cdot A_{(t)} \cdot 3\ 600} = \frac{23\ 885}{0{,}7013 \cdot 0{,}6011 \cdot 3\ 600} = 15{,}74\ m/s$$

$$\beta^2 = \frac{15{,}74 \cdot \sqrt{0{,}812}}{0{,}96 \cdot \sqrt{2g} \cdot 0{,}997 \cdot \sqrt{100}}$$

Considerando

$$R_{Du} = \frac{V_{lu} \cdot D \cdot \rho}{\mu}$$

o número de Reynolds é calculado em função do diâmetro equivalente D_e

$$D_e = \sqrt{\frac{4 \cdot A_{(t)} \cdot L_{(t)}}{\pi}} = 0{,}7326\ m$$

Calcula-se o número de Reynolds usual R_{Du}, em função da velocidade ususal, ⅔ da V_1:

$$R_{Du} = \frac{15{,}74 \cdot (2/3) \cdot 0{,}7326 \cdot 0{,}812}{25{,}2 \cdot 10^{-6}} = 0{,}248 \cdot 10^6$$

O número de Reynolds é superior ao limite de aplicação estabelecido em 3.13.3.

Altura de cada abertura: $a = A/2 \cdot \beta^2 = 0{,}1005$ m.

Espessura da asa: $(A/2) - a = 0{,}1995$ m.

3.14 CONDICIONADORES DE FLUXO

Os trechos retos podem ser reduzidos por meio de condicionadores de fluxo, dispositivos colocados a montante do elemento primário com a finalidade de normalizar o perfil de velocidades e evitar rotação da veia fluida.

Os condicionadores de fluxo do tipo feixe tubular foram os mais estudados na última revisão da norma ISO 5167. Seu desempenho é bom no sentido de evitar a rotação da veia fluida, porém outros tipos de condicionadores de fluxo, como o Zanker ou o Mitsubishi, são mais eficientes para normalizar também o perfil de velocidades. Outros condicionadores (NEL, K-Lab, Gallagher) estão sendo estudados. O condicionador tipo Etoile tem referências na norma ISO 5167, de 1991.

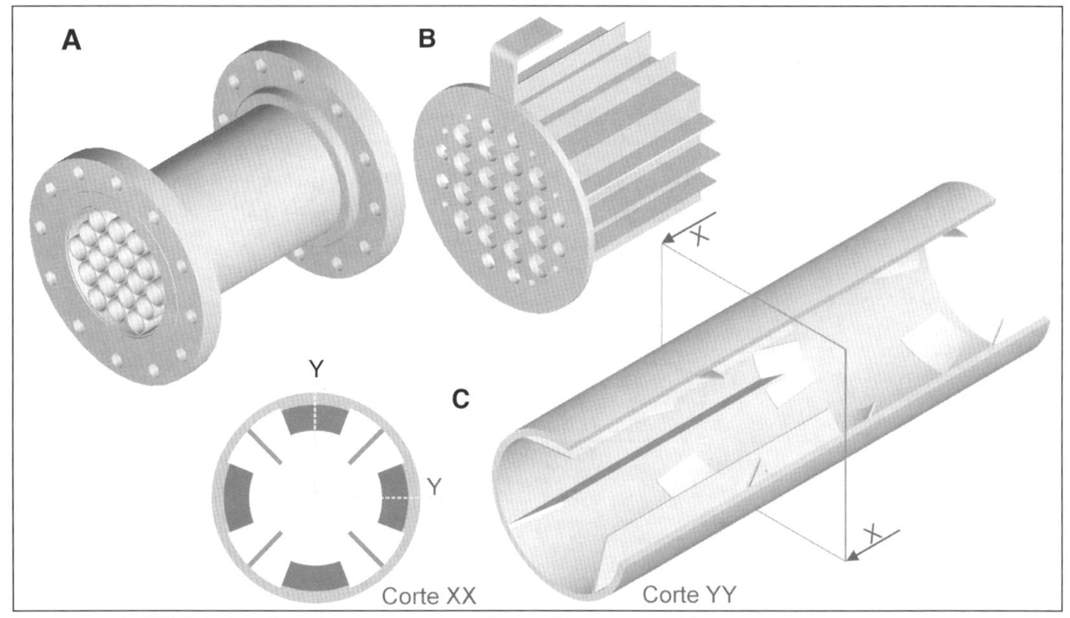

FIGURA 3-63 Condicionadores de fluxo: (a) Zanker; (b) feixe tubular em carretel; (c) retificador homogeneizador

Uma forma eficiente de se restabelecer o perfil correspondente a um escoamento "completamente desenvolvido", simétrico, consiste em associar um curto direcionador a pequenos defletores laterais destinados o provocar vórtices e homogeneizar o fluxo, conforme a Fig. 3-63(c). Esses condicionadores, aplicáveis exclusivamente a medidores deprimogênios, ainda não são considerados nas normas.

3.15 ORIENTAÇÃO DAS TOMADAS

A orientação das tomadas é importante para o funcionamento correto das placas de orifício. A Tab. 3-12 mostra a posição recomendada das tomadas para os casos mais usuais de instalação.

TABELA 3-12 Orientação das tomadas de placas de orifício

Fluido	Orientação das tomadas		Observações A tabela 3-12 é aplicável a bocais e Venturis
	Transmissor abaixo do elemento primário	Transmissor acima do elemento primário	
Líquidos limpos	Horizontal (1) 45° abaixo da horizontal	45° acima da horizontal (3)	1) Para líquidos isentos de bolhas ou vapores. 2) Para líquidos com bolhas e vapores. 3) Prever potes de gases no ponto alto de cada linha de impulso. 4) Prever purga líquida em cada linha de impulso. 5) Prever traço de vapor e isolamento térmico nas linhas de impulso e no transmissor. 6) Prever potes de condensação num ponto baixo de cada linha de impulso, entre o elemento e o transmissor. 7) Prever purga de gás. 8) Prever potes de selagem, ao nível das tomadas. 9) Prever potes de selagem, nos pontos altos de cada linha, no mesmo nível. 10) Prever isolamento térmico entre as tomadas e o ponto alto, em cada linha de impulso. 11) Prever inclinação das linhas entre o ponto alto e o transmissor.
Líquidos incrustantes	Horizontal (4)	Evitar	
Líquidos pastosos a temperatura ambiente ou que precipitam	Horizontal (1 e 5) 45° abaixo da horizontal	Evitar	
Gases limpos e secos	Horizontal 45° acima da horizontal Vertical		
Gases limpos e úmidos	Vertical (6)	Vertical a 45° acima da horizontal	
Gases que contêm sólidos	Vertical (6)		
Vapor e gás condensável	Horizontal (7 e 8) 45° acima da horizontal	Vertical (9, 10 e 11)	
Vapor > 450°C	Horizontal (9)	Evitar	

3.16 DEFEITOS E CONSEQÜÊNCIAS

Apesar de se conhecer a importância dos cuidados de instalação e operação, nem sempre é possível operar em condições ideais. Existem muitos casos de instalações em que as recomendações não são respeitadas devido a limitações físicas ou operacionais. Nesses casos, a Tab. 3-13 fornece algumas indicações sobre ordem de grandeza dos erros.

TABELA 3-13 Erros causados por problemas na instalação	
Problema	Erro sistemático
Arredondamento do canto vivo • Orifício de canto vivo • Orifício segmental	– [(450 × raio da borda)/*d*]% – [(175 × raio da borda)/altura do segmento aberto]%
Rebarbas em torno da tomada • Todos os tipos geradores de depressão	De –30% a +30%
Excentricidade na instalação • Placas e bocais	De 1% a +1% para excentricidades < 0,015*D*
Ângulo do cone de saída • Tubo Venturi	Sem efeito na medição; afeta somente a perda de carga residual
Trecho reto a montante insuficiente(Placa de orifício *corner taps*) • duas curvas em plano, $\beta = 0,55$ • duas curvas em plano, $\beta = 0,75$ • três curvas em planos diferentes, $\beta < 0,75$ • válvula globo aberta, $\beta = 0,55$ • válvula globo aberta, $\beta = 0,75$	 < +0,5% com trecho reto > 4*D* < +3% com trecho reto > 4*D* < –5% com trecho reto > 4*D* < +1,5% com trecho reto > 4*D* < +5% com trecho reto > 8*D*
(Placas de orifício *flange taps* ou *radius taps*) • válvula globo aberta, $\beta < 0,75$	< +2% com trecho reto > 6*D*
(Placas de orifício, todos os tipos de tomadas) • poço de temperatura a montante	< +2% se o ∅ do poço > 0,04*D* e o trecho reto < 15*D*
Trecho reto a jusante insuficiente (Placa de orifício *corner taps*) • duas curvas em um plano, $\beta = 0,55$ • duas curvas em um plano, $\beta = 0,75$ • três curvas em planos diferentes, $\beta = 0,55$ • três curvas em planos diferentes, $\beta = 0,75$ • válvula globo aberta, $\beta = 0,55$ • válvula globo aberta, $\beta = 0,75$	 < –2% com trecho reto > 1*D* < –3% com trecho reto >1*D* < –2% com trecho reto >1*D* < –2,5% com trecho reto >1*D* < –0,5% com trecho reto < 1*D* < –1% com trecho reto > 1*D*
Rugosidade anormal(Placas de orifício, todos os tipos de tomadas) • $\beta < 0,3$ • rugosidade 6 mm e $\beta = 0,5$ • rugosidade 6 mm e $\beta = 0,7$	 Desprezível +2% se *D* = 12 pol +8% se *D* = 12 pol se limpo 5*D* a montante
Depósitos a montante do elemento prim. • qualquer tipo de tomada	Erro negativo, aumentando com o valor de β

3.17 LIGAÇÕES AO TRANSMISSOR DE PRESSÃO DIFERENCIAL

As ligações ao elemento secundário (transmissor ou medidor local) são realizadas por meio de tubulações de bitola fina, convencionalmente chamadas de "linhas de impulso".

A escolha do tipo de tubulação e de sua configuração depende de considerações ligadas às características do fluido a ser medido e da posição relativa dos elementos primário e secundário. Por outro lado, aspectos de rigidez de instalação, de praticidade de operação e de manutenção devem merecer uma atenção especial durante o projeto de detalhamento das interligações entre os elementos primário e secundário.

Para linhas de processo horizontais, a Tab. 3-12 deverá ser observada. As Figs. 3-64, 3-65, 3-66, 3-70, 3-71, 3-72 e 3-76 apresentam casos típicos de instalação em linhas horizontais.

Para linhas de processo verticais (Figs. 3-68, 3-69, 3-73 e 3-75), outras precauções devem ser tomadas. Nas linhas verticais, não existem problemas de orientação das tomadas, a não ser os criados pela proximidade de outras linhas ou considerações de ordem prática.

Com relação às linhas de impulso, é necessário um cuidado especial no sentido de se evitarem pressões diferenciais estáticas, devido à diferença de nível das tomadas. No caso da medição de vapor, um niple especial deve ser instalado na tomada inferior, para que o pote de selagem correspondente esteja ao mesmo nível que o pote da tomada superior. Os niples e as válvulas de bloqueio entre as tomadas e os potes (ou tês) devem ser isolados (Figs. 3-73, 3-75 e 3-76).

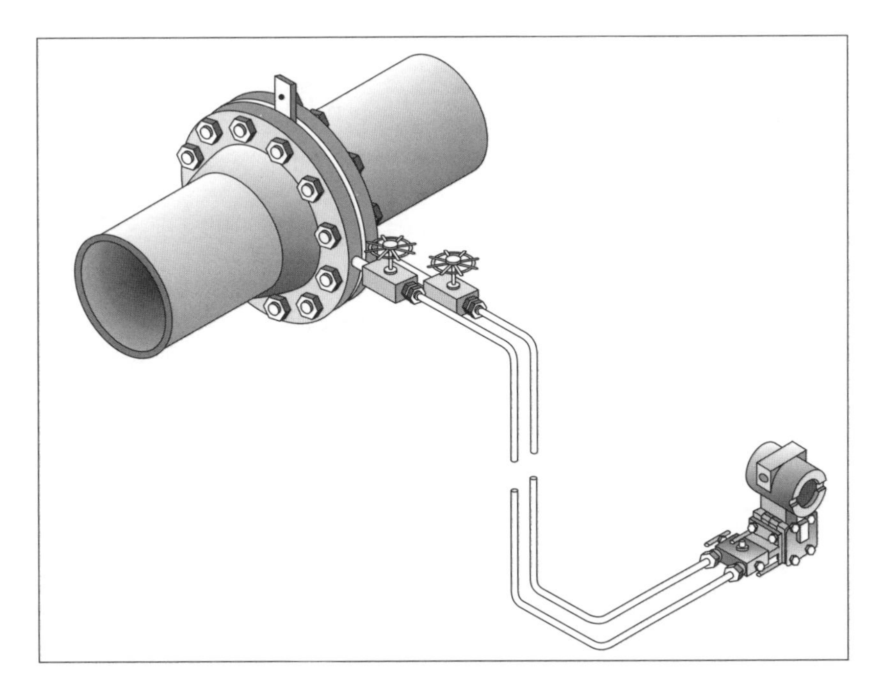

FIGURA 3-64 Instalação de linhas de impulso e de transmissor.
Linha horizontal, líquidos limpos, transmissor abaixo do elemento primário. As tomadas estão no plano horizontal passando pelo eixo da tubulação. Convém deixar uma ligeira inclinação nas linhas de impulso, de forma a que eventuais bolhas possam subir em direção à linha de processo.

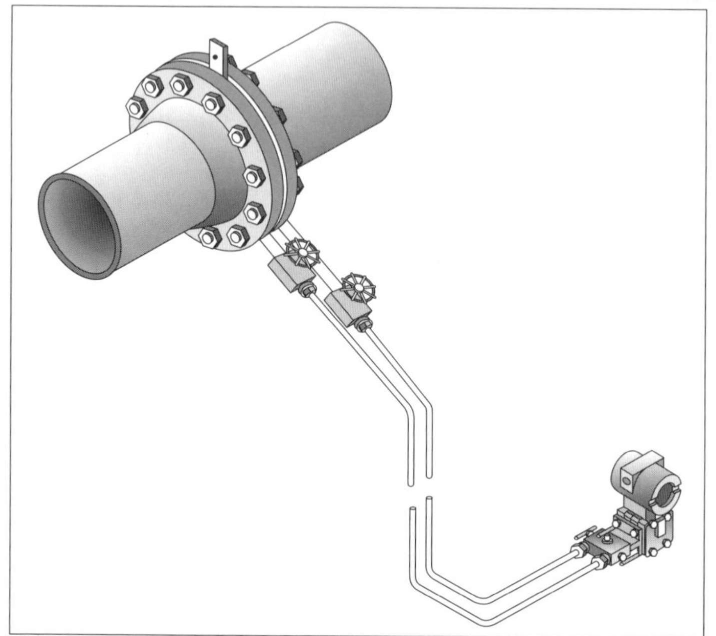

FIGURA 3-65 Instalação de linhas de impulso e de transmissor.
Linha horizontal, líquidos limpos, transmissor abaixo do elemento primário. As tomadas estão num plano inclinado 45°, passando pelo eixo da tubulação. As linhas de impulso têm uma inclinação mínima de 10° em relação à horizontal para evitar eventual retenção de bolhas.

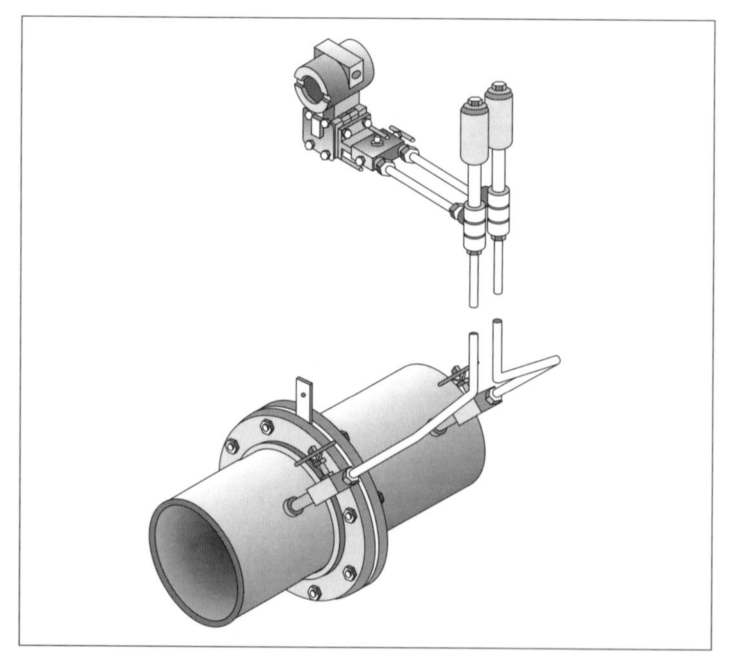

FIGURA 3-66 Instalação de linhas de impulso e de transmissor.
Linha horizontal, líquidos limpos, transmissor acima do elemento primário. As tomadas estão num plano inclinado 45°, passando pelo eixo da tubulação. As linhas de impulso têm uma inclinação mínima de 10° em relação à horizontal. Bolhas eventualmente retidas são assim dirigidas para o ponto alto, onde se encontra um pote de gás em cada linha.

No caso de medição de líquidos quentes, um critério particular deverá ser empregado para evitar que a diferença da massa específica entre o fluido à temperatura de operação e do fluido nas linhas de impulso prejudique a medição.

Considerando $(K_1 + K_2)$ a distância entre tomadas (em m), γ_1 e γ_a os pesos específicos do fluido, medidos respectivamente à temperatura de operação e à temperatura ambiente (kgf/m^3), e Δp a pressão diferencial (mmH_2O) correspondente ao valor máximo da escala de vazão, se $(K_1 + K_2) \cdot (\gamma_a - \gamma_1)$ for superior a $0{,}003 \cdot \Delta p$, deverão ser previstos potes de selagem, e a tomada superior terá de ser provida de um niple especial, para que o pote de selagem correspondente esteja ao mesmo nível que o pote de tomada inferior. Os niples e as válvulas de bloqueio entre as tomadas e os potes deverão ser isolados.

Exemplo

Para uma tubulação de 10 pol, tomadas em flanges $(K_1 + K_2 = 0{,}056$ m), medição de água quente a 60°C e $\Delta p = 500$ mmH_2O, verificar a necessidade, ou não, de precauções especiais:

$\gamma_1 = 998$ kgf/m^3; $\gamma_1 = 993$ kgf/m^3

Verificamos se $(k_1 + k_2) \cdot (\gamma_a - \gamma_1)$ e superior a $0{,}003 \cdot \Delta p$:

$0{,}056 \cdot (998 - 983) \cong 1$ mmH_2O.

Como 1 é inferior a $(0{,}003 \cdot 500)$, não serão necessárias as precauções especiais e as tomadas podem ser encaminhadas diretamente ao transmissor de pressão diferencial.

Entretanto, se as tomadas forem do tipo D e $D/2$, teremos $(K_1 + K_2) \cong 0{,}38$ m; nesse caso, 0,38 . (998 - 983) $\cong$ 6 mmH_2O. Como é superior ao limite $(0{,}003 \cdot 500)$, o esquema da Fig. 3-69 deverá ser aplicado.

3.17.1 Precauções para casos específicos

Quando a temperatura do vapor a ser medido é igual ou superior a 450°C, e para transmissores de "deslocamento" elevado, as tomadas e as linhas de impulso devem ser construídas especialmente. O "deslocamento" é o volume deslocado pelo sucessor de pressão diferencial quando ocorrem mudanças de Δp. Quando o sensor é um fole, o deslocamento e da ordem de grandeza de dezenas de cm^3. Com os sensores modernos, o deslocamento é da ordem de décimos de cm^3.

As tomadas exigem uma luva térmica, como se vê na Fig. 3-67, e os niples entre as tomadas e os potes de selagem serão como nas Figs. 3-74 e 3-75, devendo ter isolamento térmico, assim como as válvulas de bloqueio. O objetivo é evitar que o condensado de retorno, provocado por um deslocamento, seja convertido em vapor ao nível das tomadas.

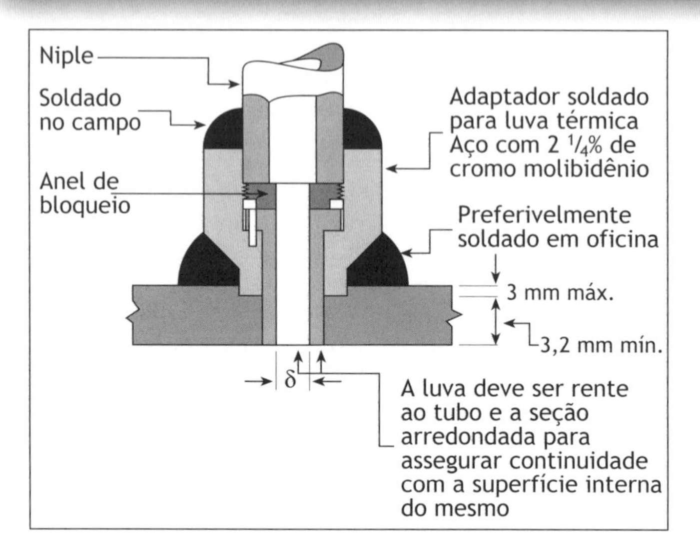

FIGURA 3-67 Tomada para vapor (temperatura superior a 450°C).

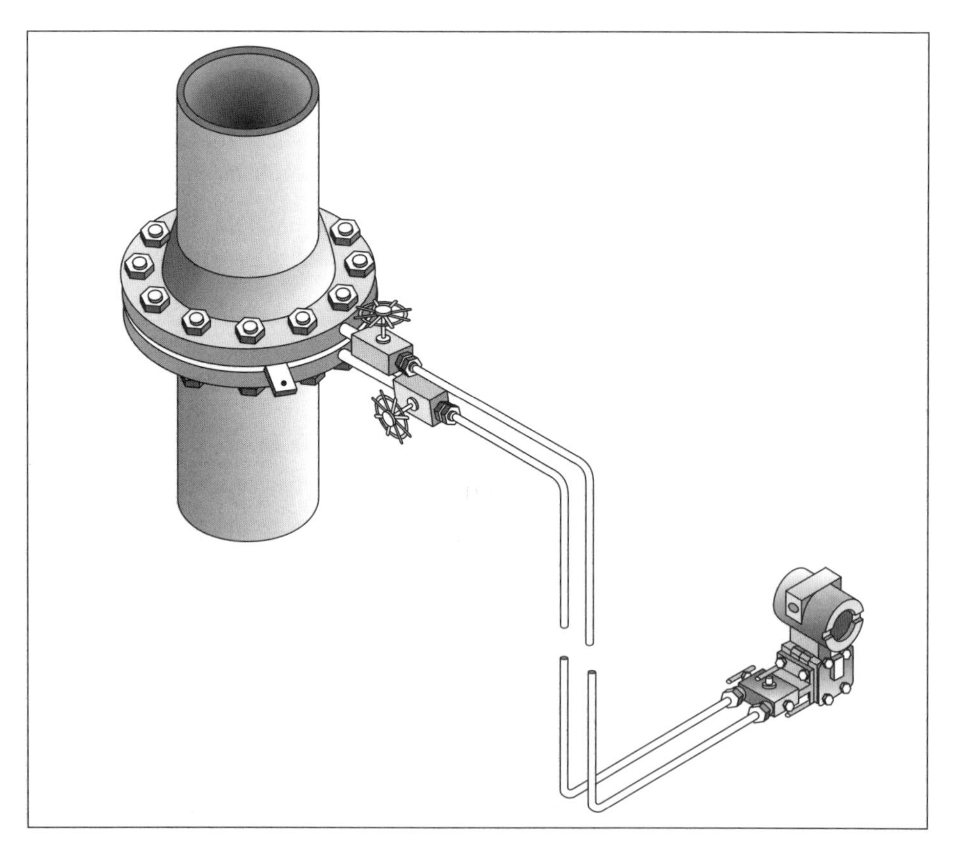

FIGURA 3-68 Instalação de linhas de impulso e do transmissor. Linha vertical, líquidos limpos e temperatura moderada, ou gases limpos e secos. Tomadas nos flanges. Se houver possibilidade de formação de bolhas, inclinar as linhas de impulso em relação à horizontal.

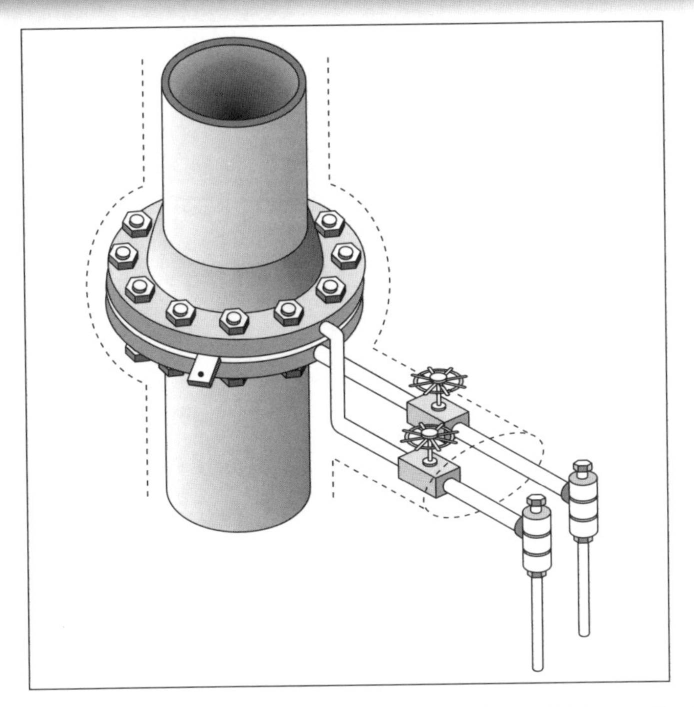

FIGURA 3-69 Instalação de linhas de impulso para o transmissor. Linha vertical, líquidos limpos, temperatura elevada. A instalação com tês destina-se a manter as colunas hidrostáticas iguais nos dois ramais.

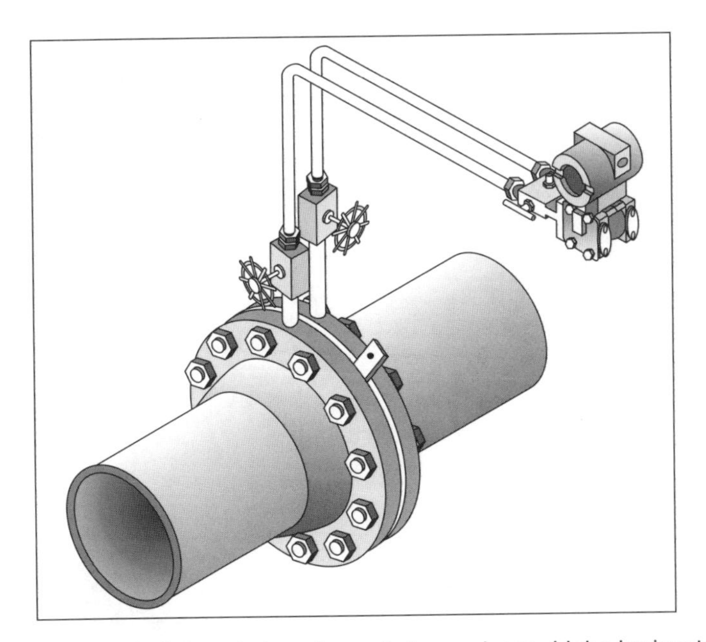

FIGURA 3-70 Instalação de linhas de impulso e do transmissor. Linha horizontal, gases secos ou úmidos, transmissor acima do elemento primário. (No caso de gases secos, o transmissor pode ser instalado abaixo do nível das tomadas.) Tomadas *flange taps* na vertical e linhas de impulso com inclinação mínima de 10° em relação à horizontal.

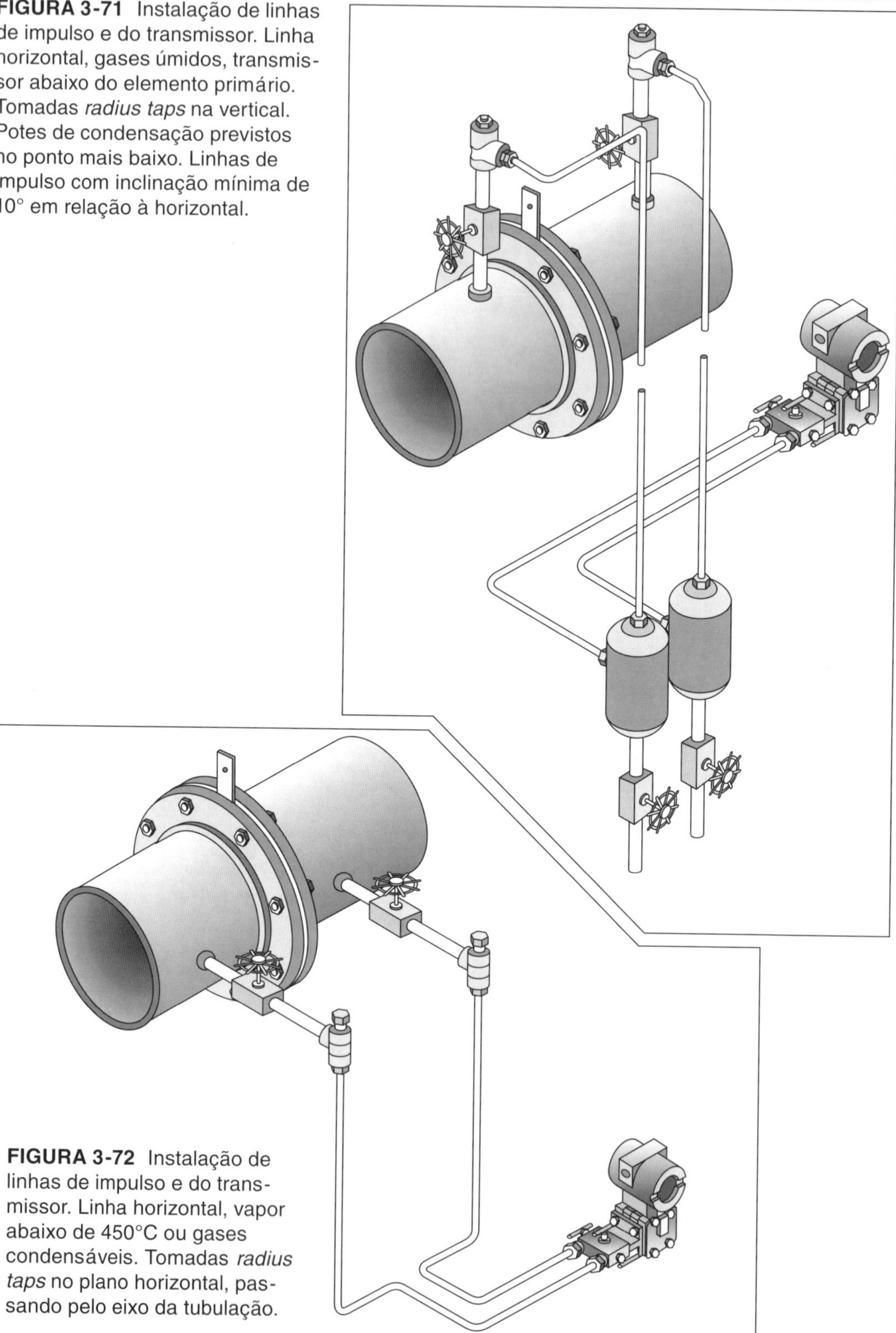

FIGURA 3-71 Instalação de linhas de impulso e do transmissor. Linha horizontal, gases úmidos, transmissor abaixo do elemento primário. Tomadas *radius taps* na vertical. Potes de condensação previstos no ponto mais baixo. Linhas de impulso com inclinação mínima de 10° em relação à horizontal.

FIGURA 3-72 Instalação de linhas de impulso e do transmissor. Linha horizontal, vapor abaixo de 450°C ou gases condensáveis. Tomadas *radius taps* no plano horizontal, passando pelo eixo da tubulação.

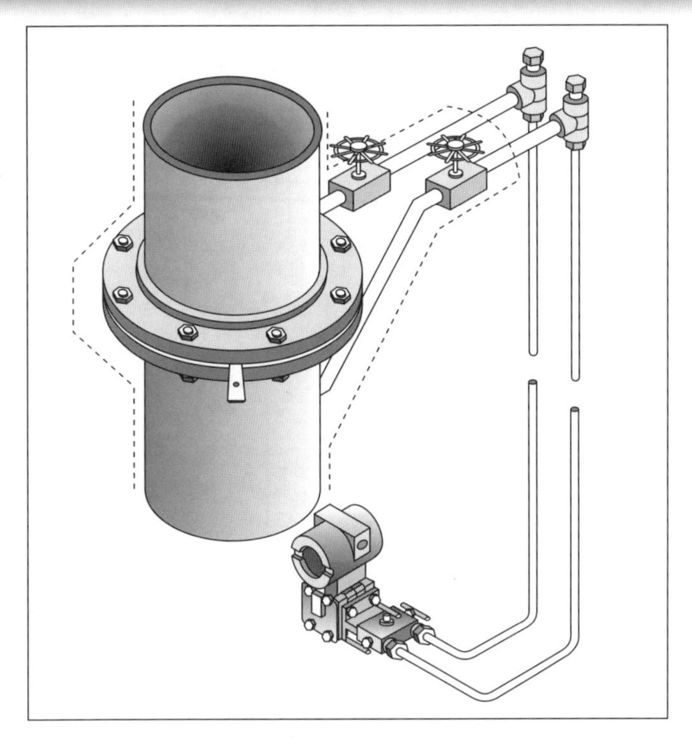

FIGURA 3-73 Instalação de linhas de impulso e do transmissor. Linha vertical, vapor abaixo de 450°C ou gases condensáveis. Tês num mesmo plano horizontal.

Em muitos casos, surgem problemas na instalação do elemento primário de vazão por não se dispor de trecho reto suficiente. Entre os vários recursos possíveis nesses casos, citam-se como principais:

- recalcular a placa com um Δp maior, obtendo dessa forma um valor β menor e, em conseqüência, um trecho reto menor;
- quando não se deseja aumentar o Δp, mudar o elemento primário, passando de placa para bocal, obtendo-se também um valor β menor;
- modificar a configuração de tubulação no trecho de medição para se conseguir um trecho reto; a Fig. 3-74 mostra uma mudança possível na descarga de uma bomba para aumentar o trecho reto a montante desta.

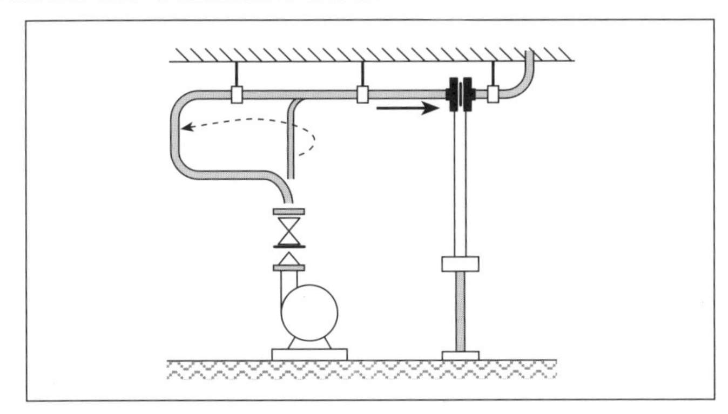

FIGURA 3-74 Mudança de direção na tubulação para proporcionar um trecho reto adequado.

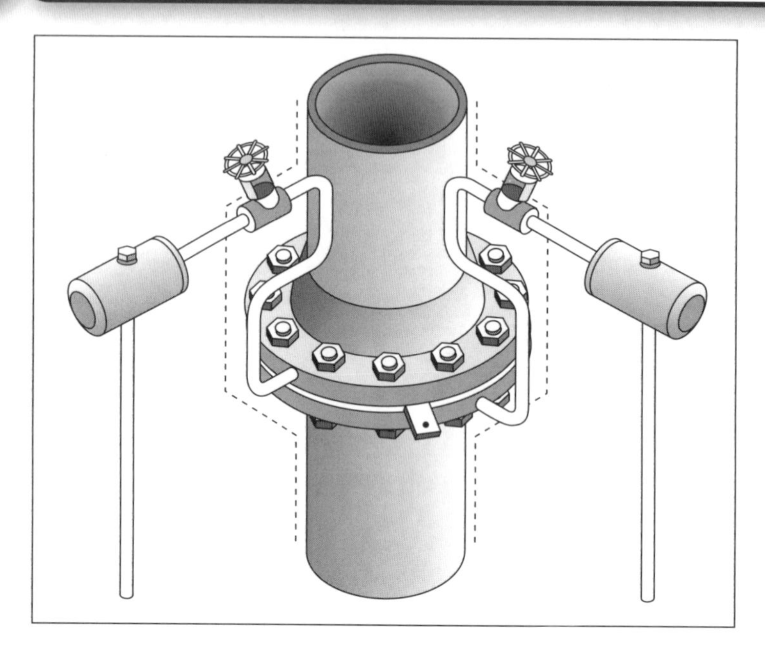

FIGURA 3-75 Instalação de linhas de impulso para o transmissor. Linha horizontal, vapor acima de 450°C.

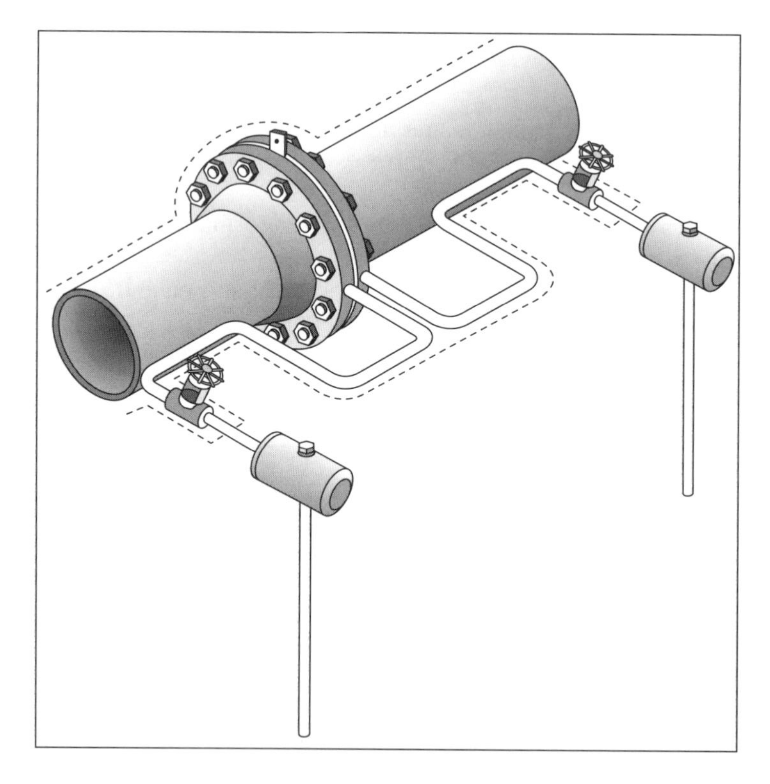

FIGURA 3-76 Instalação de linhas de impulso para o transmissor. Linha vertical, vapor acima de 450°C.

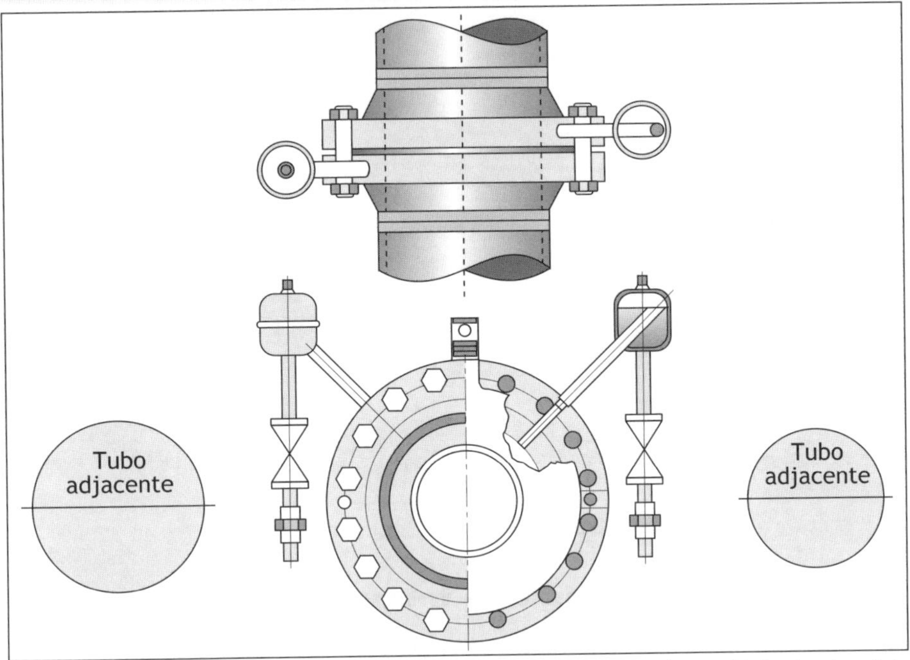

FIGURA 3-77 Instalação de linhas de impulso para o transmissor. Linha horizontal, vapor abaixo de 450°C, espaço reduzido.

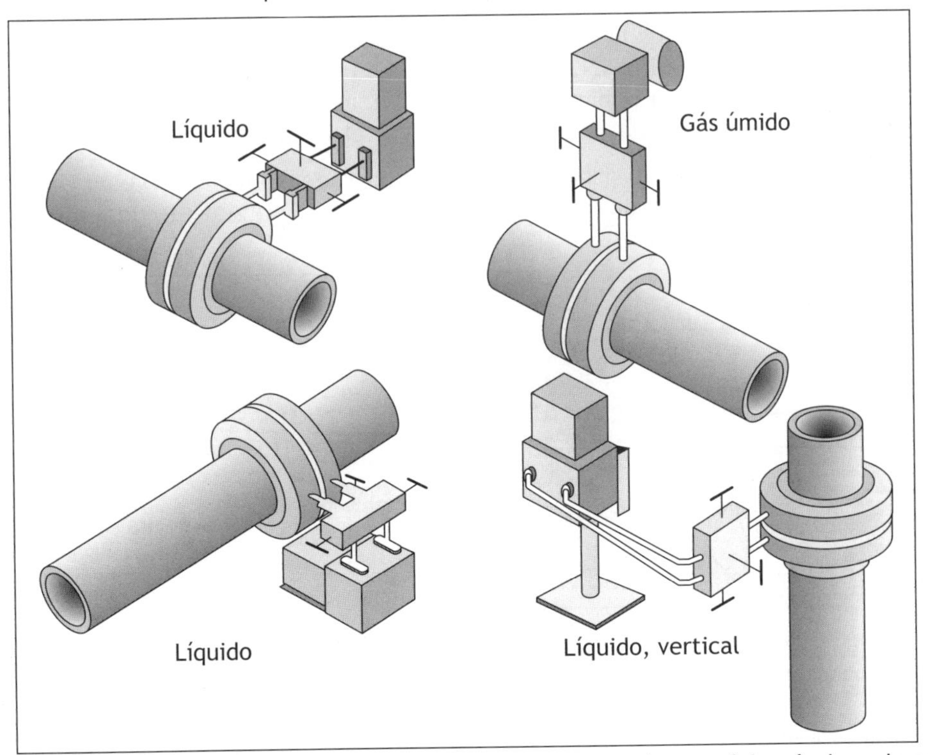

FIGURA 3-78 (A) Esquemas típicos de instalação com o transmissor próximo à placa de orifício. É um método cada vez mais empregado, visto que os transmissores requerem pouca manutenção e podem ser parametrizados à distância.

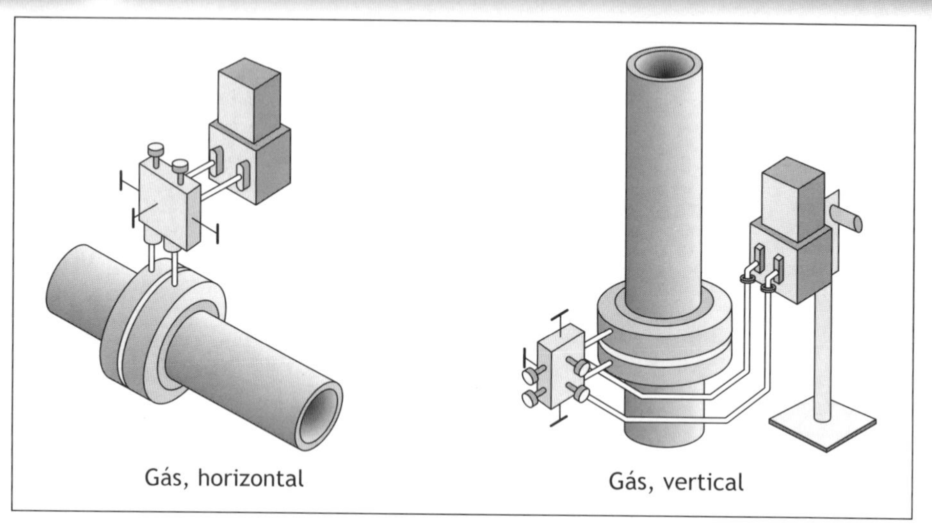

FIGURA 3-78 (B) Continuação

3.17.2 Tomadas para fluidos incrustantes

As medições de fluidos incrustantes podem ser feitas com placas de orifício ou tubos de Venturi, entretanto as soluções para os problemas de entupimento das tomadas devem ser eficientes, a fim de prevenir paradas de operação.

A instalação mais adequada para permitir o desentupimento das tomadas sem parada operacional é a ilustrada na Fig. 3-79. Cada tomada é provida de dois niples, um de 2 pol e outro de 4 pol de comprimento, para montar as válvulas deslocadas e os tês a uma mesma distância da tomada. As válvulas são de passagem direta e integral.

Para a limpeza em carga, o sistema, constituído por um elemento de vedação, uma broca e uma válvula de descarga, será adaptado ao tê, e o desentupimento de tomada poderá ser efetuado sem vazamentos.

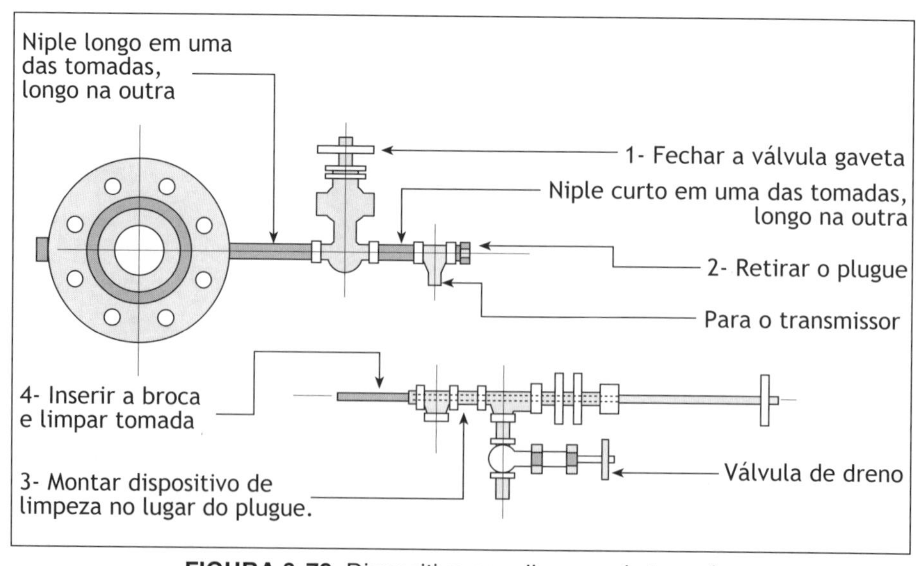

FIGURA 3-79 Dispositivo para limpeza de tomada.

3.17.3 Linhas de impulso

Os tubos usados na instalação das linhas de impulso têm diâmetro interno entre 10 e 20 mm. Podem-se usar tubulações roscadas de bitola ½ pol em toda a extensão das linhas ou usar também, parcialmente, tubos dobráveis (*tubing*). A conexão entre a tomada e a primeira válvula de bloqueio será um niple de ½ pol roscado nas extremidades.

Depois da válvula, pode-se escolher entre continuar com tubulação roscável ou dobrável. Por sua maior rigidez, a tubulação roscável tem a vantagem de exigir menos suportes, porém acrescenta o trabalho de execução das roscas. Já as principais vantagens e inconvenientes da tubulação dobrável são opostas às anteriores: as conexões são executadas por meio de conectores de fácil instalação, mas exigem maior quantidade de suportes. É possível, por outro lado, usar tubulação dobrável em aço inox, o que dispensa proteção contra corrosão atmosférica.

3.17.4 Acessórios para ligações ao elemento secundário

Válvulas

Válvulas de bloqueio são instaladas na saída de cada tomada, e tão perto quanto possível da tubulação de processo. Elas devem ser adequadamente escolhidas em função da temperatura e da pressão do fluido. São geralmente do tipo gaveta ou esfera de passagem integral, de ½ pol, para pressões de até 20 bar. Para altas pressões, utilizam-se geralmente válvulas do tipo globo-angular. Para vapor, as válvulas podem ser colocadas na parte da linha de impulso que contém condensado, o mais perto possível das tomadas, no intuito de se aumentar a vida útil das gaxetas de vedação da haste.

Próximo ao transmissor, haverá um conjunto chamado "bloco equalizador" ou "*by pass* integral". Esse bloco equalizador inclui as válvulas necessárias para isolar o transmissor da linha de processo e equalizar as pressões nas câmaras.

Potes

Os potes de selagem, de condensação e de gás são acessórios usuais em linhas de impulso. Sua função é assegurar que a pressão diferencial gerada pelo elemento primário seja aplicada ao transmissor de pressão diferencial sem alterações causadas pela pressão hidrostática nas linhas de impulso.

Potes de selagem

Os potes de selagem foram usados inicialmente nas instalações em que o transmissor apresentava um deslocamento apreciável. A finalidade era fazer com que o deslocamento correspondesse a uma variação desprezível nos níveis do condensado em cada linha de impulso, sendo a área interna dos potes muito maior que a dos tubos de impulso. Atualmente, os potes de selagem são usados quando o local é muito quente e quando variações bruscas de pressão na linha podem provocar uma vaporização instantânea diferenciada nas linhas de impulso, ou em outros casos particulares que podem gerar momentaneamente diferenças de altura hidrostática nas linhas de impulso.

Quando não se usam potes de selagem, estes são substituídos por tês ou cruzetas. As cruzetas permitem preencher as linhas com água, antes do início da operação, até o transbordo pela abertura lateral. As aberturas serão devidamente tapadas com plugues.

Quando usados, os potes (ou tês ou cruzetas) devem ser colocados rigorosamente ao mesmo nível.

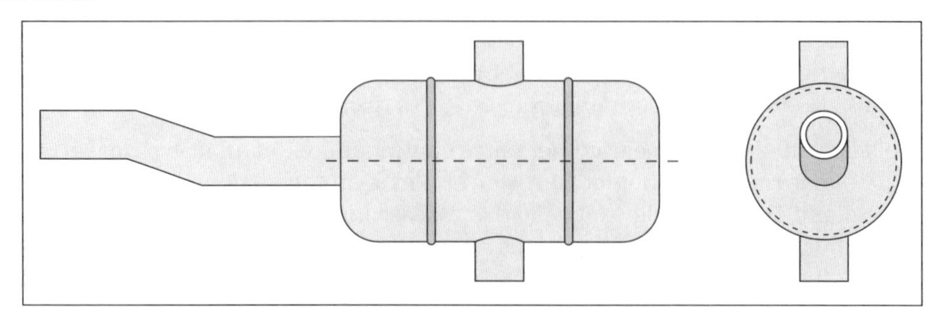

FIGURA 3-80 Potes de selagem.

Potes de gás

São empregados nas medições de líquidos com bolhas de ar ou que desprendem vapores esporadicamente. Podem ser fabricados com um tubo de 40 a 50 mm de diâmetro, de 150 a 200 mm de comprimento e de classe adequada às condições de pressão do processo. Colocados na vertical, sua extremidade inferior é provida de uma conexão roscada, e a extremidade superior, de uma válvula de agulha de $^1/_4$ pol. Embora seja uma possibilidade de instalação, a colocação do transmissor de pressão diferencial acima da linha, por exigir purga periódica do gás nos potes no caso de líquidos, só deverá ser usada quando não houver outra solução. Instalações desse tipo raramente dão bons resultados a médio prazo.

Potes de condensação

São usados nas medições de gases úmidos para recolher a possível condensação e evitar que sejam criadas colunas hidrostáticas nas câmaras do transmissor. Em geral são fabricados com tubos de 20 e 75 mm, instalados de forma concêntrica, tendo, respectivamente, 300 e 500 mm de comprimento. A extremidade superior e a lateral têm conexão roscada, e a extremidade inferior, uma válvula de dreno. Caso a pressão do gás seja baixa, da ordem de 5 000 Pa, é possível prever a altura do pote de modo a formar um selo com descarga contínua.

Purgas

Na medição de vazão de líquidos contendo sólidos, ou que incrustam, e de gases com elevada taxa de poeiras, usam-se sistemas de purga. Tais sistemas evitam que impurezas do fluido a ser medido penetrem nas linhas de impulso ou fiquem acumuladas ao nível das tomadas. Um fluxo muito baixo e constante de fluido limpo, mantido pelo sistema de purga, pressuriza ligeiramente as linhas de impulso e repele as impurezas.

Geralmente se emprega ar ou nitrogênio para medição de gases; e usa-se água ou outro líquido compatível com o fluido medido, no caso de medição de líquidos.

Recomenda-se fazer uso de um acessório conhecido como "rotâmetro de purga" (Fig. 8.81), com regulador de vazão. Esse acessório é fornecido em um conjunto compacto, especialmente previsto para a aplicação. O regulador de vazão tem sua pressão diferencial ajustável por meio de uma válvula de agulha de precisão.

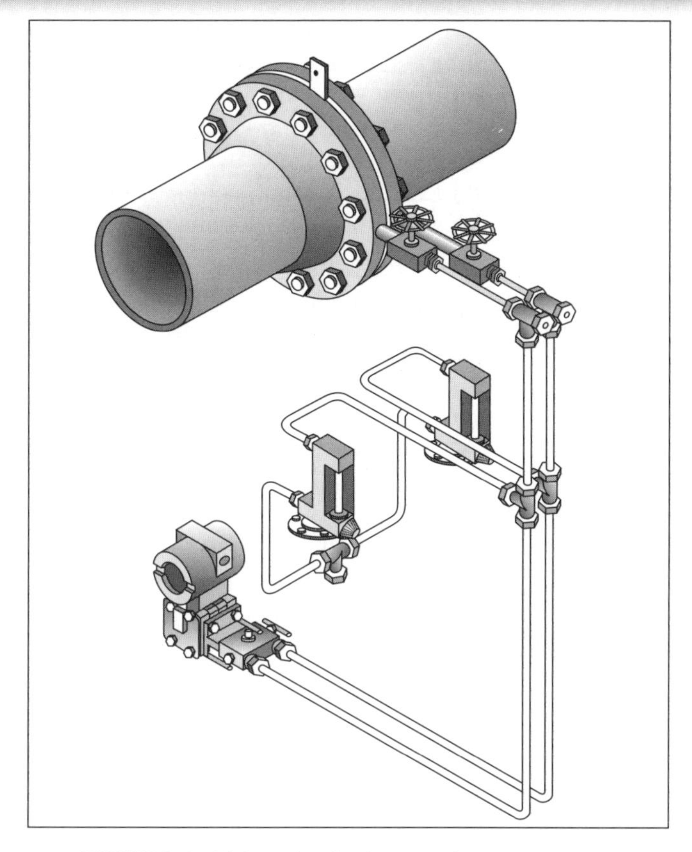

FIGURA 3-81 Instalação de tomadas com purga.

A vazão do fluido deve ser ajustada ao mesmo valor nas duas tomadas, observando-se os rotâmetros. A pressão de alimentação do fluido de purga (ar, N_2, H_2O, etc.) precisa ser superior, no mínimo, em 0,7 bar em relação à máxima pressão do fluido medido. A função específica dos reguladores de vazão é manter constantes as vazões nas duas tomadas, independentemente das variações de pressão na linha de processo. A montagem deve ser como mostra a Fig. 3-79.

As vazões geralmente usadas são inferiores a 0,5 m^3/h (em P_1 e t ambiente) para os gases, e a 0,5 L/min para os líquidos. Recomenda-se, todavia, que essas vazões sejam inferiores a 0,1% da vazão mínima medida.

3.18 MEDIÇÃO EM CONDIÇÕES ADVERSAS OU INCOMUNS

3.18.1 Fluidos a altas pressões e temperaturas

Na medição de fluidos a altas pressões, a atenção deve estar voltada principalmente para a vedação entre o elemento de medição e os flanges da linha de processo. Para pressões de até 60 bar e temperaturas superiores a 350°C, podem ser usados flanges-orifício de classe adequada, com acabamento fino na face ressaltada e providos de junta metálica espiralada.

Para hidrocarbonetos operando a 300°C ou mais, e para linhas de gás liquefeito de petróleo, é freqüente o uso de flanges com anel de vedação. O anel-suporte da placa de orifício tem usualmente o dobro da espessura de um anel normal. O perfil do anel pode ser octogonal ou oval. O anel octogonal ajusta-se ao fundo plano da ranhura correspondente do flange, para formar um contato de superfície. O anel oval fornece um contato tangencial, que se adapta tanto à ranhura oval como à octogonal, compensando assim as deformações da ranhura devidas à tensão mecânica da tubulação, por sua vez conseqüência da expansão térmica.

Para pressões e temperaturas que justificam o uso de flanges classe 1 500 psi (100 bar), a placa de orifício pode ser fixada ao flange a jusante por parafusos. Uma junta metaloplástica é usada entre a placa e o outro flange para preencher o espaço vazio.

Para fluidos a elevadas pressões, de até 2 500 bar, como sistema de vedação dá-se preferência à junta tipo lente, de aço especial níquel-cromo (1%), tratada termicamente. As conexões entre flange e transmissor são soldadas ou tipo lente, também, e a tubulação de impulso, em aço cromo-molibdênio, de bitola adequada. Os transmissores usados nesses casos são executados sob encomenda, com tecnologia apropriada.

3.18.2 Fluidos corrosivos

Tubulações usadas para fluidos corrosivos geralmente recebem revestimento interno. A placa de orifício pode ser montada entre blocos-suporte de PVC ou de metal resistente a corrosão, dependendo da pressão. O material usado para confecção da placa deve ser resistente a corrosão. Às vezes, empregam-se placas de PTFE, mas as propriedades mecânicas desse material não são muito boas. Quando a espessura da placa for de 5 mm, será possível prever uma armação metálica interna para garantir a planicidade da placa a longo termo. O Hastelloy é geralmente preferido para aplicação com ácidos.

3.18.3 Medição de fluidos pulsantes

Trata-se de uma medição extremamente difícil, e os erros resultantes são em geral elevados e pouco previsíveis. Normalmente as pulsações são provocadas por bombas volumétricas, compressores alternativos, máquinas recíprocas, mas também podem ser geradas por válvulas de retenção ou, ainda, sem a influência de partes mecânicas móveis, por auto-ressonância de um sistema.

O número de Hodgson (N_H) está ligado às medições de fluidos pulsantes e é definido da seguinte forma:

$$N_H = \frac{V_s \cdot N \cdot \Delta P}{q'' \cdot P_{ms}} \qquad [3.30]$$

sendo: V_s o volume do sistema, compreendido entre a fonte de pulsações e o ponto de medição (m^3);
N a freqüência das pulsações (ciclos por segundo);
ΔP a perda de carga no sistema entre a fonte de pulsações e o ponto de medição (Pa);
q'' o valor médio de vazão volumétrica (m^3/s);
P_{ms} a pressão absoluta média no ponto de medição (Pa).

O número de Hodgson é sem dimensões. Estudos realizados sobre vazões pulsantes mostram que o erro na medição devido às pulsações é inferior a 1% quando se mantém o número de Hodgson acima de 2. Em conseqüência, todos os recursos devem ser empregados no sentido de maximizar o valor de N_H:

- aumentar V_s e Δp instalando um amortecedor, constituído por um vaso de acumulação e uma restrição;
- aumentar N, pelo emprego de máquinas alternativas menores e operando a rotações mais altas.

Por outro lado, algumas precauções de ordem prática devem ser observadas:

- instalar o ponto de medição na sucção da máquina alternativa, de preferência, e o mais longe dela que for possível;
- usar os maiores valores possíveis de β e de pressão diferencial, recorrendo eventualmente a uma redução de diâmetro na linha no local de medição;
- cuidar para que as linhas de impulso sejam exatamente simétricas, a fim de evitar que o efeito das pulsações seja sentido de forma diferente na câmara de alta e na de baixa pressão do transmissor.

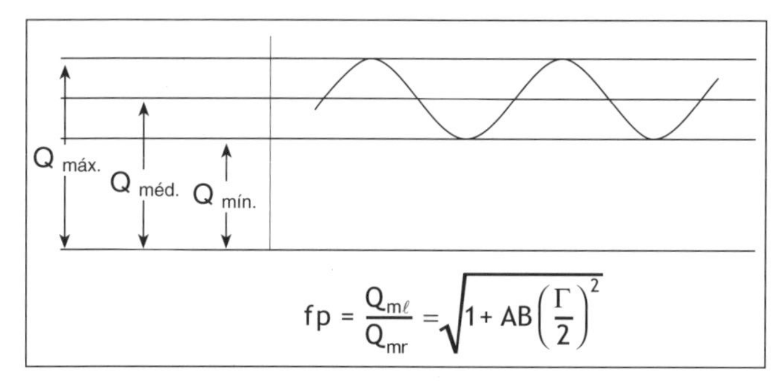

FIGURA 3-82 Pulsações de vazão.

Especialmente para os fluidos incompressíveis estima-se que o erro para mais (f_p), provocado pelas pulsações, pode ser avaliado da seguinte forma:

$$f_P = \frac{Q_{ml}}{Q_{mr}} = \sqrt{1 + AB\left(\frac{\Gamma}{2}\right)^2} \qquad [3.31]$$

sendo: Q_{ml} a vazão média lida , afetada pelo erro das pulsações;
Q_{mr} a vazão real, nas mesmas unidades que Q_{ml} (= Q_{med} da Fig. 3-82);
A o coeficiente de forma das pulsações, variando entre 0 e 0,25 (A = 0,125 para ondas senoidais e A = 0,250 para ondas retangulares simétricas);
B o coeficiente de resposta em freqüência, variando entre 0 e 1; pode ser considerado 1,0 para freqüências amortecidas pelo transmissor;
Γ a intensidade de pulsação $(Q_{\max} - Q_{\min})/Q_{\text{med}}$.

Estima-se, dessa forma que, limitando em 0,5 a intensidade de pulsações, o fator f_p é inferior a 1,01, isto é, o erro provocado pelas pulsações é inferior a 1%.

3.18.4 Medição de misturas de duas fases

A mistura de duas fases existe quando um fluido, escoando em determinada fase (gás ou líquido), chamada "fase contínua", carrega partículas, gotículas ou bolhas distribuídas uniformemente, chamada "fase dispersa", em quantidade não- desprezível .

Na análise seguinte, sobre medição de misturas de duas fases medidas por placa de orifício ou bocal de vazão, a mistura será considerada quando a fase contínua contiver mais que 2% em massa da fase dispersa sob forma de partículas sólidas ou gotículas, ou, ainda, quando a fase contínua contiver mais de 5% em volume da fase dispersa sob forma de gás ou bolhas. Nas suspensões coloidais, a mistura de duas fases será considerada presente quando a dimensão das partículas for superior a 1 m, e quando o sistema não se comportar como um fluido em fase única.

A medição de uma mistura de duas fases pode ser executada com uma placa de orifício concêntrico, de canto vivo, com tomada nos flanges, a D e $D/2$ ou a 2 ½ de $8D$ somente. O valor de β é limitado à faixa 0,25-0,50. O número de Reynolds na fase líquida deve ser superior a 50 e, na fase gasosa, superior a 10 000. A fração em massa de líquido y deve ser inferior a 90%. A fração em volume de gás, nas condições de escoamento, deve ser superior a 99% e o fator de expansão isentrópico para o fluido compressível deve ser superior a 0,98. O cálculo é feito conforme detalhado a seguir.

Se a densidade da fase dispersa for inferior ou igual à densidade da fase contínua (por exemplo, bolhas de gás num líquido), a vazão será calculada tal como para fluidos numa só fase, usando a densidade efetiva do sistema tomado como um todo.

Se a densidade da fase dispersa for alta em comparação à da fase contínua (por exemplo, partículas sólidas de dimensão superior a 1/100 mm num gás), a vazão será calculada tal como para fluidos em uma só fase, usando a densidade da fase contínua.

Se a densidade da fase dispersa apresentar um valor intermediário, em comparação aos casos anteriores (por exemplo, gotículas de líquido num gás ou vapor d'água com umidade elevada), a vazão será calculada de acordo com a seguinte fórmula:

$$Qm = \frac{1{,}1107 \cdot CE\beta^2 \cdot D^2 \cdot \varepsilon \cdot \sqrt{\rho_{vap}} \cdot \sqrt{\rho_{Liq}} \cdot \sqrt{\Delta p}}{(1-y) \cdot \sqrt{\rho_{Liq}} + \left(1{,}259 \cdot y \cdot \varepsilon \cdot \sqrt{\rho_{vap}}\right)} \qquad [3.32]$$

sendo que as unidades são do SI (Q_m em m/s, D em m e Δp em Pa) e

ρ_{vap} (densidade do vapor saturado) em kg/m^3,

ρ_{Liq} (densidade do líquido saturado) em kg/m^3,

e y a fração em massa do líquido.

O problema, entretanto, é definir o valor de y na equação. Isso pode ser feito utilizando as propriedades termodinâmicas do vapor parcialmente condensado, preferivelmente no ponto de medição, já que, ao longo de uma tubulação de vapor, a pressão, a temperatura e a quantidade de condensado varia à medida que aumenta a distância em relação ao gerador.

EXEMPLO

Calcular a vazão total, bem como a vazão de vapor e de líquido, que passa pela placa de orifício com tomadas em flange (o vapor apresenta 20% em massa de umidade).

D	Diâmetro da tubulação	0,0508 m
d	Diâmetro do orifício	0,0254 m
Q_{NOR}/Q_{FE}	Relação vazão normal para a vazão FE	0,75
t_p	Temperatura de projeto	249°C
P_p	Pressão de projeto	4 000 Pa
Δ_p	Pressão diferencial 12 500 mmH_2O a 20°C	122 366 Pa
$\Delta_{p\ nor}$	Pressão diferencial normal $\Delta_p\ (0{,}75)^2$ =	6 830 Pa

Para esse tipo de cálculo, o programa Digiopc não dá a resposta diretamente, mas fornece todos os fatores necessários:

- Escolher o sentido "vazão" na primeira tela.
- Aplicar os *defaults* na segunda tela.
- Preencher a tela de dados de entrada escolhendo "vapor", os diâmetros da placa em mm, as pressões diferenciais $\Delta_{p\ NOR}$ e Δ_p, a temperatura, a pressão absoluta a montante em kPa, entrar em "densidade calculada", optar por "vapor d'água sat. (P)", anotar a densidade do vapor 20,106 kg/m^3 e a viscosidade 0,1746 cP. Observar que a temperatura de saturação é um pouco maior que a de projeto.

Continuar:

- Na tela CÁLCULOS, escolher "placa padrão/ISO 5167(98)/*flange taps*/sem dreno".

Continuar:

- Na tela de RESULTADOS, anotar o valor de ε_{nor} = 0,9949. Os outros dados informados não são compatíveis com esse caso.
- Voltar à tela SENTIDO e escolher "$\beta \Rightarrow d$". Continuar até a tela CÁLCULOS.
- Anotar o valor de $CE\beta^2$ = 0,15591.
- Voltar à tela DADOS DE ENTRADA e mudar a densidade para "especificada" (os dados calculados anteriormente voltam a ser em negrito). Mudar o fluido para "líquido", escolher "pressão informada" 4 009 kPa (um pouco maior que a de saturação), anotar a densidade 798,7 kg/m^3 e a viscosidade 0,1069 cP.

A vazão será calculada substituindo os valores na fórmula:

$$Qm = \frac{1{,}1107 \cdot 0{,}15591 \cdot 0{,}0508^2 \cdot 0{,}9949 \cdot \sqrt{20{,}106} \cdot \sqrt{798{,}7} \cdot \sqrt{122\ 366}}{(1 - 0{,}2) \cdot \sqrt{798{,}7} + \left(1{,}259 \cdot 0{,}2 \cdot 0{,}9949 \cdot \sqrt{20{,}106}\right)} = 0{,}830\ \text{kg/s}$$

- Vazão máxima do vapor: (1 – 0,2) · 0,830 = 0,664 kg/s.
- Vazão máxima da fase líquida: 0,2 · 0,830 = 0,166 kg/s.

Cálculo dos números de Reynolds em cada fase, para 75% da vazão máxima:

$R_D = 1{,}273 \cdot Q_m/(D \cdot \mu_p)$

Sendo o fator de conversão de cP para Pa · s 10^{-3}, temos:

μ_p do vapor $= 0{,}01746$ cP $\cdot 10^{-3} = 17{,}46 \cdot 10^{-6}$ Pa · s
μ_p da água $= 0{,}1069$ cP $\cdot 10^{-3} = 0{,}1069 \cdot 10^{-3}$ Pa · s
R_D (vapor) $= 1{,}273 \cdot 0{,}75 \cdot 0{,}664/(0{,}0508 \cdot 17{,}46 \cdot 10^{-6}) = 715\,000$
R_D (água) $= 1{,}273 \cdot 0{,}75 \cdot 0{,}166/(0{,}0508 \cdot 0{,}1069 \cdot 10^{-3}) = 29\,200$

Esses valores são compatíveis com as limitações 10 000 e 50 para vapor e líquido respectivamente.

3.18.5 Medição em tubulações de grandes diâmetros

Os coeficientes de vazão disponíveis podem ser aplicados com uma limitação de diâmetro correspondente a 750 ou 1 000 mm, quando se usa placa de orifício. Entretanto pode ser necessário proceder a uma medição de vazão em tubulações de diâmetros muito maiores que esses limites. A indústria siderúrgica, por exemplo, faz uso de dutos com mais de 2 m de diâmetro. Nesses casos, apesar das limitações, as placas de orifício são empregadas, dentro dos seguintes critérios:

- o tipo escolhido de disposição das tomadas será *vena contracta*;
- o valor de β será superior ou igual a 0,75;
- a incerteza sobre o valor de C deverá ser aumentada proporcionalmente ao diâmetro; o valor provável da incerteza será 1% vezes a relação D (mm)/750.

3.18.6 Uso de selos de proteção

A medição de fluidos corrosivos, viscosos, que condensam, vaporizam, congelam ou solidificam-se à temperatura ambiente às vezes é feita por meio de placa de orifício, acoplada ao transmissor de pressão diferencial através selos-diafragma, especificados junto com o transmissor, providos de capilar de extensão e preenchidos com diversos tipos de fluido (Fig. 3-83).

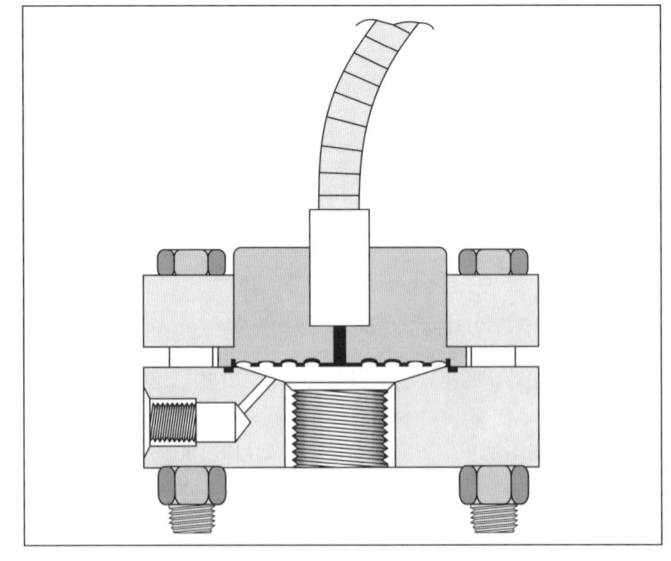

FIGURA 3-83 Selo-diafragma.

Os transmissores com selos-diafragma e tubos capilares têm a vantagem de não necessitar de outro acessório fabricado especialmente. Mas eles introduzem um pequeno erro suplementar para os valores baixos de pressão diferencial, portanto o Δp escolhido deverá ser o maior possível, compatível com a aplicação.

3.19 MEDIDORES DIFERENCIAIS DE INSERÇÃO

Esses medidores vêem sendo empregados cada vez mais freqüentemente na indústria, por sua facilidade de instalação. Derivados do tubo de Pitot original, que era utilizado para levantamentos de perfis de velocidade, principalmente em laboratórios, os sensores modernos surgiram nos anos 1970. Vários fabricantes oferecem os chamados tubos de "Pitot de média" (*averaging Pitot*, em inglês), com perfis cuidadosamente desenvolvidos para assegurar um coeficiente de vazão constante em relação às variações dos números de Reynolds.

3.19.1 Tubo de Pitot

Em 1732, Henri Pitot propôs o primeiro instrumento para medir velocidades de líquidos. O tubo de Pitot daquela época era bem rudimentar. Compunha-se de um tubo de vidro curvado em ângulo reto, com o ramal vertical mantido fora d'água e o horizontal (inicialmente provido de um bocal em forma de funil) colocado dentro da corrente de água. Não importando o formato da entrada do ramal horizontal, este foi deixado reto.

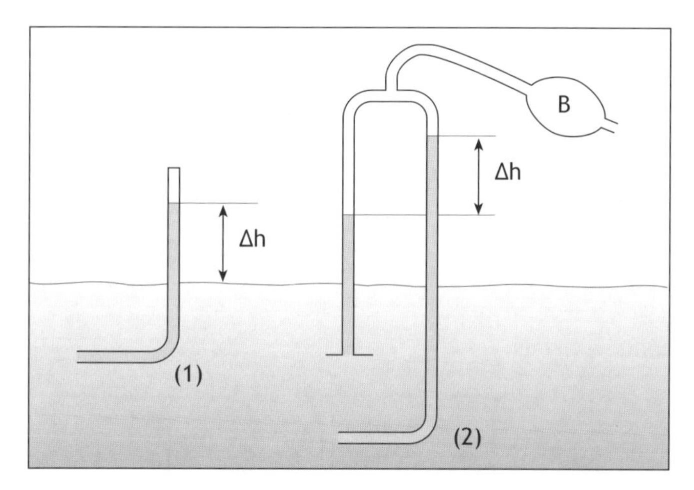

FIGURA 3-84 Tubo de Pitot original. No caso (1), a pressão diferencial Δh é medida entre o nível do rio e o nível no tubo de vidro. No caso (2), um tubo de referência ajuda a leitura; a bomba (*B*) reduz a pressão nos dois ramais do tubo em U invertido, elevando o nível em ambos.

Aperfeiçoou-se muito o aparelho originalmente idealizado por Pitot, com vistas à medição de correntes de líquidos ou de gases em tubos fechados e pressurizados. O aparelho derivado tem suas tomadas de pressão total e estática combinadas num só instrumento e também recebe o nome de "tubo de Prandtl" (Fig. 3-85). Costuma-se, entretanto, chamar de "tubo de Pitot" qualquer sistema de medição de velocidade local derivado do sistema original do ilustre físico.

O tubo de Prandtl, ou tubo de Pitot, ou, ainda, Pitot estático, é um aparelho constituído por dois tubos coaxiais, formando uma figura em L. A extremidade do tubo interno, colocada frente à corrente, recebe, a pressão total, enquanto a pressão estática é medida através dos pequenos orifícios da parede do tubo externo, distantes da ponta do tubo.

A pressão diferencial resultante (pressão total, P_1, menos pressão estática, P_e) é chamada de "dinâmica". Suas expressões em função da velocidade da corrente fluida e da densidade do fluido são as seguintes:

a) Para fluidos incompressíveis:

$$V_1 = \sqrt{\frac{2\left(P_1 - P_e\right)}{\rho_1}} \qquad [3.33]$$

b) Para fluidos compressíveis:

$$V_1 = \sqrt{\frac{2k}{k-1} \cdot \frac{P_e}{\rho_1} \cdot \left[\left(\frac{P_1}{P_e}\right)^{(k-1)/k} - 1\right]} \qquad [3.34]$$

Observação. Para velocidades inferiores a 15 m/s (ar ao nível do mar), a Eq. [3.33] pode ser usada em lugar da Eq. [3.34].

As equações a seguir permitem o uso de unidades usuais.

a) Para fluidos incompressíveis:

$$V_1 = \sqrt{2g\frac{\Delta p}{\gamma}} \qquad \text{ou} \qquad V_1 = 4,4287\sqrt{\frac{\Delta p}{\gamma_1}} \qquad [3.35]$$

b) Para fluidos compressíveis:

$$V_1 = 4,4287\sqrt{\frac{k}{k-1} \cdot \frac{10^4 P'_e}{\gamma_1} \cdot \left[\left(\frac{10^4 P'_e + \Delta p}{10^4 P'_e}\right)^{(k-1)/k} - 1\right]} \qquad [3.36]$$

sendo P'_e em kgf/cm^2
γ_1 em kgf/m^3
Δp em mmH_2O a 4°C
V_1 em m/s.

Para os tubos de Pitot com ponta cônica, hemisférica ou elíptica, não é necessário aplicar qualquer coeficiente de correção às fórmulas simples dadas acima. Já para os tubos de Pitot ditos "industriais", é necessário acrescentar um coeficiente de correção K à fórmula.

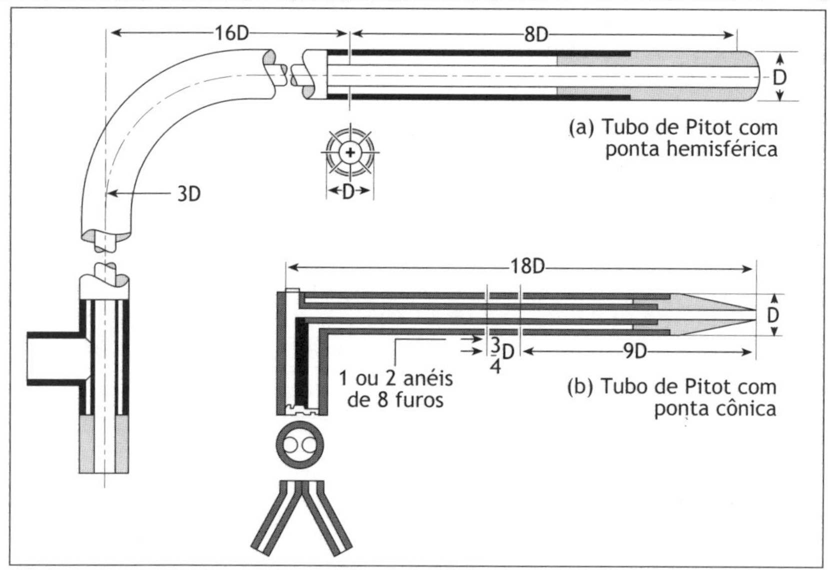

FIGURA 3-85 Tubos de Prandtl (também chamados "de Pitot"). (a) Com ponta hemisférica; (b) com ponta cônica.

3.19.2 Medição de vazão com tubo de Pitot

Com um tubo de Pitot, mede-se normalmente a velocidade pontual de uma corrente fluida. É possível, entretanto, fazer uma exploração das velocidades locais de vários pontos de uma canalização fechada, segundo uma metodologia apropriada, e deduzir a vazão. De fato, a veia fluida não é isocinética, apresentado-se mais baixa junto às paredes do tubo, influenciada pela camada-limite, e mais alta no centro, como mostra a Fig. 3-85.

Para uma medição precisa em tubulações cilíndricas, deve-se proceder a uma exploração ao longo de vários raios de um mesmo plano formando entre si ângulos iguais. No mínimo quatro raios são recomendados.

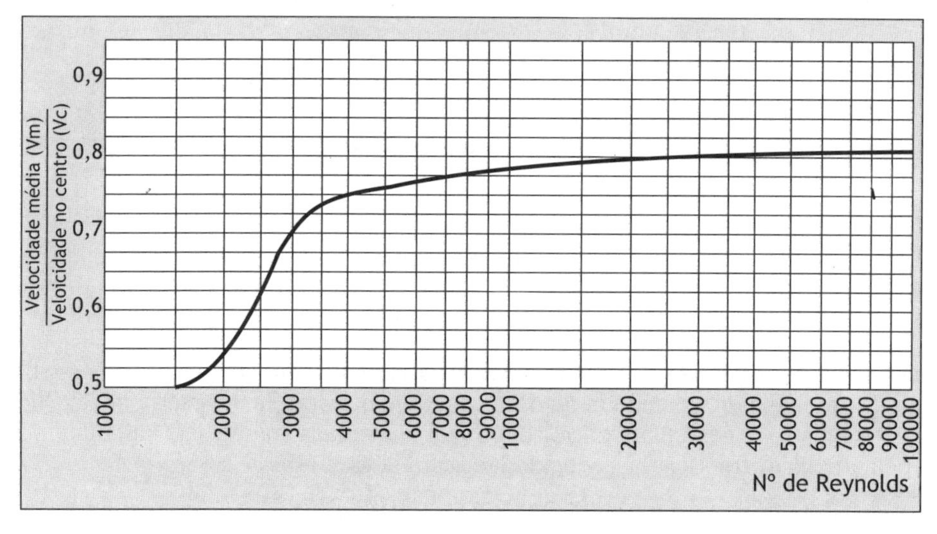

FIGURA 3-86 Relação V_m/V_c em função do número de Reynolds.

No gráfico da Fig. 3-86, nota-se que a relação da velocidade média para a velocidade no centro varia de acordo com o número de Reynolds. O valor de V_m/V_c passa de 0,5 quando o escoamento é laminar, para R_D abaixo de 2 000, a valores em torno de 0,8, quando o escoamento é turbulento.

Estudos de grande interesse foram desenvolvidos no sentido definir, através de equações empíricas, o perfil das velocidades e a velocidade média, conhecendo-se a velocidade no centro, ou de deduzir a velocidade média a partir da média das velocidades ao longo de um diâmetro, em função do número de Reynolds. Observa-se que a média das velocidades, calculada a partir do levantamento das velocidades tomadas a intervalos uniformes ao longo de um diâmetro, é diferente da velocidade média (V_m = vazão/área), já que as velocidades próximas do centro afetam áreas menores que as afetadas por velocidades próximas às paredes da tubulação, como mostra a Fig. 3-87.

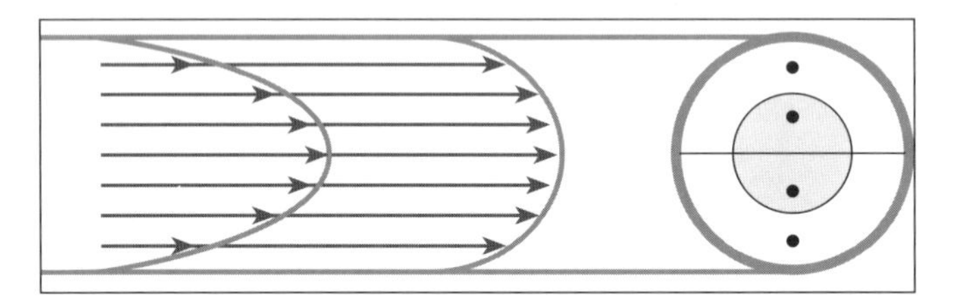

FIGURA 3-87 Perfis de velocidade de escoamento laminar e turbulento.

Durante a exploração, é necessário certificar-se de que a vazão não mudará. Essa verificação pode ser feita por meio de um tubo de Pitot fixo medindo uma velocidade de referência.

O tubo de Pitot de referência pode ficar a $0{,}7R$ do centro do tubo, no mesmo plano dos raios onde se executa a exploração, numa bissetriz de dois raios consecutivos. Uma outra localização possível do tubo de Pitot de referência é no centro da tubulação, suficientemente longe do plano de medição para não haver interferências aerodinâmicas.

Escolhem-se vários pontos de medição ao longo de cada raio (r) ou distância (x para dutos retangulares), admitindo-se cada velocidade como representativa de uma área de influência. Existem vários métodos para escolha dos pontos de medição; seguem-se os dois mais comuns.

- Centróides de áreas iguais (Tabela 3-14).
  Os incrementos das áreas de influência são igualmente espaçados. Todas as medições de velocidade têm igual peso.
- Chebyshef (Tabela 3-14).
  As locações dos pontos são adequadamente espaçadas. Todas as medições de velocidade têm peso igual. Esse método conduz ao menor erro provável da média das observações igualmente ponderadas, quando todas as medições têm o mesmo erro provável.

Outros métodos (Gauss e cotas de Newton) atribuem, a cada ponto, um peso diferente em vista da obtenção da velocidade média por média ponderada. Os métodos de Chebyshef e dos centróides de áreas iguais permitem que a velocidade média seja calculada simplesmente pela média aritmética das velocidades assim levantadas.

Estudos detalhados comparando os dois métodos mostram que os resultados práticos sobre o cálculo da vazão são equivalentes, Ref. [5-1].

É usual atribuir-se às medições efetuadas por meio de um tubo de Pitot clássico, fabricado de acordo com a Ref. [5.1], uma incerteza de ± 1,5%; se for com um tubo de Pitot industrial não-calibrado, de ± 3% ou de ± 1,5% se for calibrado.

Tabela 3-14 Pontos de medição de velocidades em tubos, em função do raio *r* ou da distância *x*

Quantidade de pontos simétricos	Método				
	Centróides de áreas iguais		Chebyshef		
	$r =$	$x =$	$r =$	$x =$	Pl. central + $x =$
$n = 2$	0,500 0,866	0,250 0,750	0,4597 0,8881	0,212 0,788	0,424 0,852
$n = 3$	0,4082 0,7071 0,9129	0,1667 0,5000 0,8333	0,3752 0,7252 0,9358	0,126 0,530 0,878	0,268 0,594 0,894
$n = 4$	0,3536 0,6124 0,7906 0,9354	0,1250 0,3750 0,6250 0,8750	0,3314 0,6124 0,8000 0,9524	x x *x* a partir das medianas	
$n = 5$	0,3162 0,5477 0,7071 0,8367 0,9487	0,1000 0,3000 0,5000 0,7000 0,9000	0,2866 0,5700 0,6892 0,8472 0,9622		

NOTA: A quantidade total de pontos é 2 vezes a indicada na 1ª coluna, salvo no caso da última coluna, onde é feita uma medição no centro. Neste caso, a quantidade total de pontos é 2n + 1.

Exemplo

Medição de vazão de ar (pressão absoluta, 1,130 bar; temperatura, 28°C) por tubo de Pitot clássico, com uma varredura pelo método dos centróides de áreas iguais, com $n = 3$, numa tubulação de 800 mm de diâmetro. As pressões diferenciais medidas foram:

ρ_0 do ar (0°C e 1 atm) = 1,293 kg/Nm^3

ρ_1 do ar (28°C e 1 130 bar) = 1,293 · 1,130 · 273,15/(1,01325 · 301,15) = 1,308 kg/m^3

Pressão diferencial medida com Pitot(Pa)	Velocidade calculada pela equação $V = (2\Delta p/\rho_1)^{0,5}$ (m/s)
48	8,57
74	10,63
95	12,05
98	12,24
77	10,85
52	9,92
Velocidade média (= $\Sigma V/6$)	10,71

Vazão "atual": $Q = \dfrac{\pi \cdot 0,8^2}{4} \cdot 10,71 = 5,383\ \text{m}^3/\text{s}$ ou $19\,380\ \text{m}^3/\text{h}$

Vazão em Nm^3/h: $Q_N = 19\,380 \cdot \dfrac{1,308}{1,293} = 19\,605\ \text{Nm}^3/\text{h}$

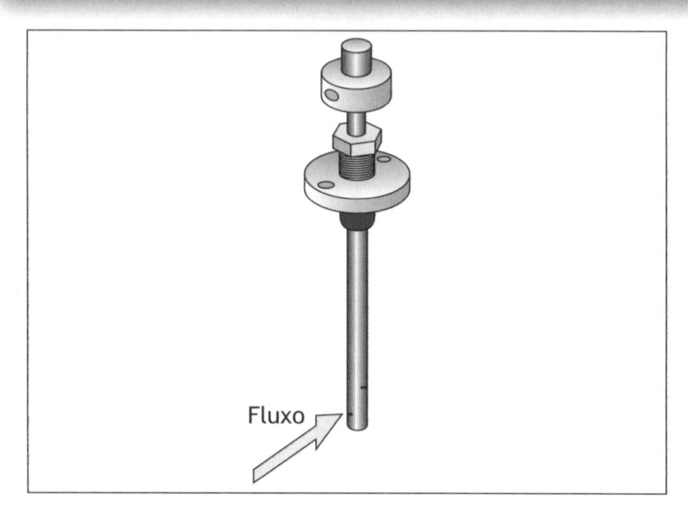

FIGURA 3-88 Tubos de Pitot industriais.

Existem outras formas de tubos de Pitot insersíveis por uma abertura lateral reduzida. Entre estes, cita-se, um instrumento com pontas de medição reversíveis, Ref. [5.1], empregado em pitotmetria por serviços públicos de distribuição de água.

3.19.3 Tubo de Pitot de média

No fim dos anos 70, o Pitot de média (também chamado de "Pitot de múltiplas velocidades" ou "Pitot multifuros") foi pesquisado e desenvolvido com sucesso. A finalidade do Pitot de média é tomar, ao mesmo tempo, as pressões dinâmicas relativas a quatro, seis ou oito velocidades, ao longo de um diâmetro da tubulação, e extrair sua média. Para tanto, os furos de medição são distribuídos segundo a teoria estatística de Chebishef. Da velocidade média (V), a vazão (Q) é calculada pela equação:

$$Q\ (\mathrm{m^3/s}) = S\ (\mathrm{m^2}) \cdot V\ (\mathrm{m/s})$$

sendo S a seção da linha de processo.

A equação geral dos tubos de Pitot industriais é a mesma que para os clássicos, afetada de um fator K, que depende da realização do instrumento, especialmente do perfil da haste de medição.

O primeiro perfil desenvolvido foi o cilíndrico, que revelou não-linearidades em relação ao número de Reynolds, com influência nos furos de baixa pressão. A zona de baixa pressão criada pela haste do Pitot dependia do ponto de "descolamento" do tubo das linhas de escoamento.

Várias soluções foram encontradas para resolver esse problema:

- a mais simples foi separar a tomada de baixa pressão e colocá-la na parede do tubo, para não ficar sujeita à zona de depressão;
- outra solução consistiu em pesquisar um perfil que definisse adequadamente o ponto de "descolamento" das linhas de escoamento;
- a solução mais recente foi pesquisar um perfil que deslocasse o ponto de descolamento para jusante das tomadas de baixa pressão, sem preocupação com o ponto exato de descolamento.

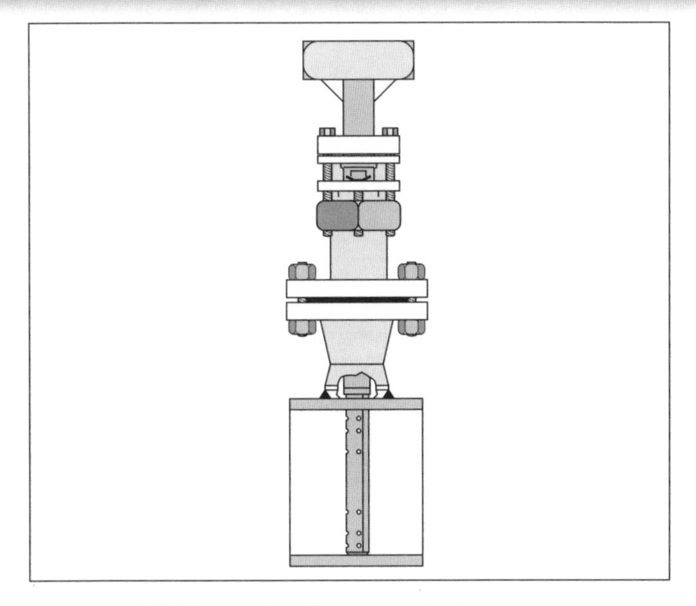

FIGURA 3-89 Pitot de média flangeado.

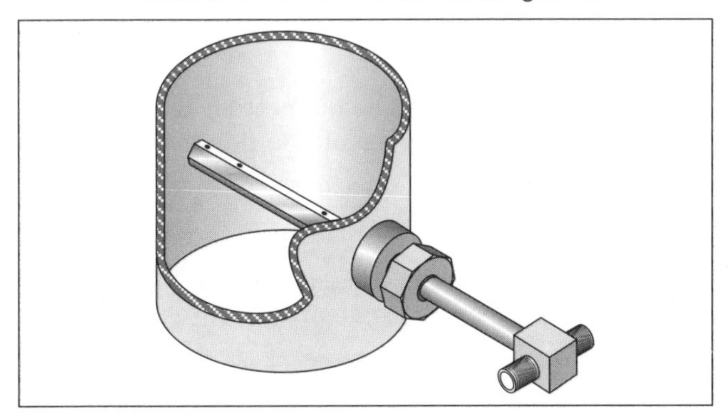

FIGURA 3-90 Pitot de média para tubo vertical.

Existem diversas realizações, para compatibilizar a instalação dos tubos de Pitot de média com as aplicações e as linhas de processo:

- fixação com conexão provida de anilha, ou com cabeçotes flangeados;
- insersíveis em carga, com vários tipos de "macaco" para forçar a instalação em linhas pressurizadas;
- com cabeçote provido de molas, para apoio da haste na parede oposta;
- com as tomadas perpendiculares ao eixo da tubulação, para linhas verticais.

Geralmente os tubos de Pitot de média encontram-se disponíveis para diâmetros entre 2 e 72 pol, porém são produzidos sob encomenda para diâmetros de vários metros. O reduzido custo de instalação compensa largamente seu preço mais elevado, quando comparado à placa de orifício.

Desde que instalado numa tubulação de diâmetro perfeitamente conhecido, a exatidão anunciada pelos fabricantes é de ±0,5% da razão, definida a partir da pressão diferencial gerada.

3.19.4 Micro-Venturi

Várias são as sondas de medição de velocidade de fluidos que apresentam desenho voltado para pressões diferenciais nitidamente superiores às obtidas com tubo de Pitot em condições semelhantes.

Um instrumento desse tipo tem como parte principal um tubo de Venturi de dimensões reduzidas (daí o nome "micro-Venturi"), implantado no centro da tubulação, preso pelas tomadas de pressão.

O micro-Venturi mais aplicado na indústria (principalmente siderúrgica) foi desenhado, experimentado e divulgado por V. M. Litchinko, Ref. [6.10]. Fora as vantagens comuns aos medidores de velocidade local citadas anteriormente (perda de carga desprezível, facilidade de instalação, baixo custo), esse sistema proporciona pressões diferenciais comparáveis às das placas de orifício.

O estudo original de Litchinko permitia escolher o diâmetro (d) do micro-Venturi para adequá-lo a uma determinada pressão diferencial. Foi extraído desse estudo o conjunto dos valores de $CE\beta^2$ correspondentes a um d de 47 mm, relativo à maior pressão diferencial que pode ser gerada por esse elemento primário. A fórmula de cálculo de tal instrumento é:

$$Q_1 = 0{,}887 \cdot CE\beta^2 \cdot \varepsilon \cdot D^2 \cdot \sqrt{(\Delta p / \rho_1)} \qquad [3.37]$$

sendo: $CE\beta^2$ (lido na Fig. 3-92) em função do diâmetro D da tubulação

ε o coeficiente de expansão, a ser escolhido nos gráficos das Figs. 3-46 ou 3-47, para $\beta = 0{,}5$

D o diâmetro de tubulação (m)

Δp a pressão diferencial (Pa)

ρ_1 a massa específica do fluido, nas condições de projeto (kg/m^3)

Q_1 a vazão em volume, nas condições de projeto (m^3/s)

Exemplo

Calcular o valor da Δp_{FE} para um micro-Venturi, sendo as condições de operação:

Fluido:	gás de alto-forno	
$Q_{1\,FE}$	vazão fim de escala a T_p e P_p	20 000 m^3/h = 5,555 m^3/s
Q_{1NOR}	vazão normal a T_p e P_p	16 000 m^3/h = 4,444 m^3/s
D	diâmetro da linha	0,730 m
P_p	pressão de projeto (abs.)	95 900 Pa
ρ_1	massa específica a P_p e T_p	1,145 kg/m^3
k	coeficiente isentrópico	1,3

Cálculos

1. Na Fig. 3-92, o valor de $CE\beta^2$, em função do diâmetro D = 730 mm, é 0,598.
2. Admitindo $\varepsilon = 1$, inverter a equação para calcular um Δp^* inicial:

$\Delta p = [Q_1/(0{,}887 \,.\, CE\beta^2 \cdot \varepsilon \cdot D^2)]^2 \cdot \rho_1$

$\Delta p^* = [5{,}555/(0{,}887 \cdot 0{,}598 \cdot 1 \cdot 0{,}730^2)]^2 \cdot 1{,}145 = 442{,}2$ Pa.

3. Calcular Δp_{NOR} e ε_{NOR}:
   $\Delta p_{Nor} = \Delta p^* (Q_{1\,NOR}/Q_{1\,FE})^2 = 442{,}3(4{,}444/5{,}555)^2 = 283{,}1$ Pa
   $\Delta p/P_1 = 283{,}1/95900 = 0{,}003 \Rightarrow \varepsilon = 0{,}998$
4. Corrigir
   Δp_{FE} com o valor de ε calculado em (3):
   $\Delta p_{FE} = \Delta p^*/\varepsilon^2 = 442{,}2/0{,}998^2 = 444$ Pa ≈ 45 mmH_2O

Note-se que, neste exemplo um tubo Pitot forneceria, nas mesmas condições, uma pressão diferencial de aproximadamente 1/3 desse valor.

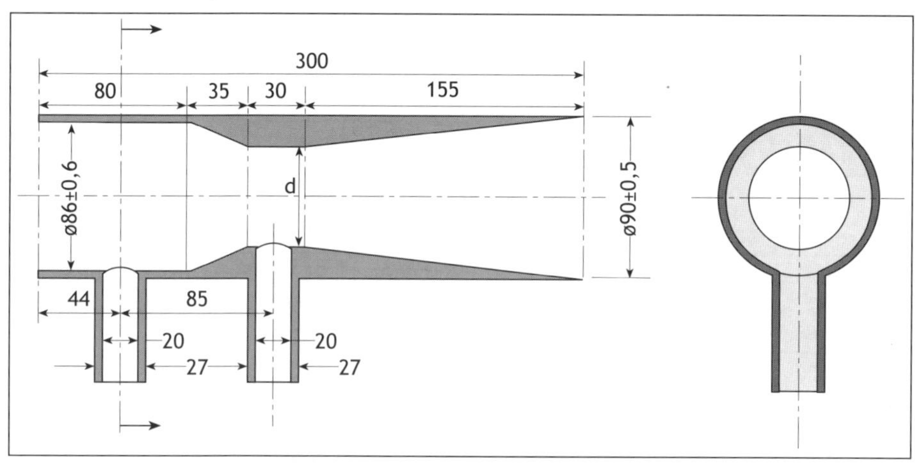

FIGURA 3-91 Dimensões gerais de um micro-Venturi de Litchinko.

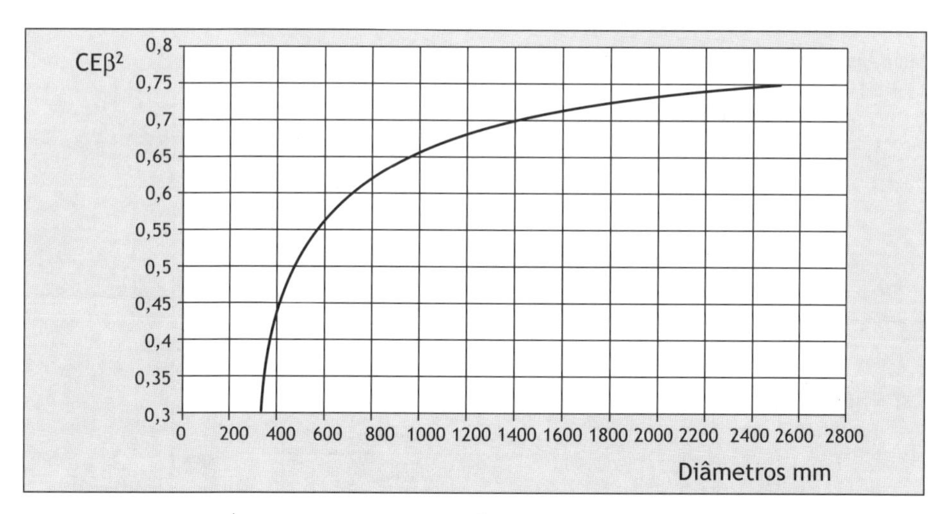

FIGURA 3-92 Determinação de $CE\beta^2$ para micro-Venturis com $d = 42$ mm.

3.19.5 Medidores especiais por diferença de pressão

O princípio de funcionamento de alguns medidores baseia-se em leis físicas que resultam em geração de pressão diferencial. Entretanto, diferentemente dos medidores desta Sec. 3.3, esses medidores não estão relacionados com o teorema de Bernoulli.

3.20 MEDIDORES CENTRÍFUGOS

Esses medidores utilizam a diferença de pressão criada pela mudança de direção do fluido numa curva. São empregados para avaliar a vazão quando se dispensa a precisão como forma de economizar. A equação desses medidores, de acordo com a Ref. [5.9], é:

$$Qm = 1{,}1107\sqrt{r/2D} \cdot D^2 \cdot \sqrt{\Delta p \cdot \rho} \cdot FR \qquad [3.38]$$

sendo: Q_m a vazão mássica (kg/s);
r o raio médio da curva (m);
D o diâmetro da tubulação e da curva (m), à temperatura de operação;
Δp a pressão diferencial (Pa);
ρ a massa específica do fluido (kg/m^3);
F_R o fator de correção do número de Reynolds, de acordo com a Tab. 3-15.

TABELA 3-15 Valores de F_R para medidores centrífugos

r/D	D/k	F_R, em função de R_D							
		50 000	75 000	100 000	200 000	300 000	500 000	10^6	$>5 \cdot 10^6$
1,0	>1 000	0,968	0,995	1,010	1,040	1,057	1,075	1,095	*1,110*
	500	*0,955*	*0,995*	*1,015*	*1,045*	*1,060*	*1,075*	*1,090*	*1,105*
	50-100	0,940	0,995	1,019	1,051	1,062	1,075	1,085	*1,095*
1,5	>1 000	0,936	0,975	0,989	1,005	1,013	1,022	1,028	*1,030*
	500	*0,928*	*0,970*	*0,987*	*1,007*	*1,017*	*1,028*	*1,036*	*1,040*
	50-100	0,919	0,965	0,985	1,009	1,021	1,035	1,045	*1,050*
4,0	>1 000	0,923	0,975	0,998	1,030	1,048	1,067	1,083	*1,095*
	500	*0,852*	*0,890*	*0,920*	*0,954*	*0,971*	*0,991*	*1,009*	*1,027*
	40-100	0,780	0,820	0,841	0,877	0,894	0,915	0,935	*0,960*

Valores em *itálico*: interpolados ou extrapolados.

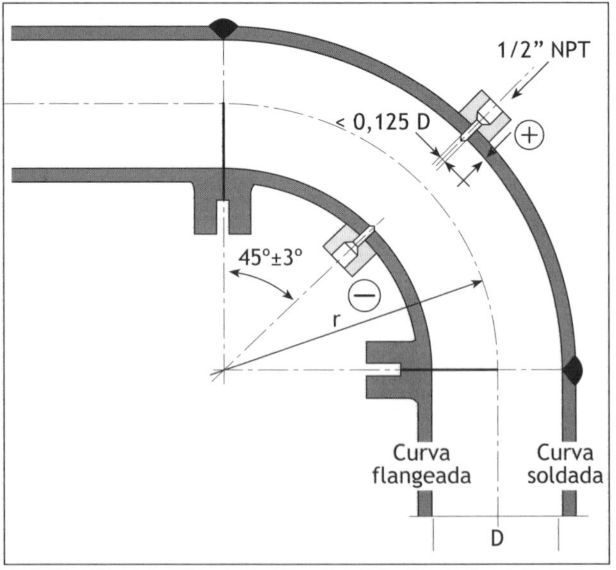

FIGURA 3-93 Medidor centrífugo comercial em curva a 90°, com tomadas de pressão alta (+) e baixa (–).

Exemplo

Calcular a vazão de água a uma temperatura de 80°C, numa curva a 90°. Considerar 4 800 Pa a pressão diferencial medida e 203 mm (8 pol sch 40) (D/k = 1 000) o diâmetro do tubo e da curva. Dados:

- densidade da água a 80°C, $\rho = 972$ kg/m^3 e $\sqrt{\rho} = 31{,}177$
- viscosidade, $\nu = 0{,}365 \cdot 10^{-6}$ m^2/s
- raio do acessório de tubulação chamado uma "curva de raio curto", de 8 pol, é 203 mm, de forma que $r/2D = 0{,}5$ (de acordo com as tabelas de acessórios de tubulação), e $\sqrt{0{,}5} = 0{,}707$.

Calculo de $D_{(80°C)}$:
$D_{(80°C)} = 0{,}203(1 + 60 \cdot 12 \cdot 10^{-6}) = 0{,}20314$ m e $D^2 = 0{,}041268$

Cálculo preliminar da vazão, considerando $F_R = 1{,}000$ e $\sqrt{\Delta p} = \sqrt{4\,800} = 69{,}23$
$Q_m = 1{,}1107 \cdot 0{,}707 \cdot 0{,}041268 \cdot 69{,}28 \cdot 31{,}177 = 69{,}995$ kg/s

Cálculo do número de Reynolds:
velocidade = Q (m^3/s)/S (m^2) = $[69{,}995/972]/[0{,}20314^2\pi/4] = 2{,}223$ m/s
$R_D = V \cdot D/\nu = 2{,}223 \cdot 0{,}20314/(0{,}365 \cdot 10^{-6}) = 1\,237\,000$

O valor de F_R é aproximadamente 1,091.

O valor mais aproximado de Q_m é 69,995 · 1,091 = 76,36 kg/s, ou 27 500 kg/h.

3.21 MEDIDORES CAPILARES

Os medidores capilares, também chamados laminares, geram uma pressão diferencial Δp, de acordo com a lei de Poiseuille, em função da vazão Q, da quarta potência do diâmetro D do(s) capilar(es) por onde circula, do seu comprimento L, da densidade ρ e da viscosidade μ, segundo a equação:

$$\Delta p = Q \cdot \mu \cdot L/(D^4 \cdot \rho) \qquad [3.39]$$

ou

$$Q = \Delta p \cdot D^4 \cdot \rho/(\mu \cdot L) \qquad [3.39a]$$

sendo: Δp em Pa; Q em kg/s; μ em Pa · s; L e D em m; ρ em kg/m^3.

Geralmente se busca reduzir a perda de carga projetando o elemento primário com um feixe de capilares sem tendência a entupimentos e, caso ocorra alguma obstrução, pensa-se na facilidade de limpeza.

Medidores capilares para gases, com baixas perdas de carga, são ideais para medir pequenas vazões.

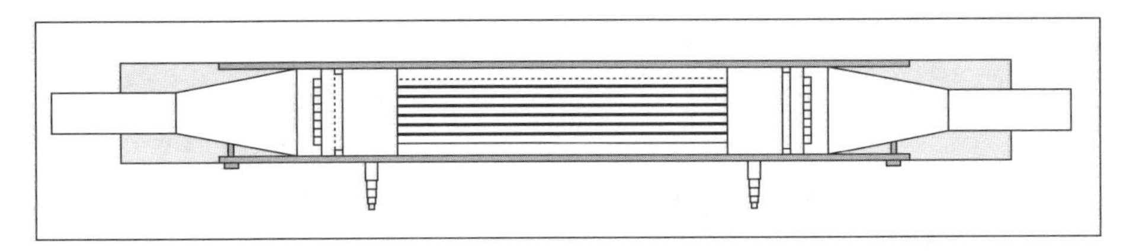

FIGURA 3-94 Medidor capilar da Furness Controls.

3.22 MEDIDORES DE DESVIO DE JATO

Os medidores tipo desvio de jato são uma solução paliativa nos casos em que os medidores mais convencionais vistos anteriormente não podem ser aplicados, seja porque a temperatura é muito elevada, seja porque a velocidade é muito baixa, ou outra dificuldade. O princípio de funcionamento é o seguinte: de um lado da tubulação, um jato de ar ou de um gás inerte (para medição de gases), ou água ou um líquido compatível com o fluido medido (para medição de líquidos), é dirigido para um par de tomadas situado do outro lado da tubulação. Quando não há vazão, o perfil de distribuição de pressões dinâmicas é simétrico em relação às tomadas e não há pressão diferencial. Quando há vazão, o jato desvia-se e passa a existir uma pressão diferencial, como mostra a Fig. 3-95.

O interesse desse princípio está na pressão diferencial assim criada, muito superior à que seria criada por um tubo de Pitot. Para baixas velocidades, seria mais de 1 000 vezes maior.

Foram realizados estudos com o objetivo de estabelecer um modelo relacionando a pressão diferencial com a vazão, tendo como parâmetros o diâmetro da tubulação, a distância entre os furos das tomadas, a massa específica do fluido medido e as características do jato. As curvas levantadas por Templin, Ref.[6.19], têm o interesse de mostrar que existe uma relação linear entre a velocidade média V_m do fluido medido e a pressão diferencial $P_1 - P_2$ no par de tomadas, numa faixa apreciável do gráfico (ver Fig. 3-95), desde que a densidade do fluido seja constante. Por outro lado, é possível imaginar um medidor de densidade de gás baseado nesse princípio que mantivesse a velocidade do gás constante; haveria então uma relação linear entre $\sqrt{\rho}$ e a pressão diferencial $P_1 - P_2$. Um densímetro assim concebido precisaria ser calibrado.

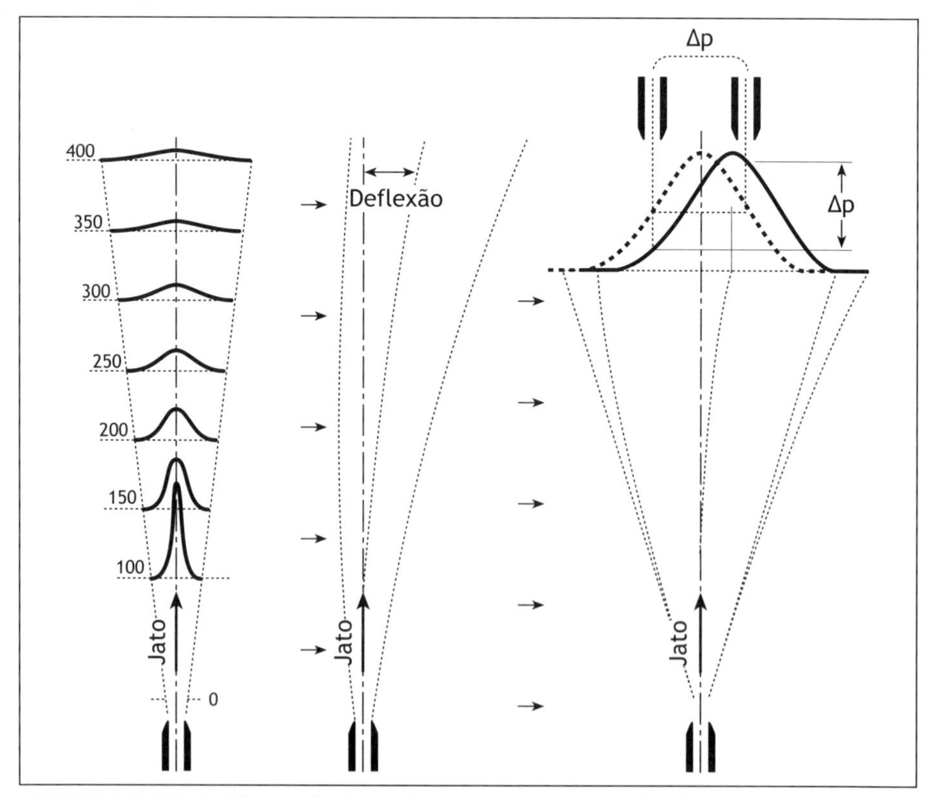

FIGURA 3-95 Gráficos relacionando a velocidade do fluído à pressão diferencial.

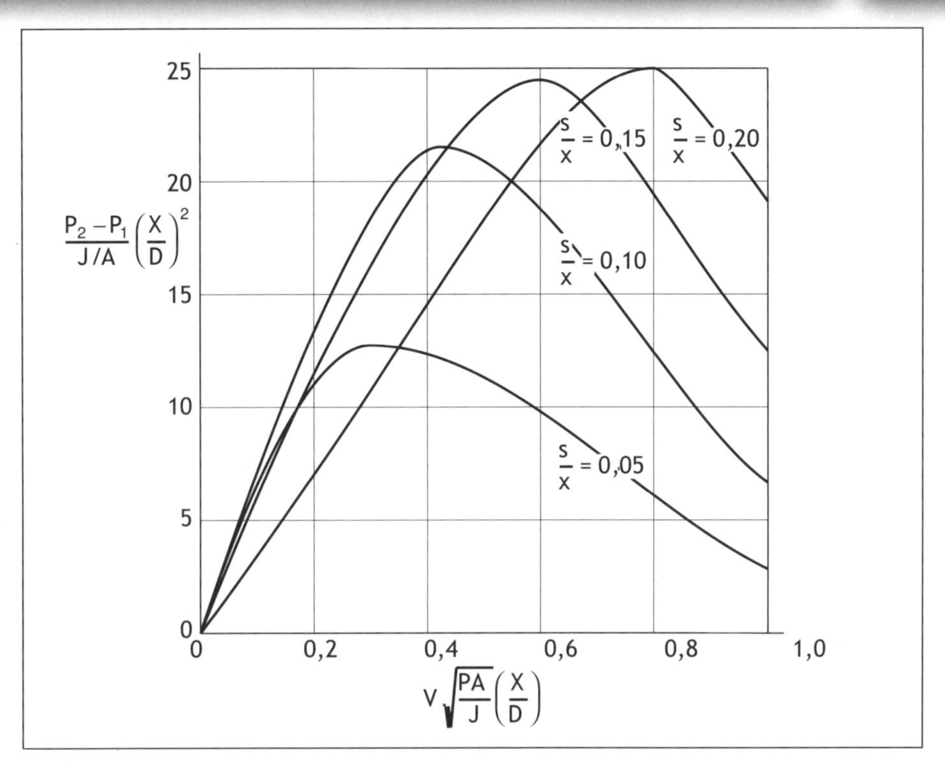

FIGURA 3-95 Continuação

3.23 ESCOAMENTOS CRÍTICOS

Quando um fluido compressível (gás ou vapor) é submetido a uma elevada queda de pressão, pela passagem por uma restrição, dependendo das condições de pressão e de temperatura em que se encontra, a velocidade na restrição pode atingir a do som, e o regime de escoamento passa então a ser crítico.

Escoamentos críticos ocorrem em placas de orifício, em bocais, em bocais-Venturi ou em outras restrições não-ligadas à instrumentação.

Quanto às placas de orifício, é freqüente seu uso como orifícios de restrição em escoamentos críticos; observe-se que não se trata mais de um medidor de vazão e sim de um dispositivo com características de regulador de vazão, mantendo o fluxo mássico relativamente constante.

Já no caso dos bocais e dos bocais-Venturis, desenvolveu-se uma tecnologia bem documentada para os "bocais sônicos". Os bocais sônicos vêm sendo utilizados como padrões secundários de vazão.

3.23.1 Placas de orifício críticas

Há muito se observou que a relação quadrática entre a vazão e a pressão diferencial sofre uma descontinuidade quando a pressão a jusante diminui para valores em torno da metade da pressão absoluta a montante. Segundo Spink [5.8], quando a pressão P_2 for aproximadamente metade de P_1, medidas em D e $^1/_2D$, a vazão passará a ser pouco dependente da pressão a jusante. Diminuindo-se a pressão P_2 de $P_1/2$ para zero, a vazão aumentará somente em torno de 12%, ou seja, ±6%, em relação a uma vazão média.

Essas variações são geralmente aceitáveis para a utilização que se faz dos orifícios de restrição, tais como manter uma pequena vazão para uma chama piloto, ou pressurizar um tanque, ou qualquer outra aplicação em que o valor exato da vazão não seja importante.

O cálculo de orifícios em escoamentos críticos é obtido pela Eq. [3.40], fornecida na Ref [5.8]:

$$Q_m = 0{,}2378 \cdot Y_t S_p \cdot D^2 \cdot \sqrt{\gamma_1 \cdot P_1} \qquad [3.40]$$

sendo: Q_m a vazão em peso (kgf/h)
$Y_t S_p$ o fator conjugado adimensional
D o diâmetro interno exato (mm)
γ_1 o peso específico (kgf/m^3)
P_1 a pressão absoluta a montante (kgf/cm^2).

O fator conjugado $Y_t S_p$, substituído por Φ nas fórmulas a seguir, é relacionado ao valor de β de acordo com a Eq. [3.41], que representa as curvas fornecidas na ref. [5.8]:

Para ar e gases (k = 1,4),

$$\beta = 0{,}6793 \cdot \Phi^{0{,}4822} \qquad [3.41]$$

Para gás natural, vapor e gases ($k \approx 1{,}3$),

$$\beta = 0{,}6793 \cdot \Phi^{0{,}4822} \text{ (até } \Phi = 0{,}155\text{) e}$$
$$\beta = 0{,}6956 \cdot \Phi^{0{,}4857} \text{ (até } \Phi = 0{,}95\text{)} \qquad [3.42]$$

Limites de aplicação e incerteza:

$$0{,}1 \geq \beta \geq 0{,}65$$
$$0{,}02 \geq \Phi \geq 0{,}9$$

A incerteza não é definida na ref. [5.8]. As fórmulas anteriores são representativas das curvas do texto original dentro de ±1,5%. Essas imprecisões são aceitáveis para as aplicações dos orifícios de restrição.

Exemplo

Cálcular um orifício de restrição para as seguintes condições:

Fluido	ar atmosférico
Diâmetro da linha	26 mm
Vazão	200 kgf/h
Pressão a montante	7,5 kgf/cm^2 abs.
Pressão a jusante	< 3 kgf/cm^2 abs.
Temperatura	25°C
Umidade	100%

- Cálculo do peso específico do ar nas condições de operação

Em valores numéricos, os dados em quilograma-força (kgf) são iguais aos valores em quilograma-massa (kgm), de forma que podemos empregar a Eq. [2.5] para calcular o peso específico, que terá o mesmo valor numérico que a massa específica que é o resultado da equação.

A equação a ser utilizada, no caso, é:

$$\rho_{(\text{úmido})} = \gamma_{(\text{úmido})} = \frac{1}{R \cdot T} \cdot \left[Mm \cdot (P - Pv) / Z + Mm_{(\text{água})} \cdot Pv \right]$$

Os valores de pressão devem ser transformados em bar, para serem coerentes com o valor da constante dos gases $R = 83{,}143 \cdot 10^{-6}$:

$P_v = 0{,}0314$ bar (Tab. 2-6)
$P_1 = 7{,}5 \cdot 1{,}0197$ [bar/(kgf/cm^2)] = 7,648 bar
$T_1 = 273{,}15 + 25 = 298{,}15$ K
$Z_{(ar)} = 0{,}997$ (Tab. 2-4)
$M_{m\,(ar)} = 28{,}9625 \cdot 10^{-3}$ e $M_{m\,(\text{água})} = 18{,}0153 \cdot 10^{-3}$ (Tab. 2-5)
$\gamma_1 = [1/(83{,}143 \cdot 10^{-6} \cdot 298{,}15)] \cdot [28{,}9625 \cdot 10^{-3} \cdot (7{,}648 - 0{,}0314)/0{,}997 +$
$+ 18{,}0153 \cdot 10^{-3} \cdot 0{,}0314] = 8{,}948$ kgf/m^3.

- Cálculo do valor de $Y_t S_p$

Na fórmula de $Y_t S_p$, a pressão é expressa em kgf/cm^2:

$$Y_t S_p = Q_m / \left(0{,}2378 \cdot D^2 \cdot \sqrt{\gamma_1 \cdot P_1}\right) = 200 / \left(0{,}2378 \cdot 26^2 \cdot \sqrt{8{,}948 \cdot 7{,}5}\right) = 0{,}15187$$

- Cálculo de β e de d, de acordo com a Eq. [3.41]

$\beta = 0{,}6793 \cdot 0{,}15187^{0{,}4822} = 0{,}27376$
$d = 0{,}27376 \cdot 26 = 3{,}12$ mm

Orifícios de parede fina não provocam realmente o fenômeno de vazão “blocada”.

Segundo Miller [5.5], é necessário que a espessura da placa tenha, no mínimo, a mesma dimensão que o diâmetro do orifício para que ocorra a vazão crítica. Nesse caso, o coeficiente de descarga é $C = 0{,}83932$.

Para os líquidos, o escoamento crítico ocorrerá se a redução de pressão provocar uma cavitação, com formação de vapor, o que “blocará” a vazão.

3.23.2 Bocais sônicos

Diferentemente das placas de orifício para escoamento críticos, que são usadas para aplicações imprecisas, os bocais sônicos têm seu uso mais freqüente como padrão secundário para calibrar elementos primários de vazão.

As variações de velocidade e de pressão num bocal sônico são mostradas na Fig. 3-96, que resume o funcionamento de um bocal convergente-divergente em escoamento isentrópico. Até a garganta do bocal, a velocidade aumenta, devido à restrição progressiva da área; em conseqüência, a pressão diminui.

A velocidade do som é atingida na garganta. A vazão é "blocada" para essa velocidade. Para um gás perfeito, a pressão na garganta é:

$$P^* = P_0\,[2/(k+1)]^{(k/k-1)}$$

Após a garganta, várias situações podem ocorrer, dependendo da pressão p_{f3}:

- se a pressão p_{f3} estiver no limite para provocar o escoamento crítico, a velocidade irá diminuir progressivamente, a pressão aumentará até estabilizar-se num valor que depende da abertura e do comprimento do cone divergente;
- se a pressão p_{f3} estiver abaixo do valor-limite que provoca o escoamento crítico, a velocidade passará a ser supersônica e surgirão ondas de choque, alterando a pressão e a velocidade, como mostrado na Fig. 3-96. A vazão blocada não depende de p_{f3}, uma vez que a velocidade é a do som na garganta.

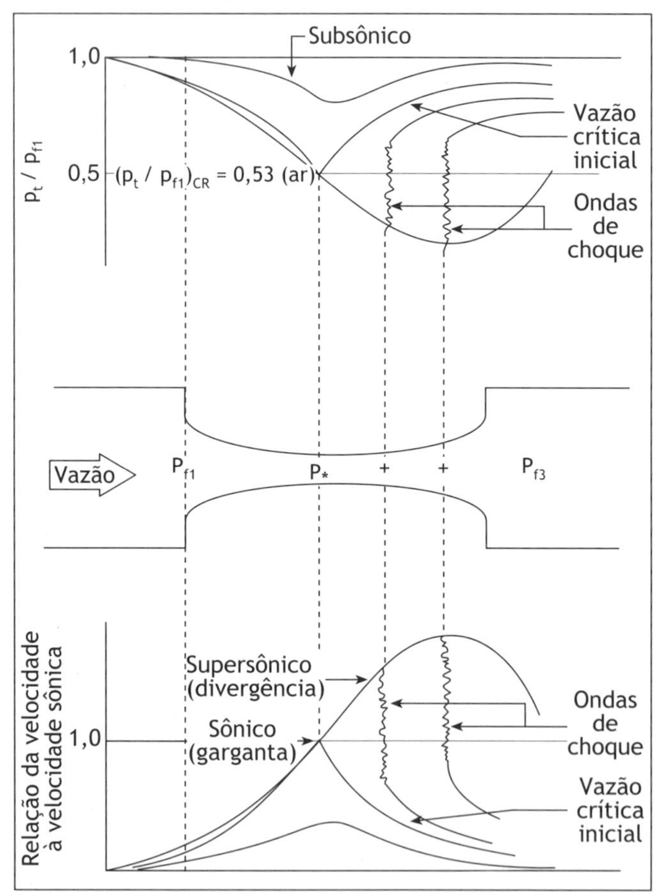

FIGURA 3-96 Variações da pressão e da velocidade num bocal sônico.

3.23.2.1 Tipos de bocais sônicos

A norma ISO 9300, de 1995, trata detalhadamente dos bocais sônicos. De fato, os bocais sônicos são projetados como bocais-Venturi especiais, com um cone divergente na saída da garganta. A norma considera duas formas: com garganta toroidal e com garganta cilíndrica. As Figs. 3-97 e 3-98 mostram as dimensões gerais dos 2 perfis.

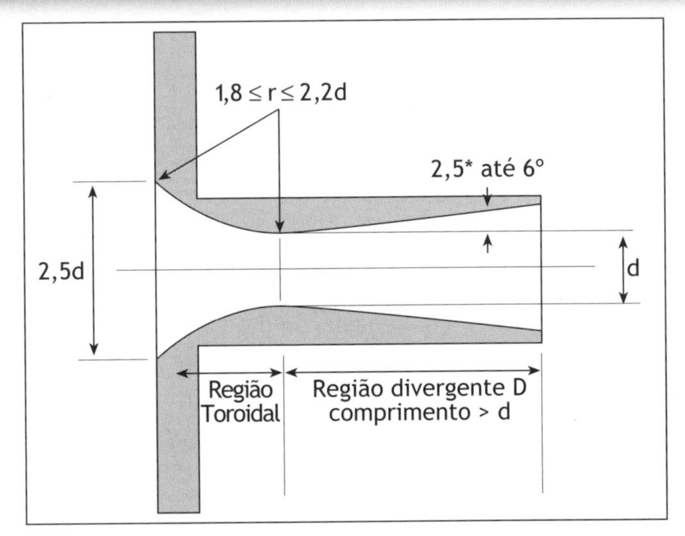

FIGURA 3-97 Bocal sônico com garganta toroidal, de acordo com a ISO 9300.

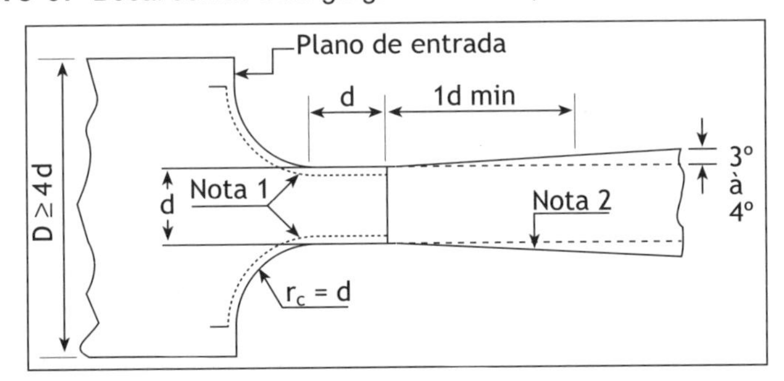

FIGURA 3-98 Bocal sônico com garganta cilíndrica, de acordo com a ISO 9300.

Notas

1. Nessa região, a média aritmética da rugosidade (R_a) da superfície não deve exceder a $15 \cdot 10^{-6}d$ e o perfil não deve desviar-se do toroidal e do cilíndrico por mais de ± $0{,}001d$.

2. Na seção divergente, a média aritmética da rugosidade (R_a) da superfície não deve exceder $10^{-4}d$.

A fabricação dos bocais sônicos segundo as especificações da norma requer máquinas-ferramenta e instrumentos de controle dimensional especiais. Segundo Pereira [6.14], é possível diminuir a dificuldade de usinagem fabricando separadamente o bocal, do tipo cilíndrico, de diâmetro d, e o difusor, deixando um pequeno degrau na junção das duas peças. Foram experimentados vários degraus, utilizando dois bocais de pequenas dimensões (da ordem de 5 mm), variando a relação porcentual dos diâmetros entre –1% e +10% de d, com conclusões interessantes:

- quando o degrau é negativo, o coeficiente de descarga do bocal sônico é praticamente constante, independente do número de Reynolds, na faixa de 80 000 a 260 000;

- quando o degrau é positivo, o coeficiente de descarga varia ligeiramente, de acordo com o número de Reynolds, na mesma faixa acima, mas é praticamente independente do valor do degrau.

3.23.2.2 Equações práticas

As equações para cálculo dos bocais sônicos que constam na norma ISO 9300, de 1995, são as seguintes:

$$C^* = \sqrt{\kappa}\left(\frac{2}{\kappa+1}\right)^{1/2(\kappa+1)/(\kappa-1)} \qquad [3.43]$$

$$q_m = \frac{A \cdot CC * P_0}{\sqrt{T_0(R/M)}} \qquad [3.44]$$

Ou, usando as notações

$$\mathrm{C_R} = C * \sqrt{Z_0}, \qquad \text{e} \qquad \frac{P_0}{\rho_0} = \frac{Z_0\, R\, T_0}{M}$$

temos

$$q_m = A_* C C_R \,(P_0\, \rho_0)^{1/2}$$

sendo: q_m = a vazão mássica (kg/s);
A_* = a área da garganta do bocal (m^2);
C_* = a função de vazão crítica;
C = o coeficiente de descarga;
κ = o expoente isentrópico (para um gás ideal, $\kappa = k = C_p/C_v$);
R = a constante dos gases (= 8,3143);
M_m = a massa molar do gás ou média da mistura (kg/kmol);
R/M_m = $C_p - C_v$;
P_0, T_0, Z_0 = as condições de estagnação do gás, tomadas onde a velocidade é baixa.

Observação

Comparando as equações para bocais subsônicos e bocais sônicos, nota-se que, nestes, a vazão é proporcional à pressão a montante, e que, naqueles, a vazão é função da raiz quadrada da pressão diferencial. A sensibilidade da exatidão do transmissor de pressão estática é 1, no caso dos bocais sônicos, e a do transmissor de Δp 0,5, no caso dos bocais convencionais.

Para que o escoamento crítico ocorra, a relação P_2/P_0 entre a pressão na saída e a pressão na entrada do bocal sônico seja inferior a 0,528, no caso de um bocal sem difusor para o ar, ou, caso haja um difusor, inferior a 0,8, desde que a saída do difusor tenha uma área igual ou superior a 1,5 vezes a área da garganta.

No cálculo de bocais sônicos para gases puros, dá-se preferência à Eq. [3-44], que usa a função de vazão crítica C^*.

Quando o coeficiente de descarga C do bocal crítico não é determinado por calibração, ele pode ser calculado por uma das equações da Tab. 3-16. Nesse caso, desde que todos os requisitos dimensionais de fabricação tenham sido respeitados, o que é extremamente difícil, a incerteza sobre C será ±0,5%. Para bocais destinados à calibração de outros instrumentos, é possível definir os parâmetros determinando a equação de C que permita diminuir a incerteza para ±0,15%.

TABELA 3-16 Cálculo do coeficiente de descarga de bocais sônicos

Parâmetros da equação $C = a - bR_d^{-n}$			
Bocal com garganta toroidal		Bocal com garganta cilíndrica	
$10^5 < R_d < 10^7$	$a = 0{,}9935$ $b = 1{,}525$ $n = 0{,}5$	$3{,}5 \cdot 10^5 < R_d < 2{,}6 \cdot 10^6$	$a = 0{,}9887$ $b = n = 0$
		$2{,}6 \cdot 10^6 < R_d < 2 \cdot 10^7$	$a = 1$ $b = 0{,}2165$ $n = 0{,}2$

Os valores de C^* para gases puros (N_2, O_2, Ar, CH_4, CO_2, ar e H_2O) são tabelados na norma ISO 9300, em função da pressão e da temperatura.

3.23.2.3 Coeficientes para gás natural

Para o gás natural, o coeficiente C_R pode ser calculado pela equação

$$C_R = a_c f + b_c \qquad [3.45]$$

em que a_c e b_c são função da temperatura e da pressão de estagnação (Tab. 3-17) e f é um fator relacionado às frações molares X_i dos componentes i do gás:

$$f = -0{,}5X_{N_2} + X_{CO_2} + X_{C_2H_6} + 2X_{C_3H_8} + 3X_{C_4H_{10}} \quad \text{(deverá ser} < 0{,}2\text{)}.$$

Os limites recomendados de aplicabilidade desses coeficientes são os seguintes:

Metano	(CH_4)	> 84%
Etano	(C_2H_6)	< 11%
Propano	(C_3H_8)	< 2%
2-Metilpropano	(C_5H_{12})	< 0,4%
Butano	(C_4H_{10})	< 0,4%
Nitrogênio	(N_2)	< 2,3%
Dióxido de carbono	(CO_2)	< 1,7%

TABELA 3-17 Valores de a_c na Eq. [3.44]

Temperatura de estagnação (°C)	Valores de a_c para as pressões abaixo (MPa)						
	0	1	2	3	4	5	6
15	−0,0309	−0,0343	−0,0377	−0,0410	−0,0436	−0,0451	−0,0452
20	−0,0314	−0,0347	−0,0380	−0,0412	−0,0436	−0,0451	−0,0454
25	−0,0319	−0,0351	−0,0383	−0,0413	−0,0436	−0,0452	−0,0456
30	−0,0324	−0,0355	−0,0385	−0,0414	−0,0437	−0,0452	−0,0457
35	−0,0328	−0,0358	−0,0387	−0,0414	−0,0437	−0,0452	−0,0458
40	−0,0332	−0,0361	−0,0390	−0,0416	−0,0437	−0,0453	−0,0459

TABELA 3-17a Valores de b_c na Eq. [3.44]							
Temperatura de estagnação (°C)	Valores de b_c para as pressões abaixo (MPa)						
	0	1	2	3	4	5	6
15	0,6701	0,6702	0,6704	0,6710	0,6720	0,6733	0,6751
20	0,6699	0,6699	0,6702	0,6709	0,6718	0,6731	0,6749
25	0,6695	0,6697	0,6700	0,6706	0,6716	0,6729	0,6746
30	0,6692	0,6694	0,6698	0,6704	0,6714	0,6727	0,6744
35	0,6689	0,6691	0,6695	0,6702	0,6712	0,6724	0,6741
40	0,6686	0,6688	0,6693	0,6700	0,6709	0,6722	0,6738

Exemplo

Calcular a vazão mássica de um gás natural que passa por um bocal sônico, de garganta cilíndrica (diâmetro da garganta de 5,00 mm). A pressão a montante é 17,95 bar, a jusante 14,3 bar, a temperatura é de 27,6°C e a composição do gás é a seguinte:

Metano	(CH_4)	87,46%
Nitrogênio	(N_2)	1,17%
n-Butano	(C_4H_{10})	0,54%
i-Butano	(C_4H_{10})	0,52%
Propano	(C_3H_8)	3,05%
Etano	(C_2H_6)	7,05%
Dióxido de carbono	(CO_2)	0,18%
C5+ (considerados octanos)		0,03%

Para se utilizar a Eq. [3-44], é necessário conhecer os valores de C_R e de $_0$.

- Cálculo de C_R

Embora as frações de butano e de propano sejam superiores aos limites recomendados, calcula-se o fator f:

$$f = -0{,}5 \times 0{,}0117 + 0{,}0018 + 0{,}0705 + 2 \times 0{,}0305 + 3 \times 0{,}0106 = 0{,}15925$$

O valor de f é inferior a 0,2 e pode ser aplicado.

Interpolam-se os valores de a_c e de b_c na Tab. 3-17:

Interpolação de a_c			
	10 bar	17,95 bar	20 bar
25°C	–0,0351		–0,0383
27,6°C	–0,0353	–0,0378	–0,0384
30°C	–0,0355		–0,0385

Interpolação de b_c			
	10 bar	17,95 bar	20 bar
25°C	0,6697		0,6700
27,6°C	0,66955	0,66983	0,6699
30°C	0,6694		0,6698

$C_R = -0{,}0378 \times 0{,}15925 + 0{,}66983 = 0{,}66381$.

- Cálculo de ρ_0

O valor da massa específica do gás natural pode ser calculado pelo programa Digiopc, empregando a função AGA 8 (v. Sec. 2.2.1.2); encontram-se para as condições P_0 e T_0 e a composição do gás, os valores de $Z_0 = 0{,}95915$ e de $\rho_0 = 13{,}886$ kg/m^3.

- Cálculo de q_m

$A_* = 0{,}005^2 (\pi/4) = 19{,}635 \,.\, 10^{-6}\,\text{m}^2$;
$C = 0{,}9887$
$C_R = 0{,}66381$
$P_0 = 17{,}95 \cdot 10^5$ Pa
$\rho_0 = 13{,}886$ kg/m^3:

$$q_m = A^* \cdot C \cdot C_R (P_0\ \rho_0)^{1/2}$$
$$q_m = 19{,}635 \cdot 10^{-6} \cdot 0{,}9887 \cdot 0{,}66381(17{,}95 \cdot 10^5 \cdot 13{,}886)^{1/2}$$
$$q_m = 0{,}06507 \text{ kg/s ou } 234{,}26 \text{ kg/h.}$$

- Cálculo da validade dos resultados;

– O escoamento é crítico, já que a relação P_2/P_0 é muito inferior a 0,8.

– O número de Reynolds deve ser calculado para verificar os limites da Tab. 3-16:

De acordo com a norma ISO 9300, o número de Reynolds pode ser calculado de acordo com a seguinte equação:

$$R_{d_{nt}} = 4q_m/\pi d\mu_0$$

Onde μ_0 é a viscosidade do gás em condições de estagnação. O valor assim calculado é aproximado mas suficientemente representativo para verificar a validade de uso do bocal. Entretanto, o resultado assim obtido não pode ser usado para concluir a respeito da velocidade do som na garganta do bocal sônico.

Para a composição e as condições de pressão e de temperatura de estagnação do gás deste exemplo, a viscosidade μ_0 é $0{,}011cP = 11 \times 10^{-6}$ Pa · s.

Temos portanto:

$$R_{d_{nt}} = 4q_m/\pi d\mu_0$$
$$R_{d_{nt}} = 4 \times 0{,}06507/(\pi \times 0{,}005 \times 11 \times 10^{-6}) = 1{,}506 \times 10^6,$$

valor este dentro dos limites da tabela 3.16.

3.23.2.4 Incerteza de bocais sônicos

A equação que permite calcular a incerteza dos bocais sônicos é:

$$iq_m = \pm\left[i(A^*)^2 + i(C)^2 + i(C^*)^2 + i(P_0)^2 + \frac{1}{4}i(M_m)^2 + \frac{1}{4}i(T_0)^2\right]^{1/2} \qquad [3.46]$$

sendo: iq_m a incerteza sobre a vazão em massa;
$i(A^*)$ a incerteza sobre a área do bocal;
$i(C)$ a incerteza sobre o coeficiente de descarga;
$i(C)^*$ a incerteza sobre a função crítica;
$i(P_0)$ a incerteza sobre a pressão a montante;
$i(M_m)$ a incerteza sobre a massa molar;
$i(T_0)$ a incerteza sobre a temperatura.

3.24 CONCLUSÕES SOBRE OS ELEMENTOS DEPRIMOGÊNIOS

Os vários elementos deprimogênios abordados neste capítulo podem ser calculados para diversas situações, como, por exemplo:

- dutos circulares ou retangulares;
- números de Reynolds de 50 até 10^8;
- temperaturas criogênicas de centenas de graus Celsius;
- pressões baixas a elevadas;

entre muitas outras. Além de tal variedade de aplicações, outros fatores também asseguram a perenidade desses elementos primários:

- a evolução das normas correspondentes;
- o aperfeiçoamento dos transmissores de pressão diferencial;
- a apuração do efeito das variáveis de influência;
- o desenvolvimento dos computadores de vazão e
- os programas de cálculo, como o Digiopc.

Embora haja, por um lado, uma tendência à padronização de placas de orifícios, além daquela já existente para os acessórios, por outro, ainda persistem pontos polêmicos, de que trataremos até o final do capítulo, além de complementar informações teóricas e práticas sobre os elementos deprimogênios.

3.24.1 Tendência à padronização de orifícios

Observa-se que, quando fazem parte de sistemas digitais, as placas de orifício podem ser calculadas com valores de diâmetros de orifícios e de betas "redondos". Uma generalização desse procedimento seria desejável e poderia conduzir a uma padronização parcial das placas de orifício, com focalização das pesquisas e economia de escala.

Exemplificando, pode-se usar o programa Digiopc para alterar o cálculo da placa de orifício da Sec. 3.2.4, objetivando calcular a vazão correspondente a um diâmetro de orifício de 30 mm exatos.

O primeiro passo é escolher a opção "vazão" na tela de sentido do cálculo, como mostra a Fig. 3-99.

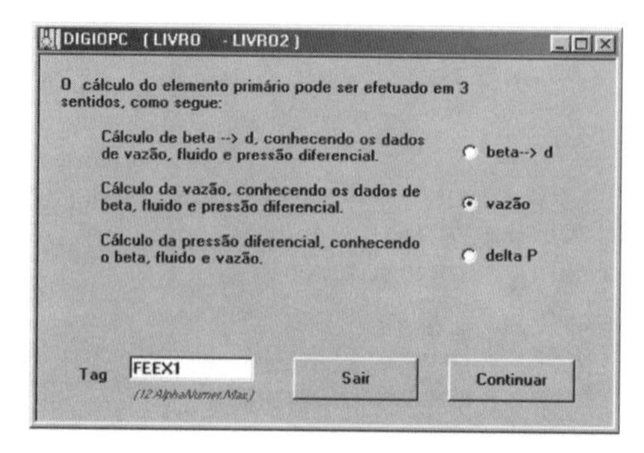

FIGURA 3-99 Mudança de sentido de cálculo no programa Digiopc.

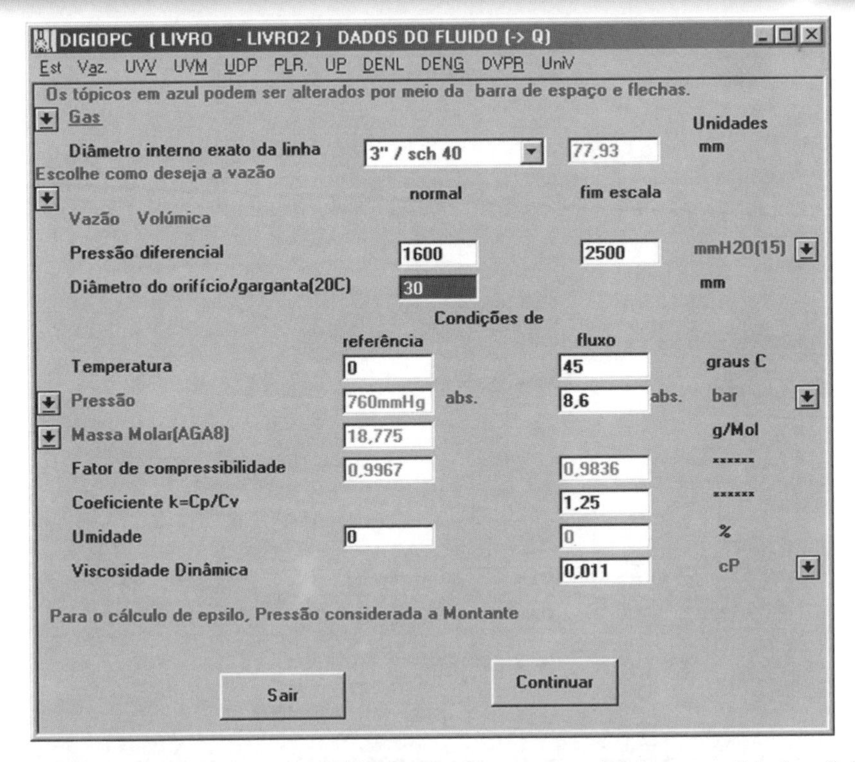

FIGURA 3-100 Tela de entrada de dados do programa Digiopc, sentido "vazão".

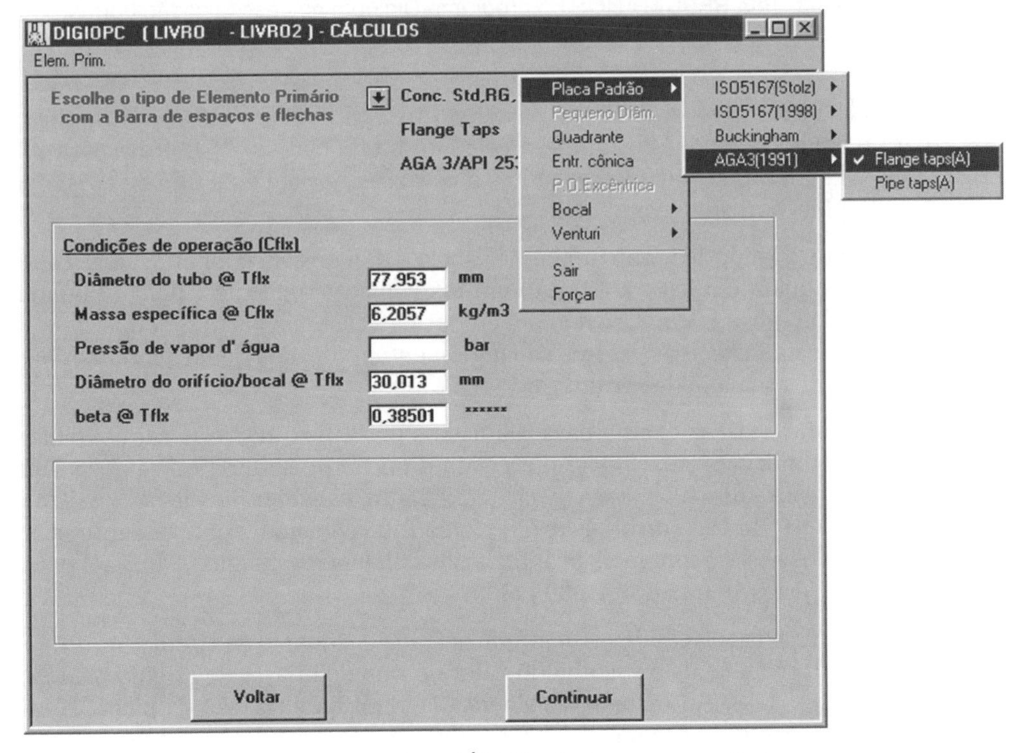

FIGURA 3-101 Tela CÁLCULOS do programa Digiopc.

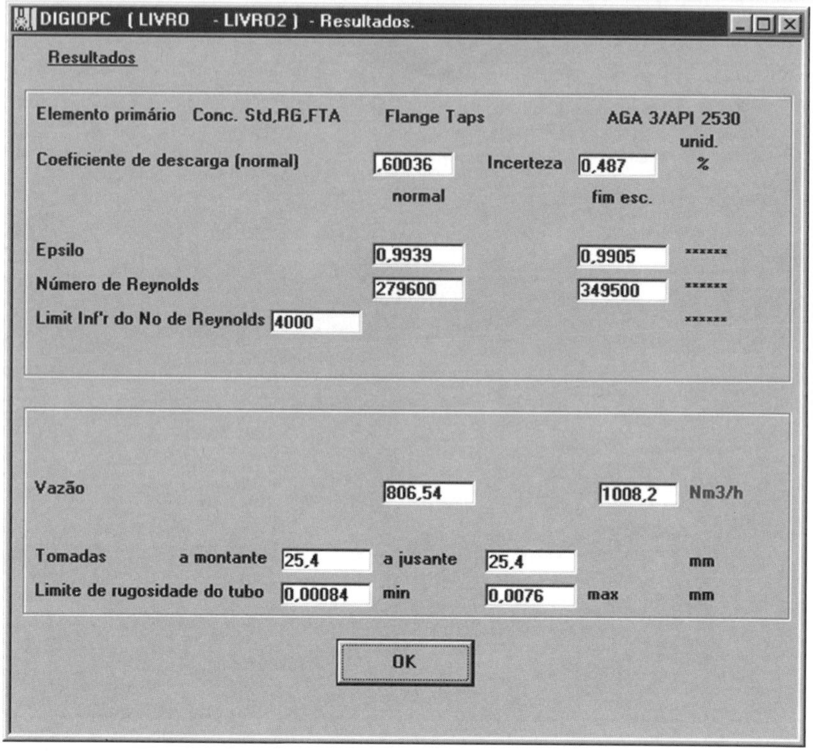

DIGIOPC (LIVRO - LIVRO2) - Resultados.

Resultados

Elemento primário Conc. Std,RG,FTA Flange Taps AGA 3/API 2530

Coeficiente de descarga (normal) ,60036 Incerteza 0,487 unid. %

normal fim esc.

Epsilo 0,9939 0,9905 xxxxxx

Número de Reynolds 279600 349500 xxxxxx

Limit Inf'r do No de Reynolds 4000 xxxxxx

Vazão 806,54 1008,2 Nm3/h

Tomadas a montante 25,4 a jusante 25,4 mm

Limite de rugosidade do tubo 0,00084 min 0,0076 max mm

OK

FIGURA 3-102 Tela RESULTADOS do programa Digiopc; no caso, a vazão normal e a de fim de escala.

No exemplo, o diâmetro do orifício, calculado inicialmente em 29,73 mm a 20°C, é alterado para o valor "redondo" 30 mm, e a pressão diferencial, de 25 000 Pa para 2 500 $mmH_2O_{(a\ 15,5°C)}$. O programa calcula os valores das vazões normal e de fim de escala para 806,85 e 1 008,6 Nm^3/h, respectivamente.

Observa-se que o valor da vazão de fim de escala deixa de ser redondo. Valores redondos são desejáveis quando a leitura é feita num instrumento analógico, por um ponteiro, frente a uma escala padronizada. Quando o medidor de vazão faz parte de um sistema digital, não existe escala física e os valores são geralmente indicados de forma numérica, de maneira que o fim de escala pode ser um valor qualquer.

A idéia de adotar valores exatos para diâmetros de orifício não é nova: as folhas de especificações padronizadas pela ISA já ofereciam a opção de se usar o "$^1/_8$ de polegada mais próximo" desde os anos 1950. Essa opção, entretanto, não foi utilizada no Brasil, a não ser excepcionalmente. No caso de se usar o Sistema Internacional, é interessante utilizar valores arredondados aos 2,5 mm mais próximos para diâmetros nominais de 2 a 4 pol; aos 5 mm de 6 a 12 pol; e aos 10 mm de 14 a 30 pol.

No caso específico das placas de orifício com entrada em quarto de círculo (*quadrant*), o livro da Shell [5.9] recomenda a escolha do valor do raio do quarto de círculo "redondo", de acordo com a Tab. 3-18. Tal recomendação visa facilitar a fabricação da placa, já que a produção e a verificação dimensional do perfil em quarto de círculo são consideradas dificultosas.

TABELA 3-18 Valores de *r* recomendados para as placas tipo "quadrant"

Diâmetro nominal (pol)	Raio do quadrante (mm)				
1"	1	1,5	2	3	—
1 1/2"	1,5	2	3	4,5	—
2"	2	3	4,5	6	—
3"	3	4,5	6	9	—
4"	4,5	6	9	12	—
6"	6	9	12	18	—
8"	9	12	18	24	—
10"	9	12	18	24	30
12"	12	18	24	30	36
14"	12	24	30	36	40

3.24.2 Tolerâncias na usinagem do diâmetro *d*

As normas podem ser interpretadas de maneiras diferentes, por falta de clareza a respeito das tolerâncias que se podem exigir de um fabricante quanto ao diâmetro d de uma placa de orifício, em razão de uma abordagem diferente do assunto, no início da normalização das placas de orifício na Europa e nos Estados Unidos.

Na Europa, as normas sempre especificaram os desvios máximos que o orifício poderia ter em relação a um diâmetro médio, não se mencionando a tolerância que deveria ser respeitada na usinagem em relação ao valor calculado. A norma ISO 5167 segue essa linha:

"O valor d do diâmetro do orifício deve ser considerado como a média de, no mínimo, quatro diâmetros, com ângulos aproximadamente iguais entre si. O orifício deve ser cilíndrico e perpendicular à face a montante. Nenhum diâmetro pode diferir em mais de 0,05% do valor do diâmetro médio..." (o qual não pode ser menor que 13 mm).

Como se vê, a preocupação é com a circularidade (não-ovalização) do orifício, e não com as tolerâncias em relação a um valor calculado.

Já a norma AGA 3 (ANSI-API 2530), até sua edição de 1991, tem uma visão diferente, fornecendo uma tabela (Tab. 3-19) com a seguinte explicação:

"O diâmetro médio do orifício é definido como sendo a média aritmética de quatro ou mais medidas igualmente espaçadas do diâmetro interno. O diâmetro médio não deve diferir do diâmetro usado na computação do fator básico do orifício, ou de qualquer diâmetro, por um valor maior que as tolerâncias mostradas na tabela..."

Uma mudança importante ocorreu a partir da edição 2000 da AGA 3, em relação a esse ponto, aproximando bastante a norma norte-americana da ISO 5167. Nessa edição, existem três símbolos para o diâmetro do orifício:

d diâmetro do orifício, calculado à temperatura de operação (de fluxo) T_f; é o valor usado para o cálculo da vazão (no Digiopc, é o Diâm. Orif. @ Tf);

d_m diâmetro medido à temperatura T_m;

d_r diâmetro do orifício, calculado à temperatura de referência , T_r [68°F (= 20°C)] (no Digiopc é o Diâm. Orif. @ 20C).

TABELA 3-19 Tolerâncias práticas para diâmetros de orifícios, segundo a AGA 3, de 1991	
Diâmetro do orifício (pol)	Tolerância,mais ou menos (pol)
0,250	0,0003
0,375	0,0004
0,500	0,0005
0,625	0,0005
0,750	0,0005
0,875	0,0005
1,000	0,0005
Acima de 1,000	0,0005 por pol. de diâmetro

A norma não especifica que, se T_m for igual a T_r, então d_m deverá ser igual a d_r, ou seja, que o diâmetro medido depois de corrigido o efeito da temperatura, é o mesmo que o diâmetro resultante do cálculo da placa de orifício. Na prática, é possível usinar um diâmetro de orifício com a medida de d_r , com uma certa tolerância, não-especificada pela norma, e considerar o orifício da placa como correto, desde que a circularidade esteja de acordo com a tabela. Na AGA 2000, a tabela anterior (3-19) tem como título: "Tolerância de circularidade do diâmetro do orifício, d_m".

Geralmente os fabricantes usam como tolerâncias de usinagem uma tabela das práticas recomendadas (RP3.2) da ISA (Tab. 3-20). Essa RP deixou de ser publicada em 1973, mas continua em uso. Na época, a ISA (então Instrument Society of America) era uma entidade puramente norte-americana. A tabela da AGA (Tab. 3-19), é usada somente para a circularidade.

TABELA 3-20 Dimensões dos orifícios, segundo a ISA			
d, *F** ou *H** (pol)	Tolerância máx. (mais ou menos) (pol)	*d*, *F** ou *H** (pol)	Tolerância máx. (mais ou menos) (pol)
< 0,2500	0,0003	0,8751 a 1,0000	0,0012
0,2500 a 0,3750	0.0005	1,0001 a 1,2500	0,0014
0,3751 a 0,5000	0,0006	1,2501 a 1,5000	0,0017
0,5001 a 0,6250	0,0008	1,5001 a 1,7500	0,0020
0,6251 a 0,7500	0,0009	1,7501 a 5,0000	0,0025
0,7501 a 0,8750	0,0010	> 5,0000	0,0005 por pol

*Os valores *F* e *H* são dimensões de orifícios segmentais.

3.24.3 Coeficientes de expansão para fluidos compressíveis

Como se viu na Sec. 3.1, a equação de Bernoulli foi desenvolvida admitindo-se a incompressibilidade do fluido. Isso permitiu simplificar os membros das equações intermediárias do cálculo, observando-se que a massa específica r é a mesma nas seções S_1 e S_2 e justificando escrever-se:

$$\frac{V_2^2 - V_1^2}{2} = \frac{p_1 - p_2}{\rho}$$

No caso dos fluidos compressíveis, a massa específica r do fluido é uma função da temperatura e da pressão em cada seção S_1 e S_2, de forma que a simplificação acima não é mais possível. Deve-se, então, introduzir um coeficiente que leve em conta esse fenômeno.

Para se encontrar o coeficiente, é necessário recorrer à equação da energia, que estabelece que, quando uma unidade de massa do fluido passa da seção S_1 para a seção S_2, o aumento de sua energia total [cinética (u_c) mais interna (u_i)] é igual ao trabalho nela efetuado, mais o calor acrescentado (q_H). O trabalho efetuado na unidade de massa se deve à mudança de pressão ($P_1V_1 - P_2V_2$) e à mudança de potencial de elevação. Portanto a equação geral de energia é escrita:

$$(u_{c2} + u_{i2}) - (u_{c1} + u_{i1}) = (P_1V_1 - P_2V_2) + (\Lambda_1 - \Lambda_2)$$

Algumas simplificações podem ser feitas, estabelecendo-se que o tubo é horizontal (donde $\Lambda_1 = \Lambda_2$), e que nenhuma transferência de energia ocorre entre o fluido e o tubo, sendo então $q_H = 0$.

Por outro lado, o valor da energia cinética por unidade de massa (u_c) é igual a $V^2/2$, ao passo que, no caso geral, a energia cinética (u_c) é igual a $mV^2/2$.

Sendo, ainda, v o volume específico (L^3M^{-1}) e ρ a massa específica (ML^{-3}), temos $v = 1/\rho$.

No desenvolvimento teórico da equação de vazão de fluidos compressíveis, admite-se que qualquer mudança de estado entre as seções S_1 e S_2 é isentrópica reversível (adiabática). Conseqüentemente:

$$P_1 v_1^k = P_2 v_2^k = Pv^k = \text{uma constante } c \qquad [3.47]$$

Essas simplificações e relações permitem escrever a equação geral da energia de forma diferente:

$$\frac{P_1}{\rho_1} + \frac{V_1^2}{2} + u_{i1} = \frac{P_2}{\rho_2} + \frac{V_2^2}{2} + u_{i2}$$

Aplicando agora a definição da entalpia, $H = P/\rho + u_i$, pode-se escrever:

$$\frac{V_1^2}{2} - \frac{V_2^2}{2} = H_1 - H_2 \qquad [3.48]$$

Considerando, então, que o fluido tenha as características de um gás perfeito, temos:

$$H_1 - H_2 = \int_{p_1}^{p_2} v(dp) \qquad [3.49]$$

Rescrevendo a Eq. [3.47] na forma $v = c'/P^{1/k}$, substituindo na Eq. [3.49] e integrando, temos:

$$H_1 - H_2 = c'P_1^{(k-1)/k} \frac{k}{k-1}\left[1 - \left(\frac{P_2}{P_1}\right)^{(k-1)/k}\right] \qquad [3.50]$$

E, como a constante c' tem como valor $v_1 P_1^{1/k}$, chega-se à conhecida fórmula de Wantzel:

$$V_2^2 - V_1^2 = 2\frac{P_1}{\rho_1}\frac{k}{k-1}\left[1-\left(\frac{P_2}{P_1}\right)^{(k-1)/k}\right] \qquad [3.51]$$

Levando em consideração a equação da continuidade, temos:

$$V_1 S_1 \rho_1 = V_2 S_2 \rho_2 \qquad [3.52]$$

E ainda: usando a relação $\beta^2 = S_2/S_1$, a velocidade V_1 tem a seguinte expressão:

$$V_1 = \beta^2 \frac{\rho_2}{\rho_1} V_2 \qquad [3.53]$$

Já que a relação das massas específicas tem a expressão:

$$\frac{\rho_2}{\rho_1} = \left(\frac{P_2}{P_1}\right)^{1/k} \qquad [3.54]$$

deduz-se que:

$$V_1 = \beta^2 \left(\frac{P_2}{P_1}\right)^{1/k} \cdot V_2$$

e que

$$V_1^2 = \beta^4 \left(\frac{P_2}{P_1}\right)^{2/k} \cdot V_2^2$$

Introduzindo, então, esse valor na fórmula de Wantzel, obtém-se:

$$\mathrm{V}_2 = \left\{\frac{2P_1}{\rho_1\left[1-\beta^4\left(P_2/P_1\right)^{2/k}\right]} \cdot \frac{k}{k-1}\left[1-\left(\frac{P_2}{P_1}\right)^{(k-1)/k}\right]\right\}^{1/2} \qquad [3.55]$$

A vazão em volume na seção S_2 é expressa pela relação:

$$Q = V_2 S_2;$$

e a vazão em massa por:

$$Q_m = Q\rho_2.$$

Usando, então, a relação

$$\rho_2 = \left(\frac{P_2}{P_1}\right)^{1/k} \cdot \rho_1$$

obtemos:

$$Q_m = S_2\left\{\frac{2P_1\rho_1}{1-\beta^4\left(P_2/P_1\right)^{2/k}} \cdot \frac{k}{k-1}\left[1-\left(\frac{P_2}{P_1}\right)^{(k-1)/k}\right]^{1/2}\left(\frac{P_2}{P_1}\right)^{2/k}\right\} \qquad [3.56]$$

Se a Eq. [3.56] for agora multiplicada e dividida pelo valor

$$\sqrt{2\left(P_1 - P_2\right)} \cdot \sqrt{1-\beta^4}$$

chega-se, então, à equação completa:

$$Qm = S_2\sqrt{2\left(P_1 - P_2\right)\rho_1} \cdot \frac{1}{\sqrt{1-\beta^4}} \cdot$$

$$\cdot \left\{\frac{P_1}{P_1 - P_2} \cdot \frac{1-\beta^4}{1-\beta^4\left(P_2 / P_1\right)^{2/k}} \cdot \frac{k}{k-1}\left[1-\left(\frac{P_2}{P_1}\right)^{(k-1)/k}\right]\left(\frac{P_2}{P_1}\right)^{2/k}\right\}^{1/2} \qquad [3.57]$$

Comparando com a equação de vazão para fluidos incompressíveis, em que

$$Q_m = CE \cdot S_2\sqrt{2\left(p_1 - p_2\right)\rho_1}$$

se for usado o símbolo ε para expressar o valor entre colchetes (enquanto $C \approx 1$):

$$\left\{\frac{P_1}{P_1 - P_2} \cdot \frac{1-\beta^4}{1-\beta^4\left(P_2 / P_1\right)^{2/k}} \cdot \frac{k}{k-1}\left[1-\left(\frac{P_2}{P_1}\right)^{(k-1)/k}\right]\left(\frac{P_2}{P_1}\right)^{2/k}\right\} \qquad [3.58]$$

A equação completa se reduz, no caso dos fluidos compressíveis, sabendo-se que

$$(P_1 - P_2) = (p_1 - p_2) = \Delta p$$

a expressão:

$$Qm = CE\, S^2 \cdot \varepsilon \cdot \sqrt{2\Delta p\, \rho_1}$$

Adotando como símbolo $\tau = P_2/P_1$, e observando que:

$$\frac{1-\beta^4}{1-\beta^4\left(P_2 / P_1\right)^{2/k}} = \left(1-\beta^4\right) / \left(1-\beta^4\tau^{2/k}\right)$$

$$1-\left(\frac{P_2}{P_1}\right)^{(k-1)/k} = 1-\tau^{(k-1)/k}$$

$$\frac{P_1}{P_1 - P_2} = 1/\left(1-\tau\right)$$

$$\left(\frac{k}{k-1}\right)\left(\frac{P_2}{P_1}\right)^{2/k} = k\, \tau^{2/k} / \left(k-1\right)$$

o fator de expansão isentrópica ε da Eq.[3.58] é aquele mesmo da Eq. [3.26], para tubos de Venturi e bocais de vazão, para os quais C é próximo de 1:

$$\varepsilon_1 = \{[(k\tau^{2/k})/(k-1)]\,[(1-\beta^4)/(1-\beta^4\,\tau^{2/k})]\,[(1-\tau^{(k-1)/k})/(1-\tau)]\}^{1/2}.$$

Para os tubos de Venturi, os bocais de vazão e os bocais-Venturi, definiram-se as seguintes incertezas para os valores de ε calculados de acordo com a Eq. [3.26]:

para os tubos de Venturi (três tipos)	$i_\varepsilon = (4 + 100\beta^8)\Delta p/P_1$
para os bocais de vazão (dois tipos)	$i_\varepsilon = 2\ \Delta p/P_1$
para os bocais-Venturi	$i_\varepsilon = (4 + 100\beta^8)\Delta p/P_1$

Essas incertezas incluem o efeito de introduzir um valor de ε teórico nas equações da vazão que contêm o coeficiente de descarga C, levantado experimentalmente, com valor médio em torno de 0,98.

3.24.3.1 Polêmicas em torno de ϵ para as placas concêntricas

As placas de orifício convencionais tratadas nas normas ISO e ANSI apresentam um coeficiente de descarga muito diferente de 1, variando entre 0,60 e 0,67. Assim, ao invés de utilizar o valor de ε teórico, como no caso dos elementos primários anteriores, é necessário proceder a levantamentos experimentais e definir fórmulas empíricas que representem as curvas correspondentes.

Por várias décadas se utilizou uma fórmula empírica, desenvolvida por Buckingham em 1932, para definir o valor de ε_1, calculado a partir da pressão P_1, para as placas de orifício com tomadas *flange taps*, *radius taps* e *corner taps* :

$$\varepsilon_1 = 1 - (\ 0{,}41 + 0{,}35\beta^4) - \Delta p/(kP_1)$$

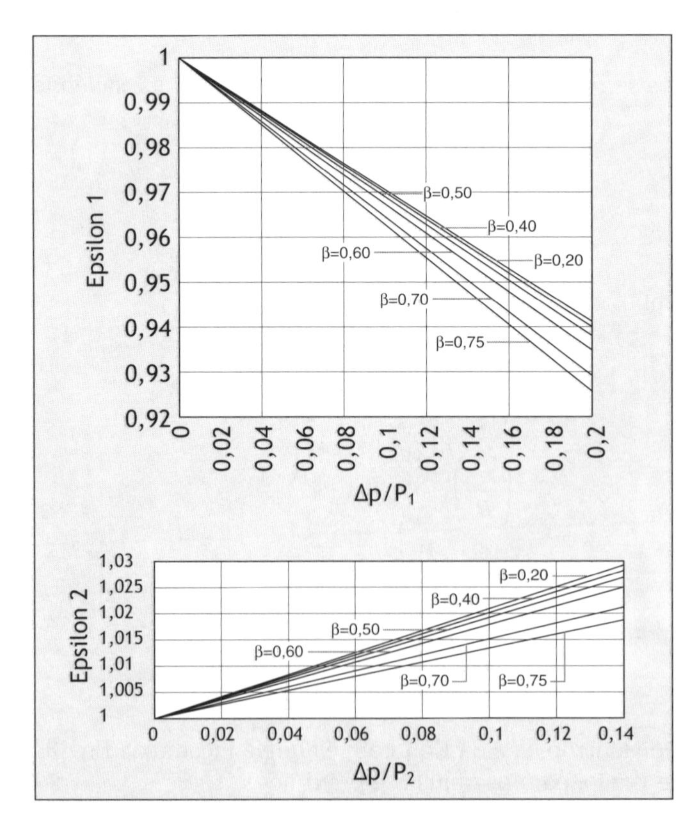

FIGURA 3-103 ε_1 e ε_2 em função de $\Delta p/P$ para $k = 1{,}4$.

Essa fórmula foi adotada tanto pela norma ISO, com forte influência européia, quanto pela norma ANSI, norte-americana, que usa o símbolo Y_1 para designar esse fator. Entretanto na literatura dos EUA havia também o fator Y_2, para o fator de expansão isentrópica calculado a partir de P_2, a pressão a jusante. O livro de Spink sugeria também um Y_m, que seria uma pressão intermediária entre P_1 e P_2; esse método constava da AGA 3, de 1955, e visava diminuir a influência de erros provocados por esse fator, porém não foi aplicado no Brasil.

A razão de eventualmente se empregar ε_2, ao invés de ε_1, devia-se ao fato de o valor de ε_2 estar mais próximo da unidade que ε_1, para um mesmo valor de $\Delta p/P$, de β e de k. Exemplificando: na Fig. 3.103, para $\Delta p/P = 0{,}12$ e $\beta = 0{,}7$, temos $\varepsilon_1 = 0{,}957$ e $\varepsilon_2 = 1{,}018$; ou seja, uma diferença de 4,3% para 1, no primeiro caso, e de 1,8%, no segundo. Assim, uma correção malfeita teria menos influência no valor da vazão se se usasse ε_2.

Na Europa, o conceito de ε_2 não foi aplicado, salvo exceções. Assim, a primeira edição da norma ISO 5167, em 1981, não fazia menção ao uso de ε_2 (ou Y_2), e não foi subscrita pelos Estados Unidos, até que, na segunda edição, em 1991, essa alternativa foi incluída. O valor de ε_2 é calculado como:

$$\varepsilon_2 = \varepsilon_1 [1 + \Delta p/P_2)]^{0,5}$$

Essa discussão teve uma certa importância, especialmente para a totalização de volumes de gás natural, enquanto os métodos de integração das vazões se baseavam em planimetria de gráficos. Nesses gráficos (cartas circulares usadas no Brasil até os anos 1990), eram registrados os valores da vazão e da pressão do gás. A vazão era tida como função direta da raiz quadrada da pressão diferencial e o planímetro usava uma ranhura parabólica para extrair a raiz. O valor de Y era considerado constante, calculado em função de Δp normal, independente da pressão diferencial real. Nessas condições, era importante usar como fator de expansão o valor mais próximo de 1 e com menor coeficiente angular. Atualmente, com métodos digitais de cálculo da vazão que recalculam constantemente o valor de ε em função de $\Delta p/P$, não há mais razão para se utilizar ε_2.

Os métodos digitais de cálculo não conseguem diminuir as incertezas das fórmulas empíricas inexatas. Considerando que a fórmula de Buckingham foi desenvolvida numa época em que os instrumentos não eram muito precisos e as ferramentas de cálculo rudimentais, foram realizados estudos que evidenciam que a fórmula empírica de Buckingham é inexata, sendo preferível a fórmula

$$\varepsilon_1 = 1 - (0{,}351 + 0{,}256\beta^4 + 0{,}93\beta^8[1 - (P_2/P_1)^{1/k}]$$

em que o valor de $1/k$ consta no expoente, ao invés de ser um dos fatores de multiplicação, como na fórmula de Buckingham. A Fig. 3-7 ilustra as variações de ε_1 em função de $\Delta p/P$ correspondentes a essa fórmula. Uma revisão da ISO 5167 propõe essa fórmula em substituição à anterior.

Segue-se um resumo das fórmulas empíricas para os fatores de expansão isentrópica dos elementos deprimogênios, na tabela 3.21.

TABELA 3.21 Resumo das fórmulas empíricas para ϵ_1 e Y_1

Elemento primário	Fórmula empírica	Incerteza, $i\varepsilon$	Norma
Placa com tomadas FT, RT e CT	$\varepsilon_1 = 1 - (0{,}41 + 0{,}35\beta^4)\, \Delta p/(kP_1)$	$4(\Delta p/P_1)$	1 e 2
	$\varepsilon_1 = 1 - (0{,}351+0{,}256\beta^4+0{,}93\beta^8[1-(P_2/P_1)^{1/k}]$	$3(\Delta p/P_1)$	1*
Placa com tomadas a $2^1/_2D$ e $8D$	$Y_1 = 1 - [0{,}333 + 1{,}145(\beta^2+0{,}7\beta^5 + 12\beta^{13})] \cdot [\Delta P/(kP_1)]$	$4(\Delta p/P_1)$	2
Venturi, bocal-Venturi	$\varepsilon_1 = \{[(k\tau^{2/k}) / (k-1)][(1-\beta^4)/(1-\beta^4\tau^{2/k})] \cdot [(1-\tau^{(k-1)/k})/(1-\tau)]\}^{1/2}$	$(4+100\beta^8)(\Delta p/P_1)$	1, 2, 3 e 4
Bocais		$2\,(\Delta p/P_1)$	1, 2, 3 e 4
Placa excêntrica	$\varepsilon_1 = 1-(0{,}41 + 0{,}35\beta^4)\, \Delta p/(kP_1)$	$6{,}6\,(\Delta p/P_1)$	3 e 4
Placa segmental	$Y_1 = 1 -(0{,}315 + 0{,}245B2)\Delta p/(kP_1)$	$6{,}6\,(\Delta p/P_1)$	4
Placa *quadrant edge*	$\varepsilon_1 = 1-(0{,}41+0{,}35\beta^4)\, \Delta p/(kP_1)$	$8(\Delta p/P_1)$	3
Placa entrada cônica	$0{,}5[\varepsilon_{(placa)} + \varepsilon_{(bocal)}]$	$33(1-\varepsilon)\%$	3

Norma 1, ISO 5167 (1991); norma 2, ANSI/API 2530 (= AGA, Report nº 3); norma 3, BS 1042; norma 4, ASME (1971); norma 1*, proposta ISO 5167, 98/00, em discussão.

3.24.4 Polêmicas em torno de dreno e respiro

As placas de orifício concêntricas e os bocais de vazão podem represar líquidos ou gases quando o fluido medido é um gás (vapor) ou um líquido, respectivamente. Uma prática muito comum consiste em colocar um dreno nas placas e nos bocais de vazão para medição de vapor saturado e gases industriais saturados de vapor d'água, entre outros, e um respiro quando se mede água bombeada, que carrega bolhas de ar, por exemplo. O dreno e o respiro são pequenos furos tangentes à parede interna da tubulação (não-vertical), pelos quais passa o fluido da fase que não está sendo medida. A recomendação ISA RP 3.2 fornecia uma tabela de diâmetros desses furos e o raio r de furação correspondente:

$$r = (D - d_{dr})/2(+\,0 - 1{,}6 \text{ mm})$$

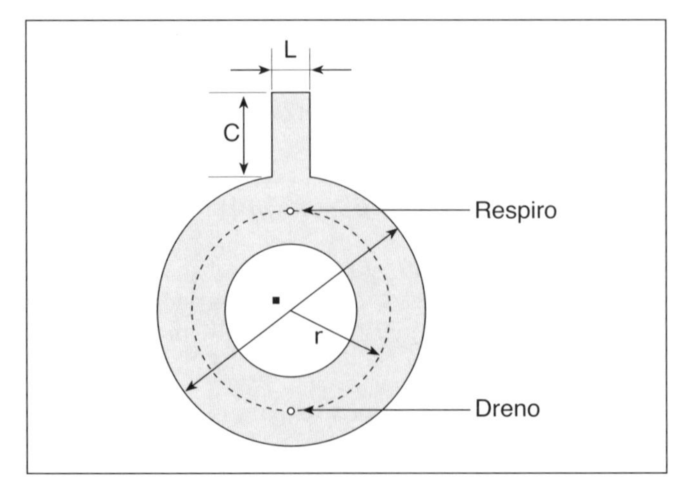

FIGURA 3-104 Posição dos drenos/respiros.

A discussão sobre a influência desse orifício “parasita”, por onde o fluido medido pode passar, começou quando os coeficientes de descarga das placas de orifício foram revistos e sua incerteza minimizada. A norma ISO 5167, de 1991, passou a proibir os drenos e respiros. Recomendava que fossem substituídos por um “purgador” ou um desaerador (uma “ventosa”), conforme o caso. Isso criou um problema para os usuários, cujas placas de orifício, providas de dreno ou respiro, deixavam de estar em conformidade com a norma vigente.

A norma BS 1042 foi a primeira a contornar o problema, oficializando o equivalente do fator de correção F_d, a ser aplicado no caso, para levar em conta a presença do dreno ou respiro, com diâmetro d_{dr}, nas equações de cálculo da vazão:

no caso de placas de orifício,

$$F_d = [1 + 0{,}55 \cdot (d_{dr}/d)^2]^2 \quad [3.59]$$

no caso de bocal de vazão,

$$F_d = [1 + 0{,}40 \cdot (d_{dr}/d)^2]^2 \quad [3.60]$$

$$Q_m = 1{,}1107 \cdot CE\beta^2 \cdot F_d \cdot D^2 \cdot \varepsilon \cdot \sqrt{\Delta p \cdot \rho} \quad [3.61]$$

Como é impossível saber o que passa a cada momento pelo furo dessa abertura parasita, já que a presença de condensado ou de bolhas pode ser esporádica, a incerteza foi aumentada de forma a cobrir o erro possível, acrescentando-se ao valor de iQ_m a incerteza i_{dr}:

no caso de placas de orifício,

$$i_{dr} = \{[1 + 0{,}55 \cdot (d_{dr}/d)^2]^2 - 1\} \cdot 100\% \quad [3.62]$$

no caso de bocal de vazão,

$$i_{dr} = \{[1 + 0{,}40 \cdot (d_{dr}/d)^2]^2 - 1\} \cdot 100\% \quad [3.63]$$

Posteriormente, a ISO/TR 15377 incluiu essa consideração, que permite colocar um dreno ou um respiro, permanecendo em conformidade com a norma vigente. Nota-se, entretanto, que a norma ANSI/API 2530/AGA 3 é completamente omissa em relação a esse assunto. Miller [5.5] trata o tema de forma semelhante à apresentada acima.

O programa Digiopc utiliza as fórmulas [3.59] a [3.63] para as placas calculadas pela ISO 5167. A incerteza suplementar é levada em conta na tela correspondente.

3.24.5 Aplicações especiais de elementos deprimogênios

Às vezes, placas de orifício e tubos de Venturi são aplicados de forma especial ou inusitada, devido a mudanças nas condições de operação, diferentes das projetadas, ou porque não existia, na época da instalação inicial, uma solução melhor. Quando ocorre a necessidade, é preciso verificar a existência de referências bibliográfica que permitam estimar a imprecisão causada pela anormalidade. Comentamos a seguir os casos mais comuns.

a) Trechos retos mais curtos que o previsto pela norma

Estudos foram realizados para avaliar o erro causado por um trecho reto curto antes de uma placa de orifício convencional. Na ref. [5.9], são relatados os levantamentos experimentais dos erros provocados por curvas e válvulas antes de placas e de tubos de Venturi.

b) Baixos números de Reynolds, bidirecional

A vazão de óleos viscosos com placas de orifício foi objeto de vários estudos. Um deles, de Leys e Leigh, mostra que é possível usar placas de borda semicircular para medir vazões com números de Reynolds de até 60. Um outro estudo, derivado da ref. [5.8], permite estimar o coeficiente de descarga C de placas de orifício com *flange taps* para números de Reynolds referentes à secção do orifício (R_d), entre 4 e 10 000 (ver Fig. 3-105)

c) Uso de placa segmental em duto retangular

A vazão do ar de combustão em caldeiras, por duto retangular, pode ser medida de forma inexata, porém repetitiva, por meio de placa de orifício segmental. Nesse caso, costuma-se calcular o valor de β da placa como se o duto fosse circular, com a mesma área do retangular, e concluir as dimensões da placa retangular provocando a mesma obstrução.

d) Tubos de Venturi com ângulos diferentes do padrão

A ref. [7.9] fornece informações interessantes sobre coeficientes de tubos de Venturi com ângulo convergente diferente (10,5° e 31,5°) do padronizado (21°).

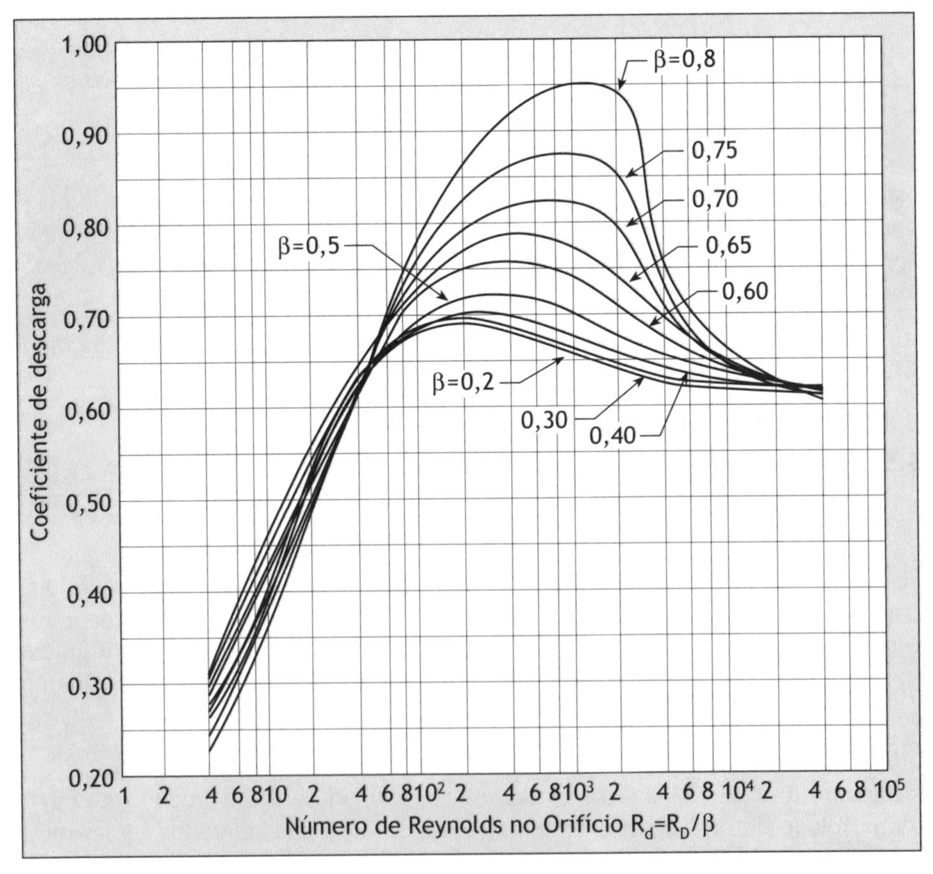

FIGURA 3-105 Coeficientes de descarga para baixos números de Reynolds.

3.24.6 Perda de carga residual dos elementos deprimogênios

Por "perda de carga residual" ou "perda de carga permanente", entende-se a queda de pressão provocada pelo elemento primário na linha de processo, expresso em unidades de pressão ou em porcentagem da pressão diferencial gerada pelo elemento primário.

Para placas de orifício e bocais de vazão, considera-se a perda de carga residual como aquela entre um ponto situado a *2D* a montante da placa e outro situado a *8D* a jusante. Para tubos de Venturi, considera-se a diferença de pressão entre um ponto situado a *1D* a montante e da saída do cone divergente. Caso o divergente seja truncado, considerar a *8D* da saída da garganta.

A Fig. 3-106 mostra que as placas de orifício de entrada por canto vivo geram maior perda de carga residual, seguidas pelos bocais de vazão e, por fim, pelos tubos de Venturi com divergente de 15° e os de 7°. Na figura estão representados somente os elementos primários clássicos, não se tratando dos outros tipos de placa, como a quadrante, a de entrada cônica, e os elementos primários de inserção, como o micro-Venturi e o Pitot de média.

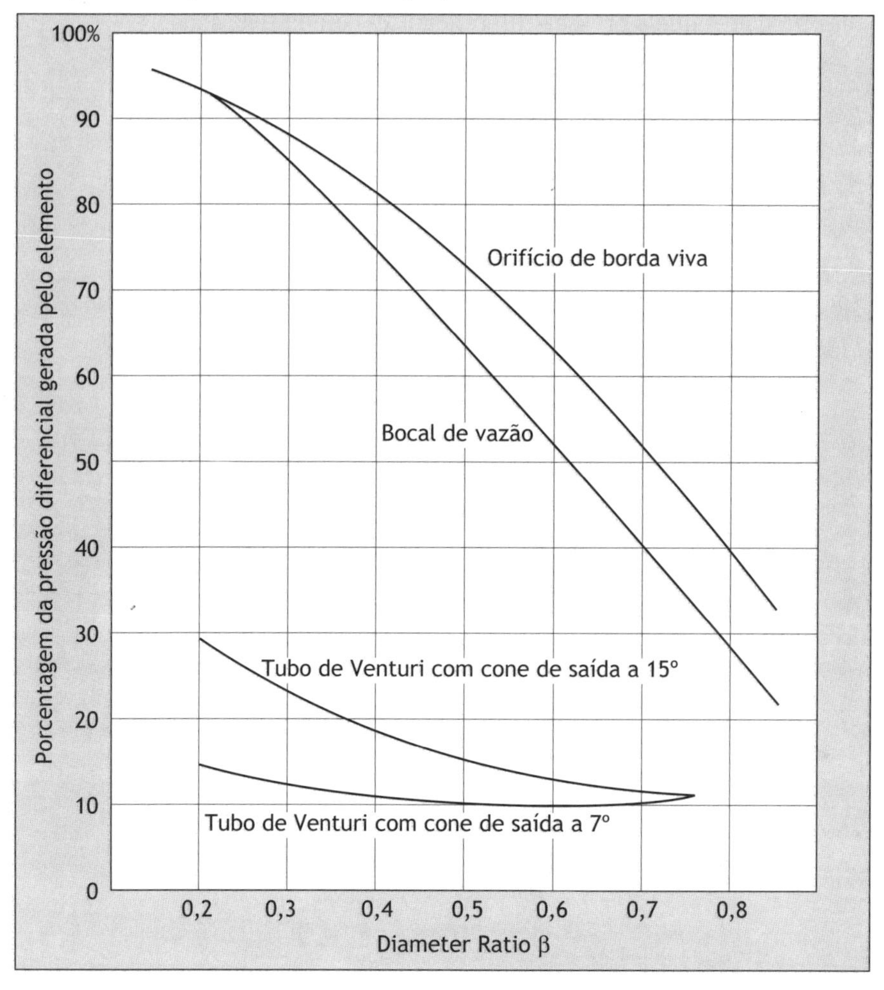

FIGURA 3-106 Perdas de carga residuais de elementos deprimogênios clássicos.

Para completar a Fig. 3-106, observar as considerações a seguir.

- As placas excêntricas e segmentais têm as mesmas perdas de carga residuais que a concêntricas.
- As placas quadrante têm aproximadamente as mesmas perdas de carga residuais que os bocais, de acordo com a ref. [4.1].
- As placas de entrada cônicas podem ser avaliadas como causadoras de uma perda de carga residual intermediária entre a das placas de orifício e a dos bocais.
- Para o micro-Venturi, a perda de carga residual pode ser considerada desprezível, nas tubulações com diâmetro superior a 600 mm. Nas tubulações com diâmetro entre 300 mm e 600 mm, considerá-la 5% da pressão diferencial criada pelo micro-Venturi.
- Para os tubos de Pitot de média, a perda de carga residual depende das dimensões e do perfil da haste.

  a) No caso de um perfil *diamond* (forma octogonal irregular do Annubar), a ref. [5.5] propõe a seguinte fórmula empírica para estimar a perda de carga (pdc), nas mesmas unidades que a pressão diferencial Δp gerada pelo sensor:

  $$\text{pdc} = k/D \cdot \Delta p \text{ com } D \text{ em mm}$$

  $k =$ 12,1, para hastes de 9,5 mm;
  $k =$ 28,2, para hastes de 22 mm;
  $k =$ 40,4, para hastes de 32 mm.

  Por exemplo: para um tubo de 102 mm, uma haste de 9,5 mm e $\Delta p = 400$ mmH_2O, o valor da pdc seria (12,1/102)400 = 47 mm H_2O.

  b) No caso de um perfil *bullet* (em forma de ogiva da Veris), a perda de carga residual pode ser estimada em 40% dos valores anteriores.

MEDIDORES LINEARES

São considerados lineares os medidores de vazão que produzem um sinal de saída diretamente proporcional à vazão, com fator de proporcionalidade constante ou aproximadamente constante na faixa de medição. Dessa forma, eles se distinguem dos medidores deprimogênios, cuja saída inerente é quadrática em função da vazão.

Diferentemente dos medidores deprimogênios clássicos, cujos elementos primários podem ser fabricados sob encomenda para aplicações determinadas, a partir de materiais e de elementos de tubulação comerciais, esses medidores são necessariamente fornecidos por empresas de instrumentação especializadas, fabricados em série, para ser economicamente viáveis.

O elemento primário — que interage com o fluxo — e o transmissor formam usualmente um conjunto a ser adquirido de um único fornecedor. O instrumento é escolhido num catálogo, na faixa mais adequada para a aplicação, entre as oferecidas pelos fornecedores, não sendo possível aproveitar sempre e integralmente a rangeabilidade anunciada.

As normas relacionadas aos medidores lineares orientam-se no sentido de definir a terminologia, o uso e a interpretação dos resultados, às vezes os tamanhos, as condições de instalação, as faixas de vazão e a exatidão mínima exigível. Raramente lidam com assuntos ligados à fabricação, e nunca com detalhes funcionais.

A exatidão, anunciada pelo fabricante, pode se referir ao fim da escala ou ao valor da vazão lida. Os medidores que apresentam uma rangeabilidade extensa têm sua exatidão especificada de forma combinada: em relação ao valor lido, até 10 ou 20% da escala, e em relação ao fim da escala na faixa baixa.

4.1 MEDIDORES DE ÁREA VARIÁVEL

Os medidores de área variável oferecem uma área de passagem que é função da vazão. A variação da área resulta do deslocamento de um "flutuador" num tubo cônico ou de um obturador cônico ou em forma de pistão, que descobre áreas de passagem na sede ou no cilindro, que fazem parte do corpo do medidor.

O mais conhecido dos medidores de vazão de área variável é o rotâmetro. Seu princípio de funcionamento é extremamente simples: o fluido (líquido, gás ou excepcionalmente vapor), entra pela parte inferior do tubo cônico, no sentido vertical ascendente. Ao encontrar o flutuador, produz-se uma força vertical ascendente e o flutuador é suspenso até desobstruir uma área anular suficiente para a passagem do fluído. O flutuador assume uma posição de equilíbrio quando as forças às quais está submetido, para cima e para baixo, se igualam:

- Forças para cima,
  $F_c = F_A$ (empuxo de Arquimedes) + F_{pd} (pressão diferencial área);
- Força para baixo,
  F_b = peso do flutuador.

Nos rotâmetros convencionais, a vazão é lida diretamente da posição de uma referência marcada no flutuador, diante de uma escala gravada no tubo cônico transparente, feito de vidro (borossilicato) ou de matéria plástica.

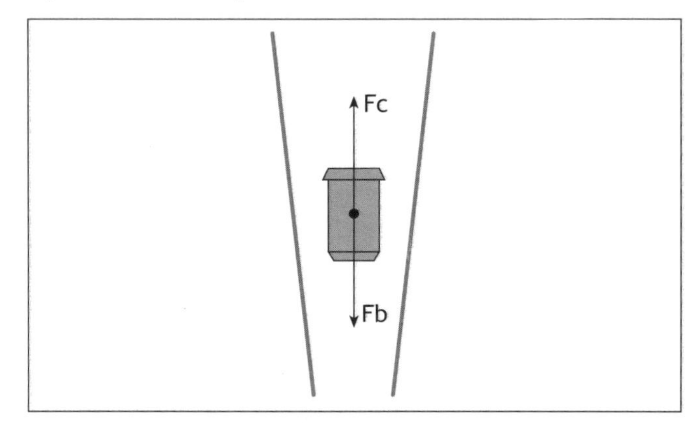

FIGURA 4-1 Princípio de funcionamento do rotâmetro.

Existem medidores de área variável, com tubo cônico, metálico, que são usados quando o fluído não é transparente ou é incompatível com o vidro, devido à pressão ou à temperatura. Nesse caso, a indicação ou a transmissão se faz por acoplamento magnético (Fig. 4-2c).

Os rotâmetros constituem um dos raros instrumentos medidores de vazão que não necessitam de trecho reto para seu funcionamento.

Na atualidade, os rotâmetros são empregados principalmente para leituras locais ou em laboratórios. Raras são as aplicações em que se usam os modernos medidores de área variável como elementos primários, em conjunto com transmissores. Existem rotâmetros de precisão que podem ser usados para aferir outros medidores.

Encontram-se rotâmetros com diâmetros que variam de 2 a 300 mm. A exatidão pode ser muito boa, ± 0,5% do valor lido, no caso de medidores "padrões", a ± 5% do fim de escala, para indicadores industriais.

4.1.1 Equações equivalentes

Os rotâmetros são instrumentos manufaturados em série, para faixas de medição determinadas por cada fabricante. As capacidades dos rotâmetros são tabeladas considerando que o fluído é água (no caso de líquidos) ou o ar a condições de referência (no caso de gás).

Para vazões Q_i, de líquidos com massa específica ρ diferente de ρ_a (a da água), aplica-se uma equação de equivalência à água, Q_a, para selecionar o rotâmetro de capacidade apropriada.

$$Q_a = Q_i \cdot \rho \cdot \sqrt{(\rho_f - \rho_1) / \rho_a} \cdot \left\{ 1 / \sqrt{(\rho_f - \rho) \cdot \rho} \right\} \quad [4.1]$$

Para vazões reais Q_1, de fluidos compressíveis com massa específica de operação ρ_1, diferente de $\rho_{L(ar)}$ a 20°C e 1 atm (ou a 60°F e 30 polHg), aplica-se uma equação de equivalência ao ar, Q_L, nas condições de referências correspondentes, para selecionar o rotâmetro de capacidade apropriado:

$$Q_{L(ar)} = Q_1 \cdot \rho_1 \cdot \sqrt{\left[\left(\rho_f / \rho_{L(ar)} \right) - 1 \right] / \left(\rho_f - \rho_1 \right)} \quad [4.2]$$

De acordo com o material do flutuador, os valores de ρ_f estão na Tab. 4-1:

As equações equivalentes são aplicáveis os rotâmetros desde que tenham sido escolhidos para ficar na faixa de imunidade à influência da viscosidade que corresponde às curvas horizontais da figura 4-4.

TABELA 4-1 Valores de densidade de flutuadores, ρ_f a serem aplicados nas equações [4.1] e [4.2]

Material	Densidade (kg/m^3)
Aço inox	8 020
Alumínio	2 780
Bronze	8 460
Hastelloy C	8 940
Monel	8 800
Níquel	8 850
Titânio	4 500
Vidro	2 540

A equação [4.2] pode ser simplificada, desde que seja levado em conta que a massa específica do ar é muito inferior à do flutuador ($\rho_{L(ar)} << \rho_f \Rightarrow \rho_f - \rho_{L(ar)} \approx \rho_f$). A equação de equivalência passa a ser:

$$Q_{L(ar)} = Q_1 \cdot \sqrt{\left(\rho_f / \rho_{L(ar)} \right)} \quad [4.3]$$

ou, generalizando,

$$Q_2 = Q_1 \cdot \sqrt{\rho_1 / \rho_2} \quad [4.3a]$$

onde: Q_x = a massa específica do ar, nas condições de $\rho_{(x)}$,

ρ_x = a massa específica do gás, nas condições de operação P_x, T_x, Z_x

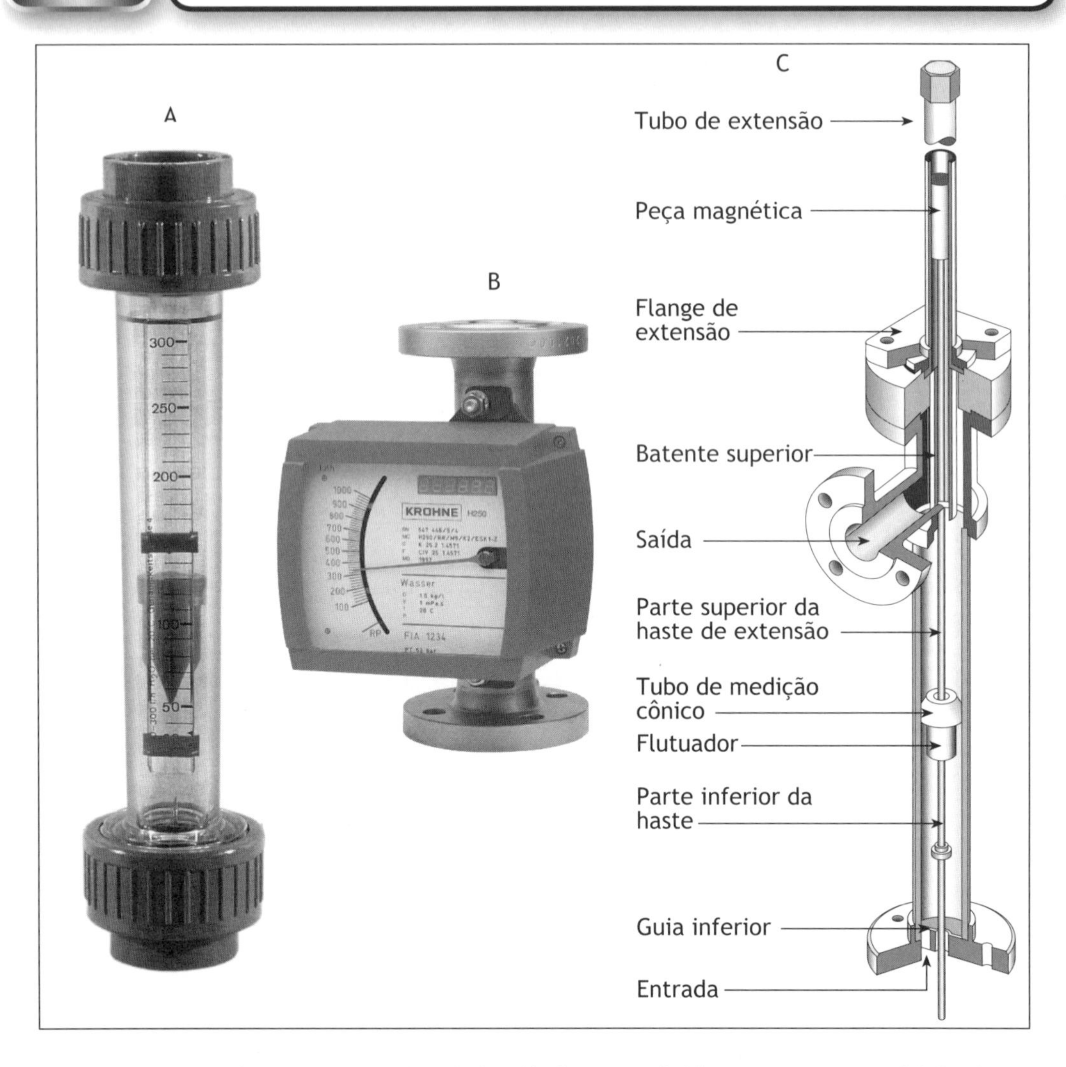

FIGURA 4-2 (a) Rotâmetro convencional, de plástico, para fluidos transparentes; (b) Rotâmetro com totalização digital e transmissão; (c) Rotâmetro com detalhe de acoplamento magnético.

Exemplo

Um rotâmetro é previsto para ser usado num processo em que o fluído é argônio, a 40 psia e 100°F, com sua escala graduada em SCFH (*standard cubic feet per hour*, pés cúbicos padrão$_{(S)}$ por hora). O padrão$_{(S)}$ considera o gás a 60°F e 30 polHg. Esse rotâmetro é calibrado em bancada, com ar, por comparação com outro rotâmetro de precisão, graduado em dm^3/min, ar a 20°C e 1 atm, montado em série, a jusante do primeiro. O rotâmetro sob calibração indica 200 SCFH; o rotâmetro de precisão indica 71,0 dm^3/min (L/min).

A pressão do ar na entrada do medidor a ser calibrado é P_1= 1,0146 bar abs. e, na entrada do rotâmetro de precisão, P_2= 1,0139 bar abs. Durante a calibração, a temperatura do ar é de 23°C. Qual é a diferença?

A solução consiste em converter as unidades para um único sistema, fazer as tranformações volumétricas e aplicar a cada instrumento as equações equivalentes, para poder comparar as leituras dos rotâmetros.

- Conversão de unidades

  temos as seguintes conversões:
  1 pé^3 = 0,02831 m^3
  1 psi = 0,06895 bar $\Rightarrow$ 40 psia = 2,758 bar abs.
  1 polHg = 0,33864 bar $\Rightarrow$ 30 polHg = 1,01159 bar abs.
  1 atm = 1,01325 bar
  $t_{(°C)} = [t_{(°F)} - 32] \cdot 5/9 \Rightarrow 60°F = 15,56°C$
  $T_{(K)} = °C + 273,15 \Rightarrow 15,56°C = 288,71K, 20°C = 293,15K$ e $100°C = 310,93K$

  Convém desenvolver uma solução passo a passo para distinguir as transformações volumétricas das resultantes da aplicacão da equacão equivalente.

- Cálculo da vazão a 40 psia e 100°F, correspondente a uma leitura (Q_L) de 200 SCFH, na escala do rotâmetro sob calibração. Tratando-se de uma tranformação volumétrica, aplicação a equação:

  $$Q_{L(\text{argônio})} \cdot \rho_{L(\text{argônio})} = Q_{O(\text{argônio})} \cdot \rho_{O(\text{argônio})}$$

- Devemos, portanto calcular $\rho_{L(\text{argônio})}$ nas condições padrão$_{(S)}$, e $\rho_{O(\text{argônio})}$, a 40 psia e 100°F, aplicando a equação [2.8] e as propriedades listadas na tabela 2-5. Podemos considerar $Z = 1,00$, neste caso:

  $$\rho_{O(\text{argônio})} = 39,948 \cdot 10^3 \cdot 2,758/(83,145 \cdot 10^6 \cdot 310,93 \cdot 1) = 4,26 \text{ kg/m}^3$$
  $$Q_{L(\text{argônio})} = 39,948 \cdot 10^3 \cdot 1,0159/(83,145 \cdot 10^6 \cdot 288,71 \cdot 1) = 1,69 \text{ kg/m}^3$$

  temos portanto:

  $$Q_{O(\text{argônio})}\ 200 \cdot 1,69/4,26 = 79,3 \text{ CFH a 40 psia e } 100°F$$

- O próximo passo consiste em calcular a vazão de ar $Q_{1(ar)}$ que posiciona o flutuador na graduação correspondente a 79,3 CFH, aplicando a equação [4.3] da seguinte forma:

  $$Q_{1(\text{ar})} = Q_{O(\text{argônio})} \cdot \sqrt{\rho_{O(\text{argônio})}/\rho_{1(\text{ar})}}$$

- Devemos então calcular a massa específica ρ_1 do ar, nas condições da calibração: 1,0146 bar abs. e 23°C.

  $$\rho_{1(ar)} = 28,963 \cdot 10^{-3} \cdot 1,0146/(83,145 \cdot 10^{-6} \cdot 296,15 \cdot 1) = 1,19 \text{ kg/m}^3,$$

  e aplicar [4.3a] para calcular $Q_{1(\text{ar})}$:

  $$Q_{1(\text{ar})} = 79,3 \cdot \sqrt{4,26/1,19} = 150 \text{ CFH de ar, a 1,0146 bar abs. e } 23°C.$$
  $$150 \text{ CFH} = 4,25 \text{ m}^3/\text{h} = 4250 \text{ dm}^3/\text{min} = 70,8 \text{ dm}^3/\text{min}.$$

- O passo final, para o rotâmetro sob calibração consiste em calcular o equivalente de 70,8 dm^3/min, a 1,0146 bar e 296,15K, para as condições de leitura do rotâmetro de precisão (20°C e 1 atm, ou seja 293,15 K e 1,01325 bar abs.). Aplica-se a equação $Q_1 \cdot \rho_1 = Q_2 \cdot \rho_2$, ou seja: $Q_{L1(\text{corr})} = Q_{1(\text{ar})} \cdot \rho_{1(\text{ar})}/\rho_{2(\text{ar})}$.

Devemos calcular $\rho_{L2(ar)}$, a 20°C e 1 atm:

$\rho_{L2(ar)} = 28{,}963 \cdot 10^3 \cdot 1{,}01325/(83{,}145 \cdot 10^6 \cdot 293{,}15 \cdot 1) = 1{,}20 \text{ kg/m}^3$,

e aplicar para calcular $Q_{L\ (corr)}$:

$Q_{L1(corr)} = 70{,}8\ 1{,}19/1{,}20 = 70{,}2 \text{ dm}^3/\text{min}_{(20°C,\ 1\ atm)}$.

- Passando para o rotâmetro de precisão, que indica 71,0 L/min por ocasião da calibração, devemos calcular a vazão de ar a 1,0139 bar abs. e 23°C (296,15K), para as condições de leitura da rotâmetro de precisão, (20°C e 1 atm), aplicando a equação [4.3a]. Devemos portanto calcular inicialmente o valor de $\rho_{2(ar)}$ a 1,0139 bar abs. e 296,15 K:

$\rho_{2(ar)} = 28{,}963 \cdot 10^3 \cdot 1{,}0139/(83{,}145 \cdot 10^6 \cdot 296{,}15 \cdot 1) = 1{,}19 \text{ kg/m}^3$
$Q_{L2\ (corr)} = \sqrt{71,\ 01,20/1{,}19} = 71{,}3 \text{ dm}^3/\text{min}_{(20°C,\ 1\ atm)}$.

- Conclusão

A diferença entre as vazões corrigidas é –1,1 dm³/min; ou seja: –1,5% no ponto calibrado.

4.1.2 Influência da viscosidade

Os rotâmetros foram muito pesquisados, até surgirem medidores lineares mais compatíveis com sinais de transmissão. Para medições precisas, desenvolveram-se curvas de influência da viscosidade baseadas em critério de escoamento semelhante ao número de Reynolds.

Desenvolveu-se uma equação para um número de Reynolds apropriado para rotâmetros, a qual permite estabelecer curvas da influência da viscosidade sobre a indicação do medidor. A equação que introduz a viscosidade é a seguinte:

$$R_e = K\left(\alpha^2 - \alpha\right)\sqrt{\frac{8}{\pi}}\left(\frac{\sqrt{F \cdot \rho}}{\mu}\right) \qquad [4.4]$$

sendo: R_e o número de Reynolds;
K um coeficiente semelhante ao coeficiente de descarga C para as placas de orifício;
$\alpha = D/D_f$ (D é o diâmetro do tubo, na posição em que se equilibra o flutuador e D_f o diâmetro do flutuador);
F a diferença da força da gravidade, menos o empuxo de Arquimedes; se houver uma mola, a força F incluirá a força desta;
ρ a massa específica do fluído;
μ a viscosidade absoluta do fluido medido.

As variações do coeficiente K são representadas em função de $\sqrt{F \cdot \rho / \mu}$, em gráficos que mostram a influência da viscosidade, ou melhor, as faixas de imunidade às variações de viscosidade dos rotâmetros. Estudos realizados por fabricantes mostram que a imunidade às variações de viscosidade depende do formato do flutuador. Na Fig. 4-3, temos um exemplo de gráfico para determinado formato de flutuador. Cada curva é relativa a uma indicação de vazão e, conseqüentemente, a um valor de α. Deve-se escolher o formato de flutuador para o qual as curvas são paralelas ao eixo das abscissas, na faixa de possíveis variações de viscosidade.

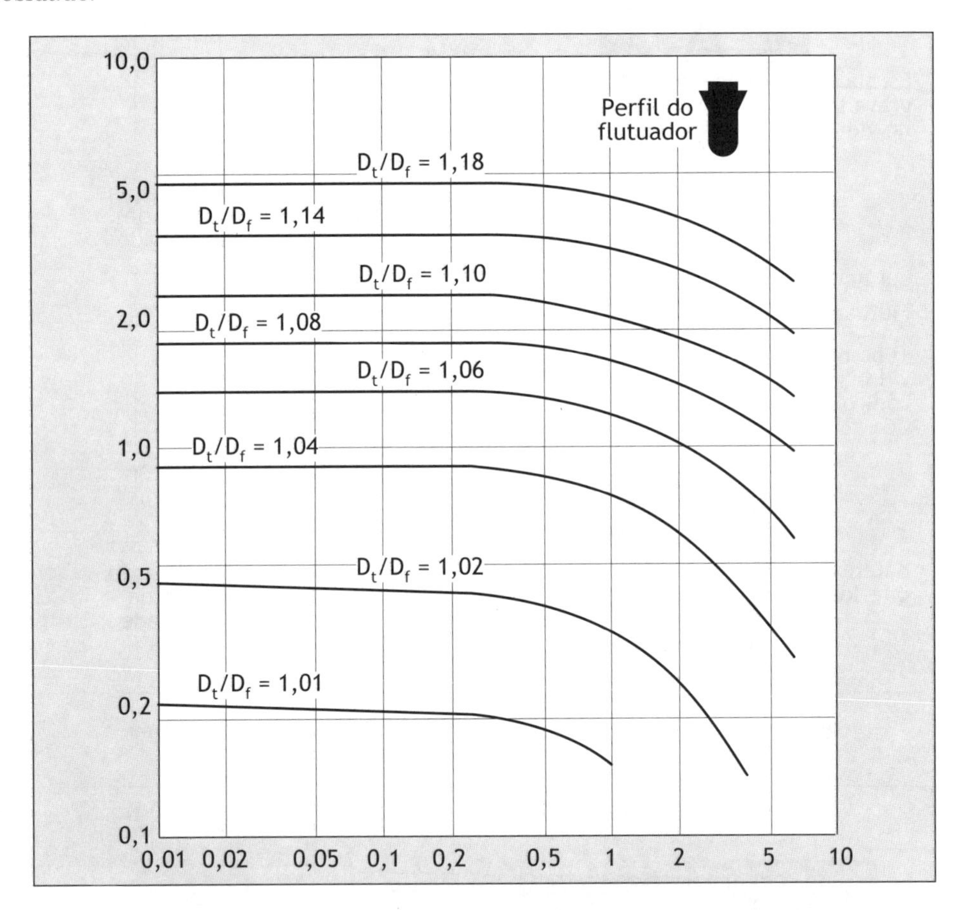

FIGURA 4-3 Curvas de influência da viscosidade em rotâmetros.

Medidores de área variável modernos e especiais apresentam uma larga faixa de imunidade às variações de viscosidade, podendo ser montados em qualquer posição. O instrumento representado na Fig. 4-5a suporta até 350 bar de pressão; ele tem um "flutuador" balanceado por mola, o que lhe confere uma grande adaptação às variações de densidade, podendo ser calibrado para imunidade a variações de viscosidade ($\Delta\nu$) de 750 cSt, numa faixa de 1 a 5 000 cSt.

4.1.3 Tipos de medidores de área variável

Medidores de área variável podem ser realizados de várias maneiras. Em sua maioria, servem apenas para indicação local, podendo eventualmente ser providos de chave-limite de vazão para alarme ou alguma automação. Modernamente, raros são os fabricantes que oferecem transmissores de vazão baseados em sensor de área variável. A Fig. 4.ab mostra uma realização atual, para uso industrial.

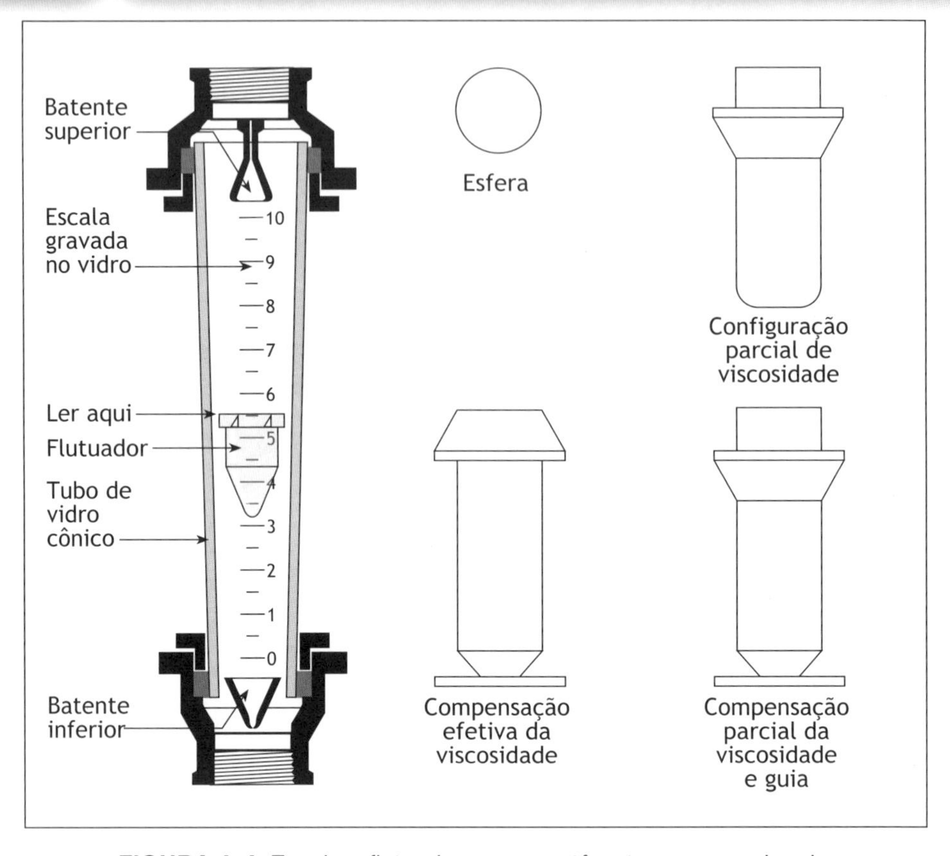

FIGURA 4-4 Escala e flutuadores para rotâmetros convencionais.

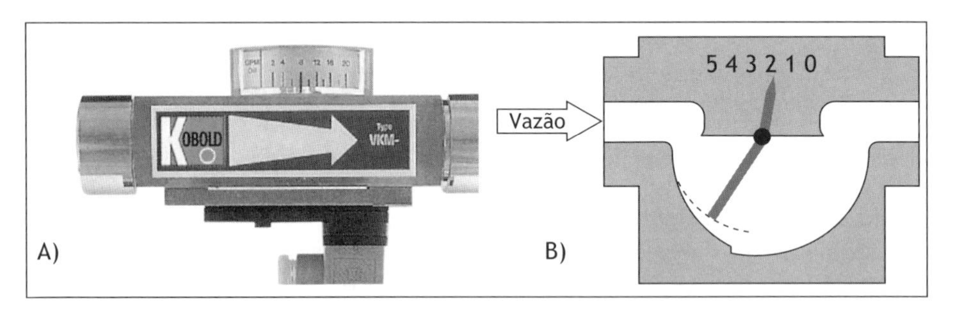

FIGURA 4-5 Medidores de área variável. (a) Fluxo horizontal ou vertical, imune a variações de viscosidade; (b) fluxo horizontal, seção de passagem retangular

4.1.4 Conclusão sobre os medidores de área variável

Os medidores de área variável, particularmente os rotâmetros, ocuparam uma parte considerável do mercado de instrumentos de vazão até os anos 1970. Atualmente, são utilizados em laboratórios e na indústria para medições locais, principalmente.

A comparação entre rotâmetros e placas de orifício nos mostra que as características dos princípios de medição são inversas ou complementares.

Características	Rotâmetros, área variável	Placas de orifício
Pressão diferencial	Fixa, baixa	Variável, elevada
Geometria	Variável	Fixa
Tamanho	Em geral abaixo de 2 pol	Em geral acima de 2 pol
Exatidão	Modesta	Boa
Necessidade de trecho reto	Não há	Necessários e longos
Leitura	Indicação local normal	Somente elemento primário
Uso principal	Indicação, alarme:(FI, FISHL)	Em conjunto com transmissor (FE + FT)
Autolimpeza	Muito boa	Não há
Normas para fabricação	Não há	Excelentes
Aplicação principal	Equipamentos, manufaturas, laboratórios	Indústrias de processamento

Dessa comparação, resulta que os medidores de área variável possuem características interessantes, que são exploradas pelos fabricantes. As limitações são relativas principalmente à sua incompatibilidade com diâmetros maiores que 4 pol e à falta de normas de fabricação.

4.2 MEDIDORES A EFEITO CORIOLIS

O engenheiro e matemático francês Gaspard Coriolis estabeleceu, no início do século XIX, que uma massa m, deslocando-se com uma velocidade relativa $\vec{v}_r$ em relação a um sistema de referência, por sua vez em movimento de rotação $\vec{\omega}$, é submetida a uma força $\vec{f}_c$ de acordo com a equação

$$\vec{f}_c = 2m \cdot \vec{\omega} \wedge \vec{v}_r \qquad [4.5]$$

(o símbolo $\wedge$ é para produto vetorial). À força $\vec{f}_c$, deu-se o nome de "força de Coriolis".

4.2.1 A força de Coriolis

Para entender a força de Coriolis, imaginemos um sistema constituído por um disco em rotação, com velocidade angular constante, e jogadores de bola, um no centro e outro na borda do disco, girando juntamente com este, formando um "sistema de referência". Quando a bola é lançada do centro do centro para o jogador da borda, se a direção inicial da bola visar o ponto instantâneo em que estava no momento do lançamento, ela não atingirá o objetivo. Sua trajetória em relação ao disco será uma curva, chegando atrás do objetivo inicialmente visado. Em relação ao sistema de referência, é como se uma força desviasse a bola de seu objetivo.

Para que não se desviasse do objetivo, a bola deveria ter adquirido uma velocidade tangencial, à medida que se afastasse do centro. A cada Δr de afastamento do centro, se a bola adquirisse um acréscimo de velocidade tangencial $\Delta r \cdot \vec{\omega}$, ela atingiria o alvo.

Em sentido contrário, se o jogador da borda do disco lançar a bola em direção ao centro, esta descreverá uma curva, devido à velocidade tangencial que tinha no momento do lançamento, não atingindo o objetivo, como precedentemente. De novo tomando como referência o disco, é como se uma força desviasse a bola do objetivo.

Se colocássemos um tubo para guiar a bola entre os dois jogadores, necessariamente ela atingiria o objetivo, tendo para tanto que apoiar-se na parede do tubo com a força necessária para incrementar sua velocidade tangencial, afastando-se do centro, ou decrementá-la em sentido contrário. Esta é a força de Coriolis.

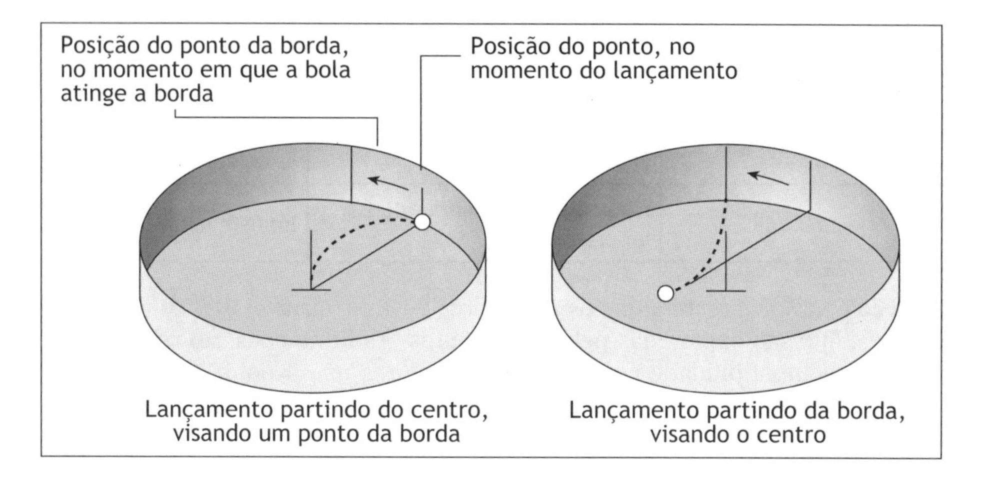

FIGURA 4-6 O efeito Coriolis.

4.2.2 Aplicação do efeito Coriolis aos medidores de vazão

O princípio pode ser aplicado a um medidor, constituído por um tubo em forma de U e animado de um movimento oscilatório, percorrido por um fluido a uma vazão constante. Num elemento de tempo muito curto, o tubo pode ser considerado em movimento de rotação. Considera-se um elemento de fluxo de massa numa das partes retas do U. Quando esse elemento se afasta do centro de rotação, a força de Coriolis, na parte inicial do seu percurso no tubo, se dá em direção contrária à do movimento angular. O elemento de fluído acaba por adquirir a velocidade angular imposta pela oscilação do tubo, e percorre a curva do U com essa velocidade. Quando inicia o segundo ramo do U a velocidade angular produz uma força em sentido contrário à primeira. Em se tratando de um escoamento contínuo, a cada elemento de fluido que se desloca na primeira parte do U corresponde simetricamente um outro que se desloca na segunda parte. Assim, as forças atuam de forma a criar um conjugado, que acaba provocando uma torção no tubo em U.

Num medidor, a vazão mássica Q_m corresponde à velocidade v_r do fluido no tubo em forma de U. Esse tubo é colocado em oscilação em torno de um eixo hipotético, perpendicular aos ramos do U; sua velocidade angular instantânea é ω.

Sendo ρ a massa específica do fluido, L o comprimento de um ramo do U, A a área da seção do tubo em U e d o afastamento dos ramos do U, estabelecem-se facilmente as seguintes expressões:

$$\left.\begin{array}{rl} \text{vazão mássica} & Q_m = \rho \cdot A \cdot v_r \\ \text{massa num ramo do U} & m = \rho \cdot A \cdot L \\ \text{força de Coriolis num ramo} & f_c = 2\rho \cdot A \cdot L \cdot \omega_m = 2Q_m \cdot L \cdot \omega \\ \text{conjugado de torção} & \Gamma_c = 2Q_m \cdot \omega \cdot L \cdot d \end{array}\right\} \quad [4.6]$$

O conjugado de torção Γ_c se deve ao efeito das forças de Coriolis que agem sobre o fluido nos dois ramos do U com velocidades v_r e $-v_r$.

Devido ao conjugado Γ_c, os dois ramos do U sofrem uma torção de ângulo θ, equilibrada por uma força de reação elástica $\Gamma_e = k\theta$ (sendo k uma constante); deduz-se que, no equilíbrio, temos:

$$\theta = 2Q_m \cdot \omega \cdot L \cdot d/k \quad \text{ou seja,} \quad Q_m = k\theta/(2\omega \cdot L \cdot d) \quad [4.7]$$

Sendo a velocidade angular ω função do tempo, o mesmo se dá para o ângulo θ; este é medido por sensores de proximidade de precisão, cujos sinais, depois de um condicionamento, permitem obter uma tensão proporcional à vazão mássica Q_m.

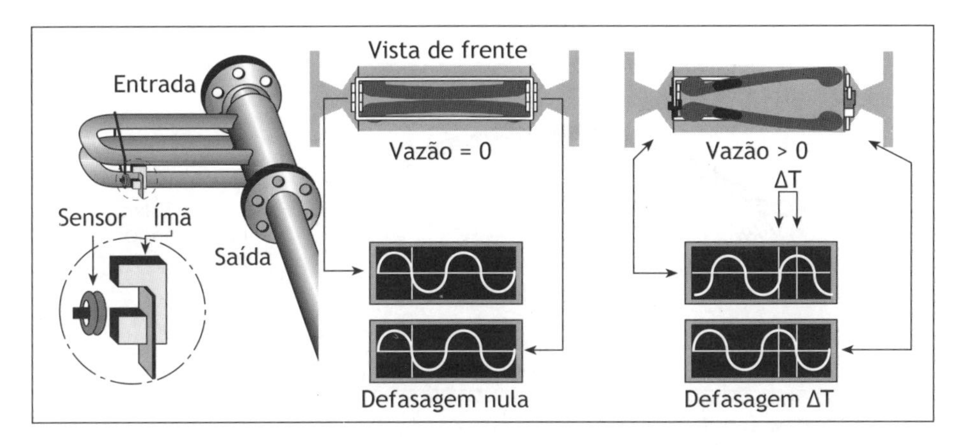

FIGURA 4-7 Princípio de funcionamento do medidor a efeito Coriolis da Micro-Motion:

4.2.3 Limitações

As limitações são: o tamanho máximo (6 pol para tubulações), o custo elevado, os limites de pressão e temperatura e, eventualmente, a alta perda de carga. Para gases, a necessidade de velocidades elevadas pode implicar em geração de ruído maior que 80 dB.

Os medidores a efeito Coriolis por tubos vibrantes foram desenvolvidos inicialmente para medir vazão de líquidos. Medir vazão de gases foi impossível por muito tempo. Os gases possuem uma densidade muito mais baixa que os líquidos, e a massa contida nos tubos de medição representa uma parcela pequena da massa dos próprios tubos. Uma mudança na densidade do gás altera muito pouco a massa vibrante, e o efeito Coriolis é quase imperceptível. Entretanto a tecnologia moderna permite medir a vazão mássica dos gases com exatidão de 0,5%, apesar de existirem algumas restrições.

4.2.4 Tubos vibratórios

Os projetos são geralmente executados com dois tubos retos ou curvos, oscilando em oposição de fase, para evitar a transferência de vibrações à linha de processo. Os instrumentos que utilizam tubos curvos soldados a um único cabeçote podem permitir a distribuição do fluido em paralelo ou sua recondução em série pelos dois tubos. Essa alternativa é utilizada quando existe possibilidade de incrustação e se quer garantir a mesma vazão pelos dois tubos, com sacrifício da perda de carga.

Entre os medidores de vazão atualmente fabricados, os que operam a efeito Coriolis são únicos a atingir a barreira de exatidão de 0,1%, excluindo os instrumentos de laboratório. A exatidão é geralmente definida em relação ao valor medido, e não o fim de escala, com uma rangeabilidade definida. Nesses instrumentos, uma parcela da exatidão se deve ao desvio de zero, aumentando a imprecisão à medida que o valor se aproxima de zero.

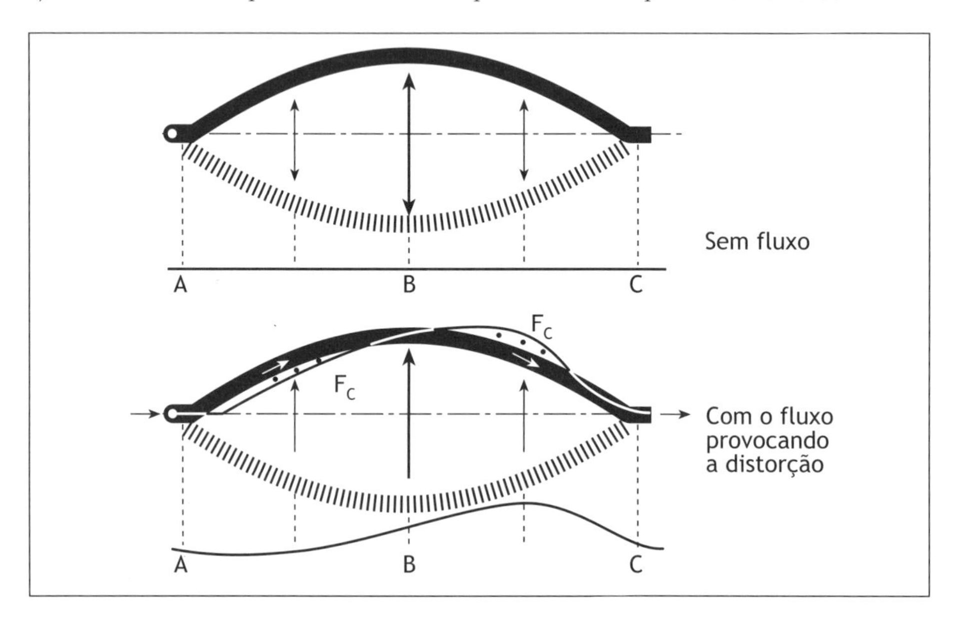

FIGURA 4-8 Representação esquemática do movimento num medidor a efeito Coriolis de tubo reto.

Alguns instrumentos possuem uma camisa de segurança, para prevenir um eventual estouro do tubo de medição, caso este trabalhe submetido a abrasão, o que diminuiria sua espessura com o passar do tempo. Essa camisa pode também ter outras funções: certos fabricantes envolvem o tubo com um gás neutro (argônio) ou vácuo, para evitar que se forme condensação, o que provocaria erro nos resultados. As camisas também servem para aquecer o ambiente em torno do tubo, evitando assim gradientes de temperatura geradores de erros.

Existem medidores capazes de trabalhar sob pressões de até 600 bar e temperaturas da ordem de 350°C. Para outros efeitos, já existem recursos de compensação eletrônica satisfatórios para a maioria das instalações.

Alguns problemas de execução resultam desse principio, em particular no que se refere a fluidos de baixa densidade de operação: se a massa do tubo for muito mais elevada que a do fluído contido, a exatidão da densidade será afetada. Por outro lado, a elasticidade do tubo deve ser constante, não-influenciada por tensões mecânicas provocadas pela linha de processo. No caso de uma eventual incrustação do fluido no tubo, a massa fixa aumentará e a variável diminuirá, provocando resultados errados.

Certos medidores vibram a freqüências constantes, e não medem a densidade do fluído; já outros aproveitam as oscilações para medir a densidade do fluído.

O conhecimento da densidade pode ser útil se, além da vazão mássica, para determinar também a vazão volúmica, ou se for necessária uma medida de concentração, de porcentagem de sólidos, de Brix ou simplesmente para conhecer essa propriedade.

No caso da vazão volúmica, pode-se calculá-la dividindo a vazão mássica pela densidade.

4.2.5 Medição de densidade

Para medir a densidade, o sistema oscilante opera como um conjunto mola-massa. A freqüência de ressonância de um sistema mola-massa é determinada pela elasticidade da mola e pela massa em questão. Essa relação é representada pela equação

$$f = 1/\left(2\pi\right)\cdot\sqrt{\left(K/m\right)} \qquad [4.8]$$

em que f é a freqüência natural (de ressonância), K uma constante representando a rigidez (elasticidade) do tubo, e m é a massa do sistema, isto é, do tubo e do fluido nele contido. Se a massa do fluido mudar, a freqüência de ressonância será outra, e a freqüência de excitação do medidor será automaticamente reajustada para essa nova freqüência, via realimentação na eletrônica do *driver*. Quanto maior a densidade do fluido, menor será a freqüência de ressonância, numa relação quadrática. A densidade não é medida quando o fluido é um gás.

4.2.6 Medição de viscosidade

É realizável com um medidor a efeito Coriolis e um transmissor de pressão diferencial. Essa aplicação existe para otimizar o funcionamento de queimadores a óleo combustível que são sensíveis à viscosidade deste. Ao medidor empregado para medir a vazão do óleo, acrescenta-se a função de medição de viscosidade, medindo a pressão diferencial (ou seja, a perda de carga) gerada pelo medidor de vazão. Um computador de vazão adequadamente programado compara a vazão com a perda de carga e calcula a viscosidade, função de ambas as medidas. Essa aplicação, entretanto, é incomum e necessita de estudo especial do fornecedor.

4.2.7 Outros tipos de medidores a efeito Coriolis

Uma outra execução de medidor a efeito Coriolis, prevista inicialmente para medir a vazão de gases a baixa pressão relativa, consiste em provocar deformações no modo radial, como se vê na Fig. 4-9. O tubo de medição é provido de dois excitadores, que deformam o tubo, provocando-lhe ovalizações a uma freqüência de vários quilohertz.

Diferentemente dos medidores a efeito Coriolis tradicionais, o tubo não é flexionado axialmente; ele é deformado na seção. Quando não há vazão, o tubo não está sujeito a outra deformação que não a da excitação: os dois pares de sensores de deformação, situados simetricamente ao excitador, a montante e a jusante, geram sinais exatamente em fase. Quando há vazão, a força de Coriolis se traduz por uma deformação complementar, e as tensões geradas pelos pares de sensores não estão mais em fase. Essa defasagem é proporcional à vazão mássica do gás que passa no tubo de medição. A exatidão é da ordem de 0,5%, com rangeabilidade de 60:1. A perda de carga é desprezível.

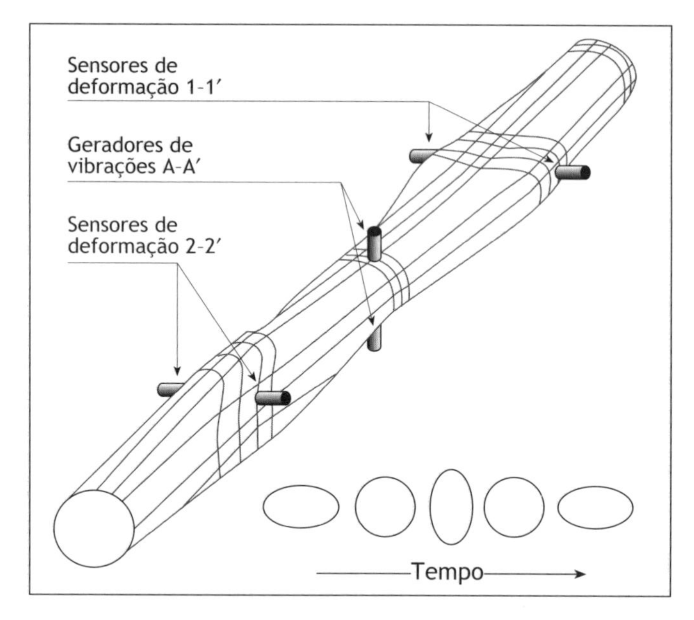

FIGURA 4-9 Princípio de funcionamento do medidor a efeito Coriolis por deformações radiais.

O efeito Coriolis também foi aproveitado de maneira totalmente diferente para medir a vazão de sólidos secos, em pó ou material britado, como cimento ou aditivos sólidos numa aciaria, por exemplo. O princípio de funcionamento é o seguinte: o material é alimentado verticalmente, por gravidade, e cai numa roda provida de palhetas, as quais o projetam radialmente, pela força centrífuga. O material é então redirecionado para baixo pela parede do medidor e cai em direção à saída por gravidade. Como resultado da força de Coriolis produzida pela massa das partículas nas palhetas, cria-se um conjugado, cujo valor é diretamente proporcional à vazão mássica do material que passa pelo medidor. A exatidão é da ordem de 0,5%, após calibração.

4.2.8 Realizações construtivas

Materiais

Um dos problemas ligados à escolha do material é o de sua resistência à fadiga, devido à vibração contínua dos tubos de medição. A resistência à corrosão é outra característica importante. Os materiais dos tubos vibratórios que apresentam boas propriedades para a aplicação são o Hastelloy-C22, o NiSpan-C, o titânio e o zircônio. Além da escolha dos materiais, os fabricantes projetam os tubos, bem como as ligações aos cabeçotes, de forma a distribuir sua flexão e evitar a concentração das linhas de tensão.

Tamanhos

Devido ao próprio princípio de funcionamento, que envolve a vibração dos tubos para criar a força de Coriolis, o tamanho máximo dos tubos vibratórios é da ordem de 100 mm ($\approx$ 4 pol). Como são dois tubos em paralelo, o tamanho dos flanges do instrumento pode ser de 6 ou 8 pol. O peso do instrumento para esse tamanho passa de 0,5 t. A máxima vazão correspondente é da ordem de 700 t/h, para os maiores instrumentos. Na outra extremidade, os menores tamanhos são limitados pela relação entre a massa dos tubos vibratórios e a massa do fluido neles contido, que deve ser suficientemente representativa para criar o efeito Coriolis. Salvo nos casos de instrumentos especiais, é da ordem de 3 mm ($\approx$ $^1/_8$ pol), o menor tamanho comercial.

Perdas de carga da ordem de 1 bar são comuns para esse tipo de instrumento, para obtenção da máxima rangeabilidade. Nesse particular, há muita variação de valores, dependendo do fornecedor e do modelo.

4.2.9 Problemas de instalação

Os manuais de instalação dos medidores chamam a atenção dos usuários para vários problemas, como segue.

- Nos medidores de tubos curvos, instalar o medidor de forma tal que o líquido não fique retido nas partes baixas, quando a tubulação é esvaziada; colocar, portanto, as curvas para cima. Deve-se evitar, entretanto, a possibilidade de bolsas de gás nas partes superiores. Para gases, o problema é simétrico. Dependendo das convoluções dos tubos vibrantes, a solução pode ser colocar o medidor em posição vertical.
- Nos medidores de tubos retos, evitar instalações que possam criar tensões mecânicas, tendendo a desalinhar ou tracionar os flanges. Os instrumentos podem ser fornecidos com programas de instalação que minimizam o problema, para determinada situação de temperatura da linha de processo.
- Vibrações afetam de forma diferente aos formatos, retas ou curvas dos tubos vibratórios: afetam mais os instrumentos que utilizam freqüências menores. A freqüência utilizada nos tubos retos é cerca de 10 vezes maior que a utilizada nos tubos curvos. Em certos casos é possível o uso de acoplamentos flexíveis.

Os manuais de instalação devem ser rigorosamente seguidos. Na fase de escolha dos medidores, questionar o fabricante a respeito dos problemas mencionados.

Aplicações especiais, como medição de fluidos potencialmente bifásicos (GLP, amônia, etc.) ou bifásicos (líquido e partículas sólidas, líquido e ar, etc.) ou não-miscíveis (água e óleo, etc.) devem ser objeto de estudos especiais, para correta especificação.

4.2.10 Conclusões sobre medidores a efeito Coriolis

Os medidores a efeito Coriolis mudaram completamente os conceitos de medição de vazão existentes antes de 1970, oferecendo uma forma direta de medição mássica. Os mercados iniciais da química fina e da farmacêutica estenderam-se rapidamente a todas as indústrias, devido à nova classe de exatidão apresentada por esses instrumentos.

As norma sobre medidores a efeito Coriolis (ANSI/ASME MFC-11-M e ISO/DIS 10790) dão as bases para o uso desse tipo de medidor para transferência de custódia. As normas continuarão evoluindo no sentido de permitir aplicações mais abrangentes, dar melhor definição aos requisitos essenciais, criar faixas de exatidão apropriadas, premiando as realizações mais elaboradas, sem cercear a competitividade entre os fabricantes.

Existem em andamento muitos estudos visando ampliar as possíveis aplicações dos medidores a efeito Coriolis. No Flomeko (Brasil, BA, 2000), foram apresentadas quatro palestras sobre o assunto. Um trabalho da MicroMotion [7.12] tratava do desenvolvimento e da validação de um medidor monotubo reto, produzido por aquela empresa pioneira, conhecida por seus medidores a tubos curvos duplos; reconhecia que, para determinadas aplicações, o novo desenvolvimento pode ser a melhor solução.

As principais aplicações são as seguintes:

- indústria farmacêutica;
- química fina;
- indústrias alimentícias e de bebidas;
- tintas e vernizes;
- medição de óleos combustíveis em caldeiras e fornos;
- medição de etileno e outros produtos petroquímicos;
- medição de subprodutos nas coquerias de siderúrgicas;
- distribuição de combustíveis líquidos e gasosos (GNV).

4.3 MEDIDORES ELETROMAGNÉTICOS

Os medidores eletromagnéticos (ou simplesmente medidores magnéticos) baseiam-se na lei de Faraday: quando um condutor móvel se desloca num campo magnético, é gerada nas suas extremidades uma força eletromotriz (fem) proporcional à intensidade do campo magnético, ao seu comprimento e à velocidade de deslocamento.

4.3.1 Princípio básico

O princípio básico dos medidores eletromagnéticos é mostrado na Fig. 4-10. O fluido tem suas linhas de velocidade perpendiculares ao campo magnético. De acordo com a lei de Faraday, o movimento do fluido que atravessa o campo magnético, de densidade do fluxo B, com velocidade V, produz uma fem e, a qual pode ser medida pelos eletrodos, distantes de D, em contato com o fluido. A fem está relacionada à vazão da seguinte forma:

$$e_{(\text{volt})} = B_{(\text{tesla})} \cdot D_{(\text{m})} \cdot V_{(\text{m/s})}$$

Sendo a vazão volúmica relacionada à velocidade pela equação $Q = (\pi D^2/4) \cdot V$, temos:

$$Q_{(\text{m}^3/\text{s})} = e_{(\text{volt})} \cdot (\pi/4) \cdot D_{(\text{m})}/B_{(\text{tesla})} \qquad [4.9]$$

O princípio de funcionamento desse tipo de medidor impõe que o fluido seja condutor de eletricidade, ***o que reduz sua aplicação aos líquidos condutivos e não magnéticos***. Isso exclui os derivados do petróleo das possíveis aplicações.

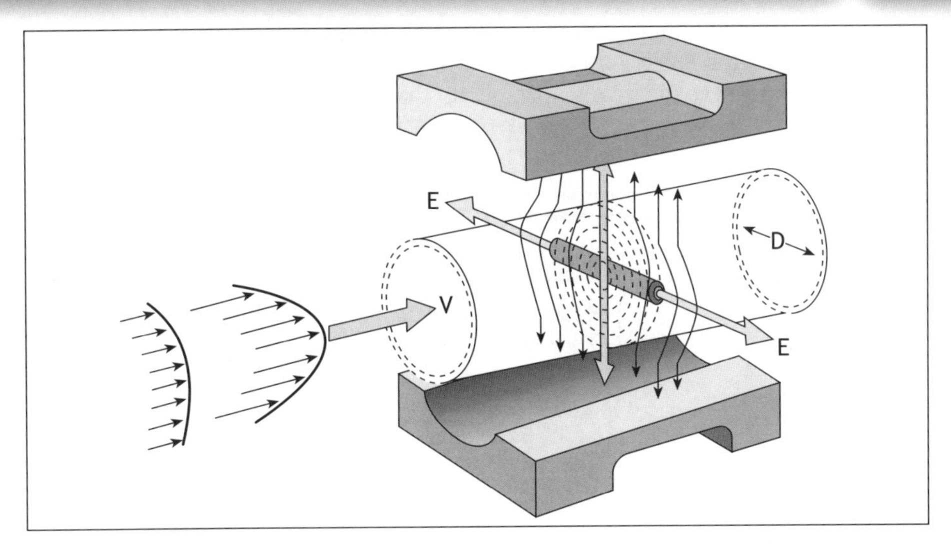

FIGURA 4-10 Representação esquemática do funcionamento dos medidores eletromagnético.

O campo magnético pode ser gerado por um imã permanente ou por bobinas excitadas por corrente alternada. Só em raros casos especiais os imãs permanentes são aplicados, como o de medir a vazão de vasos sangüíneos, em medicina. As bobinas são preferidas para gerar o campo magnético, por não apresentarem o efeito de polarização com a formação de sais isolantes depositados nos eletrodos, interrompendo o circuito de medição.

Inicialmente, as bobinas com corrente alternada foram energizadas pela tensão da rede elétrica, porém o consumo de eletricidade era elevado. Prefere-se modernamente a geração por corrente contínua pulsante, em baixa freqüência, que, além da vantagem do baixo consumo, é distinta da freqüência da rede, facilitando a filtragem do sinal elétrico.

A fem gerada é da ordem de microvolts, necessitando um condicionamento de sinal apropriado para que este seja medido num ambiente industrial com ruídos eletromagnéticos de várias ordens de grandeza superiores em amplitude. O bom aterramento é um dos requisitos essenciais para o funcionamento desses medidores. Quando instalados em tubulações de material isolante (PVC), anéis de aterramento são indispensáveis (ver 4.3.4.2).

4.3.2 Realizações industriais

Os medidores magnéticos podem ser executados numa faixa extremamente larga de diâmetros, sendo possível medir desde o fluxo de sangue, em vasos sangüíneos, até vazões de água de esgoto, em tubos de vários metros de diâmetro. A faixa de pressões de operação em que esses medidores atuam depende do projeto construtivo do tubo e dos flanges nas extremidades. O padrão de 350 bar pode ser considerado como limite máximo de pressão.

A faixa de temperaturas de operação é limitada para cima pelas características do revestimento e pelo isolamento das bobinas magnéticas. As altas temperaturas são geralmente limitadas em 150°C. Do lado das baixas temperaturas, não há problema criado pelo medidor, sendo o limite determinado pela fluidez do produto medido.

É possível encontrar medidores magnéticos construídos para aplicação em áreas perigosas (Classe 1 – Grupo D, Divisão 1 do NEC).

Os medidores eletromagnéticos empregados na medição de líquidos condutores de eletricidade, como ácidos e outros produtos químicos corrosivos, devem ter suas "partes molhadas" escolhidas entre materiais apropriados, como os das Tabs. 4-2 e 4.3.

TABELA 4-2 Material dos eletrodos usados nos medidores eletromagnéticos

Material	Resistência à corrosão	Resistência à abrasão
Inox 316	Boa	Média
Hastelloy	Boa	Média
Platina	Excelente	Pobre
Tântalo	Boa	Média
Titânio	Boa	Boa
Monel	Boa	Média
Carpenter 20	Boa	Excelente

TABELA 4-3 Principais materiais empregados no revestimento isolante dos medidores eletromagnéticos

Revestimento	Resistência à abrasão		Resistência à corrosão	Temperatura máxima (°C)	Aplicações
	Média	Severa			
Teflon	Boa	Pobre	Excelente	300	Ácidos, bases Xaropes, licores Bebidas Não-recomendado para ClH e FH
Poliuretano	Excelente	Excelente	Média	150	Lamas, efluentes
Neoprene	Excelente	Boa	Média	170	Água natural Água tratada Ág. quente e ág. fria
Vidro	Excelente	Pobre	Excelente	—	Ácidos, bases Produtos alimentícios
Fibra de vidro	Média	Pobre	Excelente, em geral	250	Massa de papel, ClH Efluentes
Cerâmica	Excelente	Excelente	Excelente	250 (as variações de temperatura devem ser lentas)	A maioria dos produtos Produtos abrasivos

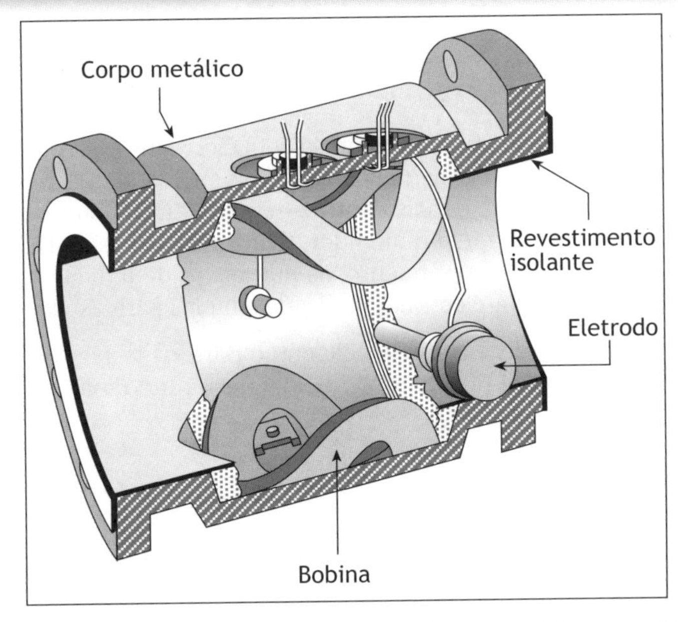

FIGURA 4-11 Projeto industrial clássico de um medidor magnético.

4.3.3 Avanços tecnológicos

Os modernos desenvolvimentos de medidores eletromagnéticos buscam redução de consumo, aplicação a fluidos de menor condutividade elétrica e maior estabilidade do zero.

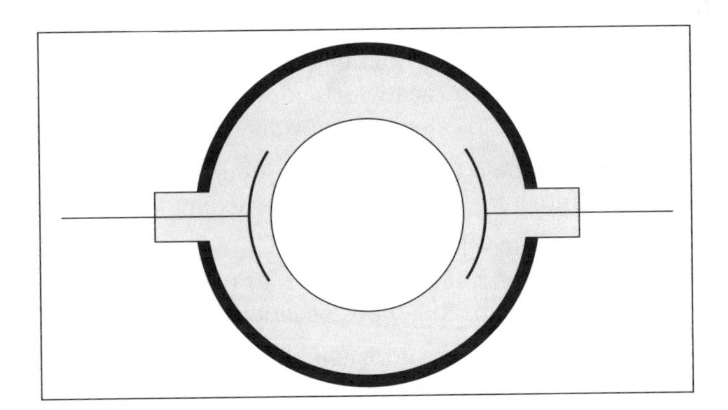

FIGURA 4-12 Representação esquemática de um medidor com acoplamento capacitivo.

Entre os desenvolvimentos ocorridos no final do século XX, destaca-se a excitação das bobinas com dupla freqüência, usada pela Yokogawa. Nessa técnica, uma freqüência alta (75 Hz) é sobreposta a uma baixa freqüência (6,25 Hz) para a excitação das bobinas, o que gera um sinal com forma de onda similar. Os dois componentes do sinal são passados por filtros apropriados, a fim de se obter um sinal de vazão imune a ruídos. No caso, os ruídos a eliminar são os provocados pelo fluido, que pode ser por uma polpa capaz de alterar o potencial eletroquímico dos eletrodos. Esse tipo de ruído ocorre usualmente a uma freqüência relativamente baixa. A excitação com dupla freqüência tem a vantagem de gerar sinais filtrados que respondem rapidamente às mudanças sustentadas de vazão e não respondem a variações de ruídos em baixa freqüência.

Combinando a excitação de dupla freqüência com eletrodos rentes ao tubo de medição (produzido em cerâmica), pode-se medir, por exemplo, polpa com consistência de 10% e flutuações de indicação da ordem de 0,5%, utilizando um amortecimento de somente 1 s, sendo a velocidade da polpa 3,5 m/s no medidor. Utilizando o mesmo tubo de medição, os mesmos eletrodos e o mesmo amortecimento, as flutuações de indicação seriam da ordem de 2% se fosse utilizada a corrente contínua pulsada simples para excitar as bobinas.

No fim dos anos 1990, foi desenvolvido pela então Bailey-Fischer & Porter um medidor magnético alimentado pelo sinal (4 e 20 mA, 2 fios), consumindo somente 0,5 W, com segurança intrínseca.

4.3.4 Instalação

É importante caracterizar os medidores magnéticos como instrumentos elétricos de precisão, para não tratá-los como meros acessórios da tubulação. Nas fases de projeto, montagem e manutenção deverão ser seguidas instruções específicas sobre as recomendações dos fabricantes para a instalação e utilização desses medidores. Em geral, os seguintes critérios ou recomendações deveriam ser respeitados:

- Não devem ser transmitidas cargas da tubulação para o medidor. É necessária atenção especial quando se instala o medidor na posição vertical.
- Medidores com mais de 300 mm de diâmetro exigem suporte independente da tubulação.
- Chaves torquimétricas devem ser utilizadas para ajustar uniformemente os flanges.
- Os medidores magnéticos podem ser instalados em posição vertical, horizontal ou inclinada. Quando instalados em posição vertical, o fluxo deve ter sentido ascendente; quando em posição horizontal, os eletrodos devem estar no plano horizontal.
- Em vista da pouca resistência à temperatura, é preciso tomar precauções para evitar superaquecimento durante a instalação, como, por exemplo, a provocada pela solda.
- Especialmente nos casos de medidores revestidos internamente com teflon, é recomendável o uso de algum protetor, como mostrado na Fig. 4-14. Poderão ser usados anéis, flanges ou carretéis de proteção, em ambos os lados do medidor.
- Quando o procedimento anterior não for seguido, recomenda-se, tanto para medidores revestidos internamente com teflon quanto para os outros tipos, o uso de um banco de montagem para parafusar o medidor à tubulação, ou às válvulas ou, ainda, aos acessórios contíguos, antes de sua instalação no local definitivo. Isso evitará danos no medidor.
- É recomendável instalar provisoriamente um carretel no local do medidor até a prova hidrostática e a lavagem das linhas; posteriormente, instala-se o medidor conforme as recomendações anteriores. O comprimento do carretel deve ser igual ao do medidor mais os anéis, flanges ou carretéis de proteção (quando utilizados).
- Embora não se exija um longo trecho reto, como em outro medidores, quando o fluido medido for abrasivo, é recomendável um trecho reto a montante de 5 a 10 diâmetros. Essa precaução aumentará consideravelmente a vida do tubo de medição.

4.3.4.1 Instalação entre redutores

Freqüentemente, na escolha do diâmetro do medidor para uma velocidade de 3 m/s no sensor, chega-se a um valor inferior ao da linha de processo. Nesses casos, temos duas possibilidades, detalhadas a seguir.

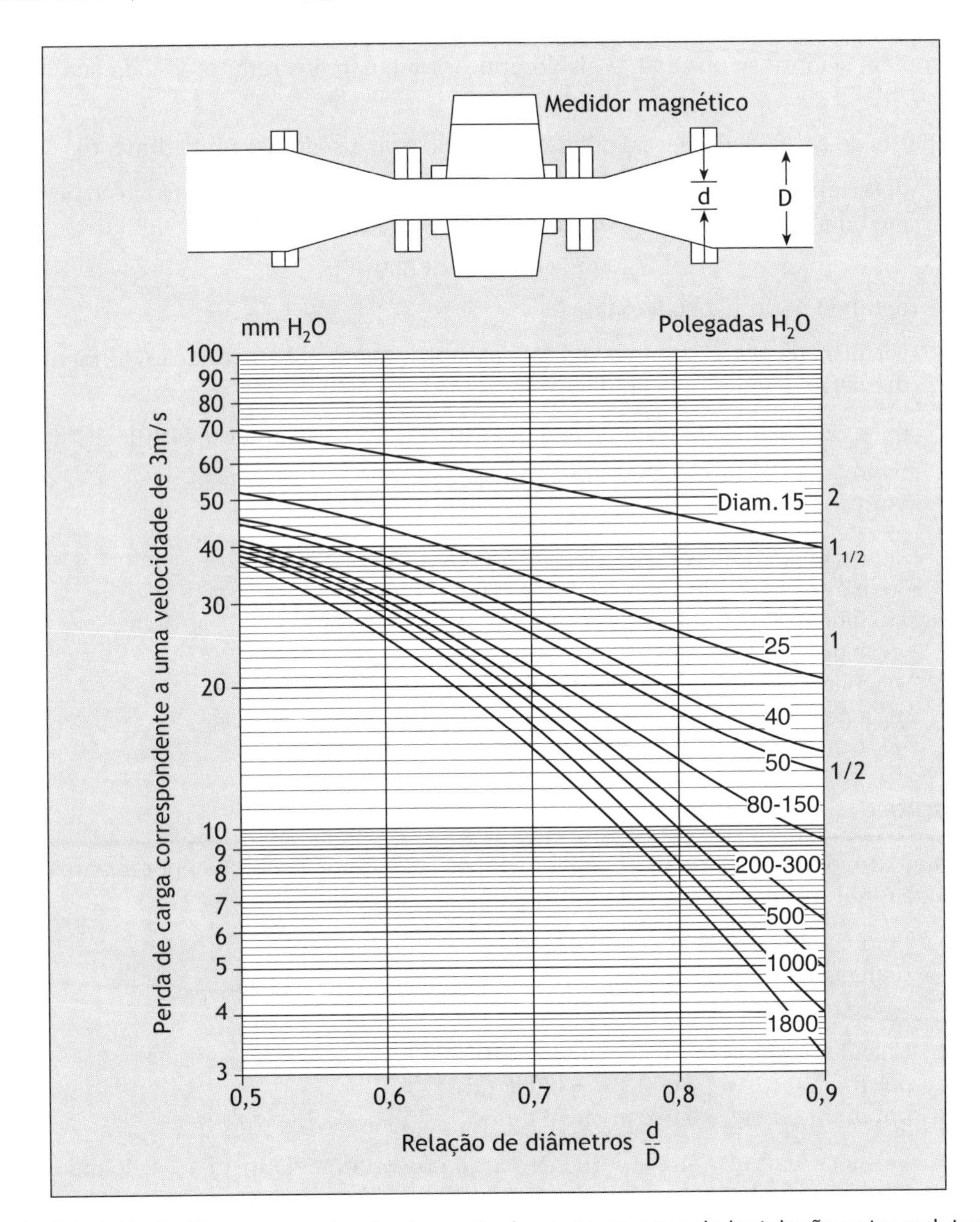

FIGURA 4-13 Gráfico para avaliação da perda de carga no caso de instalação entre redutores com velocidade de 3 m/s.

- Quando não for possível reduzir o diâmetro da linha no lugar da medição, usar o mesmo diâmetro da linha, sacrificando a exatidão do medidor, utilizando-o na faixa baixa de sua rangeabilidade.

- Caso seja possível reduzir a linha, verificar qual será a influência sobre a perda de carga imposta pela instalação entre redutores. O usuário deve ter em mente, também, que estará abrindo mão de uma das vantagens de o instrumento não oferecer perda de carga. No caso de redução do diâmetro para aumento da velocidade, a medição continua não-intrusiva, mas os redutores introduzem uma perda de carga. Em compensação, a escolha de um medidor de menor diâmetro resulta geralmente em custo menor (mas isso nem sempre se observa, considerando-se o custo dos redutores e de sua instalação).

A perda de carga pode ser calculada de acordo com o seguinte procedimento:

a) determinar a relação d/D; para tanto, calcula-se o valor do diâmetro comercial do medidor para uma velocidade próxima a 3 m/s; usar a equação

$$d = [(4 \cdot Q)/(3 \cdot \pi \cdot 3\,600)]^{0,5} \quad [4.10]$$

optando por um d comercial;

b) verificar na Fig. 4-13 a perda de carga provocada pela instalação do medidor de diâmetro d, em mm, quando a velocidade for 3 m/s;

c) para velocidades diferentes de 3 m/s (Eq. [4.11]), aplicar a Eq. [4.10]:

$$V = [(4 \cdot Q)/(d^2 \cdot \pi \cdot 3\,600)] \quad [4.11]$$

$$\Delta p = \Delta p_3 (V/3)^2 \quad [4.12]$$

sendo: Q a vazão máxima (m^3/h);
d o diâmetro interno do medidor magnético (m);
D o diâmetro da linha de processo (m);
V a velocidade no medidor de diâmetro d (m/s);
Δp a perda de carga (mmH_2O);
Δp_3 a perda de carga correspondente à velocidade de 3 m/s.

Exemplo

Calcular o diâmetro d de um medidor e a perda de carga provocada por sua instalação entre redutores para a seguinte aplicação:

- fluido, polpa de papel;
- diâmetro da tubulação, 6 pol;
- vazão máxima, 40 m^3/h.

a) Calcular o diâmetro d, aplicando [4.10]:
$d = [(4 \cdot 40/(3 \cdot \pi \cdot 3\,600)]^{0,5} = 0{,}068$ m;
optar por 3 pol ($\approx$ 0,076 m ou 76 mm).

b) Verificar, na Fig. 4-13, a perda de carga provocada pela instalação do medidor de 76 mm, quando a velocidade for 3 m/s: 42 mm H_2O.

c) Calcular a velocidade, aplicando [4.11]:
$V = [(4 \cdot 40)/(0{,}076^2 \cdot \pi \cdot 3\,600)] = 2{,}45$ m/s.

d) Calcular a perda de carga, aplicando [4.12]:
$\Delta p = 42(2{,}45/3)^2 = 28$ mmH_2O.

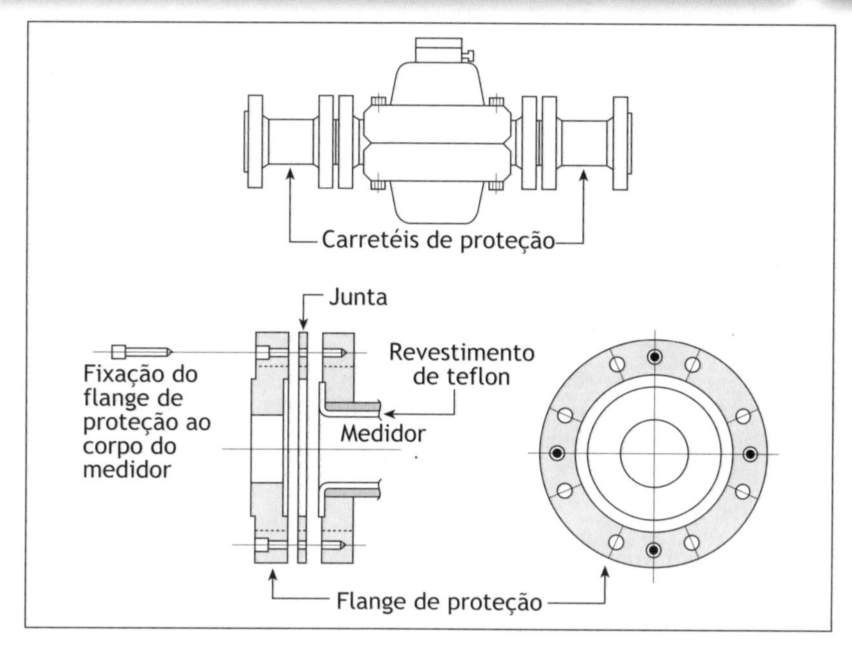

FIGURA 4-14 Protetores para medidores magnéticos.

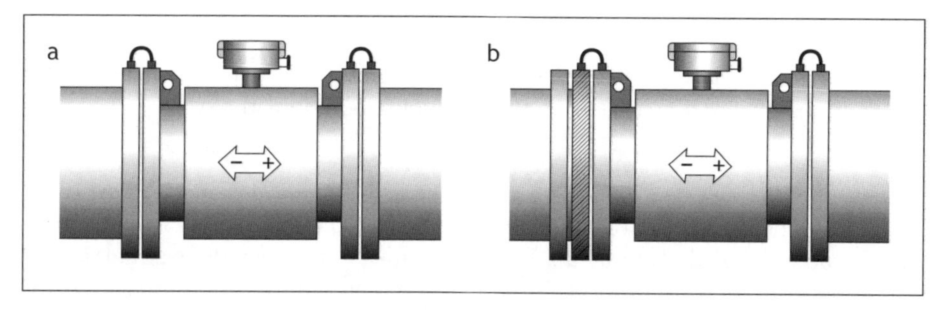

FIGURA 4.14a Aterramento de medidores magnéticos. a) Instalação em tubulação metálica; b) Instalação em tubulação não-metálica ou revestida internamente.

4.3.4.2 Aterramento

Por razões de segurança do pessoal e para obter uma medição de vazão satisfatória, é muito importante atender todos os requisitos do fabricante quanto ao aterramento. Uma interligação elétrica permanente entre o fluido, o medidor, a tubulação adjacente e um ponto de terra comum é especialmente importante quando a condutividade do líquido é baixa.

A forma de efetuar o aterramento depende do tipo de medidor (v. Fig. 4.14a) e do tipo de tubulação adjacente (metálica, não-metálica, com revestimento interno, etc.) Quando o medidor é instalado entre tubulações não-metálicas ou revestidas internamente, é normal a colocação de anéis metálicos entre os flanges do medidor e a tubulação. Assim, obtém-se o contato elétrico com o fluido para posterior aterramento. Esses anéis devem ter diâmetro interno igual ao do medidor.

4.3.5 Desempenho

Classe de exatidão

A exatidão depende da calibração do medidor e do tipo de elemento secundário a que é ligado. A maioria dos fabricantes oferece medidores com faixa de exatidão de 0,5 e classe de rangeabilidade de 5 [10], de acordo com a classificação da Sec. 1.5. Entretanto, em geral, os fabricantes recomendam que se escolha o diâmetro do medidor de forma tal que a velocidade usual do líquido seja da ordem de 2 m/s ou mais e não inferior a 0,3 m/s para a vazão mínima.

Influência da viscosidade

Os medidores independem da viscosidade do fluido. As medições podem ser efetuadas com fluidos newtonianos e não-newtonianos.

Limites de condutividade

A condutividade mínima de 0,5 μS/cm é citada como limite pela maioria dos fabricantes. Uma condutividade de 0,05 μS/cm pode ser considerada como limite de condutividade para os medidores magnéticos. Não é possível medir os produtos e derivados de petróleo por estarem abaixo dos limites práticos de condutividade, assim como os gases, a menos que sejam ionizados.

Influência da densidade

O medidor magnético é basicamente um velocímetro e, conseqüentemente, mede a vazão em volume, e suas indicações são independentes de densidade.

Influência do perfil de velocidade

Não há influência do perfil de velocidade do fluido. O perfil, entretanto, deve ser simétrico em relação ao eixo da tubulação. Uma das causas possíveis de assimetria pode ser a presença de depósitos no fundo do tubo, que tem como efeito uma indicação errada para mais. Necessidades de trechos retos variam segundo cada fabricante. Muitos recomendam 5D a montante e 3D a jusante, porém, para manter a exatidão, podem ser necessários 15D a montante e 5D a jusante.

Medição bidirecional

É possível medir o fluxo nos dois sentidos; nesse caso, o indicador tem um zero central. A montagem na tubulação deve ser simétrica.

4.3.6 Normas sobre medidores eletromagnéticos

As normas sobre medidores eletromagnéticos são a ISO 9104 (1991) e a ISO 6817 (1992). Essas normas deram origem, respectivamente, à NBR ISO 9104 (2000) e à NBR ISO 6817 (1999), elaboradas pela ABNT.

A norma NBR ISO 6817 [A.2], enfoca o método da medição de vazão utilizando medidores eletromagnéticos, descrevendo o funcionamento desses instrumentos e os requisitos de instalação. Na parte de definição das incertezas de medição, é apresentada uma equação para avaliá-las, referida ao desvio padrão. Utilizando esta equação, podemos estabelecer que a incerteza sobre a vazão i_{qv}, correspondente a 95% de nível de confiança, é:

$$i_{qv} = \pm\sqrt{i_s^2 + i_R^2 + i_f^2 + i_c^2}\ \% \qquad [4.9a]$$

em que i_s é a incerteza relacionada aos erros sistemáticos na medição do sinal de saída;
i_R é a incerteza relacionada aos erros aleatórios na medição do sinal de saída;
i_f é a incerteza decorrente das condições de escoamento;
i_c é a incerteza relacionada às condições de calibração.

A norma NBR ISO 9104 [1.3] define os métodos para a avaliação de desempenho dos medidores eletromagnéticos. O objetivo da norma é fornecer aos fabricantes uma sistemática comum para a avaliação e a verificação de seus instrumentos.

Na parte relativa à instalação do medidor durante os ensaios, a norma estabelece que o "dispositivo primário" (a parte do medidor por onde passa o líquido), deva ser instalado a uma distância de pelo menos 10 vezes o diâmetro nominal (DN) de qualquer perturbação a montante e 5 DN de qualquer distúrbio a jusante. Respeitando esta condição e outras relativas à parte da instalação elétrica e à de água que serve de fluido de ensaio, a curva de calibração é levantada. A norma especifica também que o fabricante avalie os efeitos e quantifique os fatores de influência, determinando os desvios sobre a saída do instrumento.

Para essa avaliação, certos parâmetros devem ser respeitados ou declarados:

- a velocidade do líquido, 1 m/s;
- a temperatura do líquido, dentro da faixa que corresponde às especificações do fabricante;
- relativamente ao perfil de velocidade, que depende das curvas a montante, o fabricante deverá instalar o medidor a jusante de arranjos que incluem curvas simples e duplas no mesmo plano e em planos perpendiculares, distantes de 5 DN ou diretamente conectadas ao medidor. Os efeitos de outras perturbações como obstruções anulares ou segmentares devem ser avaliados;
- relativamente às influências externas, a norma especifica condições de avaliação de influência de alimentação elétrica (tensão, freqüência), interrupção no suprimento de energia e distorções da fonte de alimentação;
- relativamente a interferências elétricas, a norma especifica as seguintes perturbações: transientes em sobretensão na fonte de alimentação, efeitos da tensão de modo comum, sendo esta determinada e induzida artificialmente, a influência de uma tensão alternada entre a terra e a fonte de alimentação, entre a terra e os terminais e a infuência do aterramento.

Outras influências incluem a da temperatura ambiente, da umidade sobre o elemento secundário (parte do medidor que inclui a eletrônica), das vibrações mecânicas, da influência magnética, da impedância de saída, da deriva de longo tempo e das correntes de dispersão dentro do líquido.

4.3.7 Outros tipos de medidores magnéticos

O princípio dos medidores eletromagnéticos é utilizado de forma não-convencional por vários fabricantes, como se comenta a seguir.

- Por volta de 1970, a Fischer & Porter já dispunha de um modelo denominado "Pitot magnético" que podia ser usado em tubulações de grande diâmetro (superior a 36 pol). Consistia basicamente num medidor magnético de 10 pol de diâmetro, com bobinas completamente encapsuladas no material de revestimento. Dessa forma, o elemento primário podia ser inserido na tubulação, suportado por sua haste, que continha os condutores de alimentação e do sinal. A forma hidrodinâmica do corpo minimizava a diferença entre a velocidade do fluido dentro e fora do sensor.
- A MMI dispõe, desde os anos 90 de um verdadeiro Pitot magnético, com uma haste de inserção provida de vários sensores, distribuídos de forma parecida com o Pitot multifuro, e com uma eletrônica capaz de calcular a velocidade média do fluido a partir das velocidades locais medidas pelos vários sensores.
- Existem medidores de inserção operando pelo princípio magnético que medem a velocidade em um único ponto, relativamente perto da parede, com uma precisão suficiente para operar como chave de fluxo.

4.3.8 Principais aplicações

Os medidores eletromagnéticos são aplicados principalmente na indústria de papel e celulose, onde não há concorrente tecnológico para a medição de polpas, do licor branco e preto, dos líquidos usados no branqueamento e dos aditivos químicos.

Outras aplicações usuais dos medidores eletromagnéticos são:

- mineração (minerodutos);
- nuclear (líquidos radioativos);
- química fina, farmacêutica e alimentícia, onde perdem terreno para os medidores a efeito Coriolis;
- águas e esgotos, onde sofre a concorrência do medidor ultra-sônico.

4.4 MEDIDORES TÉRMICOS

Esse tipo de medidor baseia-se nas alterações de equilíbrio térmico criadas pelas variações de vazão do fluido a ser medido em um sensor aquecido. Geralmente os medidores térmicos são projetados para medir vazões de gás, mas existem também aqueles projetados para vazão de líquidos.

Existem dois tipos principais de medidores térmicos: os que medem vazões em regime de escoamento laminar e os que medem escoamentos turbulentos.

4.4.1 Medidores térmicos para vazão laminar

Os medidores desse tipo exigem número de Reynolds pequeno, no sensor, o que se obtém com um sensor monotubular (como o da Fig. 4-15), ou com um sensor formado por um conjunto de capilares, como é usado por vários fabricantes, em conjunto com uma microválvula para controlar vazões muito pequenas. No sensor representado na Fig. 4-15, a curva A_1, B_1, C_1 mostra o perfil térmico simétrico, em relação ao centro do sensor, quando não há vazão. A curva A_2, B_2, C_2 mostra que, quando há vazão, a curva se desloca para a direita, no mesmo sentido do fluxo que passa dentro do tubo.

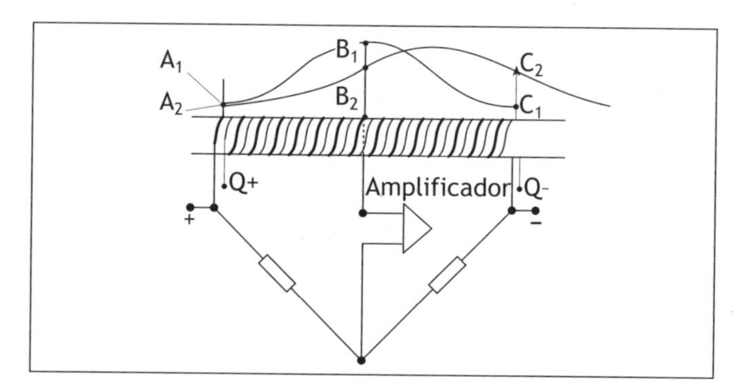

FIGURA 4-15 Medidor térmico para escoamento laminar.

O tubo, de diâmetro da ordem de 6 a 8 mm, recebe dois enrolamentos: um deles (entre $Q^+ Q^-$ na Fig. 4.15) é uma resistência de aquecimento e o outro é um sensor de temperatura; metade faz parte de um dos ramos de uma ponte de Wheatstone e a outra metade faz parte do ramo oposto. Quando não há vazão, devido à simetria do perfil térmico, as duas metades do sensor de temperatura têm a mesma resistência, e a ponte fica em equilíbrio. Quando há vazão, as temperaturas e as resistências são diferentes e a ponte se desequilibra. Um amplificador mede o desequilíbrio, que é proporcional à vazão, dentro da faixa de trabalho do instrumento, sendo dessa forma um instrumento linear.

A equação que relaciona a diferença de temperatura com a vazão é:

$$\Delta t = C \cdot \rho \cdot C_p \cdot Q_v \qquad [4\text{-}13]$$

sendo: C a constante do instrumento;
ρ a massa específica do gás;
C_p o calor específico do gás, a pressão constante;
Q_v a vazão volúmica.

Considerando que $Q_m = Q_v \cdot \rho$, o instrumento é um medidor mássico. O sinal de saída do instrumento é proporcional à vazão mássica e ao produto $\rho \cdot C_p$.

Os instrumentos têm suas escalas previstas para medição de ar atmosférico; para outros gases, a escala do instrumento deve ser multiplicada pelo valor apontado na Tab. 4-4.

As vazões medidas são da ordem de uns poucos gramas por hora, quando o sensor é usado diretamente. Quando o sensor é colocado em *by pass* de um outro tubo, sem sensor, onde o escoamento também deve ser laminar (como um *shunt*), a faixa de vazão atinge 5 kg/h. A exatidão é da ordem de ± 0,5% a ± 1% da faixa de medição. O fluído deve ser limpo e não depositar, na superfície interna do tubo, resíduos que possam alterar a transferência térmica entre o gás e os enrolamentos, através de suas paredes.

TABELA 4-4 Fatores de multiplicação para gases, em medidores térmicos

Gás	Fórmula	Fator	Gás	Fórmula	Fator
Acetileno	C_2H_2	0,67			
Água	H_2O	0,80	Dióxido de enxofre	SO_2	0,70
Amoníaco	NH_3	0,77	Hexafluoreto de enxofre	SF_6	0,28
Argônio	Ar	1,43	Hexafluoreto de tungstênio	WF_6	0,23
Cloro	Cl_2	0,85	Hexafluoreto de urânio	UF_6	0,23
Dióxido de carbono	CO_2	0,73	Óxido nitroso	NO	1,00
Hidrogênio	H_2	1,03			
Hélio	He	1,43	Acetileno	C_2H_2	0,67
Monóxido de carbono	CO	1,00	Butano	C_4H_{10}	0,30
Neon	Ne	1,38	Etano	C_2H_6	0,56
Nitrogênio	N_2	1,02	Etileno	C_2H_4	0,69
Oxigênio	O_2	0,97	Isobutano	C_4H_{10}	0,31
Flúor	F2	0,93	Metano	CH_4	0,69
Freon 11	CCl_3F	0,36	Óxido de etileno	C_2H_4O	0,60
Freon 12	CCl_2F	0,36	Pentano	C_5H_{12}	0,22
Freon 13	$CClF_3$	0,42	Propano	C_3H_8	0,32
Freon 14	CF_4	0,48			
Freon 22	$CHClF_2$	0,43	*Ar atmosférico*	—	*1,00*
Freon 114	$CClF_2$	0,22			

Para gases que não constam da Tab. 4-4, o instrumento deve ser calibrado. Esses instrumentos apresentam a vantagem de ser praticamente independentes da temperatura e da pressão do fluído medido.

4.4.2 Medidores térmicos para escoamentos turbulentos

Apresentam-se como sondas, que podem ser de inserção, para diâmetros de mais de 4 pol, ou fazer parte de um medidor em linha para diâmetros menores. A forma mais comum de operação consiste em comparar a temperatura de um sensor aquecido, trocando calor com o fluxo, com a temperatura do fluído, medida por outro sensor. Quanto maior a velocidade do fluxo, menor será a diferença entre o sensor aquecido e o de referência. Uma eletrônica apropriada transforma a diferença de temperatura em sinal de vazão. Para tubulações ou dutos de grandes diâmetros, os fabricantes utilizam várias sondas, cada qual provida de múltiplos sensores térmicos.

A Fig. 4-16 mostra uma sonda com quatro pontos de medição, providos de conjuntos de sensores, distribuídos de maneira análoga aos furos de um Pitot industrial. Em cada ponto, encontram-se dois sensores de temperatura, um próximo a um filamento aquecedor e o outro, de referência, próximo a uma massa metálica não-aquecida. Os sensores de temperatura, em cada ponto de medição da sonda, são suficientemente espaçados para que o calor dissipado pelo aquecedor não atinja o sensor de referência.

A diferença de temperatura entre os dois sensores é função da convecção e da dissipação do calor, provocadas pela passagem do fluído em cada ponto de medição da sonda. Um computador de vazão associado ao medidor calcula a vazão mássica do fluído em função da média das velocidades assim detectadas.

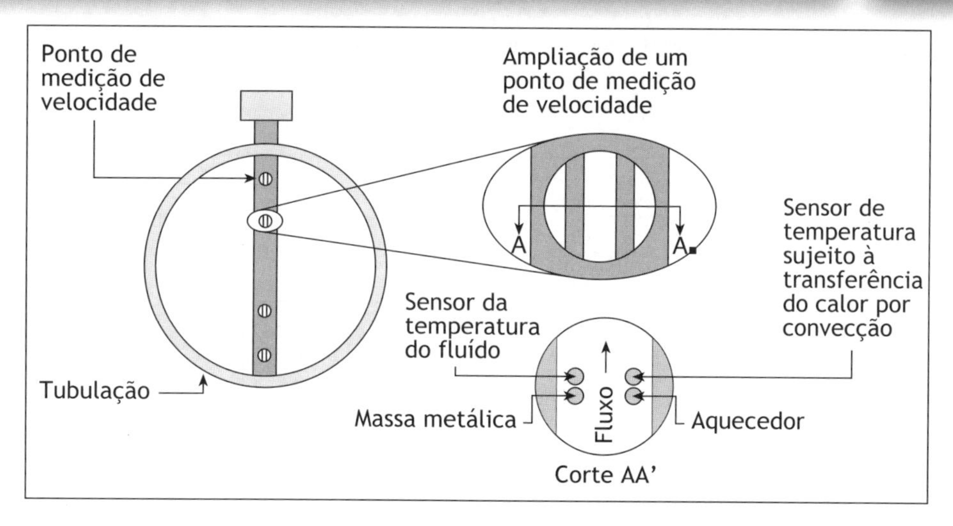

FIGURA 4-16 Medidor térmico de inserção, com quatro sensores.

Nesse princípio de operação, a equação que estabelece a correlação entre a temperatura diferencial Δt e a "velocidade mássica" $V\rho$ é, segundo Morgan [6.11]:

$$V\rho = K(Q/\Delta t)^{5/3}$$

sendo: a velocidade do fluído;
ρ a massa específica do fluído;
K a constante de calibração;
Q o fluxo térmico;
Δt a temperatura diferencial.

Multiplicando os produtos $V\rho$ por coeficientes de ponderação apropriados e fazendo a média dos resultados, obtém-se a vazão mássica, Q_m, também função de $\Delta t^{-5/3}$, considerando-se que o fluxo térmico será mantido constante. O fator K deve ser determinado por calibração em função das propriedades do gás: o calor específico a pressão constante (C_p), a viscosidade (μ) e a condutividade térmica (k_f).

Esses instrumentos são complementados, necessariamente, por um computador, que realiza os cálculos necessários para apresentar a vazão de forma linear. E, já que o conjunto sensor-computador não pode ser dissociado pelo usuário, os medidores de vazão turbulenta são incluídos entre os instrumentos lineares, apesar de a equação ser logarítmica.

O tempo de resposta relativamente longo desses medidores pode ser reduzido pelo emprego de funções similares à ação derivativa dos controladores, para acelerar a estabilização de uma nova saída ou indicação, quando a vazão muda.

Uma outro tipo de medidor térmico é mostrada na Fig. 4-17. Nesse arranjo, dois termistores são colocados no tubo de medicão, a uma distância suficiente para que o calor dissipado pelo termistor a montante não seja sentido pelo termistor a jusante. O termistor a montante é aquecido por um pulso de corrente de tempo definido, após o que, esfria normalmente. Quando a temperatura diminui até um ponto que é determinado em função da temperatura de referência, medida pelo termistor a jusante, o termistor a montante volta a receber um pulso de aquecimento. A freqüência de repetição desse ciclo de aquecimento e esfriamento é função da vazão mássica do fluido, que determina a dissipação do calor gerado pelo pulso de corrente. As diferentes curvas de freqüência em função da vazão referem-se a diversos limites inferiores de temperatura, que determinam o novo pulso de corrente. O tempo do pulso é da ordem de milissegundos.

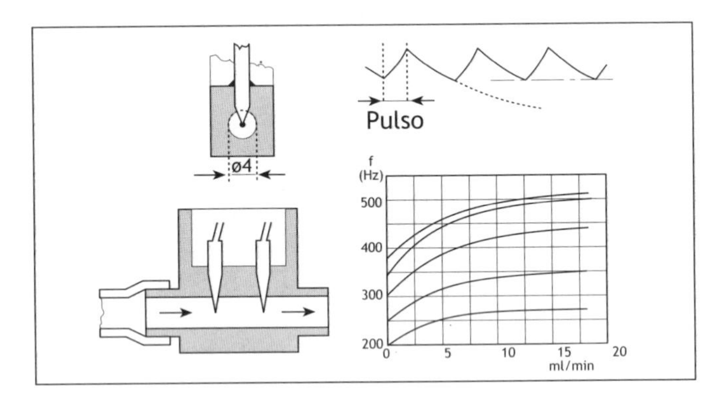

FIGURA 4-17 Sensor térmico a relaxação.

4.4.3 Anemômetros a fio quente

Os anemômetros a fio quente também são sensores térmicos. Por se tratar de instrumentos utilizados em laboratórios de pesquisa, esses sensores mereceram uma atenção especial, no que se refere ao detalhamento teórico de seu princípio de funcionamento. A Fig. 4-18 mostra três tipos de anemômetros térmicos:

- a fio único;
- a filme;
- com três fios, para determinar as velocidades nos três eixos.

Uma das técnicas empregadas na avaliação da velocidade com anemômetro a fio quente consiste em medir a intensidade da corrente necessária para manter sua temperatura a um valor fixo, compensando a tendência desta em diminuir quando aumenta a velocidade do fluído que se está medindo. Um computador de vazão dedicado muda a corrente elétrica que mantem constante a temperatura do fio quente, por efeito Joule. O equilíbrio térmico é obtido quando o calor gerado por efeito Joule é igual ao calor cedido ao fluído, que envolve o fio quente, por convecção, principalmente.

A potência Joule (P_J) dissipada numa resistência cujo valor é R_t, à temperatura t, pela qual passa uma corrente I, é:

$$P_J = R_t \cdot I^2$$

A potência P_c necessária para a troca térmica, admitindo que a troca térmica ocorra somente por convecção, com o fluído que está à temperatura T_a, é:

$$P_c = h S_L \cdot (T - T_a)$$

sendo: S_L a superfície externa do fio quente, de diâmetro d e comprimento $S_L = \pi \cdot d \cdot L$;
h o coeficiente de troca térmica: $h = \lambda \cdot \mathrm{Nu}/d$, em que
λ é a condutância térmica do fluido e
Nu o número de Nusselt:

$$\mathrm{Nu} = 0{,}42\mathrm{Pr}^{0,20} + 0{,}57\mathrm{Pr}^{0,23}\sqrt{\mathrm{Re}}$$

sendo: Pr o número de Prandtl (= ν/α, em que α é a difusividade térmica do fluído);
Re o número de Reynolds (= $V \cdot D/\nu$, em que D é o diâmetro do tubo onde a velocidade V está sendo estimada, e ν a viscosidade cinemática desse fluído).

Igualando P_J e P_c, e, pelo número de Reynolds, que é um dos fatores do número de Nusselt, a velocidade pode ser calculada a partir do valor de I necessário para manter T fixa, das constantes do sensor (R_t e S_L) e das propriedades do fluido (α, λ e ν).

Nos anemômetros a fio quente, um instrumento digital associado calcula a velocidade do fluido, empregando as equações anteriores. O diâmetro dos fios usados é da ordem de centésimos de milímetro ou menos. No caso dos anemômetros a filme quente, uma fina camada de platina é depositada num suporte de borossilicato de pequenas dimensões.

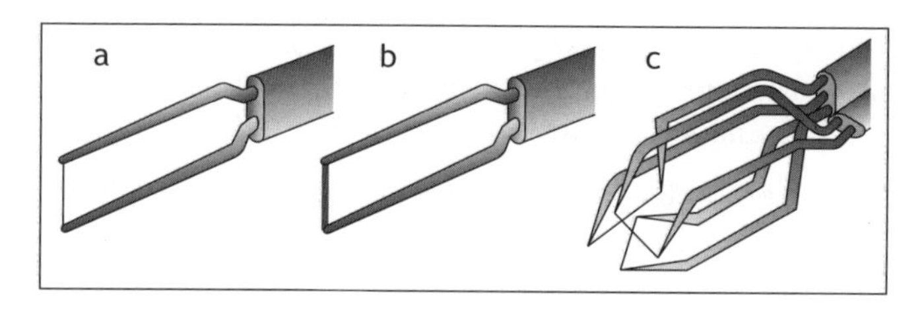

FIGURA 4-18 Anemômetros a fio (e filme) quente. a) fio quente; b) filme quente; c)fio quente tridimensional

4.4.4 Instalação de medidores térmicos

É possível instalar medidores térmicos em tubulação ou dutos de grandes diâmetros de várias maneiras. Os fabricantes podem, por exemplo, sugerir a inserção de sondas múltiplas:

- duas unidades a 90°, atravessando a tubulação, ou três a 120°, ou quatro a 90°, unidades curtas, como mostra a Fig. 4-19(a), em tubulações circulares;
- duas unidades atravessando a tubulação, ou quatro unidades curtas dividindo a altura em duas áreas iguais, como se vê na Fig. 4-19(b), em dutos retangulares.

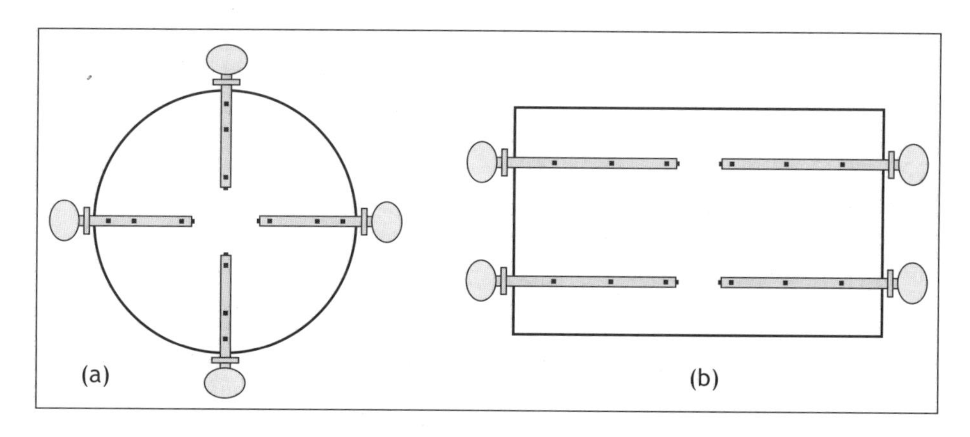

FIGURA 4-19 Instalação de sondas em dutos circulares (a) ou em dutos retangulares (b).

Para instalação em áreas classificadas, existem versões de medidores térmicos com as proteções e as certificações adequadas para "Class I e II, Division 1 e 2".

4.4.5 Conclusões sobre medidores térmicos

Os medidores térmicos são uma alternativa interessante como sensores de vazão de gases secos e limpos, podendo também ser aplicados a líquidos. Entre os diversos tipos de medidores, os térmicos às vezes representam a melhor alternativa, quando a velocidade do gás é baixa, como em dutos de exaustão de fumaça ou em tubulações superdimensionadas.

Entre as qualidades desse princípio de medição, destacam-se a rangeabilidade, que pode atingir 100:1 (certos fabricantes anunciam até 1 000:1), e a medição direta da vazão mássica. Dependendo do modelo e do fabricante, a exatidão pode variar entre ±1% e ±5%.

A aplicação a gases úmidos e sujos não é favorável. Um fabricante oferece como acessório um limpador automático do sensor, que atua com um curto jato de ar quente, para eliminar a formação de contaminadores. Durante a limpeza, a saída é mantida no último valor.

Os medidores térmicos podem ser aplicados aos seguintes processos:

- biogás;
- digestores;
- ar de combustão;
- dutos de fumaças/chaminés;
- ventilação de minas;
- monitorarão de emissões orgânicas;
- gás natural.

4.5 TURBINAS

Os medidores do tipo turbina são utilizados para medir fluxos de líquidos e gases. A teoria das turbinas é simples: o rotor, provido de aletas (ou pás) e formando um ângulo α com as linhas de escoamento, é posto a girar quando há vazão, devido à incidência das linhas de velocidade do fluxo contra os planos inclinados representados pelas pás do rotor.

4.5.1 Funcionamento teórico e real

Imaginemos um medidor de vazão a turbina, teórico, cujas aletas têm espessura nula, montado num eixo que sem qualquer atrito e acionado por um fluido não- viscoso.

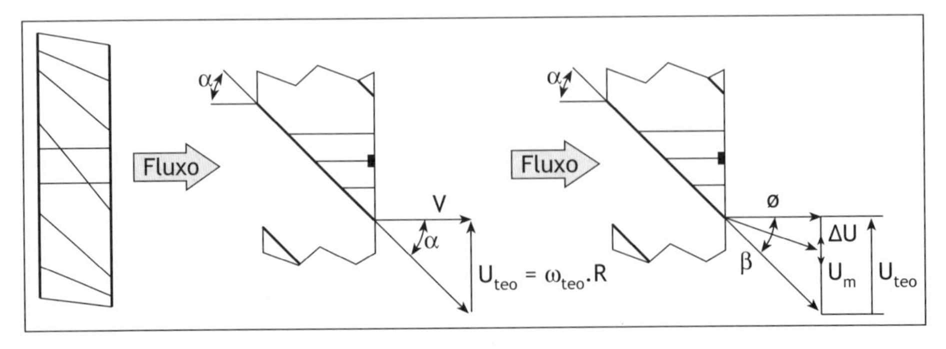

FIGURA 4-20 Composição vetorial para turbinas.

Em regime permanente, como se observa na Fig. 4-20, a velocidade angular pode ser representada pela equação:

$$\omega_{teo} R_g = U_{teo} = V \operatorname{tg} \alpha \qquad [4.14]$$

sendo: ω_{teo} a velocidade angular teórica;
R_g o raio de giro da aletas;
U_{teo} a velocidade periférica teórica;
V a velocidade média do fluído.
α o ângulo das aletas com o eixo do rotor.

Num medidor de vazão real, existe uma diferença entre a velocidade angular real (ω) e a velocidade teórica (ω_{teo}), chamada de "escorregamento". Esse escorregamento se deve às forças mecânicas de atrito, aos atritos viscosos e à turbulência, que provocam um conjugado de carga (M_c). O escorregamento ε_r pode ser representado por:

$$\varepsilon_r = (\omega_{teo} - \omega)/\omega_{teo} \qquad [4.15]$$

Os atritos mecânicos têm origem, de um lado, nos mancais — cuja resistência à rotação depende do tipo de construção, do tipo de rotor e do empuxo axial —, e, de outro lado, no sistema de leitura de velocidade e de totalização mecânica.

Os atritos aerodinâmicos, por sua vez, geram um conjugado M_h tal que:

$$M_h = K_h R_g F_h$$

sendo: K_h constante do rotor;
F_h a força de atrito.

O valor de F_h depende do regime de escoamento, laminar ou turbulento, e é representado pelas seguintes equações:

Em regime laminar	Em regime turbulento
$F_{h\,lam} = k_{lam}\mu V$	$F_{h\,tur} = k_{tur}\rho V^2$

sendo k_{lam} e k_{tur} são coeficientes constantes;
μ é a viscosidade dinâmica;
ρ a massa específica;
V a velocidade axial.

Esse conjugado aerodinâmico de carga depende, conseqüentemente, da vazão e do regime de escoamento. Na prática, um medidor do tipo turbina funciona sempre em regime turbulento a velocidades elevadas, mas pode encontrar-se em regime laminar nas pequenas vazões.

Para vencer esse conjugado de carga, o conjugado motor (M_a), em regime permanente, é representado pela equação

$$M_a = \frac{\pi}{2}\rho V^2\left(\frac{2\pi}{L} - \frac{\omega}{V}\right)\left(R^4 - r^4\right) \qquad [4.16]$$

sendo: L o passo da hélice;
R o raio externo da hélice;
r o raio interno da hélice;
ω a velocidade angular do rotor.

Expressando o escorregamento em função de ω, V e L, obtém-se:

$$\varepsilon_r = (\omega_{teo} - \omega)/\omega_{teo} = 1 - (\omega/\omega_{teo})$$

Substituindo tg α por $2\pi/L$, vem:

$$\varepsilon_r = 1 - [(\omega/V)/2\pi/L)]$$

O conjugado motor M_a, que é igual ao conjugado de carga M_c, em regime permanente, será então

$$M_a = \pi^2 \rho (V^2/L)(R^4 - r^4)\,\varepsilon_r = M_c \quad [4.17]$$

e o escorregamento será representado pela equação

$$\varepsilon_r = M_c/[\pi^2 \rho (V^2/L)(R^4 - r^4)] \quad [4.18]$$

Enquanto o regime for turbulento e os atritos aerodinâmicas mais importantes que os atritos mecânicos, M_c será proporcional a ρV^2, e o escorregamento ε_r é constante, qualquer que seja a vazão; ou seja: a velocidade de rotação da turbina é proporcional a V e à vazão volúmica.

Na prática, o processo não é exatamente esse, e o escorregamento varia ligeiramente na faixa de medição, em função da vazão e da viscosidade do fluído, como mostram os gráficos da Fig. 4-23, que representa as curvas típicas de erro de medição de medidores de turbina. Observa-se ainda, na Fig. 4-20, que a velocidade periférica da turbina U_m, inferior a U_{teo}, cria para o fluído uma velocidade tangencial Δu na saída da turbina, o que significa uma pequena rotação no fluído após a passagem pelo rotor.

4.5.2 Projeto de partes críticas das turbinas

Turbinas para gases e para líquidos têm um problema comum, resolvido de forma diferente. Trata-se de evitar a influência de conjugados resistivos, que podem diminuir velocidade angular do rotor, provocando escorregamento em relação à velocidade teórica, devidos à detecção do giro e ao atrito do sistema de mancais ou de rolamentos. Por serem instrumentos que podem ter finalidades comerciais, regras rígidas são estabelecidas pela ISO e a OIML quanto ao possível efeito de tais desses conjugados resistivos que afetam a velocidade angular do rotor sobre a exatidão dos medidores.

4.5.2.1 Detecção do giro do rotor

No caso de detecção mecânica, o eixo do rotor é provido de uma engrenagem cônica ou de um sem-fim para mudar em 90° a direção do eixo de rotação, em direção à parede do corpo da turbina. A passagem da parte pressurizada para o dispositivo de leitura é feita por meio de um acoplamento magnético. No dispositivo de leitura, um conjunto de rodas marcadas de 0 a 9 com engrenagem especial, que faz a roda adjacente girar um décimo de volta completa da roda considerada, indica o volume atual que passou pela turbina:

- a indicação deve ser em unidades de engenharia;
- a roda de menor valor significativo (a da direita) tem rotação contínua e deve permitir uma avaliação do volume correspondente a 1/40 da vazão mínima.

Os sistemas mecânicos podem ser complementados por geradores de pulso. Certas turbinas são providas de vários geradores de pulso: um correspondente à rotação da roda de menor valor significativo, que gera uma freqüência elevada, e outro acoplado a uma das rodas de maior valor significativo, gerando baixas freqüências.

Os acessórios que podem ser ligados mecanicamente à caixa de indicação não devem alterar o fator de calibração da turbina além dos valores das normas.

No caso de detecção eletrônica, existem dois sistemas principais de medição de rotação: magnético e de radiofreqüência.

No *sistema magnético*, um sensor de proximidade é sensível à passagem das pás da turbina. O sensor é composto de um ímã permanente e de uma bobina. O fluxo magnético varia cada vez que uma aleta da turbina modifica a distribuição das linhas magnéticas, ao passar pelo campo do imã. A bobina gera, dessa forma, uma seqüência de pulsos, cuja freqüência é diretamente proporcional à vazão.

No *sistema por radiofreqüência*, uma bobina, colocada no sensor da turbina, serve como antena; cada vez que uma das aletas passa perto do campo eletromagnético gerado, a amplitude do sinal muda, como mostra a Fig. 4-21. A detecção de freqüência nessa modulação de amplitude é feita da mesma forma que nos antigos rádios AM. A grande vantagem dessa tecnologia é que o sistema de detecção não freia a rotação do rotor.

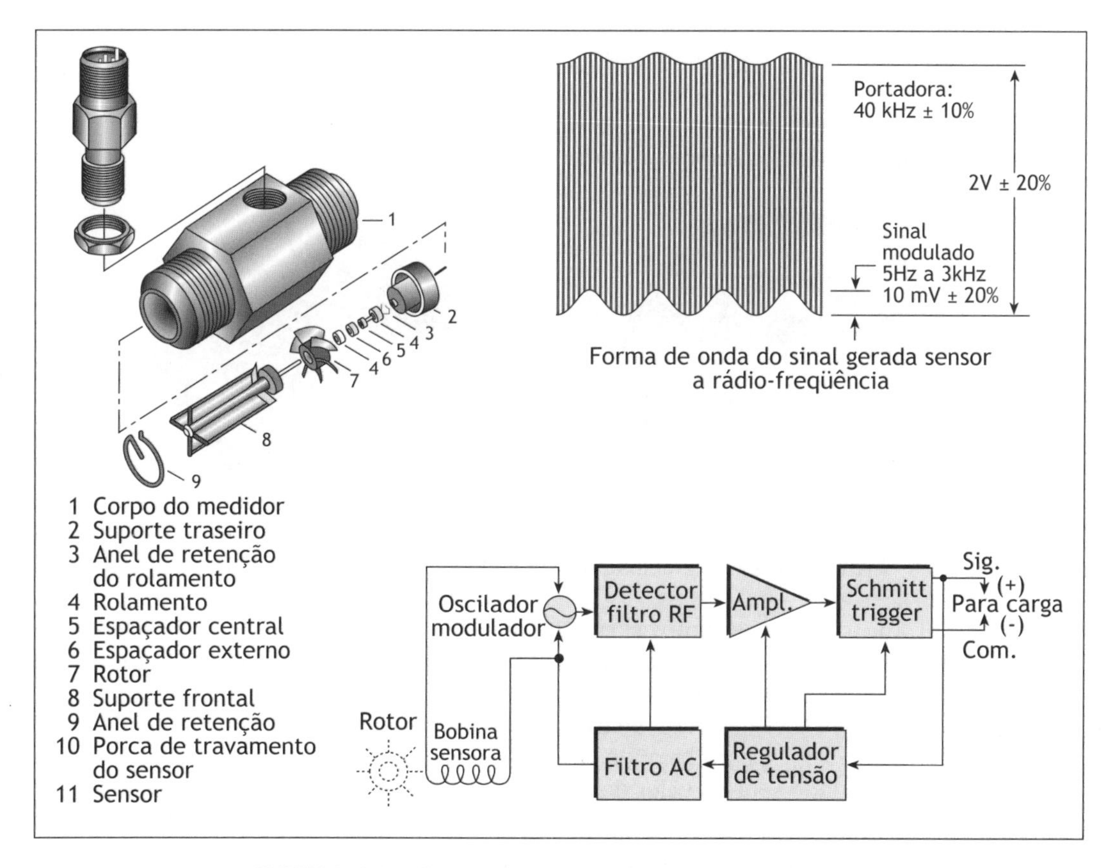

FIGURA 4-21 Detecção de rotação por radiofreqüência.

4.5.2.2 Sistema de mancais

A livre rotação do rotor depende muito do sistema rotativo da turbina. No caso de turbinas para líquidos, o eixo termina, nas duas extremidades, em pontas de metal duro (carbeto de tungtênio, stellite). O eixo é apoiado em mancais de encosto de safira ou de metal duro. A cerâmica vem sendo usada nos mancais de encosto, em conjunto com pontas de eixo ligeiramente arredondadas.

Geralmente o sistema de rolamento constituído por mancais de encosto fica na posição de operação somente quando o rotor está girando. Quando em repouso, o eixo se apóia em buchas auxiliares (com uma pequena folga em relação ao eixo), e as pontas não estão exatamente no centro dos mancais de encosto; molas montadas atrás dos mancais permitem o pequeno deslocamento axial necessário dos mancais de encosto. Não há lubrificação.

No caso de turbinas para gases, o sistema rotativo utiliza rolamentos de esferas. Muitas turbinas são equipadas com uma bomba de lubrificação manual, que deve ser acionada de tempos em tempos, de acordo com as instruções do fabricante. Quando são utilizados rolamentos blindados, com lubrificação permanente, a livre rotação está assegurada por milhares de horas de funcionamento.

4.5.3 Turbinas para líquidos

São utilizadas para medições precisas, inclusive para transações comerciais. Os rotores são projetados de forma a tornar o fator K o mais independente possível das variáveis de influência. Existem diversos projetos de rotores para turbinas. Para medição de líquidos viscosos, os rotores com poucas pás e de forma helicoidal longa (ver Fig. 4-22) são considerados os mais independentes da viscosidade.

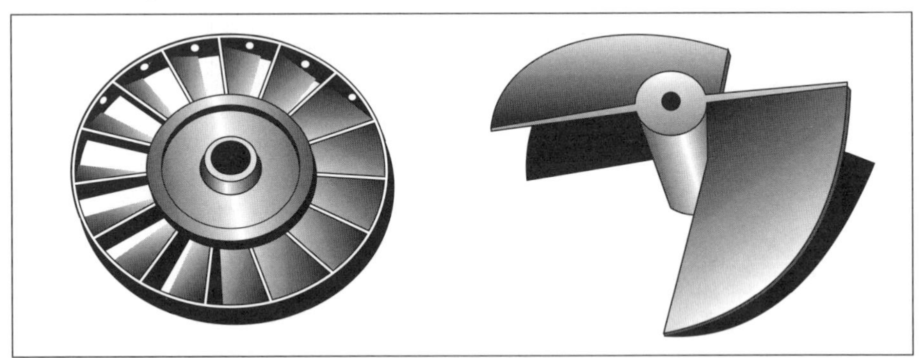

FIGURA 4-22 Exemplos de rotores. Multipá e bipá helicoidal.

Numa turbina ideal, esse valor K seria uma constante independente da viscosidade do fluido medido. Observa-se, entretanto, que, à medida que a viscosidade aumenta, o fator K deixa de ser uma constante e passa a ser uma função da viscosidade e da freqüência de saída da turbina. Com a viscosidade abaixo de 2 cSt, o coeficiente K é aproximadamente constante, dentro de ±0,5% para freqüências de saída acima de 50 Hz. A Fig. 4-23 mostra a influência da viscosidade sobre o valor de K para viscosidades de 2,5 e 14 cSt.

Graças à sua boa exatidão, as turbinas são freqüentemente usadas na indústria para totalização de volume, com vistas a apurações de custos ou faturamento de produto. Nesses casos, uma recalibração periódica é necessária e o problema passa a ser o de se dispor de um sistema de teste com apreciável exatidão, superior à da turbina. Ver Sec. 8.2 calibração com provas.

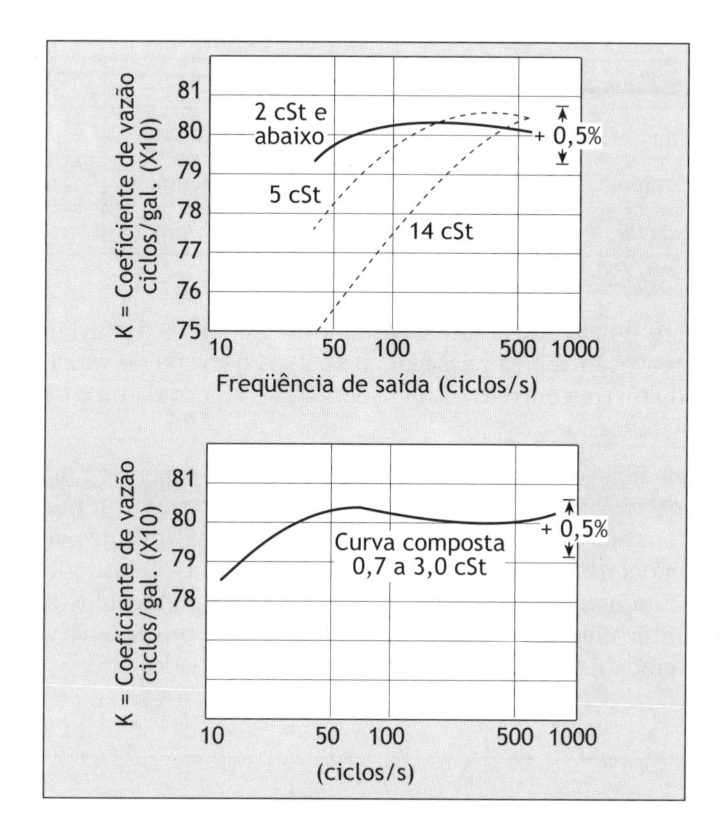

FIGURA 4-23 Análise de rotores de turbinas para líquidos. O rotor de duas pás helicoidal é pouco sensível às variações de viscosidade do fluído.

Em geral as turbinas se apresentam flangeadas, para montagem num trecho de tubulação de comprimento reto adequado. Elas podem ser projetadas para condições de serviço adversas: pressões de até 200 bar e temperaturas compreendidas entre –250°C e +250°C. As dimensões das turbinas são compatíveis com linhas de $^1/_4$ pol a 30 pol, e a faixa de medição se situa entre 0,2 L/h e 10 000 m^3/h.

A exatidão na medida de vazões obtida com turbinas está entre as mais elevadas dos elementos primários: 0,25% do valor instantâneo. A rangeabilidade comum é 20:1, podendo atingir 150:1 para aplicações especiais.

4.5.3.1 Instalação das turbinas para líquidos

As turbinas são geralmente instaladas em trechos retos horizontais (Fig. 4-26). O sentido do fluxo é indicado com clareza no corpo da turbina, para evitar qualquer equívoco. Nas instalações ao ar livre de turbinas com saída eletrônica, alguns fabricantes recomendam a montagem da caixa do pré-amplificador, ligada ao corpo da turbina, por baixo, ficando assim mais protegida das intempéries.

Em geral é necessária a colocação de um filtro a montante da turbina, para evitar que partículas sólidas possam emperrar a parte móvel. Nesses casos, recomendam-se as seguintes dimensões para a tela do filtro, em relação ao diâmetro da turbina:

Diâmetro da turbina	Diâmetro dos fios	Fios	Abertura
12 mm	0,086 mm	47,43/cm	0,125 mm
20~25 mm	0,22 mm	17,5/cm	0,35 mm
40 mm ou mais	0,48 mm	6,75/cm	1,0 mm

Freqüentemente é necessário um separador de gás antes da turbina, a fim de evitar erros de medição provocados pela passagem de bolhas de ar ou de vapores veiculados. Um trecho reto de 15 diâmetros entre o último acessório e a entrada da turbina deve, preferivelmente, ser respeitado.

Em casos de medição de líquidos a uma pressão pouco superior à pressão de vapor em temperaturas de serviço, um cuidado especial deverá ser tomado em relação à possibilidade de cavitação. Com efeito, devido à forma construtiva das turbinas, a pressão do fluido poderá diminuir, em conseqüência da aceleração localizada, até atingir um valor inferior à pressão de vapor do líquido, provocando cavitação, com conhecidos efeitos destrutivos. Recomenda-se manter uma pressão superior em 0,7 bar à pressão de vapor do líquido, à temperatura de operação, para evitar esse fenômeno indesejado.

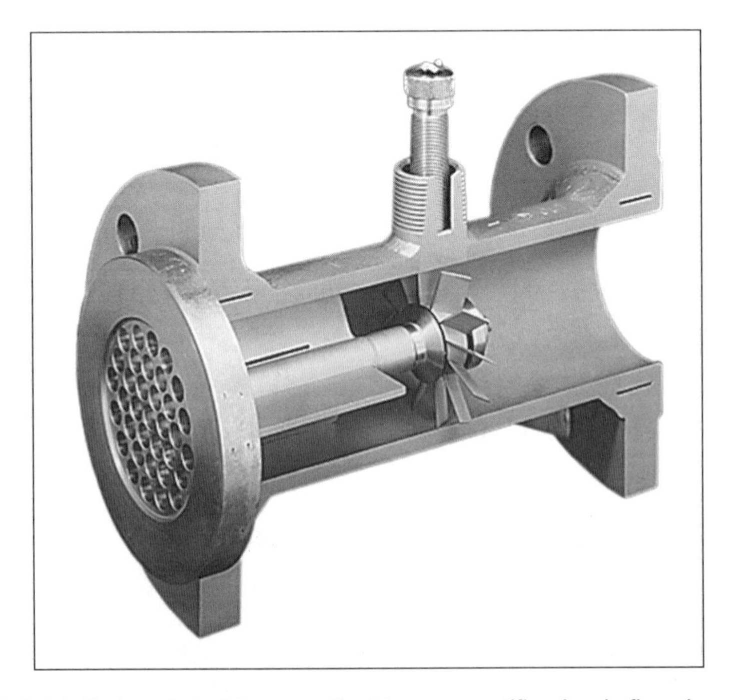

FIGURA 4-24 Projeto de turbina para líquidos, com retificador de fluxo incorporado.

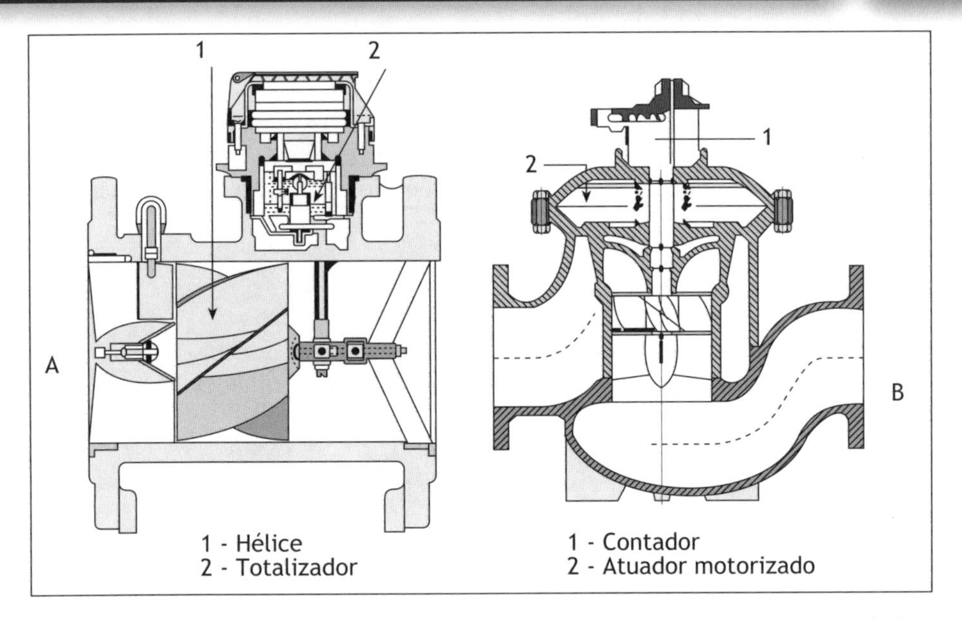

FIGURA 4-25 Exemplos de turbinas para líquidos; (a) Com hélice helicoidal de pás longas; (b) com rotor vertical e atuador motorizado incorporado.

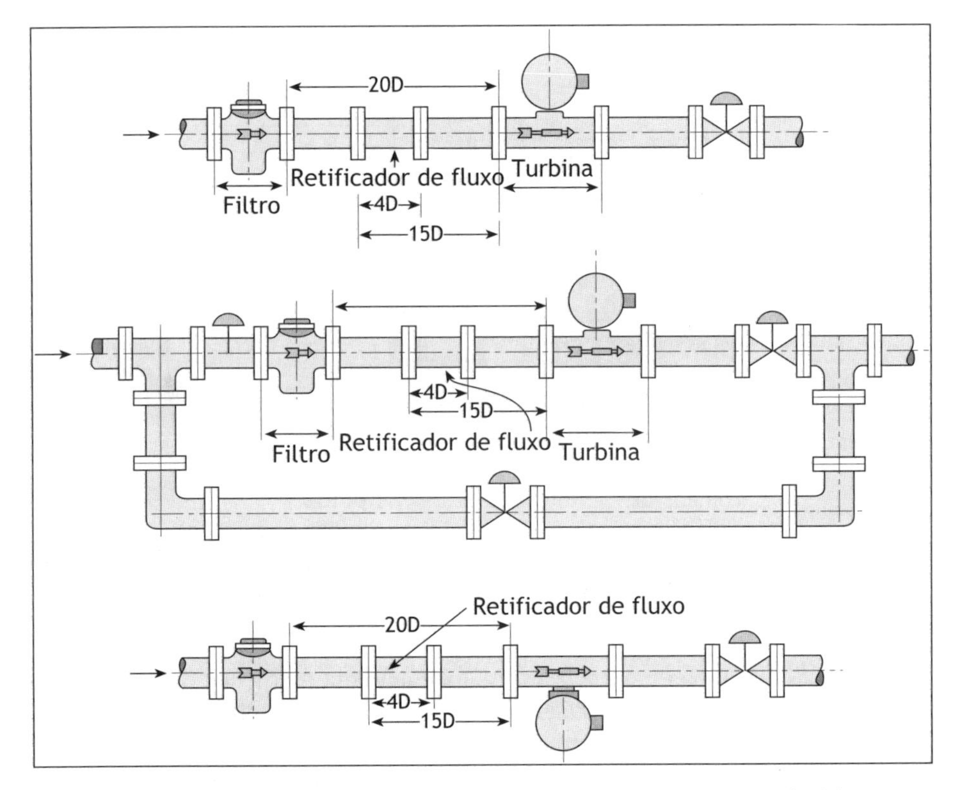

FIGURA 4-26 Instalações típicas de turbinas para medição de líquidos.

4.5.4 Turbinas para gases

As turbinas têm sua rotação definida pelo fluido, nas condições (pressão, temperatura, viscosidade) em que se encontra. São as condições atuais (reais), para utilizar a terminologia norte-americana (ou são chamadas de "condições de operação" ou "de fluxo"). Quando é necessário passar das condições reais para condições de leitura, no caso de gases, aplica-se a seguinte equação:

$$Q_{ref} = Q_{flx} \cdot (P_{flx}/P_{ref}) \cdot (T_{ref}/T_{flx}) \cdot (Z_{ref}/Z_{flx}) \quad [4.19]$$

Assim, a medição independe da massa molar do gás em questão. Entretanto, se um dispositivo eletrônico medir a massa específica do gás nas condições de operação, $_{flx}$, a seguinte equação é aplicável:

$$Q_{ref} = Q_{flx} \cdot (\rho_{flx}/\rho_{ref}) \quad [4.20]$$

Constando a massa molar no numerador e no denominador da equação [4.20], a vazão Q_{ref} será independente dessa propriedade, sendo assim coerente com a equação [4.19].

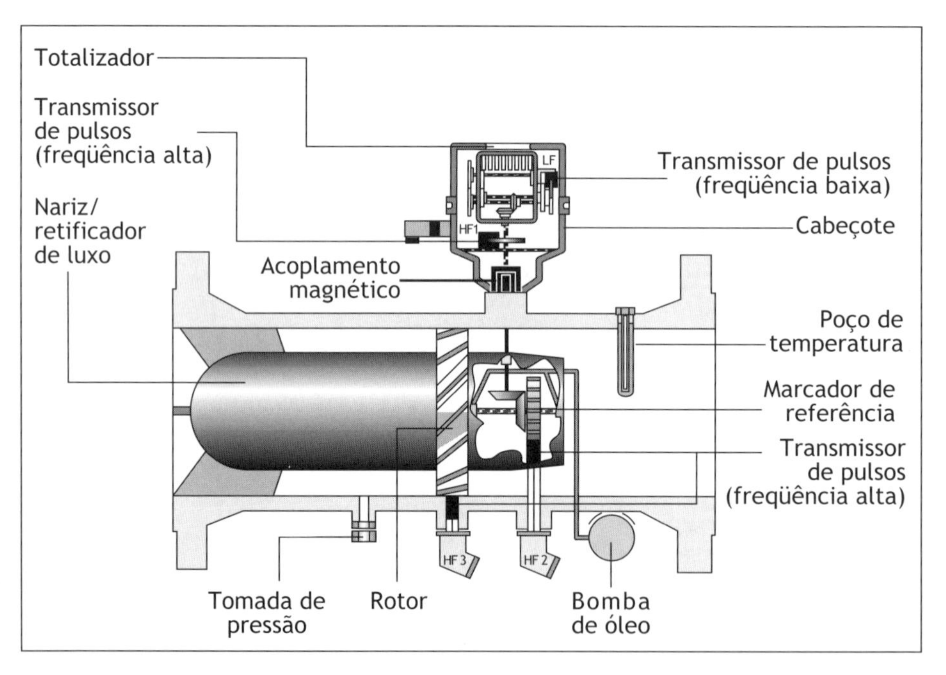

FIGURA 4-27 Turbina para gases, com totalizador mecânico.

Com freqüência turbinas para gases têm aplicação em medições destinadas a transações comerciais, e devendo ser homologadas, no Brasil, pelo Inmetro. A Portaria 114, de 16 de outubro de 1997, estabelece os requisitos a serem atendidos pelos fabricantes de turbinas, para sua comercialização no país. Seguem-se alguns pontos importantes especificados na citada portaria.

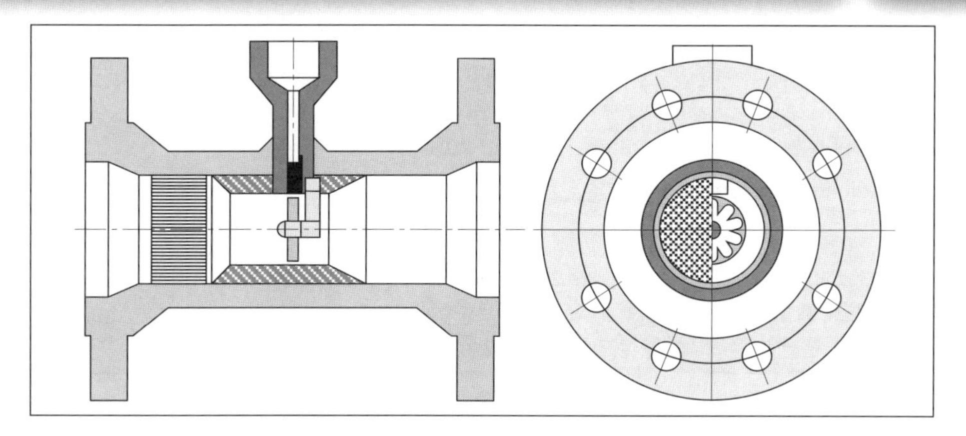

FIGURA 4-28 Turbina com sensor eletrônico.

4.5.4.1 Transcrição da Portaria 114, de 16 de outubro de 1997

Entre os pontos abordados pela Portaria, que trata de certificação de turbinas e medidores rotativos, destacam-se: a tabela de classificação dos medidores (tabela 4-5), a tabela referente à escala (tabela 4-6).

TABELA 4-5 Classificação dos medidores, segundo a Portaria 114

Designação do medidor(G)	Q_{max}(m³/h)	Faixa de medição			
		1:10	1:20	1:30	1:50
		Q_{min} (m³/h)			
16	25	2,5	1,3	0,8	0,5
25	40	4,0	2,0	1,3	0,8
40	65	6,0	3,0	2,0	1,3
65	100	10,0	5,0	3,0	2,0
100	160	16,0	8,0	5,0	3,0
160	250	25,0	13,0	8,0	5,0
250	400	40,0	20,0	13,0	8,0
400	650	65,0	32,0	20,0	13,0
650	1 000	100,0	50,0	32,0	20,0
1 000	1 600	160,0	80,0	50,0	32,0

Observações: Tabela 1 da portaria.

A designação G pode ser usada como referência nominal. São aceitos também medidores com designação igual a múltiplos decimais das últimas cinco linhas da tabela.

Condição de operação: a condição de temperatura e pressão em que se encontra o gás a ser medido.

Condição-base: condição de referência para a qual deve ser convertida a leitura do volume.

A condição-base da temperatura deve ser 20°C.

A condição-base da pressão deve ser 101 325 Pa.

TABELA 4-6 Intervalo de escala e numeração do elemento de teste, segundo a Portaria 114

Designação G, por faixa de vazão			Máximo intervalo de escala (m^3)	Intervalo entre dígitos (m^3)
1:10/1:20	1:30	1:50		
-	-	16	0,0002	0,001
16-65	16-100	25-160	0,002	0,01
100-650	160-1 000	250-1 600	0,02	0,1
1 000-10 000	1 600-10 000	2 500-16 000	0,2	1
>16 000	>16 000	>25 000	2	10

Observação: Tabela 4 da portaria.

TABELA 4-7 Erros máximos admissíveis, segundo a Portaria 114

Vazão Q (m^3/h)	Erros máximos admissíveis	
	Em verificação inicial	Em serviço
$Q_{min} < Q < Q_t$	± 2%	± 3%
$Q_t < Q < Q_{max}$	± 1%	± 1,5%

Observação: Tabela 3 da portaria.

4.3 Os valores da vazão de transição Q_t são os constantes da Tab. 4-8.

Tabela 4-8 Vazão de transição, segundo a Portaria 114

Faixa de medição	Q_t
1:10	0,20 Q_{max}
1:20	0,20 Q_{max}
1:30	0,15 Q_{max}
1:50	0,10 Q_{max}

Observação: Tabela 4 da portaria.

ANEXO A (*da Portaria*)

Ensaio de perturbação para medidores de gás tipo turbina

Nota: O presente anexo integra o Regulamento Técnico Metrológico sobre medidores tipo rotativo e tipo turbina.

A.1 O ensaio deve ser realizado com ar, próximo das condições ambiente, nas vazões: $0{,}25Q_{max}$, $0{,}4Q_{max}$ e Q_{max}.

A.1.2 Se a concepção de um modelo for similar para todas as dimensões de canalização, será suficiente efetuar o ensaio sob duas dimensões. A similaridade das dimensões é assumida se os valores H/D e S/L são, para todas as dimensões do medidor, iguais ou inferiores às dos medidores ensaiados

A.2 Baixo nível de perturbação.

A.2.1 A configuração de canalização (Fig. 4-29) consiste num tubo com diâmetro nominal D_{NI} e comprimento $5D_{NI}$, duas curvas com raio D_{NI}, não no mesmo plano, e uma redução concêntrica com os diâmetro D_{NI} e D_N e comprimento entre D_N e $1{,}5D_N$.

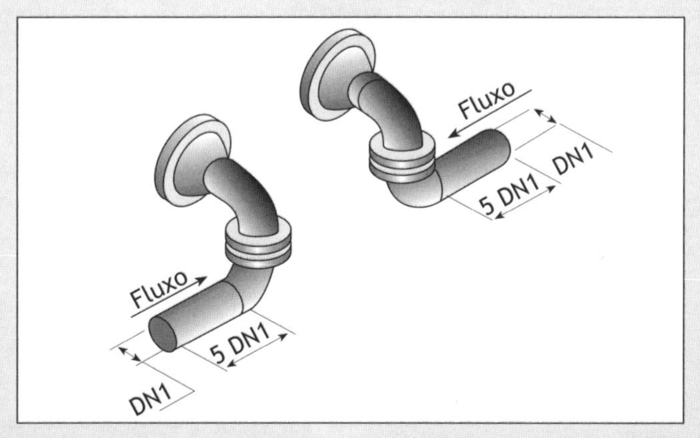

FIGURA 4-29 Configuração de canalizações, segundo a Portaria 114.

Os valores de D_{NI} em relação aos valores de D_N estão listados na tabela seguinte.

TABELA 4-9 Relação entre o diâmetro do medidor e o diâmetro da tubulação, segundo a Portaria 114

D_N (medidor) (mm)	D_N (canalização) (mm)	D_N (medidor) (mm)	D_N (canalização) (mm)
50	40	300	250
80	50	400	300
100	80	500	400
150	100	600	500
200	150	750	600
250	200	1 000	750

Observação: Tabela 1 do Anexo da portaria.

A.2.2 O ensaio deve ser efetuado com as configurações de canalização descrita em A.2.1, instaladas $2D_N$ antes da entrada do medidor ou em trecho maior.

4.5.4.2 Recomendações da AGA 7

A *American Gas Association* publicou, em 1996, a segunda revisão do seu Report n.º 7, sobre medição de gás por medidores tipo turbina ("Measurement of gas by turbine meters"). Trata-se de uma prática recomendada, que não chega a ser uma norma, porém é usada como documento normativo para muitos efeitos práticos, desde sua primeira publicação, em 1980.

A AGA 7, como é conhecida, limita-se a considerações e recomendações sobre turbinas para gases, do tipo axial, em que todo o gás passa pelo corpo do medidor e incide sobre o rotor, como na Fig. 4-27. Outros projetos de turbinas para gases não são respaldadas pela AGA 7, até a revisão de 1996. Corpos angulares, com entrada e saída perpendiculares, são considerados.

Curvas de desempenho, segundo a AGA 7

A AGA 7 fornece informações gerais sobre desempenho típico de turbinas para gás. A Fig. 4.30 mostra a não-linearidade apresentada por qualquer turbina para gás, com um pico em baixa vazão, correspondente à variação de regime de turbulento para transitório e laminar, com as influências dos atritos mencionados em 4.5.1.

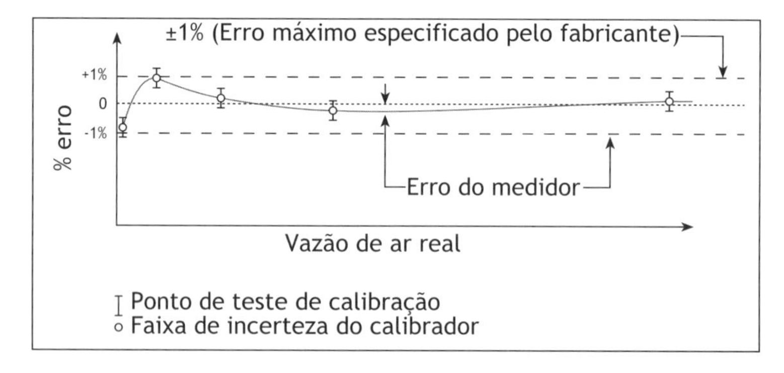

FIGURA 4-30 Curva de variação do erro ao longo da faixa de medição.

A Fig. 4-31 mostra que a turbina para medições de gás a elevada pressão precisa ser calibrada em faixas de ensaios que cubram a pressão de operação da aplicação. Dependendo do projeto da turbina, podem surgir diferenças de mais de 1% para o fator de calibração, dependendo de os ensaios terem sido realizados à pressão atmosférica ou à pressão de operação, quando superior a 10 bar.

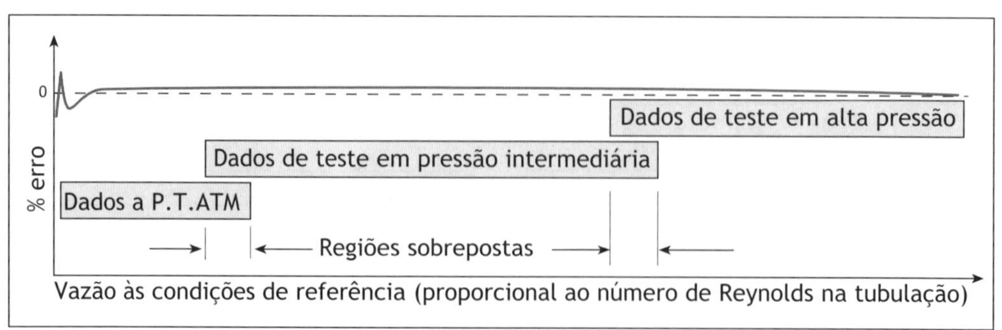

FIGURA 4-31 Curva de variação do erro em função da pressão.

Instalações segundo a AGA 7

Turbinas para medição de gases podem ser instaladas de várias formas, a maioria considerada nas seções da AGA 7. Em geral, é preciso prever um retificador de fluxo a montante da turbina, o que muitos fabricantes já fazem, incluindo esse acessório no corpo da própria turbina, dispensando outro na linha. Certas turbinas podem ser instaladas sem nenhum trecho reto a montante, entre duas curvas. Mas sempre o manual do fabricante deverá ser seguido, observando-se suas recomendações de instalação.

O mecanismo de medição pode ser do tipo "entrada por cima" (*top entry*), que permite sua remoção sem que se retire a turbina da linha de processo, ou "*end entry*", em que o mecanismo é montado pela abertura de entrada ou de saída. O dispositivo de saída pode ser mecânico ou por pulsos elétricos.

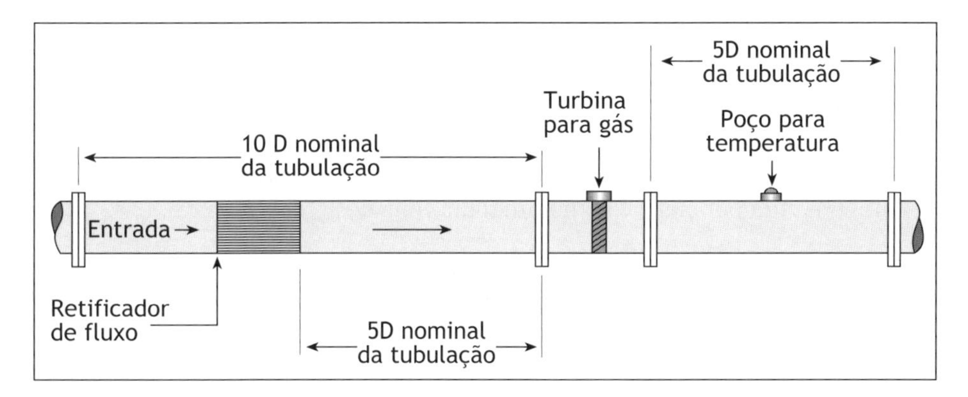

FIGURA 4-32 Esquema típico de instalação de turbinas para gases, trecho reto longo.

O retificador de fluxo considerado pela AGA 7 é do tipo feixe tubular. Outros projetos de retificadores de fluxo são permitidos, porém exigem considerações específicas das partes envolvidas (em caso de transação comercial).

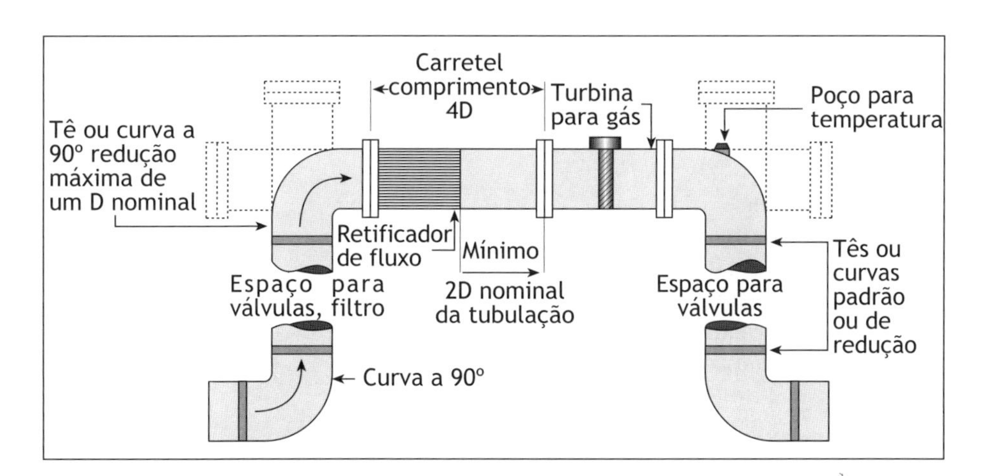

FIGURA 4-33 Esquema típico de instalação de turbinas para gases, trecho reto curto.

A AGA 7 recomenda que a tubulação a montante e a jusante da turbina tenha o mesmo diâmetro, precisamente, que o corpo da turbina, que as soldas dos flanges seja esmerilhada, que a rugosidade dos tubos seja a correspondente à de um tubo novo e que não haja protuberâncias das juntas na tubulação.

Equações de uso prático extraídas da AGA 7

Além da Eq. [4.19], a AGA 7 fornece um conjunto de equações que facilita a aplicação prática das turbinas, visto a seguir.

- Relativamente à perda de carga (ΔP_{tp}) provocada pela turbina, considerando-se que a perda de carga é geralmente medida entre dois pontos situados a uma distância equivalente a $1D$ (diâmetro da tubulação) a montante e a jusante dos flanges da turbina:

$$\Delta P_{tp} = \Delta P_r \left(\frac{Q_f}{Q_r}\right)^2 \left(\frac{G_f}{G_r}\right)\left(\frac{P_f}{P_r}\right)\left(\frac{T_f}{T_r}\right)\left(\frac{Z_f}{Z_r}\right) \quad [4.21]$$

- Relativamente à vazão máxima ($Q_{b\,\max}$) que pode ser medida por uma turbina, sendo esta caracterizada por sua vazão nominal máxima $Q_{r\,\max}$:

$$Q_{b\,\max} = Q_{r\,\max}\left(\frac{P_f}{P_b}\right)\left(\frac{T_b}{T_f}\right)\left(\frac{Z_b}{Z_f}\right) \quad [4.22]$$

- Relativamente à vazão mínima ($Q_{b\,\min}$) que pode ser medida por uma turbina, sendo esta caracterizada por sua vazão nominal mínima $Q_{r\,\min}$:

$$Q_{b\,\min} = Q_{r\,\min}\sqrt{\left(\frac{G_r}{G_f}\right)\left(\frac{P_f}{P_b}\right)\left(\frac{T_b}{T_f}\right)\left(\frac{T_b}{T_r}\right)\left(\frac{Z_b}{Z_f}\right)\left(\frac{Z_b}{Z_r}\right)} \quad [4.23]$$

- Relativamente à rangeabilidade, Rang.:

$$\text{Rang.} = \frac{Q_{f\,\max}}{Q_{f\,\min}} = \frac{Q_{b\,\max}}{Q_{b\,\min}} = \frac{Q_{r\,\max}}{Q_{r\,\min}} \cdot \sqrt{\left(\frac{G_f}{G_r}\right)\left(\frac{P_f}{P_r}\right)\left(\frac{T_r}{T_f}\right)\left(\frac{Z_b}{Z_f}\right)} \quad [4.24]$$

Nas equações anteriores:

Q é a vazão volúmica;
G a densidade relativa;
P a pressão absoluta;
T a temperatura absoluta;
Z o fator de compressibilidade;

e os subscritos são:

$_b$ as condições de base ou de referência;
$_f$ as condições de operação ou de fluxo;
$_r$ as condições nominal.

Exemplo

Escolher uma turbina, a fim de medir a vazão de um gás natural nas seguintes condições:

- Densidade relativa média: 0,61
- Vazão máxima prevista : 16 500 m^3/h, base 20°C e 1 atm
- Vazão mínima prevista: 1 800 m^3/h, base 20°C e 1 atm
- Pressão de operação: 12 bar abs
- Temperatura de operação: 27°C
- Fatores de compressibilidade: $Z_{flx} = 0{,}956$; $Z_{ref} = 0{,}995$

Invertendo a Eq. [4.19], temos

$$Q_{flx} = Q_{ref} \cdot (P_{ref}/P_{flx}) \cdot (T_{flx}/T_{ref}) \cdot (Z_{ref}/Z_{flx})$$

Ou, para o máximo:

$$Q_{flx} = 16\,500 \times (1{,}01325/12) \times (300/293) \times (0{,}995/0{,}956) = 1\,485\ m^3/h$$

e, para o mínimo:

$$Q_{flx} = 1\,800 \times (1{,}01325/12) \times (300/293) \times (0{,}995/0{,}956) = 162\ m^3/h$$

Comparando com a tabela da Portaria, devemos escolher um calibre G 1 000, com faixa de medição (=1/Rang.) 1:10, que permite medir entre 1 600 m^3/h e 160 m^3/h.

Uma vez escolhido o modelo de um fornecedor, é possível calcular a perda de carga, os valores de vazão máxima, mínima e a rangeabilidade, com as Eqs. [4.21], [4.22], [4.23] e [4.24], aplicando os dados do fornecedor.

4.5.4.3 Turbina com dois rotores

Uma turbina especial, desenvolvida pela Rockwell International, possui dois rotores em série, separados por um curto espaço. Essa turbina permite que o sinal de saída, que é a diferença de velocidade de rotação dos dois rotores, seja independente do escorregamento do rotor principal (v. Fig. 4-34).

Conforme se viu em 4.5.1, o conjugado resistivo do rotor (principal, no caso) acaba provocando uma rotação do fluído na saída. A direção dessa velocidade (V_2) é representada pelo ângulo θ da Fig. 4-34. A função do segundo rotor é medir a rotação do fluído na saída do rotor principal. As aletas desse segundo rotor apresentam pequena inclinação, de forma tal que sua velocidade de rotação seja aproximadamente 1/12 da velocidade do rotor principal, no mesmo sentido.

Sendo U_m a velocidade periférica do rotor principal, U_{teo} a velocidade periférica teórica, e U_s, a velocidade periférica do segundo rotor, e considerando, ainda, que a direção de V_3 é sensivelmente a mesma que a de V_2, temos:

$$\frac{U_m - U_s}{U_{teo}} = \left(1 - \frac{tg\theta}{tg\alpha}\right) - \left(\frac{tg\gamma}{tg\alpha} - \frac{tg\theta}{tg\alpha}\right)$$

$$\frac{U_m - U_s}{U_{teo}} = \left(1 - \frac{tg\gamma}{tg\alpha}\right) = \text{constante}$$

Assim, a vazão é proporcional a $U_m - U_s$, a diferença das velocidades dos rotores.

Monitorando a diferença das velocidades em relação à velocidade do rotor principal, é possível detectar eventuais aumentos de atrito nos rolamentos.

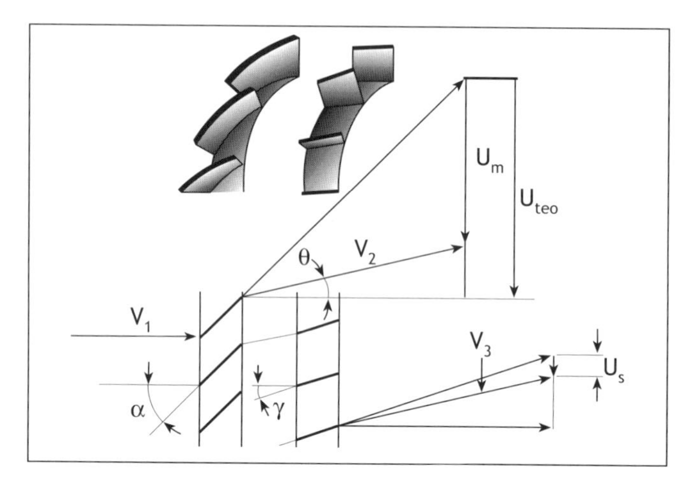

FIGURA 4-34 Turbina com dois rotores.

4.5.4.4 Detalhes de instalação de turbinas para gases

Turbinas para gases são instrumentos sensíveis, que exigem precauções de projeto e instalação para evitar defeitos graves.

- É recomendável instalar um orifício ou um bocal crítico a jusante da turbina para evitar sobrevelocidade do rotor, ao se dar partida na instalação, quando se abre a válvula para a linha despressurizada. Uma sobrevelocidade superior a 100%, mesmo que por poucos segundos, pode danificar completamente a turbina. A perda de carga desse dispositivo deverá ser levada em conta na redução de pressão.
- Um acessório útil a ser considerado é um filtro a cartucho, com capacidade de retenção de partículas acima de 5 μm, provido de pressostato/indicador de pressão diferencial.
- Caso se necessite recalibrar periodicamente a turbina, devem-se prever conexões na tubulação para introduzir um calibrador (v. Cap. 8).
- Se a verificação da livre rotação do rotor for feita por avaliação do tempo de sua parada, depois de lançado (*spin*), a instalação deverá prever a realização dessa operação com segurança e com o mínimo tempo de interrupção.
- Observar sempre a recomendação do fabricante para a localização da tomada de pressão para correção do volume. De acordo com a norma ABNT 9951, essa tomada deve ser marcada com um "pn". Turbinas que estão de acordo com a norma 9951, trazem a tomada "pn" no corpo da turbina. Não corrigir o volume com a pressão tomada em outro lugar.
- Turbinas para medição de gases podem apresentar erros elevados, quando o consumo é descontínuo, como no caso de queimadores, que acendem e apagam a intervalos curtos. Convém dar preferência a outro tipo de medidor, nesses casos.

4.5.5 Verificação das turbinas

Recalibrações completas das turbinas podem ser evitadas, desde que sejam realizados testes previstos pelos fabricantes para verificar se o rotor se mantém em perfeitas condições de funcionamento.

- Certos fabricantes prevêem a possibilidade de se verificar a forma dos pulsos produzidos pelos sensores eletrônicos de rotação. Dependendo do arranjo construtiva do sistema de detecção, é possível perceber diferenças na forma dos pulsos que revelam a presença de partículas nos rolamentos, ou seu desgaste. Quando cada aleta provoca um pulso, a ausência de um pulso numa seqüência revela a quebra de uma aleta. Dois sensores instalados a 90° permitem perceber o efeito de vibrações provocadas por defeito nos rolamentos.
- Uma outra facilidade prevista pelos fabricantes é a verificação do tempo de parada do rotor, depois de acionado. Nesse caso, prevê-se, no projeto da turbina, a desmontagem do conjunto rotor-detector sem se retirar a turbina da linha; mas é necessário despressurizá-la. O rotor deve ser acionado por meios auxiliares (um sopro de ar comprimido, aplicado com cuidado, por exemplo), de forma que sua rotação fique em torno de 80% da máxima. Cortada a fonte de energia, o rotor continuará girando por inércia, com sua velocidade diminuindo até a parada. Dependendo do tamanho da turbina, o tempo de parada pode durar vários minutos. O fabricante fornece informações para se verificar se o sistema de rotação está em boas condições de funcionamento.

4.5.6 Outros tipos de medidor com rotor

Há muitas outras formas de se medir vazão com instrumentos providos de rotores. Um exemplo é o hidrômetro, que utiliza uma pequena roda, às vezes chamada de "roda de Pelton", pela semelhança com as originais, empregadas em turbinas hidráulicas para produção de energia elétrica. Nessas turbinas, a vazão é conduzida por um bocal, em cuja saída o jato de líquido é direcionado com velocidade contra as aletas da roda, provocando sua rotação. Indicadores e monitores de vazão utilizam esse mesmo princípio, como mostra a Fig. 4-35(a).

Para pequenas turbinas, a "roda d'água" [Fig. 4-35(b)] é uma solução possível. Sondas de inserção próximas à parede" da tubulação, com "roda d'água", bem como com minirrotor [Fig. 4-35(c)], posicionadas no centro ou no local aproximado de velocidade média constituem outro exemplo de instrumento de vazão provido de rotor. No caso da turbina de inserção com minirrotor, existem instrumentos desenvolvidos para líquidos e para gases. A classe de exatidão desses instrumentos é geralmente modesta, variando entre 2 e 5. A rangeabilidade é da ordem de 10:1.

4.5.7 Conclusão sobre os medidores tipo turbina

As turbinas convencionais são instrumentos que apresentam boas qualidades de exatidão, sendo utilizadas há muitas décadas para medição de vazão e de volume, para transferências comerciais. As tecnologias de execução e de testes das turbinas para líquidos e para gases são muito diferentes: existem fabricantes que não produzem os dois tipos de turbina. As normas correspondentes tratam o assunto de forma diferente.

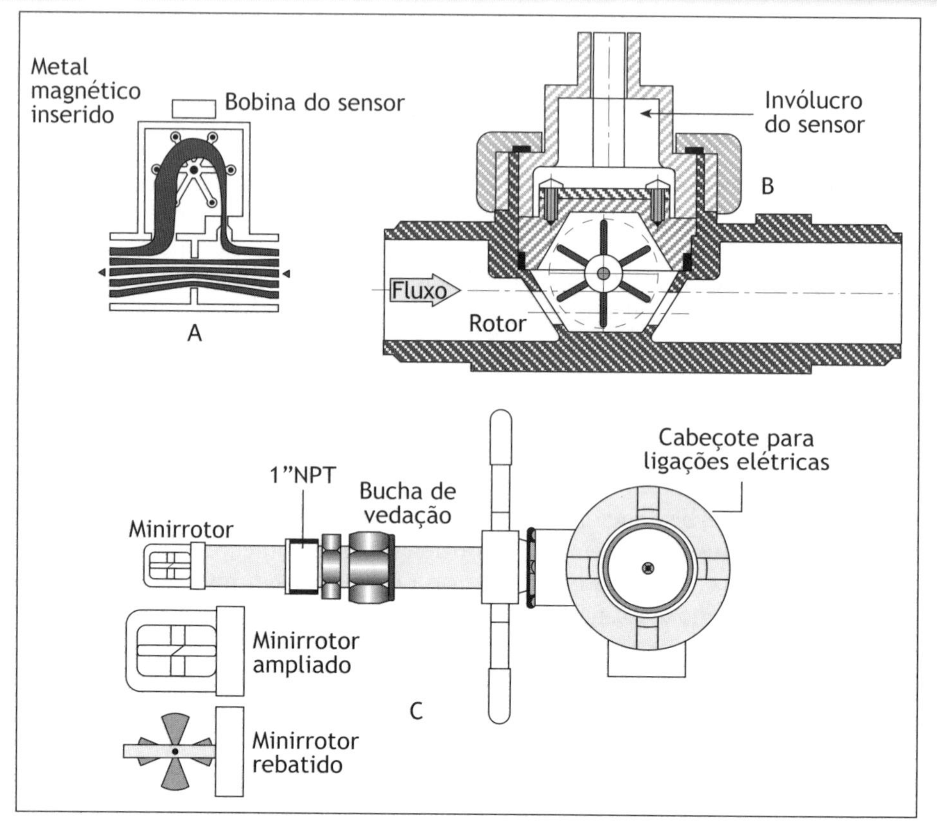

FIGURA 4-35 Medidores com rotores: (a) com "roda Pelton"; (b) com "roda d'água"; (c) turbina de inserção para líquidos.

Em comum, os dois tipos têm a necessidade de calibragem periódica, para verificação de que a indicação (ou o fator *K*, em pulsos por unidade de volume) permanece igual à anterior. O fato de a turbina ter uma peça rotativa como componente básico impõe a necessidade da recalibração periódica, sendo essa particularidade um inconveniente desses instrumentos.

As turbinas para líquidos, especialmente aquelas com algum tipo de lubrificação, podem funcionar vários anos sem necessidade de manutenção. Já no caso das turbinas para medição de gases, a necessidade de manutenção depende dos cuidados tomados no projeto de instalação, bem como da qualidade do gás. Gases sujos e úmidos provocam manutenção preventiva mais freqüente.

Os computadores de vazão constituem um acessório importante para as turbinas de medição de gases. Estão disponíveis computadores cujas baterias alimentam um transmissor de pressão e uma termorresistência Pt100, para fazer a chamada "correção PTZ". Outros computadores de vazão, alimentados por bateria solar, fazem a correção PTZ e possuem as especificações previstas nas normas norte-americanas para serviço de transferências comerciais. Neles são previstas também facilidades de comunicação via modem.

4.6 MEDIDORES ULTRA-SÔNICOS

Medidores de vazão baseados na tecnologia de ultra-som foram desenvolvidos na segunda metade do século XX, para fins industriais. O uso do ultra-som é relativamente antigo para inspeção não-destrutiva, limpeza e algumas outras aplicações. Para a medição de vazão, o ultra-som vem sendo aplicado desde os anos 1960. Com um início dificultado por uma publicidade incorreta, por parte de fabricantes inexperientes, a comercialização de bons medidores ultra-sônicos só se firmou 20 anos depois.

Para medidas de vazão, o ultra-som apresenta algumas características interessantes. Uma delas é poder-se dirigir o feixe ultra-sônico como um feixe de luz. Existem acessórios equivalentes a lentes e espelhos planos ou parabólicos que exploram essa característica. Tal como o feixe de luz, o feixe ultra-sônico é sujeito aos fenômenos de refração, quanto passa de um meio para outro (sólido-líquido, por exemplo) e de reflexão total.

Superior ao feixe de luz, o ultra-som propaga-se em meios sólidos, líquidos e gasosos; mas é amortecido por meios macios, como líquidos muito viscosos e elastômeros, entre outros. Graças às características que permitem a focalização e a penetração, os instrumentos ultra-sônicos podem medir a vazão de forma não-intrusiva.

Os ultra-sons são produzidos por quartzos piezelétricos, na faixa de dezenas e centenas de quilohertz. Na medição de vazão, utilizam-se transdutores reversíveis, que transformam uma freqüência elétrica em vibração mecânica na mesma freqüência e vice-versa.

Entre as muitas técnicas de medição de vazão por ultra-som, duas têm aplicações difundidas na instrumentação industrial:

- o efeito Doppler;
- o tempo de trânsito.

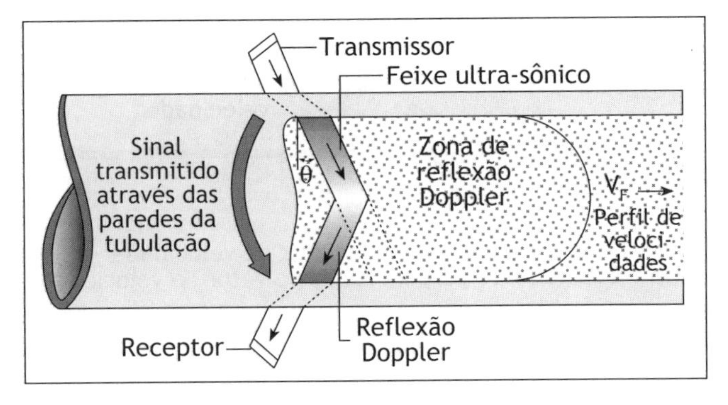

FIGURA 4-36 Medidor de vazão ultra-sônico a efeito Doppler.

4.6.1 Medidores a efeito Doppler

A aplicação do efeito Doppler a medidores ultra-sônicos (v. Fig. 4-36) pressupõe a presença de partículas ou de bolhas, nas quais o feixe ultra-sônico irá refletir-se. O feixe é orientado numa direção que forma um ângulo com o eixo da tubulação, gerado a uma certa freqüência. Ao encontrar as partículas que se deslocam à mesma velocidade que o fluxo, o feixe é refletido com outra freqüência — mais elevada, se a direção do feixe for em sentido contrário ao das partículas, e mais baixa se for no mesmo sentido. Esse fenômeno é conhecido como "efeito Doppler".

A eletrônica associada ao medidor capta o sinal das duas freqüências, que produzem um "batimento" (outro fenômeno ondulatório), tendo como freqüência a diferença entre a onda incidente e a onda refletida. A vazão é calculada a partir dessa freqüência de batimentos. O princípio da medição por efeito Doppler é preferido quando se trata de fluidos com elevada concentração de impurezas. Mas a precisão dos medidores baseados nessa técnica não é confiável, já que o feixe refletido depende da posição em que se encontra a concentração de partículas suficiente para a reflexão — perto do centro, onde a velocidade é mais elevada, ou perto das paredes da tubulação, onde a velocidade é menor.

4.6.2 Medidores que utilizam o tempo de trânsito

Nos medidores que empregam essa técnica, analisa-se a diferença de tempo de percurso de um feixe inclinado, em relação às linhas de velocidade do fluxo. Baseia-se no fato que a componente de velocidade do fluxo paralela à direção do feixe irá se somar à velocidade do som, ou dela se subtrair, com uma diferença de tempo de trânsito na ida e na volta do feixe.

Por sua maior precisão, esse tipo de medição é mais aconselhado quando o fluido não é uniformemente sujo ou quando é limpo. Medições em esgotos, em que as impurezas, embora em grande quantidade, não são uniformes, podem ser realizadas por tempo de trânsito.

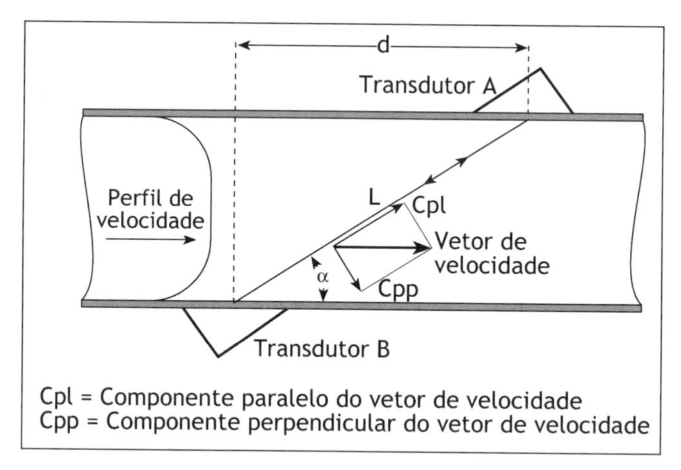

FIGURA 4-37 Princípio de funcionamento de um medidor de vazão ultra-sônico por tempo de trânsito.

Consideremos T_{AB} o tempo que o ultra-som leva para percorrer a distância de A até B, T_{BA} o tempo em sentido contrário, L a distância entre os dois transdutores, d a distância entre as seções retas que passam pelos dois transdutores, V a média das velocidades do fluido ao longo do percurso L, e c_s a velocidade do som no meio. Temos então as seguintes equações:

$$\cos \alpha = d/L$$

$$T_{AB} = L/c_s - V \cos \alpha \quad [4.25a]$$

$$T_{BA} = L/c_s + V \cos \alpha \quad [4.25b]$$

Sendo Δt a diferença dos tempos $T_{AB} - T_{BA}$, obtemos:

$$\Delta t = \frac{2LV\cos\alpha}{c_s^2 - V^2\cos^2\alpha} = \frac{2LV\cos\alpha}{\left[1-\left(V^2/c_s^2\right)\cos^2\alpha\right]\cdot c_s^2}$$

Considerando $c_s^2 >> V^2$, o valor de $(V^2/c_s^2)\cos^2\alpha$ é praticamente nulo e podemos simplificar o denominador do segundo membro:

$$\Delta t = \frac{2LV\cos\alpha}{c_s^2} \quad \text{ou} \quad V = \frac{c_s^2}{2L\cos\alpha}\Delta t \qquad [4.26]$$

Nessas condições, a velocidade do som, c_s, tem influência no resultado. Entretanto, se forem considerados os inversos dos tempos, $1/T_{AB}$ e $1/T_{BA}$, temos:

$$\frac{1}{T_{BA}} - \frac{1}{T_{AB}} = \frac{\Delta t}{T_{AB}\cdot T_{BA}}$$

ou seja, introduzindo as equações [4.25a] e [4.25b] temos,

$$\frac{\Delta t}{T_{AB}\cdot T_{BA}} = \frac{\left(c_s + V\cos\alpha\right) - \left(c_s - V\cos\alpha\right)}{L}$$

o que, levando em conta que $\cos\alpha = d/L$, resulta em:

$$V = \frac{L^2}{2d}\left(\frac{1}{T_{AB}} - \frac{1}{T_{BA}}\right) \qquad [4.27]$$

Nota-se que, se for utilizada a Eq. [4.26], a velocidade V será calculada em função de Δt e de c_s; por outro lado, se for utilizada a Eq. [4.28], o cálculo será feito em função de T_{AB} e de T_{BA}, medidos separadamente. A escolha dos métodos depende da tecnologia de cada fabricante.

Ressalta-se também que a velocidade V, acima calculada, é a integração das velocidades locais ao longo do percurso L, mas não é a velocidade média do fluxo, V_m, que é a vazão volúmica real dividida pela seção reta da tubulação no local da medição. A razão disso é que as velocidades próximas ao centro atuam sobre áreas menores que as velocidades próximas às paredes, que atuam sobre áreas maiores.

Para calcular a velocidade média conhecendo-se a média das velocidades ao longo de D, usa-se o fator K_{UF}, uma função do perfil de velocidades, por sua vez determinado pelo número de Reynolds. Temos então:

$$q_v\ (\text{m}^3/\text{s}) = K_{UF}\cdot V\,(\text{m/s})\cdot S\ (\text{m}^2)$$

Observando que

$$L = d/\cos\alpha = D/\text{sen}\,\alpha$$

e que

$$\text{sen}\,2\alpha = 2\,\text{sen}\,\alpha\cos\alpha$$

e, fazendo as substituições, temos:

$$qv = K_{\mathrm{UF}} \cdot \left(\frac{1}{T_{\mathrm{AB}}} - \frac{1}{T_{\mathrm{BA}}} \right) \cdot \frac{\pi D^3}{4 \operatorname{sen} 2\alpha} \qquad [4.29]$$

Sendo f o coeficiente de atrito e considerando o caso de existir um único par de transdutores e escoamento turbulento num duto circular, o fator K_{UF} é, segundo Vignos:

$$K_{\mathrm{UF}} = \left[1 + (5/4) \cdot \sqrt{f/8} \right]^{-1} \qquad [4.30]$$

O valor de f pode ser calculado em função do número de Reynolds, segundo equações desenvolvidas por Nikuradse, Logan, Darcy-Weisbech, Colebrook e outros:

$$\frac{1}{\sqrt{f}} = -2 \log \frac{\in / D}{3{,}7} + \frac{2{,}51}{\sqrt{f}\, \mathrm{R}_D} \qquad [4.31]$$

sendo $\in$ a rugosidade, na mesma unidade que D. Essa equação é não-linear e deve ser resolvida por meios iterativos, como o de Newton.

Exemplo

Calcular o valor de K_{UF} para uma tubulação de 100 mm, com rugosidade $\in$ = 0,1 mm, $\in/D$ = 0,001 e numero de Reynolds R_D = 221 000.

Resolvendo a Eq. [4.31] por iteração, o valor calculado de f é 0,0209.

Aplicando f em [4.30], o valor calculado de K_{UF} é 0,94, o que significa que a velocidade média é 6% menor que a média das velocidades, nesse caso.

4.6.2.1 Medidores multicorda

Para medidores multicorda, os valores de K_{UF} e de f são diferentes. O perfil de velocidades é mais parabólico, quando a corda está mais próxima da parede.

Medidores multicorda podem ser concebidos de várias maneiras. Em geral, os planos das cordas são paralelos e a cada corda correspondem dois transdutores. Existem medidores multicorda que contam até oito cordas; entretanto os mais comuns utilizam somente de duas a quatro cordas.

De acordo com Vaterlaus (1995), quando se usam cordas paralelas, sua disposição em relação ao plano axial, sendo r o raio do medidor na seção de medição, é a seguinte:

- para duas cordas, o plano de cada uma fica a 0,520r do plano central; cada medição tem peso 0,5;
- para três cordas, uma passa pelo plano central, com peso 0,444, e o plano de cada corda lateral fica a 0,774r, com peso 0,278;
- para quatro cordas, o plano das cordas mais próximo ao centro fica a 0,339r do plano central, com peso 0,326, e o plano das cordas mais próximo das paredes fica a 0,861 r do plano central, com peso 0,174.

Cada fabricante pode, entretanto, optar por afastamentos mais adequados com suas próprias experiências.

4.6.3 Desenvolvimento de medidores ultra-sônicos

É possível medir a vazão por ultra-som de maneira não-intrusiva amarrando os transdutores à tubulação com uma cinta apropriada. É uma característica única entre os medidores de vazão industriais.

Já é possível medir vazões de gases ou de líquidos com EMA inferior a ±1%, chegando a ±0,3% em certos casos, com rangeabilidade maior que 10:1.

A maioria dos fabricantes oferece medidores intrusivos e não-intrusivos, mono ou multicordas, para medição dos mais variados fluídos. Alguns dispõem de sensores para faixas extremamente amplas de tamanhos: desde tubulações de pequenos diâmetros até rios com mais de 100 m de largura.

As medições não-intrusivas podem ser realizadas usando-se uma maleta autônoma, que incorpora um computador de vazão capaz de orientar a instalação dos transdutores, especialmente com relação à distância d entre as seções, onde os transdutores devam ser colocados, e fornecem um relatório completo da medição.

No caso de instalações permanentes, há à disposição medidores montados num carretel, com os transdutores removíveis sob carga.

Relativamente aos transdutores providos de cristais piezelétricos, os fabricantes precisam lidar com um conjunto de características próprias da tecnologia de ultra-sons:

- o feixe é tanto mais estreito e direcionado (mais forte na direção do eixo), quanto maior a freqüência;
- feixes de freqüências mais altas (mais de 1 MHz) são mais adequados para medição de líquidos; os de freqüências mais baixas (centenas de kHz) são mais indicados para gases;
- os feixes sofrem um desvio, em relação a L, que será tanto maior quanto mais elevada for a relação da velocidade do fluxo pela velocidade do som no meio.

4.6.4 Normas sobre medidores ultra-sônicos

Sobre esse assunto, os documentos normativos mais importantes são a ISO 12765 e a AGA 9, ref. [2.4]. Ambas tratam de medidores por tempo de trânsito, porém a AGA se dedica exclusivamente a medidores multicordas para gases com, no mínimo, duas cordas. A ISO é principalmente didática, ao passo que a AGA enfoca assuntos mais práticos, influenciada por grandes fabricantes. Para gás natural, os grandes usuários nacionais irão seguir as exigências, da AGA para especificar os medidores ultra-sônicos.

Sendo a AGA 9 dedicada a uma técnica ainda pouco difundida para medições de gás natural, as condições de operação e certos requisitos de execução construtiva são sugeridas, mas os requisitos de desempenho já são normativos.

Entre os requisitos de desempenho, a classe de exatidão e a rangeabilidade seriam, respectivamente, 0,7 e 10[30] (v. 1.5.2), para os medidores acima de 12 pol, com uma pequena degradação para os medidores entre 6 e 10 pol.

A AGA 9 considera que os medidores poderão ser calibrados com vazão ou somente calibrados em zero (*zero test*), sendo este o mínimo obrigatório. Prevê-se, inclusive, uma correção de zero, se houver diferença entre os tempos T_{AB} e T_{BA} por qualquer motivo, com o medidor tapado por meio de flanges cegos e pressurizado com um gás puro ou uma mistura de gases cujas propriedades acústicas sejam conhecidas e devidamente documentadas.

Uma das recomendações da AGA 9 é calcular a velocidade do som, $V_s = L/2\ [(T_{AB} + T_{BA})/(T_{AB} \cdot T_{BA})]$, utilizando os tempos T_{AB} e T_{BA} de cada um dos pares de sensores, como uma forma de detectar eventuais problemas e efetuar um "cheeck up" em linha.

O fato de considerar que os medidores poderão não ser calibrados com vazão deverá ser explorado pelos fabricantes, possibilitando que futuros aperfeiçoamentos das normas permitam que a incerteza da medição e a classe de exatidão dos medidores possa ser definida a partir das dimensões dos medidores e das propriedades termodinâmicas dos gases.

A AGA 9 já estabelece que os testes periódicos do instrumento não incluirão, necessariamente, calibração dinâmica, sendo suficiente a verificação do zero, a análise da medição da velocidade do som e uma inspeção interna, inclusive dimensional.

4.6.5 Progressos na medição por ultra-som

Os últimos progressos da tecnologia estão ligados a *softwares*, realização mecânica e a publicação de normas específicas:

- A softwares de análise dos resultados primários, transformando a média das velocidades, resultado da integração das várias velocidades, compondo um "perfil" conhecido, em velocidade média. Houve muitos estudos nesse sentido e hoje todos os medidores são microprocessados e usam uma equação empírica que faz essa conversão em função do número de Reynolds.
- Realizações mecânicas aprimoradas incluem medidores multicorda e feixes de percurso em várias direções, por reflexão nas paredes internas do medidor. Existe à disposição um produto que usa um tubo de medição de seção retangular, em cujas paredes o feixe é refletido várias vezes, acabando por receber influência de um conjunto de velocidades representando diretamente a velocidade média do escoamento.
- Um fabricante propõe um medidor ultra-sônico redundante, utilizando um único corpo provido de 4 pares de sensores; 2 pares são ligados ao sistema principal, e os outros 2 ao sistema redundante, partindo do pressuposto de que defeitos possíveis, diminuindo a disponibilidade do instrumento, só poderão ocorrer no sistema eletrônico.
- A Portaria n.º 1 da ANP e do Inmetro (Maio/2000), elege o medidor ultra-sônico como uma das alternativas para medições fiscal de gases. A Portaria n.º 101 da Inmetro (Julho/2000), permite também na aplicação em oleodutos.
- A norma sobre a medição de vazão ultra-sônica encontrava-se em fase de aprimoramento em fins de 2002, podendo chegar a ser tão determinística quanto as normas sobre placas de orifício e, como estas, dispensar testes dinâmicos dos medidores.
- A Panametrics (EUA) colocou no mercado um medidor ultra-sônico para gases, não-intrusivo, modalidade considerada impossível no início da década.

Medidores portáteis são muito usados para levantamentos em campo. As aplicações como medidores fixos são comuns na Europa, em redes de serviços públicos, para medir vazão de água e de esgotos. Existem aplicações em redes de oleodutos e de gás natural, para a produção e transporte. É possível medir gases à pressão atmosférica. A medição mássica por ultra-som já se revelou muito precisa.

4.7 MEDIDORES DE VÓRTICES

O princípio de funcionamento dos medidores de vazão tipo vórtice baseia-se na observação de um fenômeno físico que ocorre quando uma corrente fluída encontra um obstáculo de perfil não-aerodinâmico: a partir de determinada velocidade, uma esteira se forma a jusante do objeto, pelo surgimento de vórtices, gerados alternadamente de cada lado do obstáculo. A freqüência desse fenômeno oscilatório depende do tamanho e do formato do objeto, bem como da velocidade da veia fluida.

O fenômeno dos vórtices foi estudado inicialmente por Leonardo da Vinci, no século XVI, e posteriormente por von Karman, em 1912. Os estudos modernos destinavam-se, no início, principalmente à prevenção de acidentes como destruição de chaminés ou pontes. Somente na segunda metade do século XX o fenômeno começou a ser aplicado à medição de vazão.

4.7.1 Formação dos vórtices

Segundo se observou, enquanto a velocidade da corrente se mantém baixa, as linhas fluidas acompanham o objeto, não havendo nenhum vórtice. Quando a velocidade aumenta, as linhas não mais acompanham a forma do obstáculo e se separam de seu contorno. Essa separação provoca o surgimento de velocidades locais mais elevadas, com zonas de baixa pressão, e a ruptura da camada-limite; como resultado, formam-se de turbilhões ou vórtices.

Os medidores de vazão do tipo vórtice possuem um anteparo, colocado perpendicularmente ao eixo, podendo atravessar completamente o tubo de medição, segundo um diâmetro, ou apresentando um obstáculo local, no caso dos medidores de inserção.

A Fig. 4-38 ilustra a formação dos vórtices, alternadamente, de cada lado do obstáculo não-aerodinâmico.

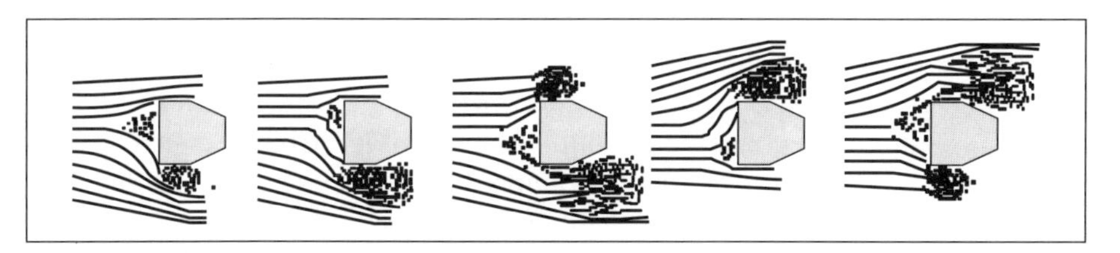

FIGURA 4-38 Como se formam os vórtices.

O número de Strouhal (S), uma constante usada para fenômenos oscilatórios, também se aplica à freqüência (f) de sucessão dos vórtices, ocorrendo num medidor com dimensão D do anteparo e a velocidade V do fluido:

$$S = \frac{f \cdot D}{V} \qquad [4.32]$$

O número de Strouhal é adimencional, já que a dimensão de f é T^{-1}, a dimensão de D é L, e a dimensão de V é LT^{-1}.

O interesse da relação consiste em mostrar que, para um determinado medidor, a freqüência é proporcional à velocidade e, por conseguinte, à vazão. De fato, a partir de um número de Reynolds mínimo, definido pelo fabricante para cada modelo de medidor, existe um fator K de proporcionalidade entre a freqüência e a vazão atual (real). Esse fator, em quantidade de pulsos por unidade de volume, é geralmente gravado no medidor como fator de calibração.

No caso de medidor para gás, é importante lembrar que o número de Reynolds, sendo calculado em função da velocidade real, acaba levando em conta a pressão do gás. As curvas fornecidas pelos fabricantes mostrando as variações do fator K em função do número de Reynolds devem ser analisados sob este prisma.

Observa-se na Fig. 4-39 que, para um gerador de vórtices ideal, sendo a freqüência de geração dos vórtices proporcional à velocidade do fluido, a distância entre dois vórtices sucessivos é constante, independente da velocidade, na faixa de números de Reynolds apropriada.

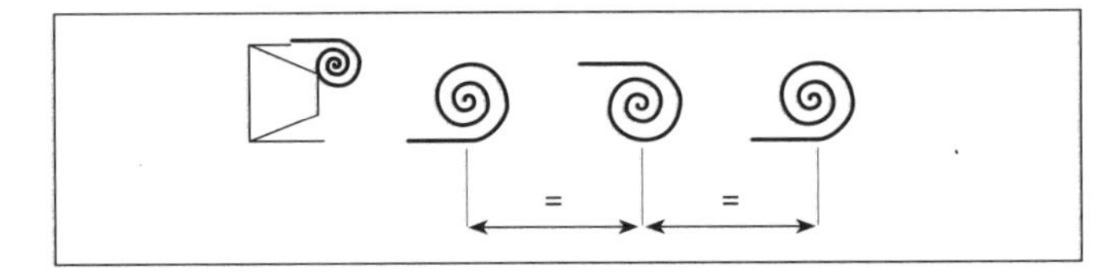

FIGURA 4-39 Sucessão de vórtices.

4.7.2 Geradores de vórtices

As primeiras realizações de hastes geradoras de vórtices consideraram formas cilíndricas. Muitos estudos foram efetuados para definir a melhor relação entre o diâmetro da haste e o do tubo de medição, para assegurar uma geração linear, coerente e de maior rangeabilidade possível em relação aos números de Reynolds.

O termo "coerente" é usado na literatura internacional para qualificar a qualidade de um vórtice que é gerado *no comprimento total da haste, do mesmo lado e ao mesmo tempo*. De fato, segundo a equação que define o número de Strouhal, sendo a freqüência de geração dos vórtices uma função da velocidade do fluido e da geometria da haste, a coerência só poderia acontecer se a velocidade do fluxo fosse única ao longo da haste. Se a velocidade for mais baixa perto das paredes do tubo de medição, a freqüência de geração dos vórtices será mais baixa perto das paredes do que no centro da tubulação, não havendo coerência. Para haver essa coerência, é necessário que o perfil de velocidades seja "achatado" ao se chocar contra o obstáculo. Este deverá ocupar, portanto, uma parte apreciável do tubo de medição.

Para hastes cilíndricas, sendo o diâmetro do tubo de medição 2,8 vezes maior que o da haste, haveria uma certa otimização para que a geração dos vórtices fosse linear, coerente e de larga rangeabilidade em relação a R_D.

A necessidade de coerência é importante para os fabricantes que detectam os vórtices, pelos efeitos que produz ao longo da haste. Para as detecções mais localizadas, não parece haver, por parte dos fabricantes, preocupação por coerência.

4.7.3 Formas das hastes geradoras de vórtices

Outras formas possíveis de seção da haste, além da circular também foram estudadas (Fig. 4-40).

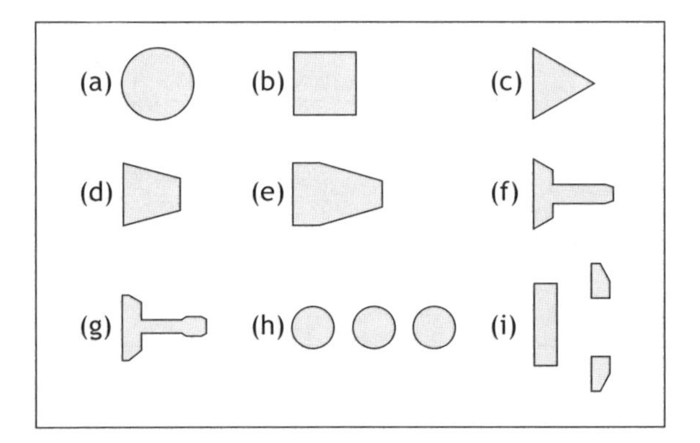

FIGURA 4-40 Formas de hastes geradoras de vórtices: (a) cilíndrica; (b) quadradas; (c) triangular; (d) trapezoidal; (e) triangular truncada nas três pontas; (f) parte frontal trapezoidal, seguida de retangular estreita, comprida e chanfrada; (g) parte frontal trapezoidal, seguida de uma parte fina, levemente flexível, terminada por uma seção mais grossa; (h)-(i) múltipla.

Um trabalho notável de Takamoto e Tarao [ref. 6.20] teve por objetivo sugerir um formato padrão de haste geradora de vórtices. A seção era o formato de um triângulo com as três pontas truncadas, otimizada em relação aos critérios de linearidade, coerência e rangeabilidade.

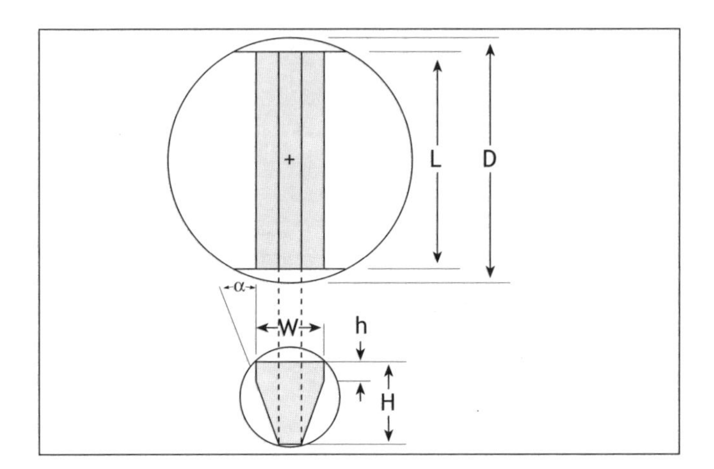

FIGURA 4-41 Proposta de haste geradora de vórtices, segundo Tarao.

O trabalho, muito detalhado e completo, aborda também a construção e as tolerâncias mecânicas permitidas, bem como uma avaliação de seus efeitos sobre o fator *K* do medidor, conforme a Tab. 4-11.

TABELA 4-11 Dimensões gerais de uma haste geradora de vórtices, segundo Takamoto e Tarao

Dimensão	w/D	H/D	h/D	L/D	α	Alinhamento	Perpendicularidade
Valor	0,28	0,35	0,03	0,912	19°	0°	0°
Tolerância	0,1%	0,7%	6,6%	0,15%	0,4°	0,5°	0,3°
Efeito s/K	0,13%	0,09%	0,13%	0,08%	0,05%	0,05%	0,06%

Nota-se que a área de obstrução ao fluxo é semelhante à que provocaria uma placa de orifício com $\beta^2 = 0{,}65$.

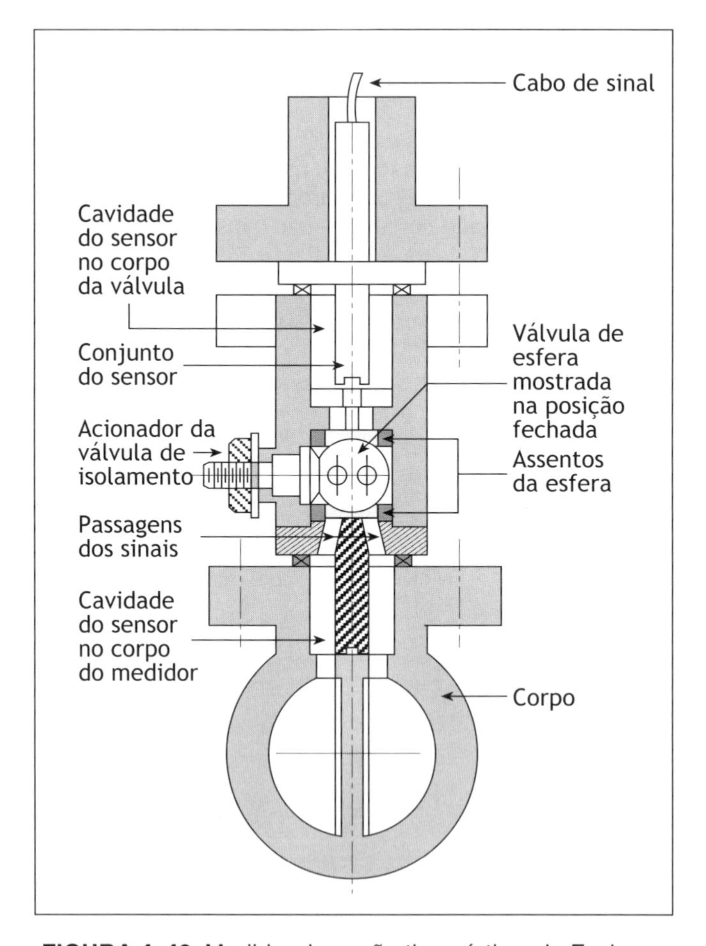

FIGURA 4-42 Medidor de vazão tipo vórtice, da Foxboro.

A Fig. 4-42 mostra que uma válvula de esfera especial com passagem dupla, paralela, pode isolar a parte pressurizada do medidor, do sensor de pressão diferencial. Uma vez isolado, o sensor e a eletrônica associada podem ser removidos para uma eventual troca.

FIGURA 4-43 Medidor tipo vórtice, com três hastes.

4.7.4 Detecção da freqüência dos vórtices

As técnicas empregadas para detecção da freqüência dos pulsos gerada nos medidores evoluíram muito nas últimas décadas. Os primeiros medidores utilizavam as variações de temperatura de dois sensores térmicos (termistores), colocados na face montante da barra geradora dos vórtices. Os sensores eram posicionados eletronicamente em ramos opostos de uma ponte de Wheatstone, e a corrente de excitação da ponte os mantinha a uma temperatura mais elevada que a do fluido. Havia então uma troca de calor com o fluido, que dependia da velocidade de passagem das linhas fluidas frente a cada sensor. A formação dos vórtices gerava variações de velocidade diante dos sensores, havendo então um desequilíbrio cíclico da ponte, na mesma freqüência dos vórtices.

Existiram também sensores de deslocamento com uma pequena esfera, que se movimentava devido às diferenças de pressão cíclicas criadas pelos vórtices.

Consta que esses dois tipos de detecção foram utilizados pela Eastech (EUA) nos primeiros medidores de vórtices para aplicações industriais. Vários outros tipos de detetores de vórtices foram desenvolvidos por fabricantes de instrumentos, com bons resultados:

- por sensores extensométricos;
- por pressão diferencial sentida nas laterais da haste;
- por sensores piezo-elétricos;
- por células de pressão na lateral da haste;
- por ultra-som;
- por fibras ópticas.

4.7.5 Equações

Um medidor de vórtices produz um sinal proporcional à vazão volúmica, da mesma forma que uma turbina. O sinal pode ser uma freqüência ou uma corrente padrão de 4 a 20 mA. As equações a aplicar são as mesmas que para as turbinas.

4.7.6 Instalação

A exatidão dos medidores de vórtices e o fator K obtido na calibração dinâmica estão sujeitos a variações causadas por problemas de instalação, conforme comentado a seguir.

- Concentricidade (o corpo do medidor deve ser concêntrico com a tubulação). Os fabricantes oferecem acessórios centralizadores eficazes. O medidor deve ser especificado indicando o *schedule* da linha de processo. As juntas de vedação devem ser centralizadas e nunca interferir com o fluxo.
- Trecho reto. Trechos retos a montante e a jusante devem ser respeitados, segundo as recomendações dos fabricantes. Na fase de projeto, quando o fabricante ainda não está definido, recomenda-se prever os mesmos trechos retos que seriam necessários para uma placa de orifício com β = 0,75. Tomada de pressão e poço de temperatura devem ser instalados a jusante, a $2D$ do medidor, no mínimo.
- Soldas. As soldas dos flanges não devem apresentar excesso de penetração, que podem interferir com o fluxo.
- Vibrações da linha. Devem ser evitadas. O efeito das vibrações da linha sobre a exatidão do instrumento depende de cuidados tecnológicos tomados pelos fabricantes. Se não for possível evitar as vibrações, o fabricante deverá ser consultado.

4.7.7 Medidores de vórtices especiais

Existem medidores de vazão mássica, especialmente para vapor, que podem medir, não somente a freqüência dos vórtices mas também sua amplitude. A exatidão atingida até o início do século XXI era da ordem de 2%, devendo melhorar progressivamente com os estudos voltados para essa aplicação.

Nos Estados Unidos são fabricados medidores de inserção com um sensor miniaturizado colocado no eixo da tubulação ou a uma determinada distância da parede, em que o perfil de velocidades passa pela velocidade média (Fig. 4-44). O sensor da freqüência dos vórtices opera por ultra-som.

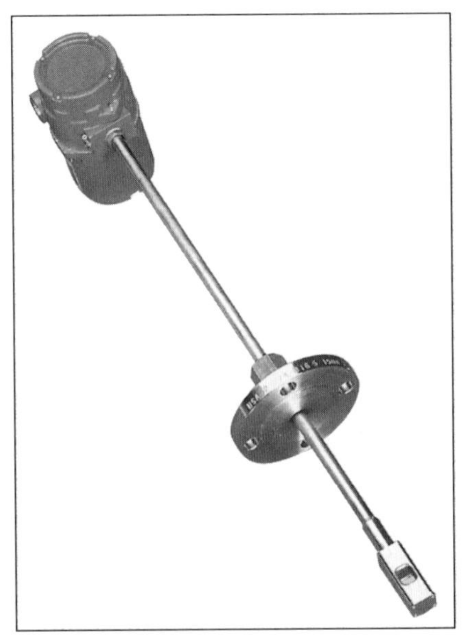

FIGURA 4-44 Sonda de inserção da J-Tec, com medidor de vórtice.

O sensor é posicionado de duas maneiras:

- no centro da tubulação, tendo-se em conta que a relação V_c/V_m é da ordem de 0,85;
- a uma distância $r/3$ da parede, sendo r o raio da tubulação, onde a velocidade local é aproximadamente a média.

Exemplo

Por meio de um programa de cálculo de vórtex, definir o tamanho adequado do medidor para uma vazão de 3 t/h de vapor, a 14 bar manométricos e 198°C, numa linha de 4 pol. A seqüência das telas do programa da Foxboro, utilizado para este exemplo, é a seguinte:

- Tela de definição do sistema de unidades, se SI ou inglesas;
  - Resposta: SI.
- Tela perguntando o tipo de fluido, se líquido, gás ou vapor d'água;
  - Resposta: vapor d'água.
- Tela para a identificação da aplicação;
  - Tag: FT-001.
- Tela orientando sobre a escolha dos modelos de corpos de medidores do fabricante, se flangeado ou "*wafer*" ou para aplicação "sanitária" ou com sensores redundantes;
  - Opção escolhida: corpo flangeado (–17,7°C a 426°C).
- Tela solicitando o dado de pressão atmosférica local;
  - Resposta: 1,013 bar.
- Tela solicitando o dado de pressão manométrica do vapor d'água;
  - Resposta: 14,0 bar.
- Tela solicitando o dado de temperatura do vapor d'água;
  - Resposta: 198°C.
- Tela orientando sobre a escolha dos modelos de sensores do fabricante, oferecendo várias opções de materiais e de enchimentos, informando os limites de temperatura de cada opção;
  - Opção escolhida: sensor em aço inoxidável, alta temperatura (426°C max.).
- Tela para escolher a unidade de vazão vapor, se em kg/h ou em m^3/h reais;
  - Resposta: kg/h.
- Tela solicitando os dados de vazão máxima e mínima;
  - Resposta: 3 000 kg/h máxima e 300 kg/h mínima.
- Tela do dimensionamento do vórtex, oferecendo 2 opções compatíveis com os dados da aplicação;

	Capacidade do medidor	Vazão mínima linear	*Cut off* de vazão baixa	Perda de carga máxima	Velocidade à vazão máxima	Velocidade à vazão mínima
50 mm/2 pol	4 605,0 kg/h	115,124 kg/h	115,124 kg/h	0,2359 bar	47,6275 m/s	5,7628 m/s
80 mm/3 pol	10 109,3 kg/h	242,734 kg/h	242,734 kg/h	0,0485 bar	26,2502 m/s	2,6250 m/s
	Vazão máxima da aplicação: 3 000 kg/h, vazão mínima da aplicação: 300 kg/h					

Conclusão: É preferível escolher o medidor de 3 pol., considerando que a linha de processo é de 4 pol. A razão da escolha é conseguir uma menor perda de carga localizada. A perda de carga indicada na tela de dimensionamento (0,0485 bar) não inclue a provocada pela mudança de diâmetro da linha, neste caso, nem a do trecho reto de 3 pol., indispensável para a instalação do medidor.

4.7.8 Outros medidores fluídicos

O medidor da Fig. 4-45 baseia-se no *efeito Coanda*. Trata-se da tendência dos líquidos em aderir à parede externa de um recipiente, quando vertido sem a necessária velocidade para o seu descolamento da parede. Numa tubulação sob carga, a veia fluída saindo de um orifício com pouca velocidade adere à parede na saída do orifício, por efeito Coanda.

A disposição interna das paredes do medidor é tal que a veia fluída, que adere a uma das paredes internas, encontra um caminho divergente em que parte do fluido retorna e desloca a veia para a outra parede. Um ciclo simétrico ocorre, e a situação é novamente invertida, e assim sucessiva e permanentemente, enquanto há vazão.

A freqüência com que esse fenômeno oscilatório ocorre é proporcional à vazão do fluido.

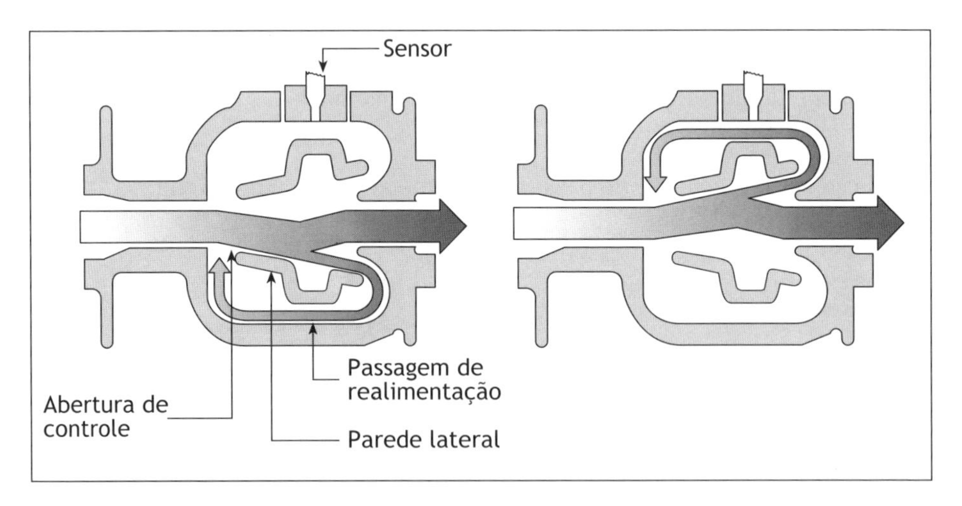

FIGURA 4-45 Medidor fluídico.

4.7.9 Conclusão sobre os medidores de vórtices

Medidores de vórtices são instrumentos que mostram boas qualidades e apresentam-se como a melhor alternativa entre os medidores de vazão para uma faixa de aplicações que inclui:

- diâmetros de até 3 pol;
- fluídos criogênicos;

- vapor saturado e superaquecido, com limite de temperatura que varia conforme o fabricante;
- líquidos em geral, desde que a viscosidade não seja elevada (limitada pelo número de Reynolds em torno de 10 000, dependendo do fabricante);
- gases em geral, inclusive os úmidos.

A classe de exatidão dos medidores integrados é da ordem de 0,5 a 1. A rangeabilidade anunciada por fabricantes, de 100:1 ou de 70:1, geralmente não pode ser aproveitada em toda sua extensão, por incluir velocidades muito elevadas, não-usuais na indústria, sendo reduzida, na prática a um valor de 20:1 ou menos.

A exatidão dos medidores é pouco sensível às variações de temperatura, mas não se pode esquecer que, tal como as turbinas, os medidores de vórtices têm sua saída proporcional à vazão real, nas condições de operação, o que implica em corrigir a pressão e a temperatura para passar à vazão mássica ou à vazão volúmica nas condições de referência definidas. O fator de correção pode ser fixo, se essas variáveis de influência permanecem constantes ou variam pouco. Para medição precisa, uma correção contínua poderá ser necessária.

A medição de vazões pulsantes é absolutamente desaconselhada com esse tipo de instrumento. A presença de bolhas de ar na água ou de gás em líquidos pode, de forma geral, ser problemática. Consta que 2% de ar na água provocam um erro de 3% para baixo e que, se a presença de ar aumentar para 4%, o sinal passará a ser completamente errado.

4.8 MEDIDORES ESPECIAIS

Enquadram-se nessa categoria os medidores de vazão cujo conjunto elemento primário/transmissor só é utilizado em casos especiais.

4.8.1 Medidores de força

Esse tipo de medidor de força apresenta um disco como obstáculo parcial ao deslocamento do fluído. Quando o fluído passa pela área anular reduzida entre o disco e o corpo do medidor, o disco é submetido à força produzida pela pressão diferencial sobre sua área. O disco se prende a um braço que, passando por uma vedação apropriada, transmite a força a um sensor pneumático ou eletrônico. A força criada pela pressão diferencial sobre a área do disco é representada pela equação:

$$F = S \cdot \Delta p$$

Como a pressão diferencial (Δp) é proporcional ao quadrado da vazão (Q), temos

$$F = S \cdot Q^2/K$$

Temos então:

$$Q = (K \cdot F/S)^{0,5} \qquad [4.33]$$

Levantamentos feitos em laboratório mostram que o coeficiente K é praticamente constante quando o escoamento se dá com números de Reynolds superiores a 10 000.

Os medidores de força são empregados em líquidos ou gases contendo impurezas, e encontram uma aplicação interessante em óleos combustíveis para fornos e caldeiras industriais. Devido a essa aplicação, os diâmetros em que são executados esses medidores situam-se preferencialmente na faixa de $^1/_2$ pol a 2 pol. A classe de exatidão é da ordem de 2 não-calibrado, e de 1 calibrado. A repetitividade é da ordem de ±0,5%.

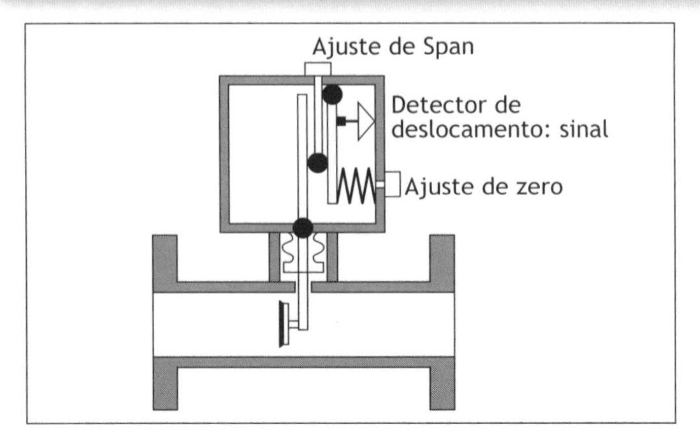

FIGURA 4-46 Princípio de um medidor de força tipo Target.

4.8.2 Medidores de correlação

Num medidor de correlação, dois emissores/receptores de sinais — que podem ser ópticos ou ultra-sônicos — determinam uma imagem do formato das posições das partículas ou da consistência da veia fluída. Um sistema eletrônico provido de uma função de correlação determina o desvio de tempo necessário para que as imagens tomadas nos dois sensores tenham o máximo de semelhança. Como a distância entre os dois sensores é conhecida, a velocidade e a vazão são conseqüências imediatas.

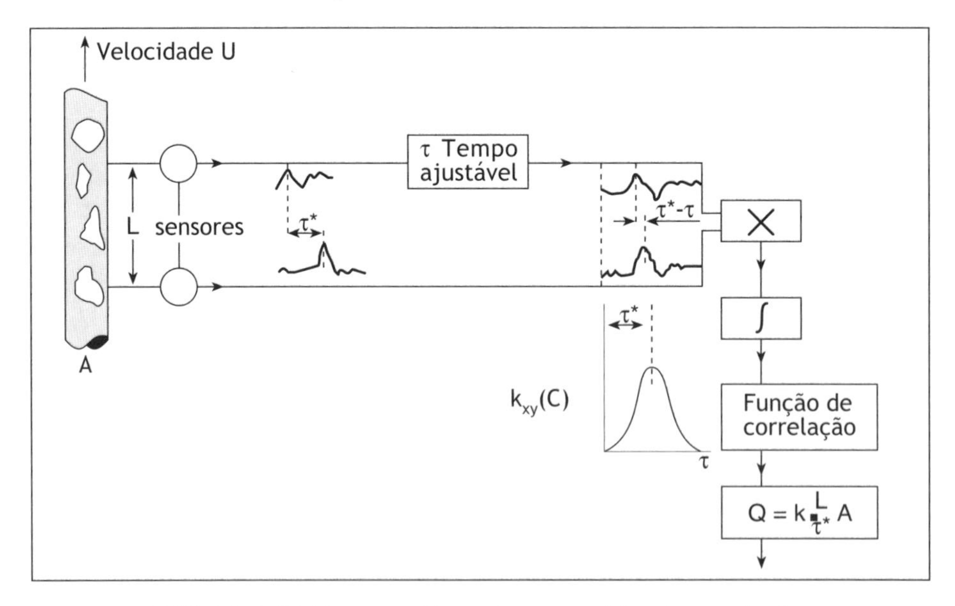

FIGURA 4-47 Esquema típico de um medidor de correlação.

O método de correlação dos sinais consiste em calcular a função de correlação $\mathbf{R}xy$ tal que:

$$\mathbf{R}xy_{(\mathrm{T})} = \lim_{\mathrm{T}\to\infty} \frac{1}{T} \int x(t-\tau)\, y(\mathrm{t})\, dt$$

que apresenta um máximo para $\tau = \tau^*$. O máximo dessa função será tão elevado quanto maior for o tempo de integração, T.

A utilização de sinais discretos também é possível, comparando a polaridade dos sinais em relação a um valor tomado como zero. A função de intercorrelação passa a ser:

$$\mathbf{R}xyp(k\Delta\mathrm{t}) = \sum_{n=0}^{S} \mathrm{Pol}\, \mathrm{y}(n\ \Delta\mathrm{t})\ \mathrm{Pol}\, x\left(n\ \Delta\mathrm{t} + k\ \Delta\mathrm{t}\right)$$

sendo Δt o tempo incremental, Pol x e Pol y as polaridades das funções discretas x e y.

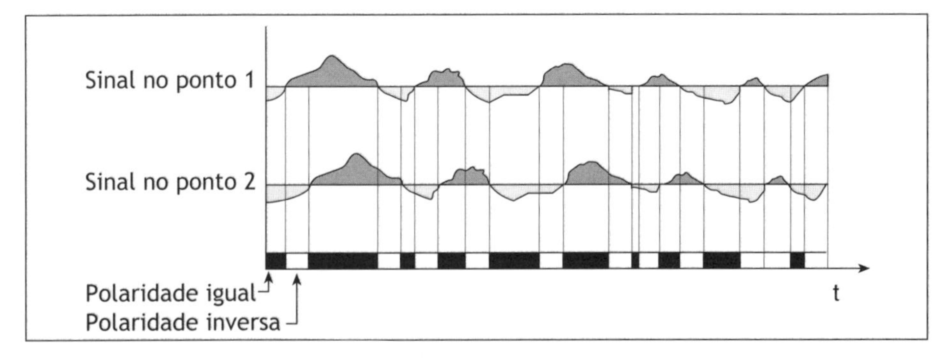

FIGURA 4-48 Correlação de sinais discreto.

4.8.3 Medidores a *laser*

No medidor a *laser* da Fig. 4-49, dois feixes oriundos de uma mesma fonte, com comprimento de onda λ, são focalizados de forma a se cruzarem, com o ângulo θ, formando um volume luminoso listrado por franjas de interferência. O espaço interfranjas é:

$$i = \lambda/(2n \text{ sen } \theta/2)$$

Sendo n o índice do meio, aproximadamente igual a 1 no ar:

$$i = \lambda/\theta$$

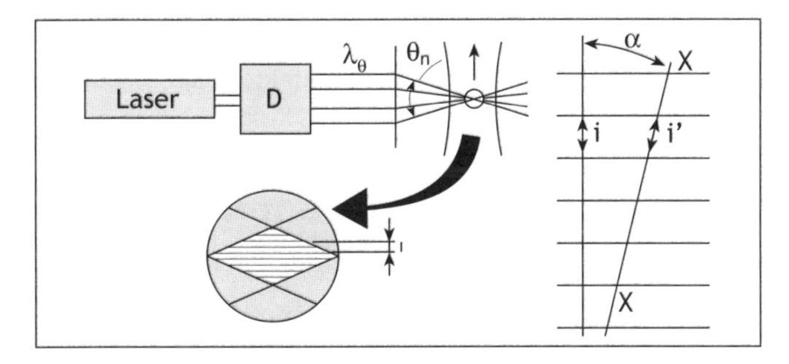

FIGURA 4-49 Medidor a *laser*.

Uma partícula pertencente à veia fluída, atravessando o volume luminoso, será iluminada sucessivamente ao passar pelas franjas. Sendo conhecida a distância i e identificando-se a freqüência com que as variações de luminosidade são emitidas, a velocidade pode ser calculada. As partículas, formando com as franjas um ângulo diferente de 90°, podem também ser identificadas pelo sistema. Assim, o medidor pode identificar não somente a velocidade de uma partícula, como também sua direção.

Esses instrumentos são utilizados principalmente em laboratórios, mas existem modelos apropriados para aplicações industriais.

As partículas que refletem as radiações devem ser extremamente leves e de pequenas dimensões, da ordem de micrometros. Emprega-se fumaça de incenso ou mesmo de tabaco para medir vazões de ar e, no caso de chamas, partículas de zircônio ou de óxido de titânio.

4.8.4 Medidor híbrido

No final dos anos 1980, foi desenvolvido o medidor de vazão híbrido Gilflo. Seu princípio de funcionamento aplica os efeitos dos elementos deprimogênios e de área variável. O medidor Gilflo foi aplicado principalmente para medições de vapor.

Conforme mostra a Fig. 4-50, o vapor penetra pela esquerda e força o êmbolo a se deslocar para a direita, liberando espaço suficiente para a passagem do vapor. A pressão diferencial é medida enre AP e BP. A forma do êmbolo é desenhada com um perfil que torna o sinal de Δp diretamente proporcional à vazão.

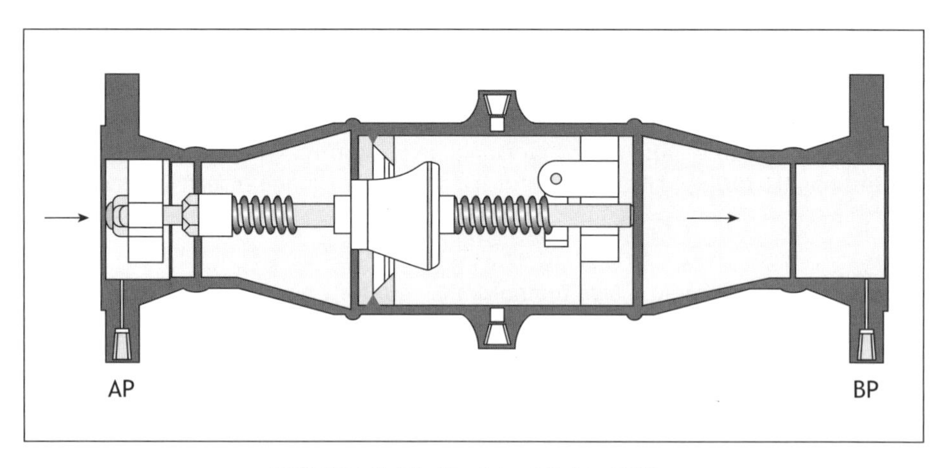

FIGURA 4-50 Medidor híbrido Gilflo.

4.8.5 Medições de escoamentos multifásicos

Os escoamentos multifásicos podem ser divididos em três classes:

bifásico simples — o mesmo produto flui como líquido e seu vapor;
bifásico — com uma fase sólida;
multifásico — líquidos não-miscíveis, gás e sólidos.

4.8.5.1 Escoamentos bifásicos simples

O caso clássico do vapor d'água úmido já foi visto na Sec. 3.18.4, em que um elemento deprimogênio é usado para efetuar a medição. No caso de GLP-líquido + vapor, os medidores a efeito Coriolis conseguem resolver o problema, desde que as bolhas sejam em quantidade tal que a massa específica da mistura ainda esteja na faixa de medição do aparelho. Alguns desses medidores podem ser dotados de um acessório que resolve parcialmente o problema da passagem de grandes "bolhas" de vapor, evitando que o instrumento saia de seus limites.

4.8.5.2 Escoamentos bifásicos com uma fase sólida

No caso de medição em leitos fluidizados, uma solução interessante apresentada por um fabricante (Ramsey) consiste em utilizar dois sensores: um da velocidade do escoamento, por meio de um medidor de correlação, e outro da concentração, ambos com sensores capacitivos. O medidor da concentração mede a mudança de capacitância com presença de material sólido *versus* a capacitância da linha vazia. A mudança de capacitância é proporcional à concentração. Esse sistema vem sendo usado nas siderurgias para injeção de finos nos alto-fornos.

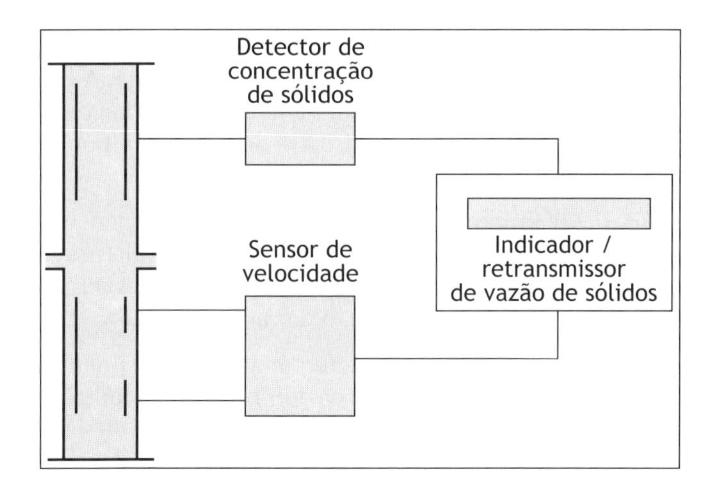

FIGURA 4-51 Medidor para leito fluidizado.

4.8.5.3 Escoamentos multifásicos

Os escoamentos multifásicos, objeto de maior atenção desde a década final do século XX, estão relacionados à produção dos poços de petróleo. A tecnologia existente para medidores *on-line* dispensa separadores, e lança mão de vários sensores, cada qual destinado a medir uma das fases ou medindo $n - 1$ das fases e deduzindo uma delas por diferença em relação ao total, também medido.

Vários fabricantes apresentam soluções segundo Borges [7.3], a seguir discutidas.

- O medidor da Agar combina três princípios de medição: um medidor de deslocamento positivo para determinar a vazão total, um conjunto de dois sensores tipo Venturi, montados em série, para medir o gás e o líquido, e um sensor de microonda, para avaliar a quantidade de água.

- O medidor da Kvaerner utiliza dois densímetros a raios gama separados por uma determinada distância, um sensor de pressão e um de temperatura. Um dos sensores a raios gama mede a densidade da mistura, o segundo avalia a fração de óleo e de água na mistura. A medição da vazão usa o princípio de correlação. A medição de pressão e de temperatura é usada nas correções necessárias.
- O medidor da Esmer utiliza sensores de pressão diferencial, de pressão de temperatura e de impedância (capacitância e condutância), para avaliar as frações das fases na produção de petróleo
- O medidor da Fluenta usa um sensor de raios gama para medir a densidade, e sensores indutivos e capacitivos para determinar as frações de óleo e de água, bem como determinar a velocidade por correlação em regime contínuo de petróleo, ou por Venturi em caso de regime contínuo de água.
- O medidor da Framo usa um misturador estático especial a montante do medidor multifásico. A seção de medição é composta por um Venturi e um densitômetro de raios gama (*dual energy*) na garganta, para determinar as frações das fases. A velocidade é determinada pelo Venturi
- O medidor da MFI usa o conceito da cavidade eletromagnética ressonante para medir a constante dielétrica do meio e um densímetro de raios gama. A freqüência de ressonância da cavidade é uma função da forma, da geometria e da constante dielétrica da mistura multifásica. A velocidade da mistura é determinada por correlação cruzada entre dois sensores de microondas.
- O medidor da Mixmeter emprega um misturador com um densímetro a raios gama (*dual energy*). A função do misturador é homogeneizar a mistura antes de ela entrar no densímetro. A velocidade é medida por pressão diferencial gerada pelo misturador. As frações são determinadas pela atenuação da radiação.

Assim, as frações das fases líquidas são detectadas por um conjunto de instrumentos que incluem geralmente um densímetro (às vezes dois), e a velocidade é avaliada utilizando o princípio de correlação ou por Venturi. A quantidade de areia pode ser detectada por sensores sônicos, analisando-se o nível de ruído que a passagem dos grãos provoca nas partes metálicas do equipamento.

A incerteza dos medidores multifásicos é atualmente da ordem de 5 a 10% do valor lido, tendo melhorado muito nos últimos anos, já que, no início da aplicação dessa tecnologia, encontrava-se na casa dos 20%. Os valores podem parecer modestos, mas é preciso levar em consideração a dificuldade do objetivo e as condições operacionais em que os equipamentos funcionam, muitas vezes imersos em águas profundas.

MEDIDORES VOLUMÉTRICOS

Os medidores volumétricos, também chamados de "medidores de deslocamento positivo", destinam-se essencialmente à medição de volumes, em litros ou em metros cúbicos, ao invés de vazão, em litros por minuto ou em metros cúbicos por hora. A vazão pode ser calculada, por meio de acessórios mecânicos ou eletrônicos, de forma contínua, derivando matematicamente o volume no tempo.

Existem diferentes soluções construtivas de medidores volumétricos, dependendo do fluido a ser medido, se líquido ou gás, se muito ou pouco viscoso, se se exige muita precisão ou não, etc. Mas o princípio geral de funcionamento consiste em forçar a passagem do líquido por câmaras de volume perfeitamente determinado. É possível caracterizar três fases, que ocorrem de forma seqüente durante a medição:

- admissão, em que o fluido passa por uma abertura e preenche a câmara de medição;
- isolamento da câmara de medição;
- escape, fase em que o fluido deixa a câmara de medição rumo à saída.

Os fabricantes procuram minimizar as possibilidades de fuga de fluido pelas folgas mecânicas, indispensáveis ao deslocamento das peças móveis com pouco atrito.

5.1 DIAFRAGMA

Os medidores com diafragmas (ou foles) destinam-se principalmente à medição de gás para consumo doméstico. Devido a essa finalidade, o custo de fabricação é necessariamente baixo, o que se consegue com lotes de fabricação muito elevados. Esses medidores são adquiridos em lotes de centenas de milhares de unidades.

O medidor de diafragma é constituído por um conjunto de câmaras, de volume variável (durante a aspiração e o escape), ligadas mecanicamente a um conjunto de válvulas de distribuição. As válvulas são deslizantes e controlam a direção do gás para encher e esvaziar as câmaras de partições flexíveis. As válvulas deslocam-se de modo a fazer penetrar o gás nas câmaras, que são submetidas a pressão diferencial entre a entrada e a saída do medidor.

A câmara que admite o gás deforma-se, em conseqüência, e provoca um movimento de rotação no distribuidor, que desloca as válvulas de forma a dirigir o gás para a próxima câmara, e assim sucessivamente. O enchimento de uma câmara corresponde ao esvaziamento da câmara vizinha. Ao final de um ciclo, um volume determinado de gás passou da entrada para a saída.

O EMA desses aparelhos é da ordem de 0,5% entre a vazão nominal e 5% desta. Eles são previstos para gases limpos e seco. A capacidade mais comum desses medidores é 5 m^3/h. A rangeabilidade é impressionante, chegando a mais de 500 : 1.

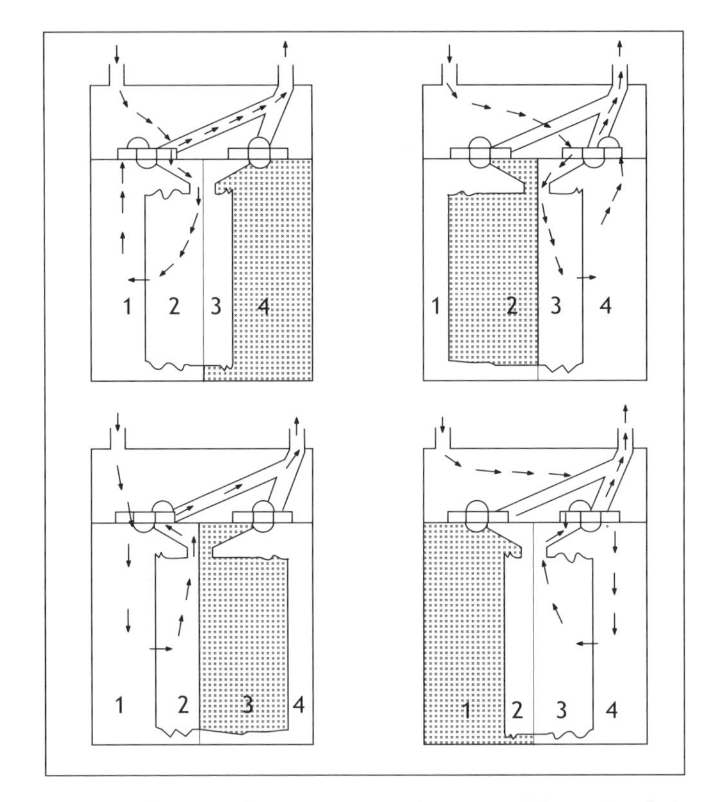

FIGURA 5-1 As quatro fases do funcionamento de um medidor volumétrico a diafragma.

5.2 DISCO DE NUTAÇÃO

O movimento de nutação é bem conhecido. Corresponde àquele de um disco ou uma moeda que cai de certa altura e continua, no chão, a se movimentar de forma oscilatória. Tal movimento oscilatório faz com que, de forma contínua, todos os pontos de sua periferia se coloquem sucessivamente em contato com o chão.

Num medidor de disco de nutação, a peça móvel é um disco com um rasgo radial, tendo no seu centro uma esfera e um pino axial. Esse conjunto móvel é convenientemente alojado no corpo do medidor de forma que uma placa divisória se ajuste ao rasgo, que o disco se apóie, por cima e por baixo, em superfícies cônicas do corpo e que a esfera seja suportada por seus mancais. O conjunto móvel divide a parte interna do medidor em quatro volumes, salvo para duas posições definidas do disco, sendo dois do lado da entrada e dois do lado da saída do líquido.

Quando o líquido entra no medidor, a pressão diferencial entre a entrada e a saída faz o disco adquirir o movimento de nutação. O pino, solidário à esfera, descreve um movimento cônico e sua extremidade é acoplada ao sistema de totalização. A cada rotação completa do pino, o volume que passa pelo medidor é exatamente igual ao volume interno útil da câmara de medição.

O EMA desses instrumentos, usados para tubulações comerciais de pequeno diâmetro, é de ±1% a ±2%. Sua capacidade máxima é da ordem de 10 L/s. A continuidade de funcionamento não é afetada por impurezas em quantidade moderada no líquido medido. Devido à simplicidade de sua construção, esse medidor tem um custo de produção baixo.

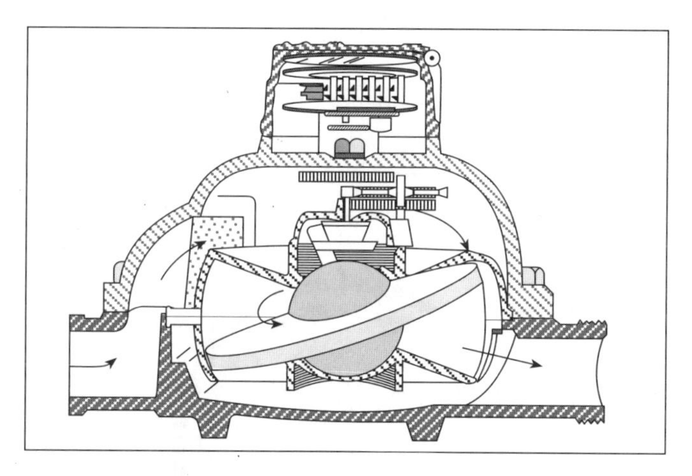

FIGURA 5-2 Medidor a disco de nutação.

5.3 PALHETAS

Os medidores de palhetas rotativas e deslizantes podem ser projetados, de uma forma simples ou mais elaborada. Na versão mais simples, assemelham-se a uma bomba hidráulica, com um rotor excêntrico, provido de palhetas, pressionadas por molas contra a parte interna, cilíndrica, do corpo do medidor. As palhetas são submetidas à pressão diferencial do fluido a ser medido, entre a entrada e a saída do medidor, o que provoca sua rotação. Nessa construção simples, as câmaras de medição não apresentam um volume constante ao longo do seu percurso, o que coloca sua exatidão na categoria de apenas modesta.

Numa construção mais elaborada, o volume das câmaras de medição é constante, aumentando consideravelmente a exatidão, mas em prejuízo da simplicidade. Nesse sistema, o rotor é concêntrico ao cilindro do corpo de medição. As câmaras de medição são isoladas pelas palhetas ou têm sua posição condicionada pelo came, em que se apóiam por meio de roletes. Os medidores mais elaborados encontram larga utilização na indústria petrolífera, para medição dos produtos comercializados.

Os diâmetros usuais dos medidores de palhetas variam entre DN 25 e DN 500. Existe à disposição uma boa variedade de materiais fabricados para pressões de dezenas de bar e temperaturas chegando a 200°C. O EMA oferecido pelos fabricantes atinge 0,05%, graças aos cuidados de projeto, tais como compensação do efeito da pressão sobre o volume da câmara com aplicação da pressão na parede externa e compensadores de temperatura mecânicos ou eletrônicos.

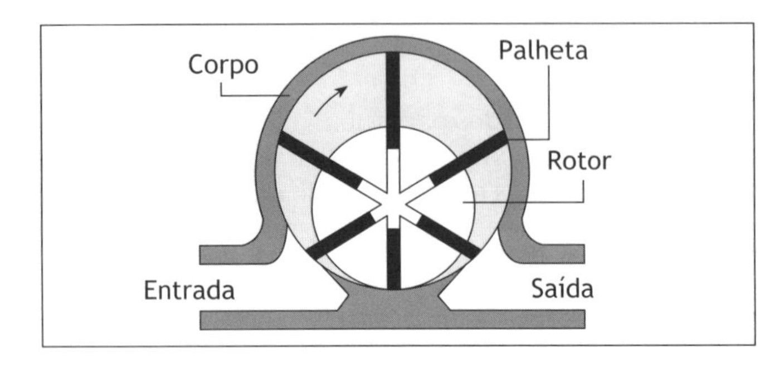

FIGURA 5-3 (a) Medidor de palhetas típico.

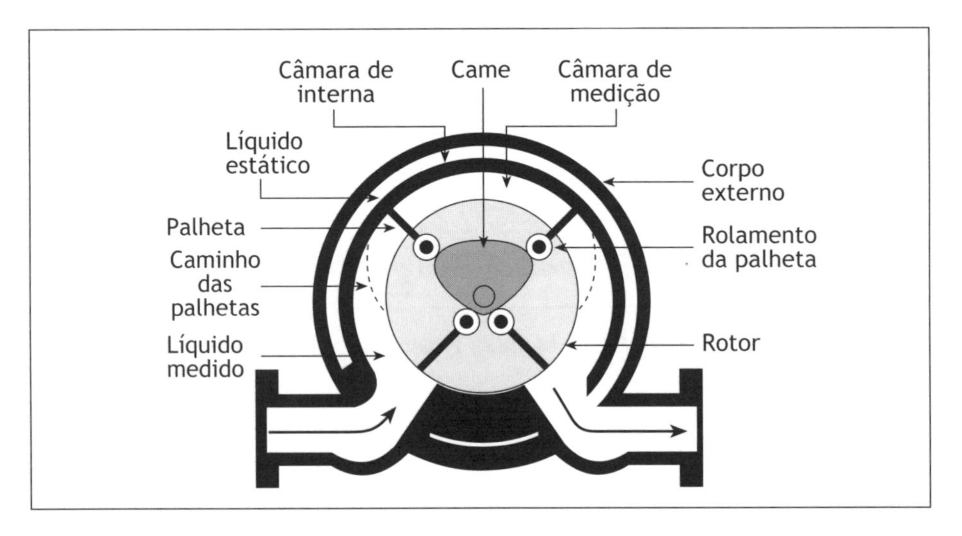

FIGURA 5-3 (b) Medidor de palhetas com câmara de medição pressurizada de ambos os lados.

5.4 PISTÃO OSCILANTE

A parte móvel desse tipo de medidor consiste num cilindro com rasgo, que oscila em torno de um cilindro central, fixo, e ao longo de uma placa divisória da parte fixa do medidor, separando a entrada da saída. A Fig.5-4 mostra seu princípio de funcionamento. O centro do pistão oscilante é montado, num pino excêntrico, à parte cilíndrica do corpo do medidor. A pressão diferencial do fluido entre a entrada e a saída faz o pistão se deslocar com movimento circular para seu centro e oscilante relativamente à parte rasgada.

Esse medidor pode ser usado com líquidos limpos, viscosos ou corrosivos, com EMA da ordem de ±1%. Sua aplicação geralmente se limita a tubos de diâmetro < DN 50.

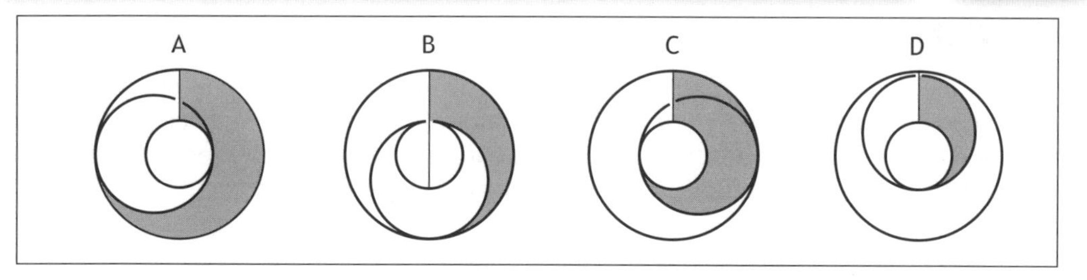

FIGURA 5-4 Medidor do tipo pistão oscilante.

5.5 PISTÕES RECÍPROCOS

Os medidores de pistões recíprocos têm alguma semelhança com os motores a explosão. No arranjo, representada na Fig.5-5, o corpo do medidor possui quatro cilindros, com quatro canais de comunicação (P_1 a P_4), interligando a câmara superior com um orifício da lateral do pistão seguinte, no sentido horário. Os pistões possuem um rebaixo, na parte intermediária de seu comprimento, que permite pôr em comunicação os canais P com as saídas E_1 a E_4, na parte inferior do curso do pistão. Esse canal também permite a comunicação com a parte central do medidor. Os quatro pistões movimentam um virabrequim, ao qual estão ligados por bielas.

O movimento dos pistões é provocado pela pressão diferencial entre a entrada e a saída do medidor. O líquido entra no medidor pelo centro, por baixo dos pistões. Na fase representada na figura, a posição dos pistões corresponde à admissão do líquido no pistão inferior e de escape do líquido no pistão superior. Todos os orifícios, E_1 a E_4, comunicam-se com a saída do medidor. O movimento provocado pelos dois pistões verticais faz girar o virabrequim, movendo os outros dois pistões. No quarto de volta seguinte, a função dos pistões sofrerá uma permutação circular, fazendo com que o virabrequim e o conjunto continuem seu movimento. A cada volta completa do medidor, as quatro câmaras de medição são preenchidas e esvaziadas.

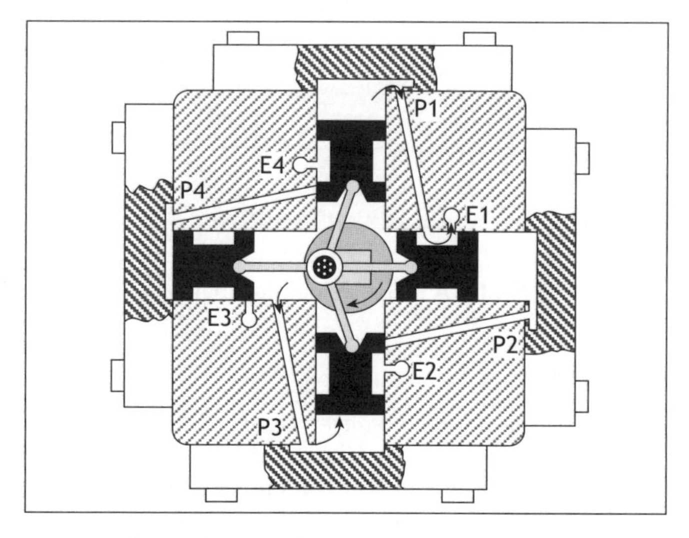

FIGURA 5-5 Medidor de pistões recíprocos.

5.6 ROTOR

Esses medidores podem ser seus rotores na forma de engrenagens ou de lóbulos. A preocupação dos fabricantes é compatibilizar o máximo caminho de fuga com o mínimo de atritos, que aumentariam a necessidade de pressão diferencial para fazer rodar o medidor — o que viria a aumentar as fugas de produto durante a medição.

5.6.1 Lóbulos

Os medidores de lóbulos são geralmente usados para medição de gases. Além da parte do corpo que constitui o volume de medição, o medidor possui necessariamente um compartimento com duas engrenagens, que fazem rodar os lóbulos, mantendo sempre uma parte dos seus perfis com um espaço mínimo. A pressão diferencial — a montante e a jusante — aplicada aos lóbulos os faz girar.

O EMA desses medidores é da ordem de ±0,2%. Os diâmetros variam entre DN50 (2 pol) e DN 600 (24 pol). Existem medidores de lóbulos com servocomando da rotação, fazendo rodar os lóbulos assim que surge uma pressão diferencial muito pequena entre a montante e a jusante, minimizando dessa forma as fugas e diminuindo o EMA, que passa a ser da ordem de 0,02%.

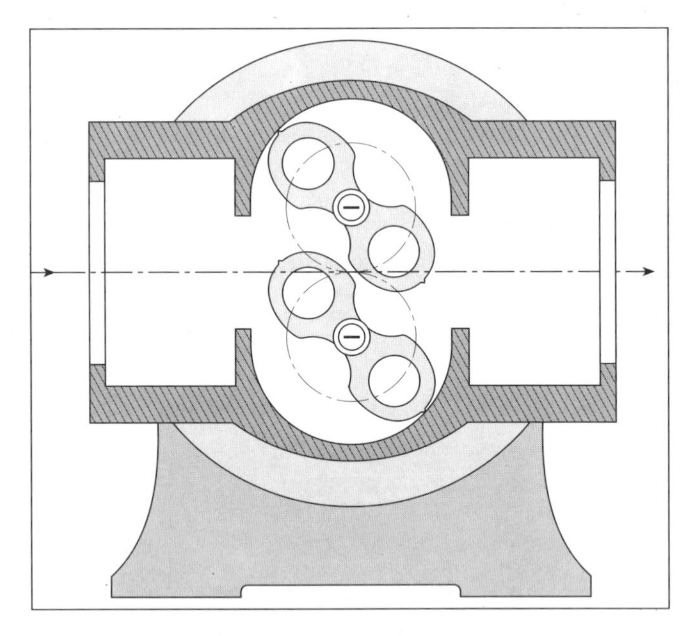

FIGURA 5-6 Medidor de lóbulos.

5.6.2 Engrenagem

Existem vários tipos de medidores a engrenagens, em que os espaços entre os dentes são aproveitados como volume de medição. Entretanto o medidor de engrenagens ovais da Fig. 5-7 as mantém engrenadas, determinando volumes de medição, da mesma forma que o medidor de lóbulos. Medidores de engrenagens ovais são muito usados para medições de óleo combustível em fornos e caldeiras industriais.

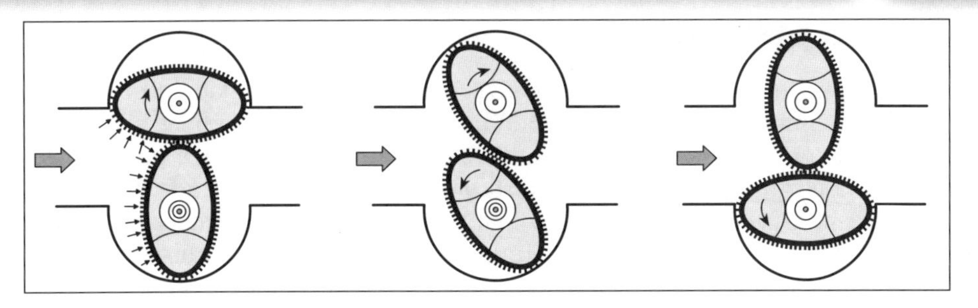

FIGURA 5-7 Medidor de engrenagens ovais.

Outros modelos de medidores a engrenagens são representados nas Figs. 5-8 e 5-9.

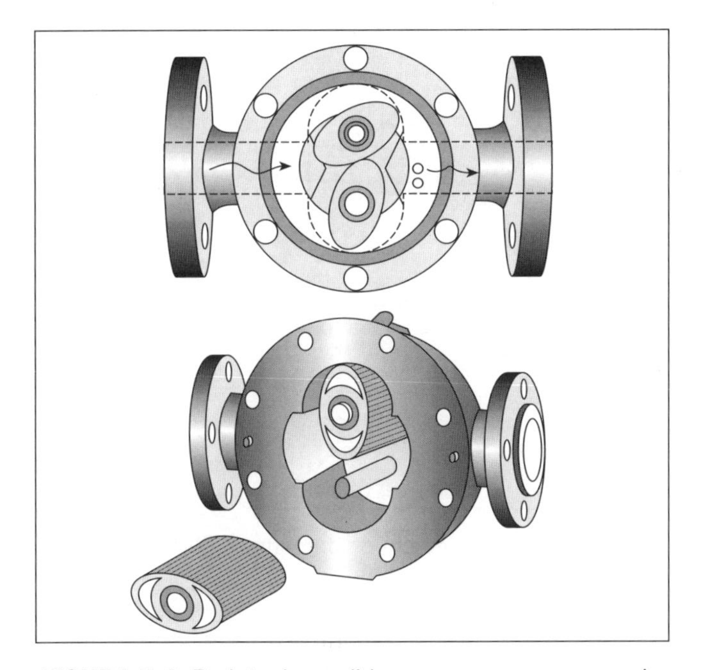

FIGURA 5-8 Projeto de medidor com engrenagens ovais.

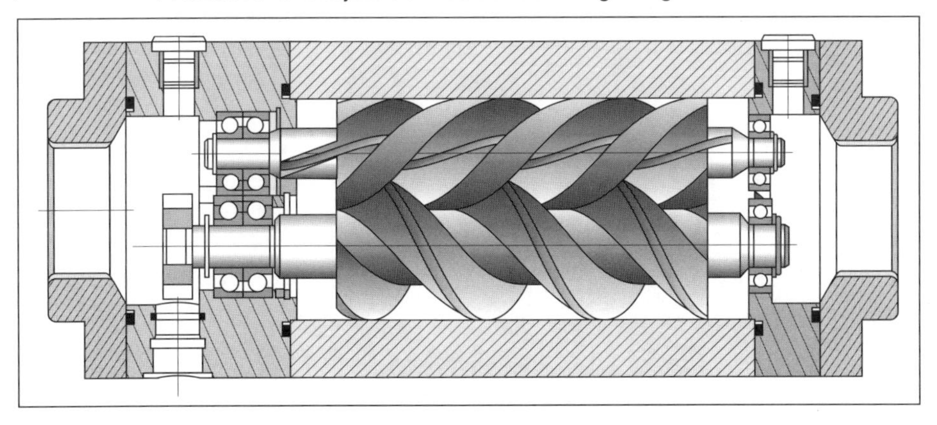

FIGURA 5-9 Outro tipo de medidor de engrenagens.

5.7 SEMI-IMERSÃO

Os medidores de campânula semi-imersa têm como peça principal um rotor horizontal, parcialmente imerso na água, formando quatro câmaras de medição. O rotor gira em função da diferença de pressão a montante e a jusante. O gás penetra pelo centro, numa câmara formada por uma divisória entre o rotor e a água. Com a entrada do gás, o volume confinado aumenta, fazendo o rotor girar lentamente, e fazendo, também, a extremidade esquerda da divisória (D_2 na Fig. 5-10) sair da água, ocasião quando então o gás é liberado para a saída.

A continuidade do movimento é assegurada pelo fato de que, pouco antes de o passo anterior ocorrer, o gás já começou a encher o próximo volume, dando início a um novo ciclo.

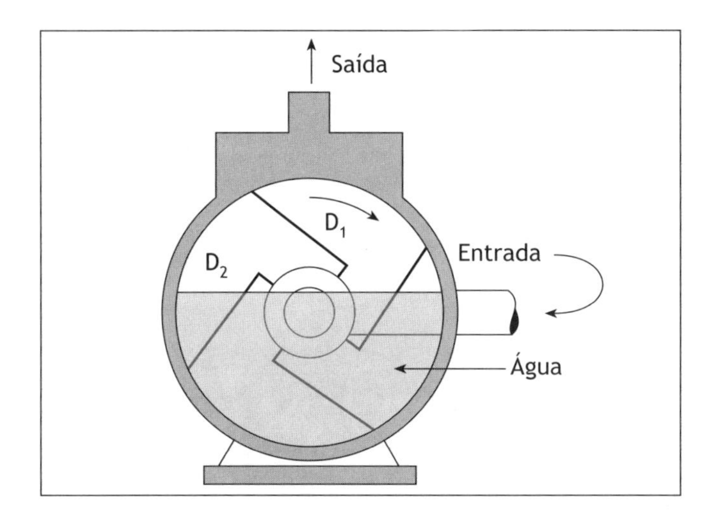

FIGURA 5-10 Medidor de campânula semi-imersa.

Esses medidores são empregados em laboratórios e acham-se disponíveis para diâmetros raramente superiores a DN50 (2 pol). A saída se dá à pressão atmosférica, quando o gás assim permite. O EMA desse tipo de medidor é da ordem de ±0,1%.

MALHA DE MEDIÇÃO DE VAZÃO: MEIOS ELETRÔNICOS

Na terminologia norte-americana para medição de vazão por meios eletrônicos, ref. [3.11], consta que um sistema desse tipo compõe-se de um *elemento primário*, de *elementos secundários* e de um *elemento terciário*. O elemento primário é representado por uma placa de orifício, turbina ou outro. Os elementos secundários são os transmissores de pressão estática, de pressão diferencial, de temperatura, de densidade e outros, necessários à aplicação. E o elemento terciário é um computador de vazão, programado para o correto cálculo desta, dentro de limites específicos, a partir das informações recebidas do elemento primário e/ou dos elementos secundários.

6.1 ELEMENTOS SECUNDÁRIOS

Os transmissores das variáveis medidas para possibilitar a medição de vazão têm algumas características comuns. A saída analógica dos transmissores eletrônicos é uma corrente padronizada de 4 a 20 mA, representando o valor da variável, numa faixa especificada, como, por exemplo:

0 a 2 500 mmH_2O	para 4 a 20 mA (pressão diferencial);
0 a 16 bar	para 4 a 20 mA (pressão estática);
–20 a +60°C	para 4 a 20 mA (temperatura);
0,6 a 1,1	para 4 a 20 mA (densidade relativa).

Em geral, a saída é linear em relação à variável, ou pode ser linearizada por uma função do transmissor, em certos casos: a pressão diferencial pode ter sua raiz quadrada extraída no transmissor; a temperatura medida por um sensor Pt100 pode ser linearizada, já que a resistência da platina do sensor varia de acordo com uma função polinomial, etc.

Existem outros sinais de saída não-padronizados, como 0 a 20 mA, 10 a 50 mA, usados por certas marcas de instrumentos. A grande vantagem de o sinal padronizado não começar em 0 (o valor de 4 mA é chamado de "zero vivo") consiste em permitir que a transmissão em dois fios (*two-wire transmission*), sendo a alimentação do transmissor apoveitada do próprio sinal.

O cálculo de valores de saída correspondentes a valores intermediários da variável dentro da faixa é feito como nos exemplos que seguem.

Exemplo 1

Calcular a saída correspondente a uma densidade relativa de $\delta = 0{,}75$, gerada por um transmissor cuja faixa de valores de δ é 0,6 a 1,1.

a) Calcular a diferença dos fundos de escala (*span*): 1,1 – 0,6 = 0,5;
b) Calcular a relação do valor ao span: (0,75 – 0,6)/0,5 = 0,3;
c) Calcular a o valor da saída, no span de saída: (20 – 4) × 0,3 = 4,8 mA;
d) Acrescentar o zero vivo: 4,8 + 4 = 8,8 mA.

Exemplo 2

Calcular a saída correspondente a uma pressão diferencial de 1 000 mmH_2O, gerada por um transmissor-extrator de $\sqrt{\ }$ cuja faixa vai de 0 a 2 500 mmH_2O.

a) Calcular a relação do valor ao span: 1 000/2 500 = 0,4;
b) Calcular a o valor da raiz quadrada da relação: $(0{,}4)^{0{,}5} = 0{,}6325$;
c) Calcular a o valor da saída, no span de saída: (20 – 4) × 0,6325 = 10,12 mA;
d) Acrescentar o zero vivo: 10,12 + 4 = 14,12 mA.

Muitos transmissores modernos (chamados "inteligentes") dispõem de um sinal de saída serial que utiliza algum tipo de sistema de comunicação digital por barramento de campo (*fieldbus*). Um dos mais utilizados por fabricantes de transmissores de pressão diferencial é o da *Fieldbus Foundation*.

6.1.1 Transmissores de pressão diferencial

Entre todos os tipos de transmissores, o de pressão diferencial é o mais produzido, atendendo e gerando um mercado muito importante para os fabricantes de instrumentos industriais.

Os modernos transmissores de pressão diferencial empregados na medição de vazão com placas de orifício, independentemente da tecnologia utilizada para o transdutor, possuem algumas características comuns, a seguir destacadas.

- Suportam elevadas pressões estáticas, com um padrão em torno de 150 bar.
- Podem suportar elevadas sobrepressões diferenciais. Muitas vezes, possível aplicar a pressão estática de um só lado da célula do transdutor, sem danificá-lo.
- O transdutor é colocado numa célula, separado do fluido por duas membranas corrugadas, sendo o espaço interno preenchido por óleo silicone ou outro fluido apropriado.
- Possuem correção interna de pressão estática e de temperatura, quando essas variáveis influem na exatidão da transdução.

- A distância entre as tomadas de pressão é 54 mm ($1^1/_8$ pol), o que permite montagem compacta, além de serem fornecidos com flanges ovais de $^1/_2$ pol, com uma excentricidade proposital de 1,6 mm ($^1/_{16}$ pol), para compatibilização com a distância efetiva entre as tomadas dos flanges da placa de orifício.
- A eletrônica é colocada num invólucro apropriado para instalações, em áreas classificadas. Em geral, existem as opções "à prova de explosão" e "segurança intrínseca".

O transdutor de pressão diferencial mais produzido nos últimos 25 anos é o tipo capacitivo, mas outras tecnologias são utilizadas, tais como:

- sensor extensométrico;
- piezorresistores, obtidos por difusão de impurezas tipo *P* num substrato Si tipo *N*, servindo também como corpo de prova elástico;
- fio ressonante;
- "silício ressonante".

A exatidão alcançada pela maioria dos fabricantes é da ordem de 0,1% do *span* ajustado.

6.1.2 Transmissores de pressão

Esses dispositivos podem transmitir pressão relativa ou pressão absoluta. O cálculo da vazão de gases e de vapor leva em conta o valor da pressão absoluta. Quando a pressão estática relativa é superior a 16 bar, costuma-se utilizar um transmissor de pressão relativa e acrescentar a pressão atmosférica média do local. Considerando que a pressão atmosférica, devido às condições meteorológicas, raramente varia mais que 10 mmHg (0,013 bar) em torno da média, o erro máximo que se comete em 17 bar absolutos é da ordem de 0,08%, num determinado momento. Há muitas probabilidades de que erros absolutos, em sentido contrário, compensem um ao outro numa totalização ao longo do tempo; entretanto, para pressões estáticas abaixo de 10 bar, recomenda-se utilizar um transmissor de pressão absoluta para medições precisas.

Transmissores de pressão absoluta, além de mais caros que os de pressão relativa, são mais difíceis de calibrar, por exigirem, em princípio uma bomba de vácuo para ajustar o zero, ou um barômetro calibrado para ajuste da pressão atmosférica. Quando se dispõe de várias medições de vazão num determinado lugar, pode-se utilizar um único transmissor de pressão absoluta, usado como barômetro (medindo, portanto, a pressão atmosférica), e acrescentar o valor da pressão atmosférica do momento aos valores medidos por transmissores de pressão relativa.

Os sensores de pressão podem ser semelhantes aos de pressão diferencial, para pressões até 1 bar. Para pressões mais elevadas, geralmente se empregam os sensores a semicondutores. Existem transmissores especiais que utilizam sensores a quartzo, com exatidão da ordem de 0,01% ou ainda melhor.

6.1.3 Transmissores de temperatura

Podem ser do tipo termopar ou termorresistência. Para temperaturas de até 300°C, usa-se geralmente a termorresistência Pt100 (100 Ω a 0°C). Para temperaturas mais elevadas, os termopares são preferidos. Em ambos os casos, o sinal primário do sensor (ohms, no caso da termorresistência ou milivolts para os termopares), não é linear com a temperatura e precisa ser linearizado no transmissor. Nota-se que, às vezes, o sinal primário do sensor é conectado diretamente ao computador de vazão, caso em que a linearização deve ser feita nesse instrumento.

Os cálculos de vazão de gases requerem correção de temperatura. É a temperatura absoluta que se leva em conta nos cálculos. Acrescentam-se 273,15°C à temperatura em graus Celsius para se obter a temperatura absoluta.

6.1.4 Transmissores de densidade

O valor da densidade pode ser necessário para correção da vazão. Existem transmissores de densidade relativa e de densidade absoluta, para líquidos e para gases.

No caso dos líquidos, existem transmissores de densidade relativa que comparam uma determinada altura de coluna de água a uma altura igual de coluna do líquido cuja densidade relativa se deseja conhecer. A diferença entre as pressões hidrostáticas é representativa da densidade do líquido em relação à água. O efeito do empuxo de Arquimedes pode ser utilizado para sensores de densidade relativa de líquidos. É o caso do tipo areômetro, em que o volume submerso do flutuador é variável, e também do “deslocador”, com volume totalmente imerso (*displacer*).

No caso dos gases, os transmissores de densidade relativa podem apresentar-se como balanças aerostáticas, utilizando o efeito do empuxo de Arquimedes do ar num volume definido do gás num balão, ou por efeito de indução de torques criado por dois rotores, cuja rotação é mantida constante por um motor elétrico, em dois outros rotores. Cada par de rotores indutor/induzido é colocado em uma câmara, uma delas cheia de ar à pressão atmosférica e outra cheia do gás que se analisa, à mesma pressão. A diferença de torques induzidos é uma função da densidade relativa do gás analisado. Esse torque diferencial é transformado em sinal elétrico por meio de transdutores apropriados, baseados em extensômetros. A exatidão desses instrumentos é da ordem de 0,5% do valor medido, numa faixa estreita da escala do instrumento.

A densidade absoluta dos gases e dos líquidos pode ser medida, por tubos ou cilindros vibrantes ou por medidores a efeito Coriolis, usados na sua função complementar de medidores de densidade absoluta ou massa específica.

6.1.5 Transmissores multivariáveis

No final do século XX, surgiram os transmissores “multivariáveis”, para aplicação às medições de vazão por placa de orifício. Tais instrumentos são, basicamente, um transmissor de pressão diferencial que possui também um transdutor interno da pressão estática. Um termorresistor pode ser ligado diretamente à eletrônica do transmissor. A parte eletrônica é um computador de vazão capaz de fazer os cálculos de acordo com as normas internacionais (AGA 3, ISO 5167). A transmissão do valor calculado da vazão é feita por via analógica ou por comunicação digital. A comunicação digital permite também transmitir os valores das outras variáveis, pressão diferencial, pressão estática e temperatura.

6.2 ELEMENTOS TERCIÁRIOS: COMPUTADORES DE VAZÃO

Os computadores de vazão — ou elementos terciários — podem ser divididos em duas classes:

- computadores de vazão para uso geral;
- computadores de vazão para transações comerciais.

Ambos possuem funções de cálculo da vazão, de acordo com as normas internacionais (AGA 3, ISO 5167 para placas de orifício, AGA 7 para turbinas), a partir das informações recebidas de elementos primários e secundários, e são capazes de integrar e totalizar a vazão, além de retransmitir esses valores. Os cálculos da densidade e da compressibilidade dos gases (AGA 8), da densidade dos líquidos e do vapor d'água também fazem parte das funções dessas duas classes de computador de vazão. O que diferencia o computador de vazão para transações comerciais daquele para uso geral, é a capacidade de "auditar" as transações e a segurança do acesso à configuração lógica e aos parâmetros que geram os cálculos de vazão e de totalização.

A norma API MPMS 21.1, Ref. [3.11], estabelece as especificações mínimas relativas à capacidade de auditoria e de relatórios de um computador de vazão para gás utilizado para transações comerciais.

- Memórias para valores das variáveis
  - horárias (por 30 dias ou mais) e por transação, dependendo do tipo de medidor, como segue:

Medidor tipo placa de orifício	*Medidor tipo turbina*
totalização	totalização
tempo da vazão	tempo da vazão
pressão diferencial	totalização não-corrigida
temperatura	temperatura
pressão estática	pressão estática
densidade relativa	densidade relativa

- Relatório de auditoria, apontando qualquer intervenção manual que pode alterar o valor do cálculo.
- Acesso e registro de qualquer calibração efetuada nos elementos secundários.

Geralmente, os computadores de vazão para uso geral são instrumentos de painel, ao passo que aqueles para transferência comercial podem ser instalados no campo, em áreas classificadas, integrados a transmissores multivariáveis.

Por outro lado, os computadores de vazão para uso geral podem ser programáveis para atender aplicações especiais, tais como:

- controle de batelada utilizando'"receitas";
- supervisão de bocais críticos;
- medição da fração seca de um gás úmido;
- seleção automática de transmissores em *split range*, para aumentar a rangeabilidade de uma medição;
- correção de viscosidade;
- medição de vazão em canais abertos, etc.

Os computadores de vazão podem ser ligados a sistemas supervisores, que emitem os relatórios, têm registros históricos de longo prazo, mostram gráficos etc.

Para a medições de vazão de gás natural, a composição deste, medida por um cromatógrafo em linha, pode ser informada aos computadores de vazão, de forma direta ou indireta, para cálculo da densidade e do fator de compressibilidade Z, de acordo com a AGA 8.

A Fig. 6-1 esquematiza o funcionamento de um computador de vazão. A qualidade essencial desses instrumentos reside em sua capacidade de calcular a vazão medida por elementos primários e secundários utilizando os valores medidos em "tempo real". O cálculo pode ser realizado várias vezes por segundo e utiliza as variáveis medidas em cada parte do cálculo em que é necessária.

No caso representado na Fig. 6-1, o elemento primário é uma placa de orifício, para medição de um gás. As variáveis, medidas continuamente (ou várias vezes por segundo), e sua utilização estão na Tab. 6-1.

Tabela 6-1 Variáveis medidas continuamente

Variável	Símbolo	Aplicação
Pressão diferencial	Δp	Na equação principal e no cálculo de ε.
Pressão estática	P	No cálculo da densidade e de ε.
Temperatura	T	No cálculo da densidade, dos diâmetros D_f e d_f e eventualmente no cálculo da viscosidade.
Variável auxiliar	XT	A entrada auxiliar XT pode ser utilizada para densidade ou para a viscosidade, dependendo do algoritmo escolhido.

A Fig. 6-1 ilustra o funcionamento de um computador existente, como segue:

- Os sinais provêm dos transmissores, conforme a Tab. 6-1. No caso, XT é usado como transmissor de umidade, interferindo na densidade.
- Os parâmetros são introduzidos como constantes:
- d_{20}: diâmetro do orifício a 20°C;
- α_{EP}: coeficiente de dilatação linear do elemento primário;
- D_{20}: diâmetro da tubulação a 20°C;
- α_{tubo}: coeficiente de dilatação linear do tubo;
- $k = C_p/C_v$ do gás;
- K_{dens}: parâmetros relacionados com a densidade, dependendo da fórmula K_{dens} Fórm. escolhida. No caso, pode ser somente a massa molar do gás;
- Visc: a viscosidade do gás à temperatura e pressão de operação;
- $K_{vsc(a)}$ e $K_{vsc(b)}$: parâmetros de viscosidade dependendo da fórmula de viscosidade: Visc. Fórm. escolhida;
- ρ_{ref}: a massa específica do gás nas condições de referência, se a vazão Q_v for volúmica. Neste caso, o $_{ref}$ será usado para dividir Q_m, resultando em Q_v.

Na equação

$$Q_m = N_0 \cdot C \cdot E \cdot \beta^2 \cdot D_f^2 \cdot \sqrt{\Delta p} \cdot \varepsilon \cdot \sqrt{\rho}$$

os fatores são calculados como segue:

- N_0 é um fator de conversão e de reunião das constantes que depende das unidades escolhidas;
- $E\ (=1/\sqrt{1-\beta^4})$ é calculado em função de $\beta\ (=d_f/D_f)$, sendo que d_f e D_f já são os diâmetros à temperatura de operação, corrigidos em tempo real; (na Fig. 6-1, $t = t°C–20$).
- Δp entra diretamente;
- ε é o fator de expansão isentrópica, função de $\Delta p/P$, de β e de $k\ (=C_p/C_v)$, observando que as variáveis Δp e P são introduzidas em tempo real e que β já é corrigido em função da temperatura;
- ρ é a densidade absoluta (=massa específica) do gás às condições PTZ de operação, em tempo real; no caso, com correção de umidade.

O cálculo da vazão ainda depende do valor do coeficiente de descarga C. Este é calculado de forma iterativa em função do número de Reynolds e da equação de C em função de Q_{form}, D_f, β e R_D, sendo Q_{form} a fórmula empírica que consta na norma escolhida.

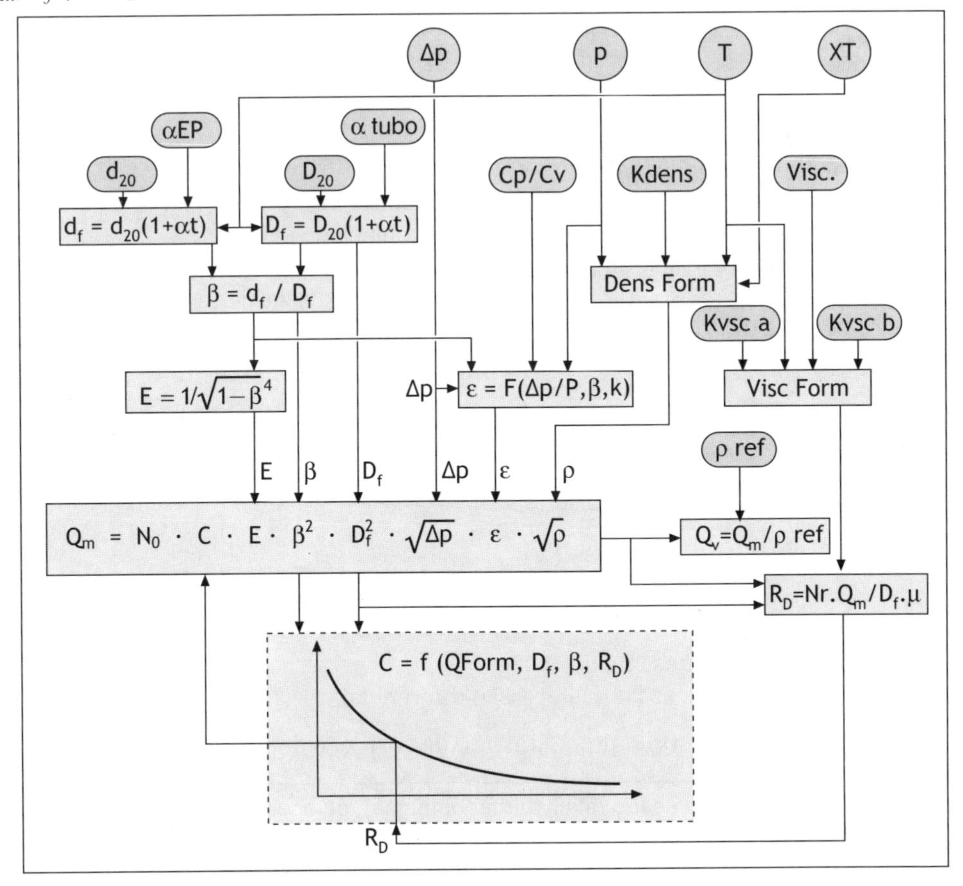

FIGURA 6-1 Programação de cálculo de vazão em computador dedicado.

6.3 MALHAS LIGADAS A UM CLP

Em muitos casos, a malha de vazão é ligada a um controlador lógico programável, que recebe os sinais (4 a 20 mA) dos transmissores. No caso de medição de gases com placa de orifício, a malha usualmente é constituída de acordo com a Fig. 6-2.

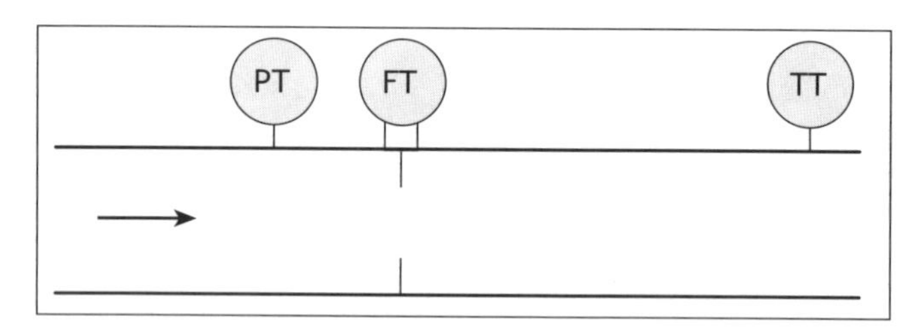

FIGURA 6-2 Malha típica de medição de vazão de gás, com CLP.

Nesses casos, a fórmula empregada é uma correção simplificada, que não leva em conta as variações do coeficiente de descarga, nem as do fator de expansão isentrópica, mas é suficiente para os processos que não variam de carga, em ±20%, em torno de um valor médio:

$$Q_{LC} = K \cdot \sqrt{\frac{P_1}{\mathrm{P_p}} \frac{\mathrm{T_p}}{\mathrm{T_1}}} \sqrt{\Delta \mathrm{p}}$$

sendo: Q_{LC} a vazão de leitura corrigida;
K a constante da aplicação;
P_1 a pressão absoluta* proveniente do transmissor de pressão, PT;
P_p a pressão absoluta prevista no cálculo da placa de orifício;
T_p a temperatura absoluta prevista no cálculo da placa de orifício;
T_1 a temperatura absoluta** proveniente do transmissor de temperatura, TT;
Δp a pressão diferencial proveniente do transmissor de ΔP, FT.

Nos sistemas supervisores associados aos CLPs, o valor de K é calculado automaticamente quando se parametriza o atributo da janela de indicação da vazão. Em outros casos, poderá ser necessário calcular o valor de K, como segue:

$$Q_L = K\sqrt{\Delta p} \qquad \text{ou} \qquad K = \frac{Q_L}{\sqrt{\Delta p}}$$

sendo: Q_L o valor de fim de escala da vazão;
Δp o valor de fim de escala da pressão diferencial.

O exemplo seguinte ilustra o procedimento de correção de pressão e temperatura.

---

* Se o transmissor *PT* for de pressão relativa (manométrica), acrescentar a pressão atmosférica à pressão transmitida pelo *PT*.

**À temperatura transmitida pelo *TT* (em °C), acrescentar 273,15, para obter a temperatura absoluta em kelvins (K).

Exemplo

Calcular os parâmetros a serem adotados para uma correção de pressão e temperatura num CLP, em relação à seguinte placa de orifício:

$Q_L = 50\,000$ m³/h [760 mmHg (1,01325 bar) e 0°C (273,15 K)];
$\Delta p = 160$ mmCA;
$P_p = 1{,}025$ bar;
$T_p = 323{,}15$ K (50°C);
Range da transmissão de pressão: 0 a 100 kPa (relativos);
Range da transmissão de temperatura: 0 a 100°C;
Pressão atmosférica *local*: 0,953 bar.

a) Cálculo do valor de K:

$K = Q_L/\sqrt{\Delta p} = 50\,000/\sqrt{160} = 3\,952{,}8$

b) Cálculo do valor da raiz da relação T_p/P_p:

$\sqrt{(T_p/P_p)} = \sqrt{323{,}15/1{,}025} = 17{,}756$

c) Valor de P_1 a ser aplicado na fórmula:

P_1= pressão atmosférica *local*, em bar + pressão do transmissor, convertida em bar.
$P_1 = 0{,}953$ + (sinal do transmissor em bar)

d) Valor de T_1 a ser aplicado na fórmula:

$T_1 = 273{,}15$ + (sinal do transmissor em °C).

e) Apresentação final da fórmula:

$$Q_{LC} = K \cdot \sqrt{\frac{P_1}{P_p}\frac{T_p}{T_1}}\sqrt{\Delta p} = 3\,952{,}8 \cdot 17{,}756 \cdot \sqrt{\left(P_1 / T_1\right)} \cdot \sqrt{\Delta p}$$

Observação: se o valor de K for calculado automaticamente pelo supervisor, aplicar somente:

$Q_{LC} = Q_{LNC} \cdot 17{,}756 \cdot \sqrt{(P_1/T_1)}$,

em que:

Q_{LNC} é o valor da vazão não-corrigida.

MEDIÇÃO EM CANAIS ABERTOS

Ao contrário dos outros medidores de vazão estudados neste livro, que exigem o completo preenchimento da tubulação, os medidores em canais abertos destinam-se a vazões de líquidos que escoam por gravidade e apresentam uma superfície livre.

Ao invés de se medir uma diferença de pressão, como é o caso dos medidores deprimogênios, mede-se o nível antes (e, às vezes, na garganta) do elemento primário, que também provoca uma variação de velocidade de escoamento localizada.

7.1 VERTEDOUROS

Na forma mais simples de vertedouro, com entalhe retangular, uma placa vertical é interposta no fluxo de água, obrigando seu nível a subir a montante, até verter a jusante pela abertura, de base horizontal e laterais verticais. Essa técnica de medição adota uma terminologia específica, explicada a seguir.

Nomenclatura dos vertedouros

Aeração/submersão

Quando o lençol cai a jusante do vertedouro, mas afastado de sua face jusante, diz-se que a vazão é "aerada". Quando a superfície do líquido a jusante do vertedouro não está suficientemente abaixo da crista para permitir a aeração, diz-se que a vazão é "submersa". Na Fig. 7-2 pode-se ver que a espessura z da veia acima da crista é inferior à altura h_c. Quando a vazão é aerada, a superfície inferior do lençol sobe levemente acima do nível da crista, como representado pela altura z_1. Para baixas vazões, não existe escoamento aerado em calhas retangulares, independente do nível da água a jusante.

Altura (h)
A diferença de nível entre a crista e a superfície do líquido a montante, antes da sua curvatura.

Entalhe
A abertura.

Crista
A base horizontal do entalhe

Largura (L_c)
A largura horizontal da crista; num entalhe triangular, $L_c = 0$.

Lençol
A veia líquida que passa por cima da crista (ou do fundo do entalhe, no caso de vertedouros triangulares).

Vertedouro com contração
Quando a largura do canal de aproximação (L_v) é maior que a largura da crista (L_c), o lençol sofrerá contração lateral. Nesse caso, o vertedouro se chama "vertedouro com contração". A diferença $L_v - L_c$ deve ter, no mínimo, quatro vezes a altura máxima h_c prevista.

Vertedouro de largura plena
Vertedouro no qual a largura da crista (L_c) é igual à largura do canal de aproximação

7.1.1 Medição da altura nos vertedouros

A medição da altura h_c no vertedouro é feita por meio de um transmissor de nível de qualquer tipo (bóia, capacitivo, resistivo, com pressão diferencial, ultra-sônico, etc.), provido de eletrônica para calcular a equação da vazão e integrar seu valor ao longo do tempo.

Independentemente do tipo de medidor empregado, o local da medição deve estar a uma distância de três a quatro vezes o valor esperado de h_c, a montante da crista, de forma a assegurar que o valor medido não seja afetado pela vazão. Em alguns casos, defletores ou chicanas são colocados a montante do canal de aproximação, para distribuir mais uniformemente as velocidades do líquido que chega. É possível, também, empregar um poço lateral, onde a altura h_c pode ser medida pelo princípio dos vasos comunicantes, fazendo-se a ligação entre o canal e o poço por pequenos orifícios, para assegurar um nível estável.

7.1.2 Tipos de vertedouro

Os vertedouros se diferenciam pela forma de abertura. Esta pode ser retangular, trapezoidal, triangular ou de forma especial. No caso de abertura trapezoidal, a forma que tem os lados com inclinação 4:1 é conhecida como "vertedouro Cipoletti". Essa forma permite um cálculo simplificado de vazão em função da altura h_c. Já os vertedouros triangulares podem ter ângulos de 30 a 90°, dependendo da capacidade desejada. Outras aberturas especiais (circulares, exponenciais, parabólicas, hiperbólicas, cicloidais) foram desenvolvidas com o objetivo de simplificar a relação entre a altura h_c e a vazão Q.

O dimensionamento de um vertedouro é geralmente feito de forma que a altura hc, correspondente à vazão mínima seja de ordem de 30 mm, não ultrapassado 300 mm no caso de vazão máxima.

O vertedouro pode ser preso a uma pequena barragem, num canal natural ou numa caixa adequada (Fig. 7-1). De qualquer forma, deve ser colocar num plano vertical em relação à crista horizontal. A aresta da crista a montante deve ser reta e com ângulo vivo, sem rebarbas. Sua espessura perpendicular à face da placa deve ter aproximadamente 1,3 mm. Como em geral a espessura da placa tem mais que isso, um chanfro de 45° a jusante torna-se necessário. A face a montante dos lados também precisa ser reta, de ângulo vivo e de espessura igual à da crista.

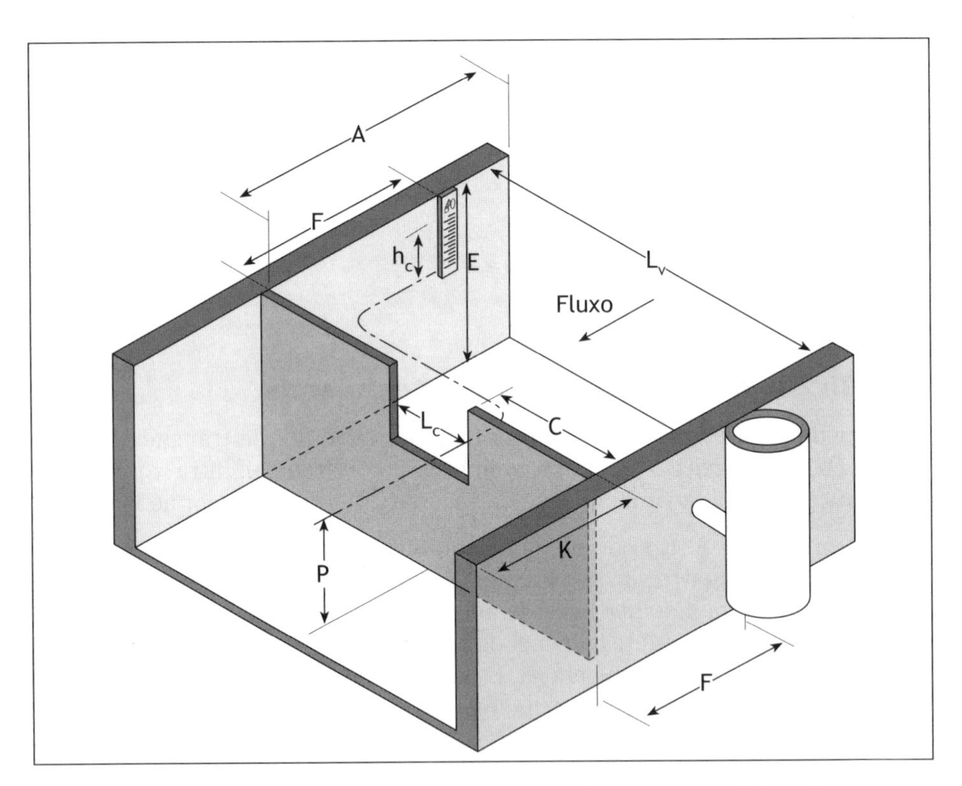

FIGURA 7-1 Vertedouro retangular: referências para a Tab. 7-1.

Tabela 7-1 Dimensões dos vertedouros retangulares, triangulares a 90° e Cipoletti									
Limites aproximados de descarga	Altura máxima, $h_{c\,max}$	Largura da crista, L_c	Comprimento a montante, A	Comprimento a jusante, K	Largurada caixa, L_V	Profundidade da caixa, E (*)	Distância do fim da crista à lateral da caixa, C	Distância da crista ao fundo da caixa, P	Distância ao medidor de nível, F
(m³/h)	(mm)	(mm)	(mm)	(mm)	(mm)	(mm)	(mm)	(mm)	(mm)
10 a 300	305	305	1 830	610	1 220	914	457	457	219
20 a 610	381	457	2 135	914	1 525	990	533	457	372
25 a 810	381	610	2 440	1 220	1 830	1 065	610	533	1 525
35 a 1 700	457	914	2 745	1 525	2 135	1 220	610	610	1 680
50 a 2 350	457	1 220	3 050	1 830	2 745	1 220	762	610	1 830
75 a 3 600	457	1 830	3 660	1 830	3 505	1 370	838	762	1 830
100 a 5 000	457	2 440	4 875	2 440	4 265	1 450	914	838	2 440
100 a 6 100	457	3 050	6 100	2 440	5 180	1 525	1 070	914	2 440
Vertedouro triangular a 90°									
10 a 250	305	—	1 830	610	1 525	914	—	457	1 220
10 a 440	381	—	1 980	914	1 980	990	—	457	1 525

E(*) Esta distância deixa uma folga de aproximadamente 150 mm acima do nível correspondente à vazão máxima, para evitar o transbordamento da água.

7.1.3 Equações para vertedouros com abertura retangular

As equações estabelecem relação entre a vazão Q e a altura h_c medida. Com referência à Fig. 7-3, estabelece-se que a equação da velocidade V de uma lâmina dx de líquido, tomada na veia líquida que passa pelo vertedouro, a uma distância x abaixo da superfície, é a seguinte:

$$V = \sqrt{2gx}$$

Sendo dx a espessura dessa lâmina e L_c sua largura, temos:

$$dQ = L_c \cdot V \cdot dx = L_c \sqrt{2gx\, dx}$$

Integrando essa equação entre os limites $x = 0$ e $x = h_c$, obtemos a vazão total teórica que passa pelo vertedouro:

$$Q_1 = L_c \cdot \sqrt{2g} \int_0^{hc} \sqrt{x\, dx}$$

$$Q_1 = 2/3\, L_c \cdot \sqrt{2g\, \mathrm{h}_c^3}$$

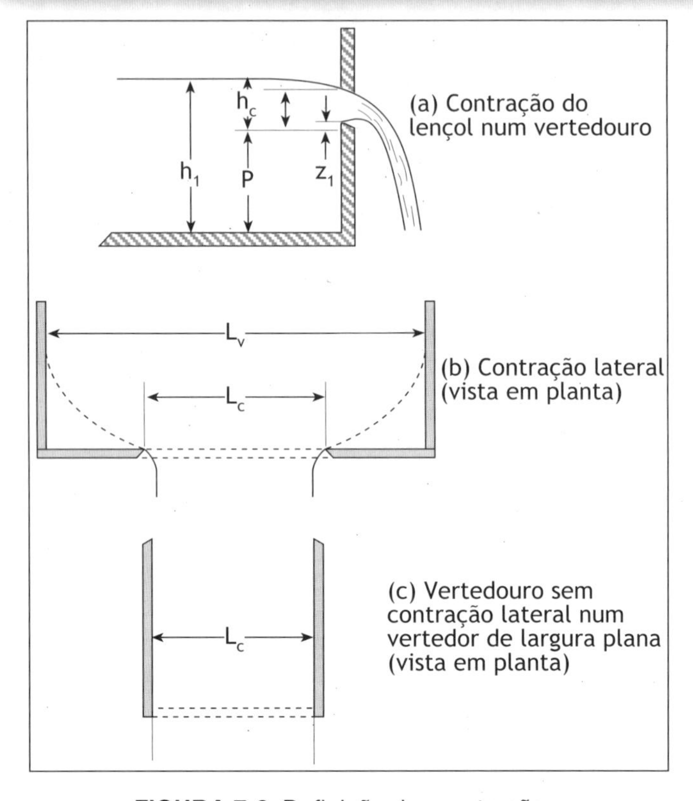

FIGURA 7-2 Definição das contrações.

Tal como no caso das placas de orifício, é necessário introduzir um coeficiente de descarga C para tornar a equação anterior de uso prático. Temos então:

$$Q = 2/3 \cdot C \cdot L_c \sqrt{2g\, h_c^3}$$

Testes desenvolvidos no Instituto de Tecnologia da Geórgia, nos Estados Unidos, mostram que essa equação ainda deve receber as seguintes adaptações, para ser representativa da vazão real:

$$Q = 2/3 \;\; \mathrm{C}' \, L_c' \sqrt{2g \left(\mathrm{h}_c'\right)^3} \qquad [7.1]$$

sendo: Q a vazão, em metros cúbicos por segundo, desde que
g = 9,807 m/s^2 e que os comprimentos estejam em metros;
C' uma função de L_v/L_c e de h/P;
$L'_c = L_c + b$ (em metros na equação);
$h'_c = h_c + 0{,}009$ m.

Os valores de b e de C'' podem ser vistos na Fig. 7-5.

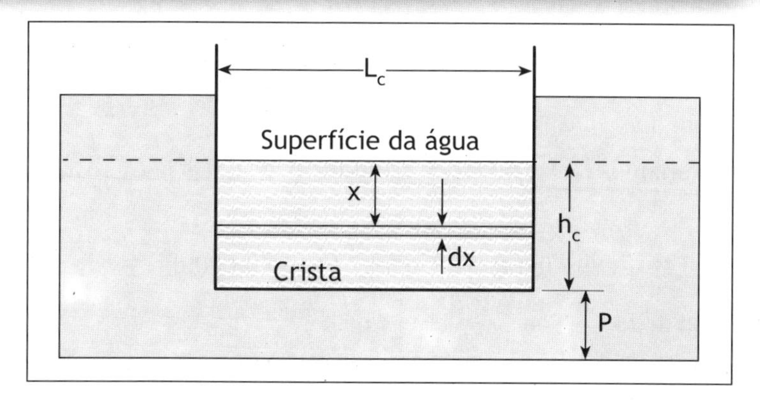

FIGURA 7-3 Seção de um vertedouro com abertura retangular.

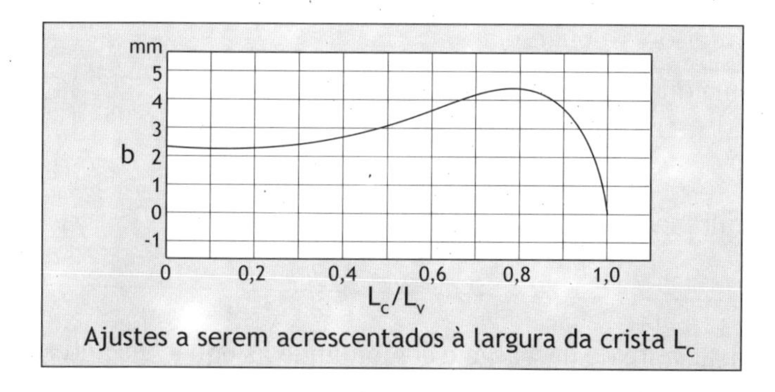

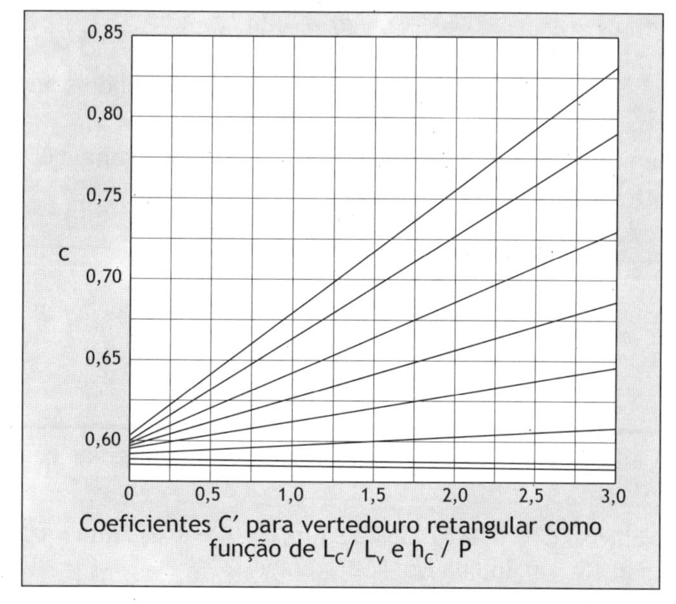

FIGURA 7-4 Valores de *b* e *C′* para vertedouros retangulares.

Exemplo

Calcular a vazão para um vertedouro retangular com L_c = 0,30 m, relações L_c/L_v = 0,2 e h_c/P = 0,5, em que a altura h_c medida é 0,15 m.

Na Fig. 7-4, avaliamos C' = 0,59 e b = 2,4 mm, ou seja, 0,0024 m. Aplicando a Eq. [7.1], temos:

$$Q = 2/3 \cdot 0{,}59 \cdot (0{,}30 + 0{,}0024) \cdot \sqrt{2 \cdot 9{,}807\,(0{,}15 + 0{,}0009)^3}$$

$$= 0{,}0309\ \text{m}^3/\text{s} \qquad \text{ou} \qquad 111\ \text{m}^3/\text{h}$$

7.1.4 Equações para vertedouros triangulares

O vertedouro triangular tem uma abertura que forma um ângulo cuja bissetriz deve ser vertical. O lençol precisa ser completamente aerado, de forma que a descarga não seja afetada pelas variações de nível a jusante. Devem-se evitar medições de vazões que correspondam a alturas inferiores a 60 mm.

Da mesma forma que anteriormente, demonstra-se que:

$$Q = \frac{4}{15} \cdot L_h \cdot \sqrt{2g\, h_c^3}$$

Sendo θ o ângulo, temos:

$$L_h = 2h_c \cdot tg\frac{\theta}{2}$$

Incluindo o coeficiente de descarga e combinando as equações anteriores, teremos:

$$Q = \frac{8}{15} \cdot C' \cdot tg\frac{\theta}{2} \cdot \sqrt{2g\, h_c^5}$$

O valor do coeficiente C de um vertedouro triangular depende principalmente do ângulo θ.

A equação seguinte leva em conta os coeficiente experimentais C' e h', apropriados para vertedouros triangulares:

$$Q = \frac{8}{15} \cdot C' \cdot tg\frac{\theta}{2} \cdot \sqrt{2g\, h_c'^5} \qquad [7.2]$$

em que $h' = h_c + \Delta$. Os valores de C' e de Δ podem ser avaliados pela Fig. 7-5.

Exemplo

Mede-se uma altura h_c de 130 mm num vertedouro triangular com ângulo θ de 30°. Qual é a vazão?

Na Fig. 7-5, avalia-se C' = 0,587 e Δ = 2,2 mm $\Rightarrow h_c'$ = 132,2 mm = 0,1322 m. Aplicando esses valores e tg 15° = 0,268 na Eq. [7.2], temos:

$$Q = \frac{8}{15} \cdot 0{,}587 \cdot 0{,}268 \cdot \sqrt{2 \cdot 9{,}807 \cdot (0{,}1322)^5} = 0{,}00235\ \text{m}^3/\text{s} = 8{,}46\ \text{m}^3/\text{h}$$

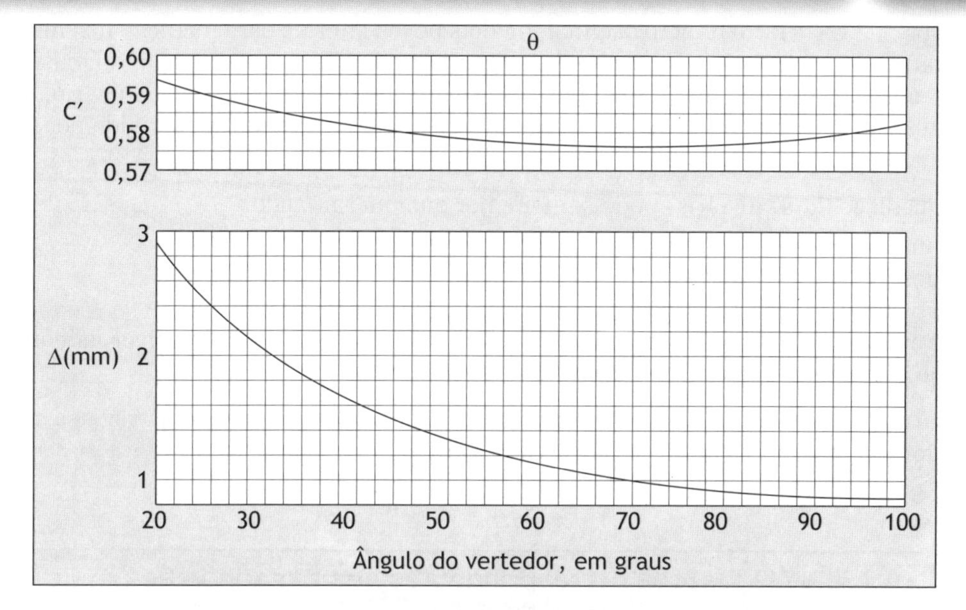

FIGURA 7-5 Coeficientes C' e Δ para vertedouros triangulares.

7.1.5 Equações para vertedouros trapezoidais

Demonstra-se que, no caso de vertedouros trapezoidais Cipoletti, a equação representativa é:

$$Q = \frac{2}{3} \cdot C \cdot L_c \cdot \sqrt{2g\, h_c^3}$$

em que $C = 0{,}63$. Esse valor de C é o mais adequado quando a relação h_c/L é $\leq 1/5$ e $L \geq 0{,}16$ m.

Substituindo, então, C por esse valor, e $\sqrt{2g}$ por 4,4285 (sendo g = 9,807 m/s^2), teremos:

$$Q = 1{,}86 h_c^{2/3} \qquad [7.3]$$

7.2 CALHAS PARSHALL

Outra forma clássica de se medir a vazão de líquidos em calhas abertas consiste em inserir no canal uma calha padronizada, para acelerar localmente o fluxo, e medir o nível num local apropriado para representar a vazão. A vantagem das calhas em comparação aos vertedouros é a ausência de obstáculo, que pode represar objetos, prejudicando a medição.

Nas calhas, o escoamento da água sofre uma contração, produzida pelas paredes laterais ou pela elevação do fundo do canal, ou ambos. Uma característica comum das calhas é a formação de uma onda de refluxo perto da saída. A perda de carga provocada pela calha de medição chega a ser a quarta parte da que seria observada num vertedouro de mesma capacidade.

A calha Parshall foi desenvolvida nos Estados Unidos para medir a água de irrigação, na agricultura. A calha assemelha-se a um Venturi, com uma seção convergente, uma garganta e uma seção de saída, divergente. As dimensões das calhas Parshall são definidas em tabela (ver Tabs. 7-3 e 7-4). No projeto original, há dois poços laterais para medição dos níveis h_c, a montante a h_s, na garganta, porém não é necessário medir o nível h_s, quando existe uma inclinação do terreno tal que h_s não possa ser mais que 60% de h_c. Caso contrário, haverá submersão ou afogamento e a vazão calculada a partir de h_c deverá ser corrigida por fatores apresentados na Fig. 7-5.

A medição do(s) nível(is) pode ser feita por qualquer método:

- transmissores de pressão diferencial com borbulhadores;
- transmissores capacitivos;
- transmissores por resistivos;
- transmissores ultra-sônicos providos de eletrônica, capazes de resolver as equações que calculam a vazão em função do nível a montante.

A Tab. 7-2 permite definir o tamanho da calha Parshall em função da vazão a ser medida e fornece os valores de a e n da equação geral

$$Q = a \cdot h_c^n \qquad [7.4]$$

TABELA 7-2 Vazões correspondentes aos tamanhos nominais das calhas Parshall

Tamanho nominal		$Q = a \cdot h_c^n$		Vazão (m³/h), em função do nível h_c (m) (escoamento livre)					
pé / pol	m	a	n	$h_c = 0{,}1$	$h_c = 0{,}25$	$h_c = 0{,}50$	$h_c = 0{,}75$	$h_c = 1$	$h_c = 2$
1	0,0254	217		6	25	75	—	—	—
2	0,051	420	1,547	12	49	145	—	—	—
3	0,076	636		18	75	215	—	—	—
6	0,152	1 372	1,580	37	155	455	870	—	—
9	0,229	1 930	1,530	57	230	670	1 240	—	—
1	0,305	2 250		73	300	860	1 600	—	—
2	0,610	5 100		140	600	1 750	3 280	—	—
3	0,915	7 870	$1{,}57 \cdot L_c^{0{,}026}$	215	900	2 650	5 000	—	—
4	1,220	10 650		270	1 200	3 570	6 750	—	—
5	1,525	13 500		340	1 480	4 430	8 500	—	—
6	1,830	16 300		410	1 770	5 340	10 300	—	—
8	2,440	22 000		545	2 360	7 200	13 900	—	—
10	3,050	26 900		660	2 920	8 850	17 000	26 900	—
12	3,660	31 900		800	3 460	10 450	20 000	31 800	—
15	4,570	39 450		—	4 300	13 000	25 000	39 500	120 000
20	6,100	52 000	1,600	—	5 660	17 200	32 800	52 000	157 000
25	7,620	64 600		—	7 000	21 300	40 800	64 600	196 000
30	9,140	77 200		—	8 400	25 500	48 700	77 000	234 000
40	12,190	102 300		—	11 150	33 800	64 600	102 000	310 000
50	15,240	127 500		—	13 900	42 000	80 500	128 000	387 000

Observação: O tamanho nominal é a largura da garganta L_c

Aplicando a tabela para alguns valores nominais, temos:

- Calha de 3 pol (0,076 m),

$$Q = 635{,}8 \cdot h_c^{1{,}547} \qquad [7.4a]$$

- Calha de 1 pé (0,305 m),

$$Q = (2\,250) \cdot h_c^{1{,}57 \cdot (0{,}305)} \qquad [7.4b]$$

- Calha de 10 pés (3,05 m),

$$Q = (26\,900) \cdot h_c^{1{,}6} \qquad [7.4c]$$

Nas equações [7.4], L_c e h_c são em metros (m) e Q em metros cúbicos por hora (m^3/h).

TABELA 7-3 Dimensões da seção convergente das calhas Parshall

Nominal L_c		*A*	*B*	*D*	*E*	*M*	*P*	*R*	*Z*
pé / pol	m	mm	mm	mm	mm	mm	mm	mm	mm
1	0,0254	243	240	125	350	150	375	195	160
2	0,051	327	320	180	500	225	450	305	220
3	0,076	465	455	260	610	305	770	405	310
6	0,152	620	610	400	610	305	900	405	415
9	0,229	880	865	575	760	305	1 080	405	585
1	0,305	1 370	1 345	845	915	380	1 490	510	915
1 6	0,455	1 450	1 420	1 025	915	380	1 675	510	965
2	0,610	1 525	1 495	1 205	915	380	1 855	510	1 015
3	0,915	1 675	1 645	1 570	915	380	2 225	510	1 120
4	1,220	1 830	1 795	1 935	915	455	2 710	610	1 220
5	1,525	1 980	1 945	2 300	915	455	3 080	610	1 320
6	1,830	2 135	2 100	2 650	915	455	3 440	610	1 420
8	2,440	2 440	2 400	3 400	915	455	4 150	610	1 630
10	3,050	4 350	4 270	4 750	1 220	1 830	8 750	2 440	1 830
12	3,660	5 000	4 880	5 600	1 525	2 440	10 670	2 740	2 050
15	4,570	7 800	7 620	7 620	1 830	2 740	12 190	3 350	2 350
20	6,100	7 800	7 620	9 140	2 135	3 050	14 630	3 660	2 850
25	7,620	7 800	7 620	10 670	2 135	3 050	16 760	3 660	3 350
30	9,140	8 100	7 920	12 300	2 135	3 050	19 510	3 660	3 650
40	12,190	8 400	8 230	15 500	2 135	3 350	24 380	3 960	4 880
50	15,240	8 400	8 230	18 500	2 135	3 350	28 960	3 960	5 900

Tabela 7-4 Dimensões da garganta e da seção divergente das calhas Parshall

Nominal, L_c		*C*	*F*	*G*	*K*	*N*	*X*	*Y*
pé / pol	m	mm	mm	mm	mm	mm	mm	mm
1	0,0254	78	75	160	25	25	15	20
2	0,051	148	105	215	25	35	20	25
3	0,076	178	152	305	25	55	25	38
6	0,152	395	305	610	75	115	50	75
9	0,229	381	305	455	75	115	50	75
1	0,305	610	610	915	75	230	50	75
1 6	0,455	760	610	915	75	230	50	75
2	0,610	915	610	915	75	230	50	75
3	0,915	1 220	610	915	75	230	50	75
4	1,220	1 525	610	915	75	230	50	75
5	1,525	1 830	610	915	75	230	50	75
6	1,830	2 135	610	915	75	230	50	75
8	2,440	2 740	610	915	75	230	50	75
10	3,050	3 660	1 220	1 820	150	340	305	230
12	3,660	4 470	1 525	2 440	150	340	305	230
15	4,570	5 600	1 830	3 050	230	380	305	230
20	6,100	7 320	2 130	3 660	310	685	305	230
25	7,620	8 950	2 130	3 960	310	685	305	230
30	9,140	10 600	2 130	4 270	310	685	305	230
40	12,190	13 800	2 130	4 880	310	685	305	230
50	15,240	17 300	2 130	6 100	310	685	305	230

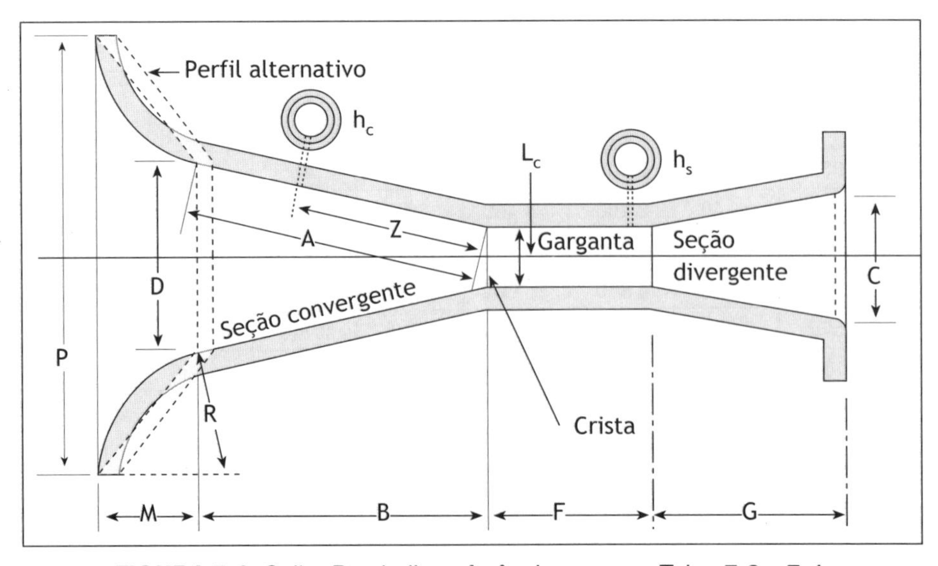

FIGURA 7-6 Calha Parshall – referências para as Tabs. 7-3 e 7-4.

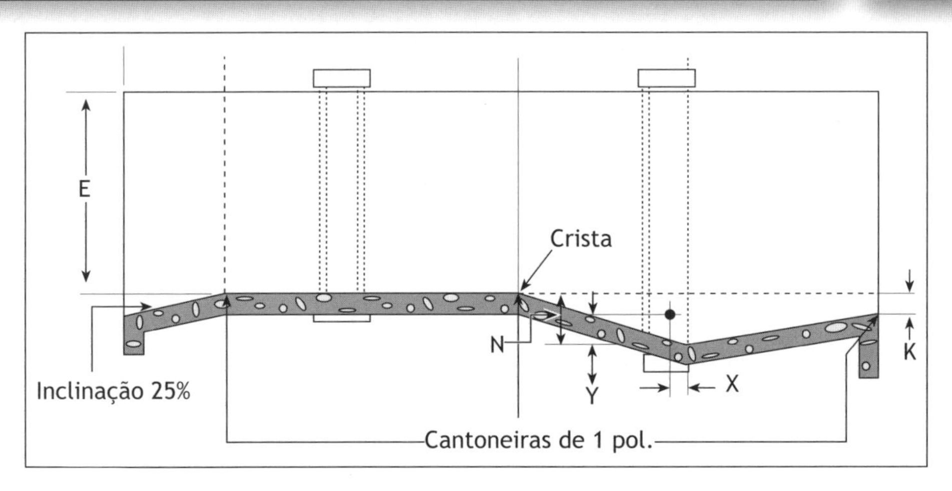

FIGURA 7-6 Continuação

7.2.1 Afogamento

Quando o terreno não oferece inclinação suficiente para uma altura de h_s inferior a 70% da altura h_c, a correção deverá ser feita utilizando a Eq. [7.5].

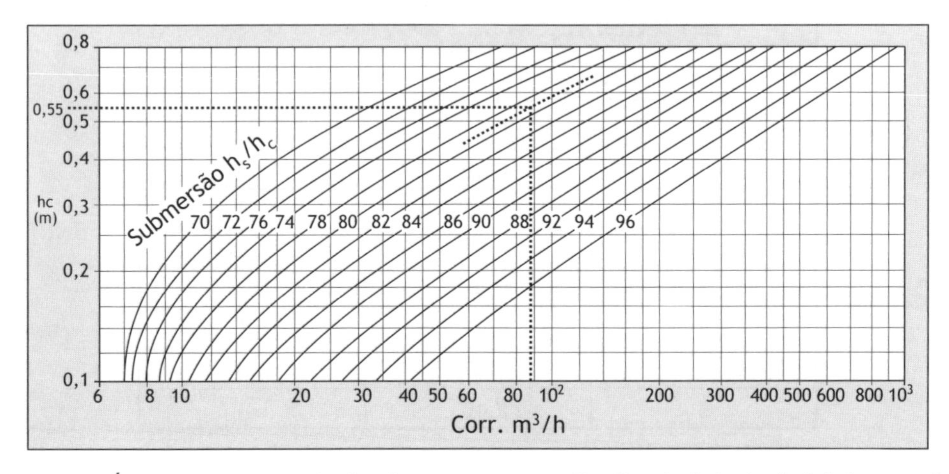

FIGURA 7-7 Ábaco para correção de afogamento em calha Parshall de 1 pé. A linha tracejada é um exemplo para: $h_c = 0{,}55$ m; afogamento = 0,79; corr. = 89 m^3/h.

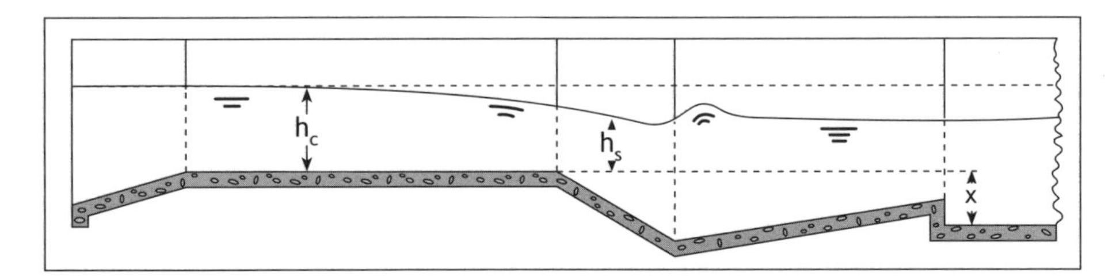

FIGURA 7-8 Perfil de um escoamento em calha Parshall, mostrando as alturas h_c e h_s.

A equação empírica que representa a família de curvas de correção da Fig. 7-7 é a seguinte:

$$\text{corr.} = a \cdot h_c^n - b \cdot h_c + c \qquad [7.5]$$

onde os fatores a, b e c são funções da submersão S, expressa como h_s/h_c:

$a = 1\,746 \cdot S^{7,554}$
$b = 16,7 \cdot S - 2,46$
$n = 1,61 + 3,146S - 3,304 \cdot S^2$
$c = 11,6 \cdot S - 0,96$

Limites de aplicação das equações acima:

$$0,1 \text{ m} < h_c < 0,8 \text{ m}$$

$$0,70 < S < 0,96$$

O erro máximo observado em comparação aos dados de Parshall, é da ordem de ±0,5%, da vazão afogada (Q_{livre} corr.).

Para calhas de 1 a 8 pés, os fatores a serem aplicados aos valores de correção das calhas de 1 pé são os indicados na Tab. 7-5.

Tabela 7-5 Fatores para correção de afogamento em calhas de 1 a 8 pés

Tamanho da calha		Fator
(pés)	(metros)	
1	0,305	1,0
1,5	0,457	1,4
2	0,61	1,8
3	0,91	2,4
4	1,22	3,1
6	1,83	4,3
8	2,45	5,4

- A correção deve ser subtraída da leitura da vazão calculada a partir da altura h_c.
- A altura h_s deve ser medida a partir da base horizontal da seção de entrada, como h_c.

Exemplo

Numa calha de 2 pol, medem-se uma altura h_c de 0,550 m e uma altura h_s de 0,435 m. Calcular a vazão que passa pela calha.

a) Verificar se a calha está afogada:

h_s/h_c = 0,435/0,550
= 0,79 ⇒ a calha tem escoamento afogado, já que $h_s/h_c > 0,7$.

b) Calcular a vazão com escoamento livre, antes de fazer a correção

De acordo com a Tab. 7-2, a equação a ser utilizada é

$Q = 5\,100 \cdot 0{,}61^{1{,}57 \cdot 0{,}61}$

- Cálculo do expoente'n, com C_1 em metros:

  $n = 1{,}57 \cdot 0{,}61^{0{,}026} = 1{,}55$

- Cálculo da vazão, com escoamento livre:

  $Q = 5\,100 \,.\, 0{,}61^{1{,}55} = 2\,370$ m³/h.

c) Cálculo da correção

- Considerando $h_c = 0{,}550$ m e o afogamento $S = 0{,}79$, para calhas de 1 pé:
  $a = 1\,746 \cdot 0{,}79^{7{,}554} = 294$
  $n = 1{,}61 + 3{,}146 \cdot 0{,}79 - 3{,}304 \cdot 0{,}79^2 = 2{,}05$
  $b = 16{,}7 \cdot 0{,}79 - 2{,}46 = 10{,}57$
  $c = 11{,}6 \cdot 0{,}79 - 0{,}96 = 8{,}2$
  $\text{corr.}_{1\ \text{pé}} = 294 \cdot 0{,}550^{2{,}05} - (10{,}57 \cdot 0{,}550) + 8{,}2 = 89$ m³/h.

- Aplicando o fator de correção para calha de 2 pés da Tab. 7-5:
  $\text{corr.}_{2\ \text{pés}} = 89 \cdot 1{,}8 = 160$ m³/h.

d) Cálculo da vazão afogada

$Q_{af} = 2\,370 - 160 = 2\,210$ m³/h.

O valor da correção para 1 pé pode também ser avaliado na Fig. 7-7, o que evita muitos cálculos. Porém a equação empírica tem a vantagem de poder ser calculada automaticamente por computador. Encontram-se, no anexo A10, ábacos que permitem avaliar valores de correção de afogamento para calhas de 3 a 9 pol e de 10 a 50 pés, em unidades utilizadas originalmente por Parshall (pé para h_c e pé³/s para as correções).

As calhas Parshall são freqüentemente aplicadas na indústria e em serviços públicos de tratamento de água e nos emissores de efluentes.

7.3 CALHAS DE PALMER-BOWLUS

Esse tipo de calha encontra aplicação em dutos circulares horizontais parcialmente cheios; a Fig. 7-9 mostra sua forma geral. A seção convergente é feita nas laterais e na base, através de três planos, que determinam três arcos de elipse de interseção com o tubo e segmentos de reta na interseção com a garganta. A garganta consiste em três planos, a base horizontal e as laterais, com inclinação de 2:1. O comprimento recomendado da garganta é igual ou superior ao diâmetro do tubo. A seção divergente é simétrica à convergente com relação a um plano perpendicular ao eixo da tubulação, passando pelo meio da garganta.

A equação teórica que relaciona a vazão com a área da seção do fluxo na garganta é a seguinte:

$$Q = C \cdot \left(\frac{A^3}{L \cdot g} \right)^{0,5}$$

sendo: Q a vazão (m^3/s);
A a seção do fluxo na garganta (m^2);
L a largura da superfície livre do fluxo (m^2);
C um coeficiente de descarga, a ser determinado experimentalmente;
g a aceleração da gravidade (9,806 m/s^2).

Considerando as dimensões relativas da Fig. 7-9 e medindo a altura h a $D/2$ antes da contração da garganta, a relação entre h (em mm) e a vazão (em m^3/h) pode ser representada pela Eq. [7.6], com os parâmetros da Tab. 7-6:

$$Q = B \cdot h^{1,88} \quad [7.6]$$

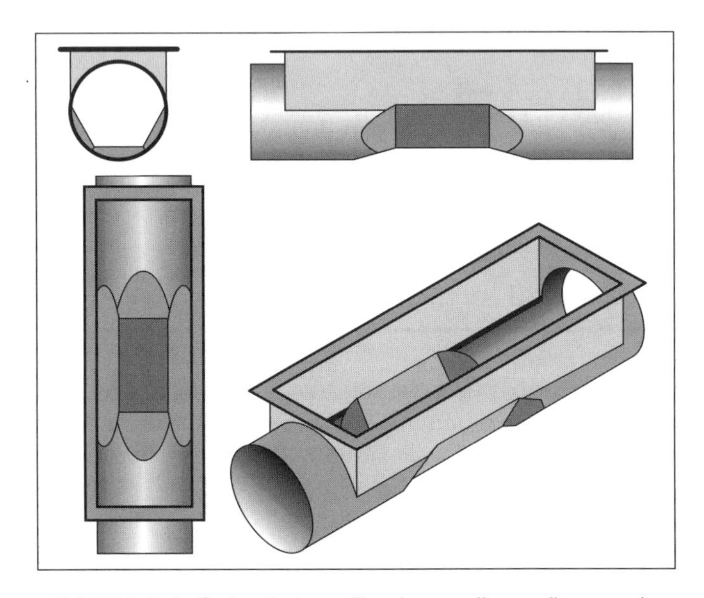

FIGURA 7-9 Calha Palmer-Bowlus — dimensões gerais.

Tabela 7-6 Vazões correspondentes aos tamanhos nominais das calhas Palmer-Bowlus

Diâmetro nominal, D	Valor de B	h_{max} (mm)	Q_{max} (m^3/h)
4 pol (103 mm)	0,00338	95	17
6 pol (152 mm)	0,00460	145	53
8 pol (203 mm)	0,00542	185	100
10 pol (254 mm)	0,00615	235	180
12 pol (305 mm)	0,00708	290	300
18 pol (457 mm)	0,00912	430	800

7.4 CONCLUSÃO SOBRE VERTEDOUROS E CALHAS

Calhas e vertedouros são elementos primários padronizados, com suas dimensões tabeladas. As curvas de vazão e respectivas equações só serão válidas se as dimensões forem respeitadas. Não se espera uma incerteza menor que ±5% para as medições realizadas com vertedouros ou calhas. Calibrações dinâmicas são possíveis, mas raramente efetuadas.

A construção desses elementos primários utiliza freqüentemente tipos de resina poliéster reforçada com fibra de vidro, para tamanhos nominais de até 18 pol. Em certos casos, usa-se o aço inoxidável. Acima desse tamanho, elas podem ser moldadas diretamente em concreto.

As tolerâncias sobre os comprimentos são da ordem de 2%, salvo sobre o entalhe ou a garganta, em que será conveniente diminuir a tolerância para 0,5%.

Quando a medição da(s) altura(s) que representa(m) a vazão for realizada por meio de instrumento ultra-sônico, os poços laterais serão dispensados. A medição do nível de efluentes pode ser dificultada, se houver presença de vapores ou de espuma no local da medição. Nesses casos, a medição nos loços laterais será preferida, e o medidor ultra-sônico desaconselhado.

As calhas têm a vantagem de interpor uma perda de carga muito pequena e de não represar detritos levados pelo fluxo. As calhas Parshall ainda têm a vantagem de poder medir mesmo quando afogadas.

7.5 MEDIÇÃO POR MEIO DE ULTRA-SONS

A medição em canais abertos por meios acústicos é um método que deu origem a normas internacionais. As normas ISO 6416 (teórica) e 6418 (prática) tratam do assunto detalhadamente.

A norma ISO 6416 trata da conceituação geral, do funcionamento e do desempenho dos medidores ultra-sônicos de velocidade para a medição em canais abertos, ao passo que a ISO 6418 trata da implementação da medição, ou seja, a localização e detalhes de instalação dos transdutores, da operação prática, da minimização do efeito das fontes de erro e da tecnologia relacionada a esse método. Ambas as normas destinam-se à medição de vazão de rios, em que a forma do leito possa ser determinada. Entre as recomendação citadas nas normas, extraímos as seguintes:

- o trecho escolhido do rio em questão deverá ser retilíneo e uniforme, sem obstáculos;
- não deve haver vegetação na seção molhada, para evitar a atenuação do sinal;
- o perfil do leito e o nível exato do rio deverão ser conhecidos.

O princípio da medição é similar ao da Sec. 4.6, para as dutos em carga, utilizando par(es) de transdutor(es) reversível(is): cada transdutor pode emitir ou receber o sinal do feixe ultra-sônico. A direção dos feixes deverá formar com a direção das margens um ângulo compreendido entre 30 e 60°. A diferença dos tempos de trânsito determinará a velocidade da corrente no trecho considerado.

É possível utilizar feixes cruzados para verificar se a direção da corrente é paralela à das margens, o que pode ser importante, dependo da proximidade de um afluente. A "calibração" da medição da velocidade pode ser feita por meio de molinetes.

Os exemplos que acompanham a norma ISO 6416 dão conta de erros-limites de medição variando entre 1,5 e 8%, dependendo da quantidade de trajetórias de feixes, e da situação do nível do rio, em relação ao escoamento modal.

A medição de vazão em grandes canais de efluentes industriais utiliza o princípio da medição por ultra-som. Nas realizações industriais de medidores para essa finalidade, a eletrônica associada ao medidor permite parametrizar o perfil da parte molhada do canal e pode receber e interpretar os sinais de vários pares de transdutores ultra-sônicos, para obter maior exatidão. Utilizando três pares de sondas e mediante cuidados na instalação, consegue-se medir com incertezas da ordem de ±2%.

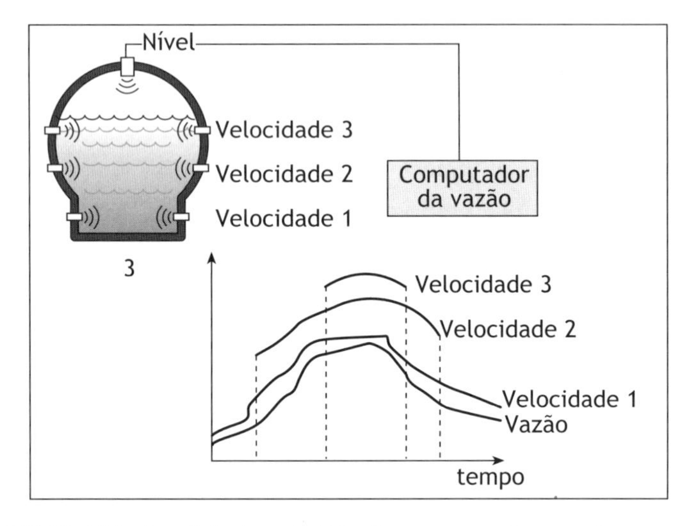

FIGURA 7-10 Método adotado pela Ultraflux para medir a vazão em um canal.

O gráfico da Fig. 7-10 mostra uma variação de vazão em que a velocidade 1 é medida durante todo o tempo e as velocidades 2 e 3 medidas somente quando o nível alcançou os transdutores correspondentes.

Durante toda a medição, a vazão foi calculada pelo computador de vazão em função das velocidades e da seção molhada, que é função do nível e do perfil do canal, parametrizado no computador.

CALIBRAÇÃO

Observemos inicialmente que os medidores de vazão utilizados na indústria não são, necessariamente, calibrados de forma direta. Trata-se aqui dos medidores deprimogênios normalizados (ISO 5167 ou AGA 3), listados a seguir:

- placas de orifício, com tomadas *flange taps*, *radius taps* e *corner taps*, com diâmetros compreendidos entre 25 e 1 000 mm, e para números de Reynolds superiores a limites estabelecidos em função do valor de β:
- bocais de vazão, estilo ISA 1932 ou *long radius*, para diâmetros compreendidos entre 50 e 500 mm (630 mm para *long radius*), número de Reynolds superior a 10^4, $2 \cdot 10^4$ ou $7 \cdot 10^4$, conforme estilo e valor de β;
- tubos de Venturi clássicos em três estilos, para diâmetros compreendidos entre 100 e 800 mm, 50 e 250 mm, ou 200 a 1 200 mm, conforme o estilo, e número de Reynolds elevado, superior a $2 \cdot 10^5$;
- bocais-Venturi para diâmetros compreendidos entre 65 e 500 mm e número de Reynolds superiores a $1{,}5 \cdot 10^5$.

Nesses casos, não haverá necessidade de calibração de vazão, considerando-se que a norma estipula uma incerteza na medição (geralmente inferior a 1%), desde que perfeitamente conhecidas as dimensões geométricas do elemento primário, a pressão diferencial e as grandezas de influência. O problema é então transferido para a calibração dos medidores de pressão diferencial e das grandezas de influência, além de se necessitar de levantamento dimensional do elemento primário, para conferência da sua adequação às tolerâncias mecânicas previstas na norma.

Incerteza e "precisão"

O termo "incerteza" é atributo de uma medição. Convencionalmente, significa que existe 95% de probabilidade de o valor real estar compreendido na faixa da incerteza considerada.

Já a palavra "precisão", tal como empregada comercialmente, refere-se à qualidade de um instrumento, podendo ser expressa em porcentagem de fundo de escala ou em porcentagem do valor lido, ou, ainda, reunindo os dois conceitos aritmética ou logicamente. O correto seria empregar um outro termo ou oficializar uma "classe de exatidão" para instrumentos industriais, mas os termos "precisão" (ou *accuracy*, em inglês) ainda são comumente usados.

8.1 CALIBRAÇÃO DE MEDIDORES DE VAZÃO DE LÍQUIDOS

Medidores de vazão de líquidos que não se encontram na lista anterior ou que estejam fora dos limites previstos pelas normas devem ser calibrados para que se possa relacionar o sinal de saída com a vazão que passa pelo instrumento. Os sistemas de calibração podem ter instalação fixa ou móvel. Em ambos os casos, a calibração pode ser feita em comparação a um instrumento calibrado, que serve de medidor de referência (o mestre), ou de forma absoluta, utilizando medição de volume (para vazões volúmicas) ou de massa (para vazões mássicas) e de tempo.

8.1.1 Calibração comparativa

A calibração por comparação a um medidor de referência é muito simples, em princípio, e consiste em passar a vazão por uma tubulação, onde o instrumento a ser calibrado e o mestre estão montados em série, com os cuidados necessários para que não haja interferência ou perturbação de um sobre o outro. Nada obriga que o medidor sob calibração e o de referência sejam do mesmo tipo. Por exemplo, um medidor tipo vórtice pode ser calibrado tendo-se como medidor de referência uma turbina. Os cuidados a tomar derivam do bom senso: a exatidão do mestre tem que ser compatível com a do medidor calibrado (quatro vezes melhor é aceitável), e levada em conta na determinação da incerteza nas medições; os efeitos indiretos das variáveis de influência têm que ser compensados; são necessários vários levantamentos da curva de exatidão *versus* vazão para que uma média estatística razoável seja apurada, entre outras.

8.1.2 Calibração absoluta — instalação fixa

Nesses casos, trata-se de medir o tempo que leva determinado volume de líquido, ou sua massa, para passar pelo medidor que se está calibrando.

Nas instalações fixas, os equipamentos recomendados consistem num conjunto de bombas, reservatório de altura hidrostática determinada, tubulações de diâmetros compatíveis com os medidores que estão sendo calibrados e reservatórios de volume conhecido ou montados em balanças eletrônicas para se determinar o peso do líquido. A norma ISO

4185, de 1980 (Figs. 8-1 e 8-2) é extremamente detalhista, em relação às recomendações dos métodos por pesagem. Faz-se distinção entre pesagem estática, que leva em conta o acréscimo de peso entre as manobras de uma válvula de desvio, e a pesagem dinâmica, que dispensa a válvula de desvio e leva em conta o acréscimo de peso no reservatório durante o enchimento.

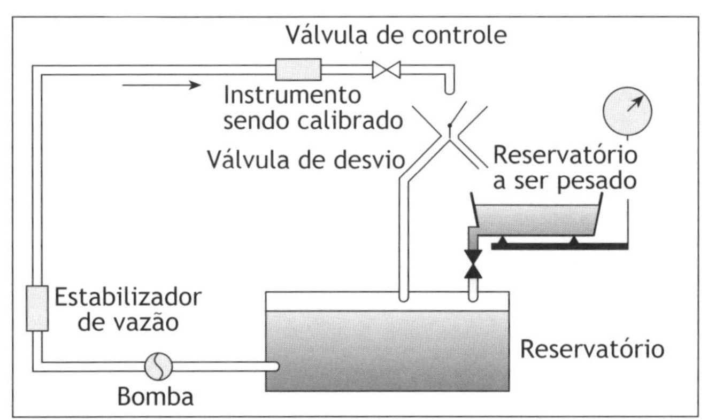

FIGURA 8-1 Esquema típico de uma instalação que mede vazão por pesagem, de acordo com a norma ISO 4185 (método estático, alimentação direta).

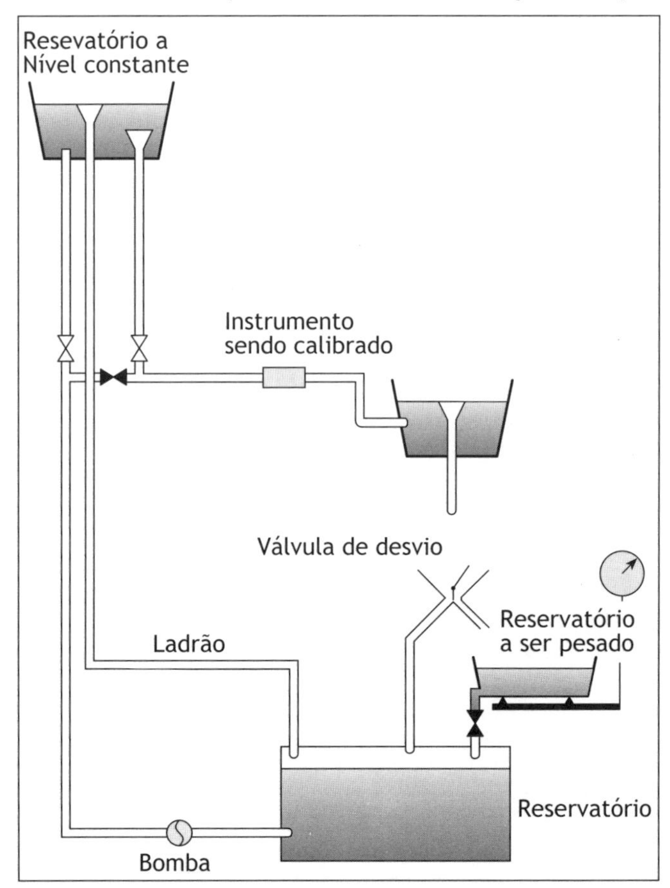

FIGURA 8-2 Esquema típico de uma instalação de calibração por pesagem de acordo com a norma ISO 4185 (método estático, alimentação por reservatório de nível constante).

Para estabilizar a pressão do líquido durante a medição, o dispositivo mais confiável é um reservatório de altura determinada. Outros métodos de estabilização de vazão podem ser utilizados. Existe a recomendação para se assegurar que a tubulação seja completamente preenchida pelo líquido e não contenha nem ar nem vapor (do líquido). Com esse método, a incerteza da medição pode cair abaixo de 0,02%.

Para atingir tal qualidade de medição, a norma recomenda, inclusive, a correção do efeito aerostático, para compensar o fato de o empuxo exercido pela atmosfera no volume do líquido ser diferente daquele exercido sobre o volume dos pesos padrão, aproximadamente oito vezes menor, quando da calibração da balança.

A norma em questão ainda faz recomendações sobre a válvula de desvio, dando alguns detalhes que facilitam seu dimensionamento, e os cuidados a serem tomados na sincronização entre o basculamento da válvula e o acionamento do cronômetro.

8.1.3 Calibração com *provers*

Uma outra forma de calibrar instrumentos de medição de vazão de líquidos consiste em utilizar *provers* (provadores). A norma API 2531, *Manual of petroleum measurement standard*, descreve em seu Cap. 4, Sec. 2, os provadores recomendados. Em geral, utilizam-se os provadores para calibrar medidores volumétricos ou medidores por turbina. Eles podem ser fixos ou instalados em caminhão.

Na versão mais clássica, o provador pode ser unidirecional ou bidirecional e consiste num tubo comprido, com longa curva, de 180 graus, e um sistema de válvulas para direcionar a esfera, que irá percorrer o tubo durante a calibração. As Figs. 8-3 e 8-4 mostram que a medição consiste em contar o número de pulsos emitidos pelo medidor em teste, enquanto a esfera passa entre o detetor de passagem inicial e o final.

O volume entre os detetores de passagem é conhecido com exatidão de 0,01%, desde que aplicados os fatores de correção de pressão e temperatura, que alteram suas dimensões. Um sistema eletrônico acopla os detetores de passagem à contagem dos pulsos do medidor sob calibração, e a finalidade é determinar o fator sem K, isto é, o volume representado por pulso com incerteza inferior a 0,1%. Se, além do volume, o tempo decorrido entre as 2 passagens pelos detetores for medido, a vazão poderá ser deduzida.

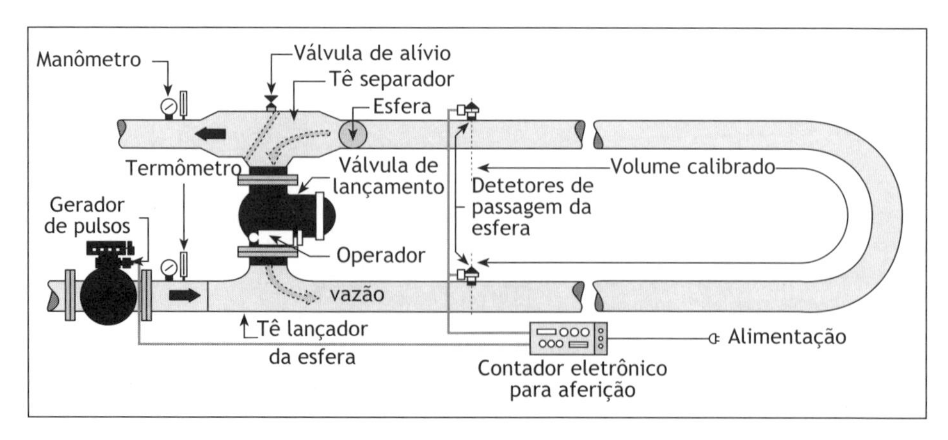

FIGURA 8-3 Provador unidirecional.

A norma API 2531 enumera onze vantagens para a utilização dos provadores. A maior delas consiste em permitir que se teste o instrumento em suas reais condições de uso, utilizando o líquido normalmente medido, com pressão e temperatura de operação. A norma estabelece que, entre os dois detetores de passagem, um mínimo de 10 mil pulsos deve ser gerado pelo medidor. Isso ocasiona muitas dificuldades para certos fabricantes de turbina, que, embora fizessem produtos de qualidade, não prevêem mais de um pulso por giro do rotor da turbina.

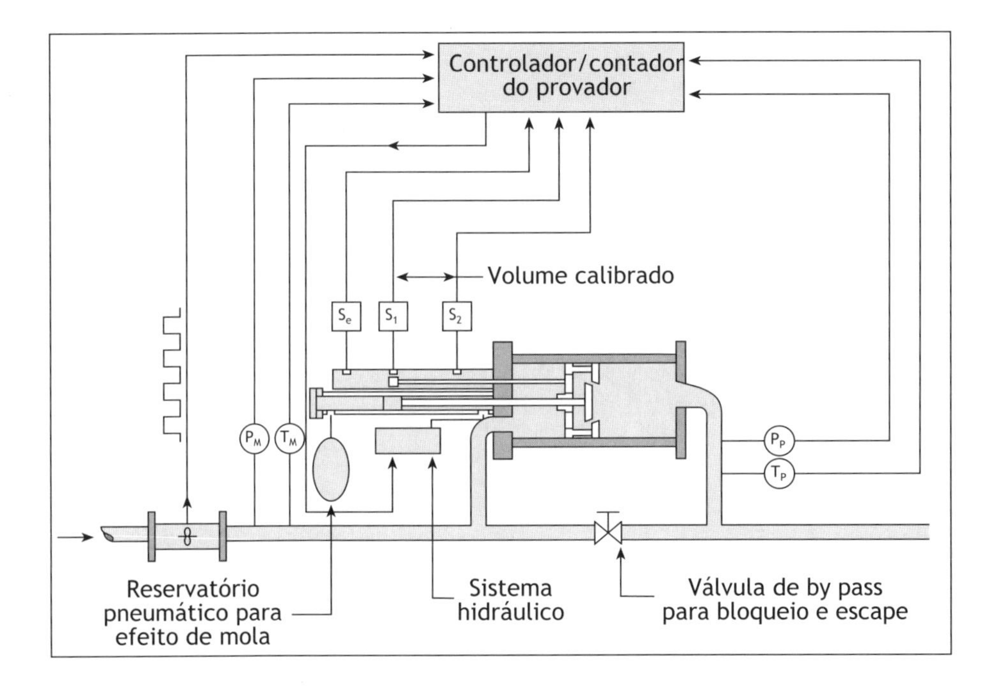

Por muito tempo, não se permitiu interpolação entre dois pulsos. Na edição de julho de 1988, a API de mesmo título dedica a Seção 3 a provadores de pequeno volume, que não permitem a acumulação de 10 mil pulsos, e, na Seção 6, apresenta uma série de recomendações relativas à interpolação de pulsos.

Os provadores de pequeno volume — ref. [3.4] — são lineares e consistem nos seguintes elementos:

- um cilindro de precisão;
- um pistão móvel, cilíndrico ou esferoidal;
- um meio de posicionar e largar o pistão a montante da seção calibrada;
- detetores de posição do pistão;
- um conjunto de válvulas que permita a vazão do fluido enquanto o pistão está percorrendo a seção de medição;
- instrumento de medição de pressão;
- instrumentos de medição de temperatura;
- instrumentação com contagem de tempo, de pulsos e capacidades de interpolação de pulsos.

Esse tipo de prover é mais barato que o clássico, anterior, e geralmente compatível com a exatidão que se requer de uma medição de vazão, inclusive aquelas medições destinadas à "transferência de custódia".

A automação acrescentada aos provadores dispensa grande parte do trabalho do operador e executa o cálculo do fator *K*, levando-o em conta na medição de vazão.

Os provadores, por sua vez, devem ser calibrados periodicamente por meio de vasos de calibração, do tipo representado na Fig. 8-5, por exemplo.

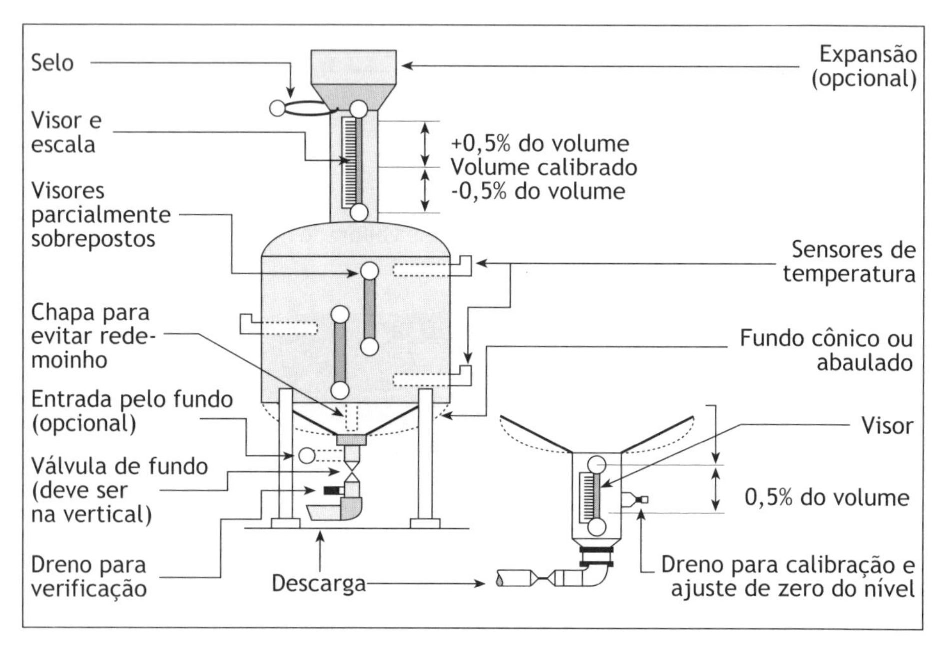

FIGURA 8-5 Vaso de calibração, de acordo com a API — ref. [3.7].

Os vasos de calibração possuem características que os tornam extremamente confiáveis, conforme comentado a seguir.

- Depois de calibrados por algum serviço oficial (no Brasil, seria o Inmetro), recebem selos invioláveis, que permitem sua utilização como padrões secundários de calibração.
- Os visores são colocados em seções afuniladas, de tal forma que o comprimento total da escala corresponda a 0,5% do volume total do vaso. Dessa forma, considerando-se que o visor tem uma escala com cem subdivisões, é possível fazer uma medição com 0,01% de exatidão, somando as incertezas da escala superior e inferior.
- Vários detalhes, como fundo abaulado, para evitar deformação causada pelo peso da água, e chapas direcionadoras internas, para evitar redemoinhos, foram introduzidos para tornar a calibração confiável ao extremo.

8.2 CALIBRAÇÃO DE MEDIDORES DE VAZÃO PARA GASES

A calibração de medidores de vazão para gases é, via de regra, mais difícil que a dos medidores para líquidos, devido à compressibilidade e a considerações termodinâmicas. Da mesma forma que para os líquidos, é possível realizar uma calibração comparativa ou uma calibração absoluta.

8.2.1 Calibração comparativa

O medidor a ser calibrado é colocado em série com um medidor *master*, de características conhecidas. Os cuidados a serem tomados dizem repeito às condições de escoamento do gás, que provavelmente serão diferentes nos dois instrumentos, devendo cada qual ser corrigido de maneira adequada. O caso se torna mais complexo quando o instrumento a ser medido é um protótipo, do qual não se conhece a influência de importantes parâmetros como:

- número de Reynolds;
- expansão do gás, ao passar pelo instrumento;
- temperatura e/ou da pressão sobre o instrumento.

A calibração de um instrumento e o levantamento de suas curvas de influência pode ser trabalho de horas ou de semanas, dependendo do caso.

8.2.1.1 Calibração com bocais sônicos

Uma forma interessante de calibrar medidores de vazão de gases é por bocais sônicos. A principal vantagem desse método, quando usado em campo, está em permitir a calibração do instrumento nas condições de operação: com o mesmo gás, à mesma pressão e temperatura. E a principal desvantagem está na inevitável perda de carga, nada desprezível, que nem sempre está disponível na linha de distribuição do gás.

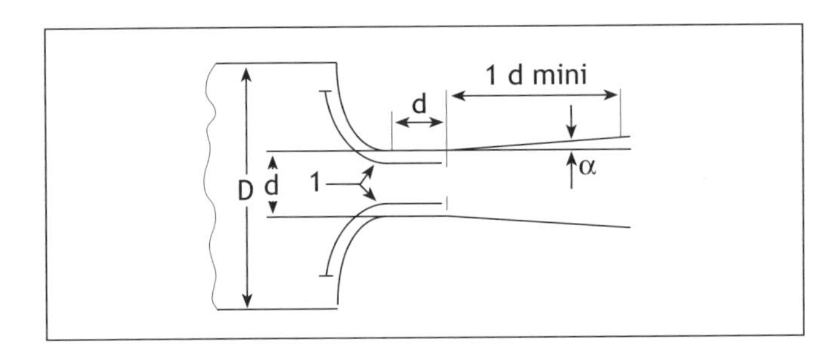

FIGURA 8-6 Bocal sônico.

Os bocais sônicos vêm sendo aplicados há muito tempo como padrão secundário para medidores de vazão de fluidos compressíveis. Como característica única, a vazão mássica que passa por um bocal sônico, desde que submetido a uma pressão diferencial adequada, é constante, para um determinado gás, quando sua pressão a montante e a temperatura não variam. A equação que relaciona a vazão mássica (Q_m) com a massa molar do gás (M_m), a pressão absoluta P, a temperatura absoluta T e a área do bocal A^* e os coeficientes C (coeficiente de descarga) e C^* (coeficiente de vazão crítica) é a seguinte:

$$Q_m = \frac{A^* C C^* P}{\left[\left(R / M_m\right)T\right]^{1/2}} \qquad [8.1]$$

Detalhes teóricos sobre bocais sônicos constam na seção 3. Os bocais sônicos são padrões secundários que devem ser calibrados por calibração absoluta (ver 8.2.2, 8.2.3 e 8.2.4).

8.2.2 Calibração absoluta — método gravimétrico

A calibração gravimétrica exige um equipamento sofisticado e caro, já que o sistema de pesagem deverá medir com grande precisão diferenças de pesos da ordem de 100 vezes menor que o da tara, que é o peso do reservatório onde o gás é acumulado durante a medição. No calibrador gravimétrico, a válvula de desvio é colocada a jusante de um bocal sônico; aproveita-se assim a característica única deste de manter uma vazão mássica constante, independente da pressão a jusante. Desta maneira, não haverá absolutamente nenhuma variação de vazão quando a posição da válvula de desvio passar de C →A (B fechada) para C →B (A fechada).

A figura 8.7 mostra esquematicamente a operação do sistema.

- O gás passa por uma válvula que controla a pressão P a um valor ajustável preciso e por um trocador de calor que mantém a temperatura T constante e, a seguir, por um bocal sônico, que assegura uma vazão constante, em função de P e T.
- Na parte inicial da calibração, o reservatório W está vazio, a tara é medida com precisão, a passagem de C →A está aberta e a de C →B fechada. A leitura da vazão no medidor é feita nas condições de Tm e Pm, sendo a pressão Pm ajustada pelas válvulas a jusante do medidor.

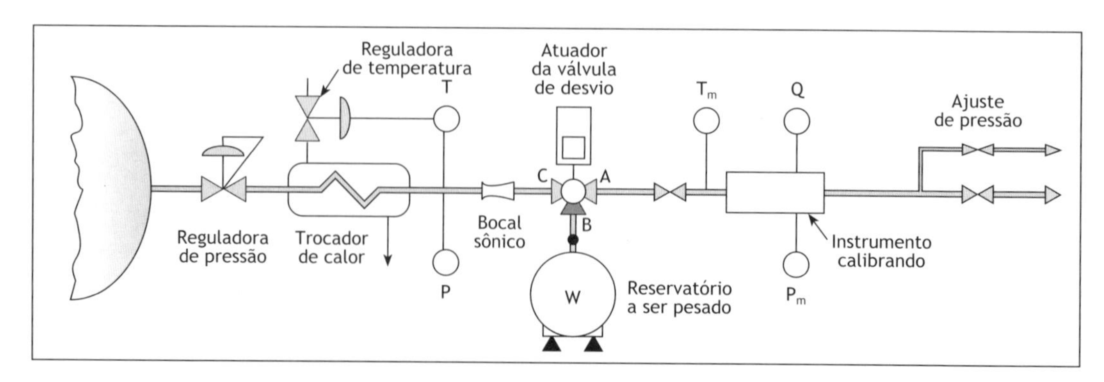

FIGURA 8-7 Esquema do método gravimétrico.

- Na segunda parte, inverte-se a posição das passagens A e B em tempo extremamente curto, inferior a um décimo de segundo e a vazão é dirigida para o reservatório, cuja pressão aumenta até um valor determinado, compatível com as características mecânicas do vaso de pressão, após o que, as passagens A e B voltam na posição inicial. O período de enchimento deve ser medido com elevada precisão (centésimos de segundo).
- A parte final consiste em medir a variação de peso do reservatório, durante o tempo de enchimento do reservatório e comparar a vazão assim calculada com a indicada durante a parte inicial pelo instrumento calibrando, devidamente corrigida em função de Pm, *Tm* e *Zm* correspondentes.

Observa-se que, neste sistema, o bocal crítico é usado somente para garantir uma vazão constante durante as 2 primeiras partes do procedimento, não sendo necessário conhecer seus coeficientes C* e C.

Usando várias pressões e trocando os bocais sônicos, é possível obter uma faixa muito larga de vazões, limitadas pela capacidade do reservatório e pelas dimensões das tubulações e das válvulas. Com este método, que é usado como padrão primário, a incerteza da calibração atinge ±0,2%.

8.2.3 Calibração absoluta pelo método PVT

A calibração pelo método PVT (pressão-volume-temperatura) é um método que pode ser usado como padrão primário, como o anterior, para calibrar os medidores "*master*" e os bocais sônicos.

O princípio de funcionamento é simples, como mostra a Fig. 8-8. Um vaso de pressão de volume conhecido é carregado sob uma pressão elevada com um gás cujas características PTZ são definidas e calculáveis. A pressão e a temperatura deste gás são medidos por meio de sensores e os valores correspondentes são registrados ao longo do tempo. Os valores iniciais da pressão, do volume e da temperatura devem ser medidos com exatidão, dentro de ±0,05%. O valor de Z poderá ser calculado ou obtido por levantamentos precisos de laboratórios, se o gás utilizado for ar ou N_2. A incerteza sobre o valor de Z incidirá sobre a da calibração.

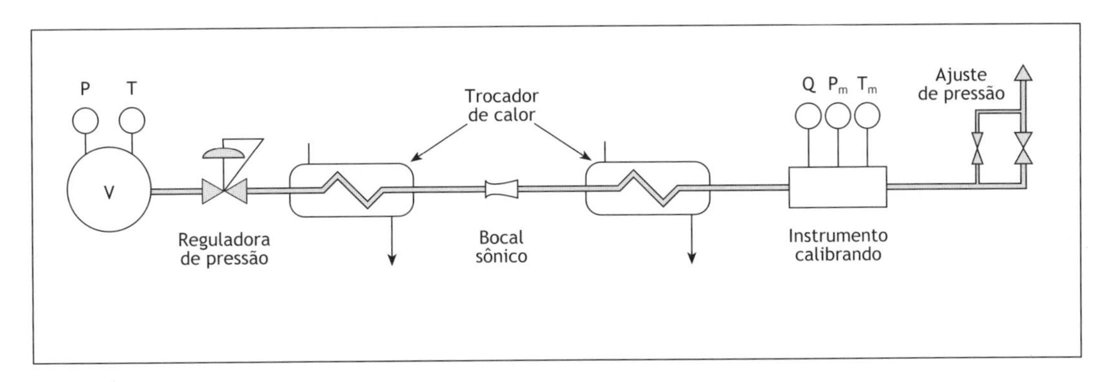

FIGURA 8-8 Esquema do método PVT.

Na saída do vaso, o gás passa por uma válvula reguladora de pressão e por um trocador de calor, que mantêm respectivamente a pressão e a temperatura a valores constantes. A seguir, a vazão do gás é mantida constante por meio de um bocal crítico em cuja saída fica um outro trocador de calor e o medidor calibrando, em seqüência.

A vazão é calculada a partir do efeito das diferenças de pressão e de temperatura sobre o volume constante do reservatório, durante o período de medição.

Consegue-se atingir uma incerteza da ordem de ±0,2%, desde que o valor de Z seja determinado com uma incerteza de ±0,05%.

8.2.4 Calibração absoluta — gasômetros

A calibração de medidores de gases em baixa pressão pode ser feita por gasômetro. Gasômetros são reservatórios que armazenam gases com pressão ligeiramente superior à pressão atmosférica. Gasômetros destinados à calibração de vazão são dotados de selo de água e de sistema de compensação do empuxo de Arquimedes decorrente da imersão do pistão no selo de água. Essa compensação é feita por um contrapeso, que atua num came ligado à polia do sistema de sustentação do pistão. O volume dos gasômetros de calibração é geralmente da ordem de dezenas de m^3.

Para pequenas vazões de gases, existem microgasômetros de precisão, de diversas capacidades, de litros a dezenas de litros. Alguns desses dispositivos utilizam como selo entre cilindro e pistão um anel de mercúrio, que permanece numa ranhura graças à sua tensão superficial. A detecção de passagem do pistão é feita opticamente e as correções são micropocessadas. É possível calibrar medidores de vazão com faixas de medição da ordem de gramas por hora.

A incerteza de calibração pode atingir valores da ordem de ±0,2%, desde que as correções de pressão, pressão atmosférica e temperatura sejam feitas com extremo cuidado.

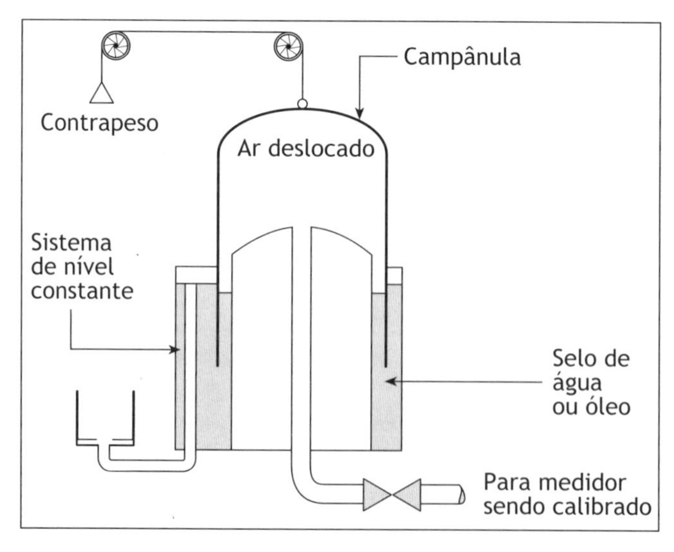

FIGURA 8-9 Gasômetro para calibração.

8.2.5 Método de calibração por bocais sônicos

Esse método de calibração para fluidos compressíveis é usado há dezenas de anos em laboratórios de vazão do mundo todo. Ele aproveita a característica singular dos bocais sônicos de deixar passar *uma vazão mássica única* (*shocked flow*), quando submetidos a uma pressão diferencial suficiente para que a velocidade na garganta do bocal atinja a velocidade do som.

Quando usados em laboratório, a instalação inclui uma bancada de bocais montados em paralelo entre um tubo distribuidor e outro coletor, como se vê na Fig. 8-10, que apresenta um exemplo de bancada de bocais sônicos para instalação fixa em laboratório.

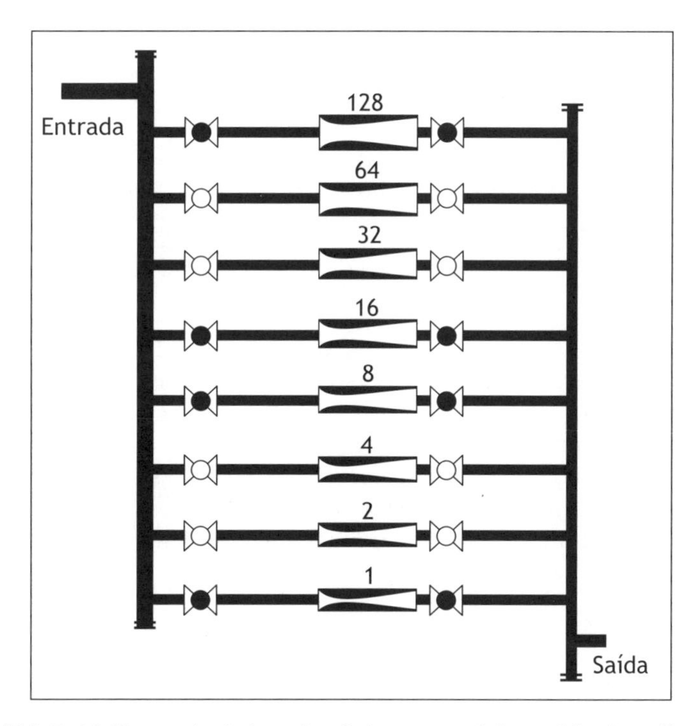

FIGURA 8-10 Bancada de bocais sônicos, para laboratório de calibração.

Observa-se na figura que a área da garganta dos bocais aumenta, de baixo para cima, numa progressão binária. Essa progressão não é obrigatória, mas é geralmente adotada. No arranjo da Fig. 8-10, as válvulas abertas estão na combinação 2 + 4 + 32 + 64 = 102, com possibilidade de variar as combinações de vazão de 1 a 255, progredindo unitariamente. O instrumento é instalado em série com a saída ou com a entrada da bancada, e as vazões são comparadas, depois de fazer as devidas correções de pressão, temperatura e de Z.

Conforme a Eq. [8.1], a vazão crítica é "blocada" num valor que depende da pressão de estagnação a montante, da temperatura de estagnação a montante e das propriedades do fluido usado para a calibração. As medições da pressão e da temperatura devem ser feitas com a máxima exatidão possível, da ordem de 0,05% ou melhor. Em laboratório, geralmente se usa o ar como fluido de calibração. Em princípio, a pressão e a temperatura devem ser medidas com o fluido parado (estagnação), porém velocidades de até 3 m/s não afetam a precisão das medições.

Para se ter uma idéia do erro que poderia ser introduzido na medição da pressão, pelo fato de se ter uma velocidade V de 3,3 m/s ao invés de zero, aplica-se a equação que permite calcular P_0 a partir de P_1, do expoente isentrópico k e do número de Mach (M):

$$P_0/P_1 = \{1 + [(k - 1)/2] \cdot M^2\}^{k/(k-1)} \qquad [8.2]$$

$$M = V/V_s \qquad [8.3]$$

Para k = 1,4 e velocidade do som (V_s) da ordem de 330 m/s, dando um número Mach, M = 3,3/330 = 0,01, temos:

$$P_0/P_1 = \{1 + (0{,}4/2) \cdot 0{,}01^2\}^{(1{,}4/\,0{,}4)} = 1{,}00007$$

ou seja, 0,007%.

Uma bancada de bocais sônicos transportável foi desenvolvida pelo Instituto de Pesquisas Tecnológicas (IPT), em 1998, para calibrar medidores de vazão de gases de todos os tipos, com exatidão de ±0,2%, podendo ser usada para calibrações em linha com pressões de até 10 bar. Para pressões maiores, o conceito do projeto é aplicável, mas deve ser revisado para utilização em campo.

O calibrador transportável é constituído de uma parte mecânica e outra parte eletrônico-digital.

A *parte mecânica* pode ser vista esquematicamente na Fig. 8-11. O gás penetra por uma câmara, de diâmetro três a quatro vezes o diâmetro nominal do flange de entrada, onde o gás perde sua velocidade. Nessa câmara são medidas a pressão e a temperatura de estagnação. Entre a câmara de entrada e a de saída, há um espelho onde seis bocais sônicos são alojados (somente dois estão representados na Fig. 8-11). Atrás de cada bocal, uma válvula de esfera com comando eletropneumático libera ou impede a passagem do gás pelo respectivo bocal. A câmara de saída, com mesmo diâmetro que a câmara de entrada, é provida de uma tomada de pressão e do flange de saída.

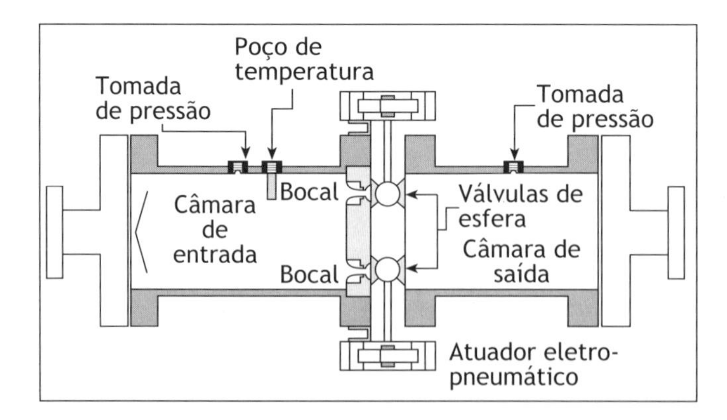

FIGURA 8-11 Representação esquemática de um calibrador transportável.

A *parte eletrônico-digital* é baseada num computador de vazão especialmente programado para escoamentos críticos. A pressão é medida por um transmissor de pressão absoluta. A exatidão desse transmissor deve ser da ordem de ±0,05%, no ponto de operação. Mede-se a temperatura por meio de uma sonda Pt100, calibrada com exatidão de ±0,15°C, o que corresponde a uma exatidão da ordem de ±0,05%, na faixa de temperatura ambiente absoluta. O programa do computador de vazão inclui as equações da ISO 9300 ref. [4.7], para calcular a função crítica, e outras que permitem calcular a densidade do gás, conhecendo-se sua composição, pressão e temperatura.

O computador de vazão é programado para comandar a abertura da combinação de válvulas, adequada para deixar passar uma vazão mássica definida em seu frontal, levando em conta a pressão e a temperatura do momento, bem como a composição de gás. No caso de calibração com ar, existem os parâmetros correspondentes. Um transmissor de pressão suplementar, com classe de exatidão inferior mede a pressão a jusante, e essa pressão é transmitida ao computador de vazão, para verificar que os bocais estão em condição de escoamento crítico.

8.2.5.1 Calibração em campo

Para a calibração em campo, devem ser previstas válvulas para introdução do calibrador. Dependendo da disposição das válvulas, o calibrador pode ser instalado como que fazendo as vezes da válvula reguladora de pressão ou em série com esta. A Fig. 8-12 representa uma situação em que o calibrador transportável é montado em paralelo com as válvulas reguladoras e faz as vezes de uma destas, quando em operação.

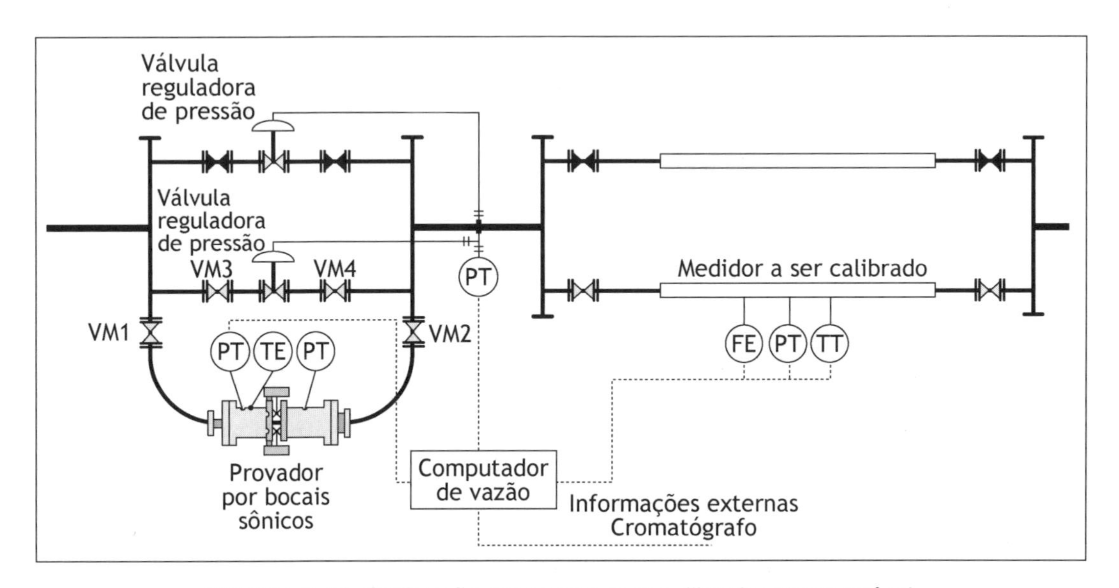

FIGURA 8-12 Calibração em campo com calibrador transportável.

Nessa configuração, o computador de vazão é provido de uma função de controle de pressão, que pode ser manual ou automático. A variável controlada é a pressão, medida no mesmo lugar da tomada das válvulas auto-operadas; o calibrador transportável faz as funções da válvula de controle.

8.2.5.2 Exatidão da calibração por bocais sônicos

A equação que permite calcular a incerteza dos bocais sônicos do calibrador é a seguinte:

$$iQ_m = \pm [\, i(A^*)^2 + i(C)^2 + i(C^*)^2 + i(P_0)^2 + i(Mm)^2 + i(T_0)^2]^{1/2}$$

sendo: iQ_m a incerteza sobre a vazão em massa;
$i(A^*)$ a incerteza sobre a área do bocal;
$i(C)$ a incerteza sobre o coeficiente de descarga;
$i(C^*)$ a incerteza sobre a função crítica;
$i(P_0)$ a incerteza sobre a pressão a montante;
$i(M_m)$ a incerteza sobre a massa molar;
$i(T_0)$ a incerteza sobre a temperatura.

Considerando uma aplicação para gás natural, os valores que podem ser atribuídos às incertezas parciais são os seguintes, com um bocal calibrado, com incerteza global (área + coeficiente de descarga) de ±0,2%:

Origem	*Incerteza*	
$i(C.A)$ =	±0,15%	(calibrado em conjunto por calibrador primário)
$i(C^*)$ =	±0,03%	
$i(P_0)$ =	±0,05%	
$i(M_m)$ =	±0,05%	
$i(T_0)$ =	±0,05%	
Incerteza combinada =	±0,35%	

8.3 CONCLUSÃO SOBRE A CALIBRAÇÃO DA VAZÃO EFETIVA

Para calibrar medidores de vazão é necessário dispor de equipamento sofisticado. A calibração por comparação é a mais simples, porém pressupõe que o instrumento padrão (*master*) tenha um certificado de calibração atualizado, emitido por uma entidade ligada ao Inmetro.

Geralmente, os fabricantes dispõem de recursos de calibração e devem cuidar para que estejam ligados ao Inmetro ou outro órgão de certificação internacional.

Calibrar significa, rigorosamente, conferir com padrão. No caso da vazão, os padrões são indiretos (volume ou massa e tempo) ou diretos, usando padrões secundários.

No Brasil, esses padrões ligam-se ao Inmetro por rastreamento documental. Quanto às medições resultantes do sistema de calibração, as incertezas próprias dependerão do cuidado e de minúcias do projeto e da operação. Em princípio, desde que haja uma variação de volume e se conheça o tempo correspondente, poderá ser feita uma calibração ou uma verificação de um ponto de funcionamento. A rotina pode, inclusive, utilizar variações de nível de tanque, desde que o medidor de nível seja bastante confiável e exato. É o caso do medidor de nível por radar, que detecta variações de 1 mm.

Existem outras formas de calibração de medidores de vazão, como os métodos que utilizam traçadores.

8.4 CALIBRAÇÃO DE ESTAÇÃO DE MEDIÇÃO TIPO *METER RUN*

A calibração de uma estação de medição baseada em *meter run* ou trecho calibrado com placa de orifício com tomadas tipo *flange taps*, consiste em três atividades distintas: inspeção dimensional da parte mecânica, calibração dos instrumentos que compõem os elementos secundários (transmissores) e verificação do computador de vazão ou equivalente.

Costuma-se também considerar dois níveis de verificação — inicial e periódica —, cada qual envolvendo as respectivas inspeções e calibrações.

8.4.1 Inspeção da placa de orifício

As placas de orifício devem ser inspecionadas, em relação a:

- estado geral: identificação, limpeza, ausência de defeitos visíveis como riscos, amassados, em particular, próximos ao orifício;
- diâmetro e ovalização do orifício;
- acuidade da aresta;
- planicidade;
- concentricidade;
- rugosidade;
- dimensão e ângulo do chanfro, se houver;
- diâmetro e localização do dreno ou respiro, se houver;
- estado do anel de vedação, se for montada em porta-placa.

8.4.2 Inspeção do trecho de medição

O trecho de medição deverá ser inspecionado em relação a:

- estado geral (identificação, limpeza, pintura, se houver);
- comprimentos a montante da parte calibrada e não-calibrada, distância do poço de temperatura, localização do condicionador de fluxo, se houver;
- diâmetro e circularidade (não-ovalização) da parte calibrada;
- concentricidade da parte calibrada;
- rugosidade da parte calibrada;
- diâmetro da parte não-calibrada a montante e a jusante;
- concentricidade da parte não-calibrada a jusante;
- rugosidade da parte não-calibrada a montante e a jusante.
- caso haja uma válvula porta-placa (Fig. 8.13), verificar que o diâmetro interno do trecho calibrado a montante corresponde ao da válvula e que existem dispositivos ou procedimentos de centralização do corpo da válvula porta-placa em relação ao trecho calibrado a montante;
- caso sejam usados flanges-orifício (ao invés de porta-placa), verificar que existem dispositivos ou procedimentos de centralização da placa em relação ao trecho calibrado a montante;
- em ambos os casos anteriores, não deve haver defeitos internos de rugosidade, de diâmetros ou de concentricidade no local da solda dos flanges, próximo à placa de orifício, além dos permitidos pela norma considerada;

- distância das tomadas às faces da placa;
- diâmetro das tomadas;
- ausência de defeitos nas bordas das tomadas (arredondamento mínimo, rebarbas).

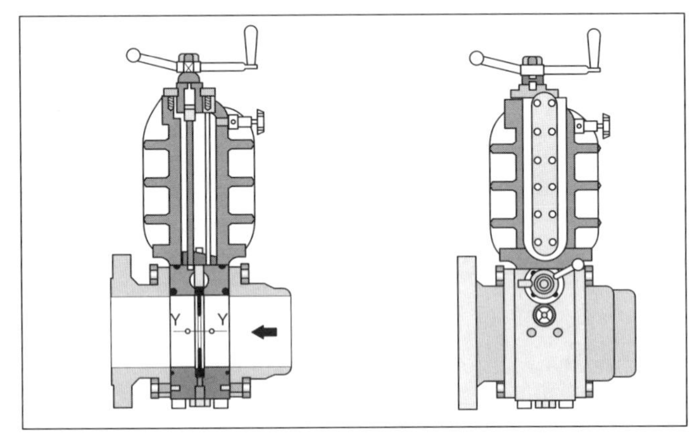

FIGURA 8-13 Porta-placa que possibilita remoção/colocação da placa em carga (Pietro Fiorentini).

8.4.3 Calibração dos transmissores de Δp e de pressão

A calibração dos transmissores de pressão diferencial e de pressão deve ser feita com calibradores cuja exatidão seja melhor que a dos transmissores sob calibração. Essa regra parece óbvia, mas é freqüentemente desrespeitada, na prática, por falta de calibrador apropriado, especialmente no caso de baixas pressões diferenciais.

Por outro lado, seria ideal que os transmissores de pressão diferencial fossem calibrados com uma balança de peso morto dupla, tal como a mostrada na Fig. 8-14. Isso permitiria verificar a influência da pressão estática sobre o sinal de pressão diferencial, tendo-se em vista que tais instrumentos podem ser submetidos a pressões de centenas de bar do fluido medido.

FIGURA 8-14 Balança de peso morto, dupla.

Um calibrador aceitável deveria ter uma exatidão quatro vezes melhor que o calibrando, no valor calibrado. Entretanto, devido ao nível de exatidão alcançado pelos fabricantes de transmissores de pressão diferencial e de pressão estática — da ordem de 0,1% do *span* calibrado ou melhor —, não há, senão excepcionalmente, calibradores de campo cuja exatidão seja da ordem de 0,025% para valores baixos de pressão diferencial. Por outro lado, esse calibrador de campo deveria ser calibrado periodicamente em comparação a um padrão do Inmetro, que deveria ser, no mínimo quatro vezes mais exato, o que exigiria uma exatidão de 0,006%, no valor de pressão considerado.

Tendo por exemplo um calibrador de pressão digital de campo com uma exatidão de 0,01% FS (da faixa do sensor), provido de um sensor de 0 a 500 mbar (aproximadamente 5 000 mmH_2O), e querendo-se calibrar um transmissor com um *span* de 0 a 500 mmH_2O, o erro possível do calibrador seria 5 000/500 × 0,01 = 0,1%, ou seja a mesma exatidão que a do transmissor. Para *span* menor, a exatidão do calibrador seria pior que a do calibrando. Em princípio, tal calibrador só poderia ser usado para calibrar transmissores com *span* superior a 2 000 mm H_2O. Na prática, considera-se aceitável o uso de calibradores de pressão diferencial até 1,5 vezes mais exatos que os calibrandos, na faixa de trabalho. Esse detalhe deve constar do relatório de calibração.

Para baixas pressões diferenciais, existem calibradores portáteis, com exatidão absoluta da ordem de décimos de Pa, e de laboratório, com centésimos de Pa (Fig. 8.15).

FIGURA 8-15 Calibrador de baixas pressões relativas (Furness Controls).

8.4.4 Transmissores de temperatura

A calibração da temperatura no campo limita-se normalmente ao transmissor, excluindo assim o sensor, seja ele termorresistência ou termopar. Considera-se assim que o sinal intrínseco do sensor de temperatura — ohms ou milivolts — não se altera ao longo do tempo, o que é mais correto para as termorresistências do que para os termopares. Se for preciso calibrar os sensores, será necessário o auxílio de um equipamento de laboratório: o banho de calibração.

Os calibradores de transmissores de temperatura são instrumentos que simulam os sinais dos sensores para que se possa verificar o sinal de saída correspondente do transmissor. A exatidão da relação entrada/saída linearizada é usualmente melhor que a correspondente a 0,2°C, o que é suficiente para a aplicação à medição de vazão, especialmente para a vazão de gases, considerando-se que a temperatura, em graus centígrados, será acrescida de 273,15°C para passar para a temperatura absoluta. Na faixa de temperatura ambiente, uma incerteza de 0,2°C em 300°C corresponde a 0,07% do valor.

8.4.5 Verificação do computador de vazão

A forma mais usual de se verificar um computador de vazão consiste em simular sinais de entrada e comparar os resultados com os de um programa de cálculo que utilize as equações das normas contratuais, AGA 3 ou ISO 5167 para placas de orifício, AGA 7 para turbinas e AGA 8 para a densidade e a compressibilidade (fator Z) do gás natural.

O programa de cálculo deverá ser utilizado com os mesmos dados que constam da folha de dados da placa de orifício ou do relatório (*audit trail*) do computador de vazão. Ao se usar o programa de cálculo para um trecho de medição com placa de orifício (*meter run*), o sentido de cálculo a ser empregado é o da vazão, tendo como dados de entrada o diâmetro do orifício e a pressão diferencial. Deverão ser testados no mínimo quatro valores de pressão diferencial, correspondentes a valores próximos a 25%, 50%, 75% e 100% da vazão, (6,25%, 25%, 56,25% e 100%, da pressão diferencial, respectivamente).

Note-se que os valores de pressão diferencial não corresponderão exatamente aos valores de vazão calculados como acima, de acordo com a relação quadrática simples, já que o computador e o programa de cálculo irão incluir o valor exato de C e de ε, que são funções da vazão. Assim, para cada pressão diferencial testada, deverá ser usado o mesmo valor para a Δp normal e o de fim de escala. O exemplo que segue ilustra esse particular.

Exemplo

Calcular as vazões, nas condições de referência de 20°C e 1,01325 bar abs (760 mmHg), a serem indicadas por um computador de vazão, com os seguintes dados de entrada:

Elemento primário

- diâmetro interno exato da linha a 20°C — 97,18 mm (4 pol scherdule 80)
- material da linha — aço carbono (A.C.) $\alpha D = 12E - 6$ mm
- diâmetro do orifício a 20° — 58,31 mm (⇨ $\beta = 0{,}6000$)
- material do orifício — 316 S.S., $\alpha d = 17{,}5E - 6$ mm
- norma — AGA 3, *flange taps*
- pressão diferencial máxima — 6 000 mmH_2O

Dados de processo

- fluido — gás natural
- massa molar — 16,42 g/mol
- pressão — 19,2 bar manométricos a montante
- temperatura — 30°C
- fator de compressibilidade Z — $Z_{ref.} = 0{,}9975$ e $Z_f = 0{,}9686$
- coeficiente $k = C_p/C_v$: — 1,256
- viscosidade a p_f e t_f — 0,011 cP

Seqüência de trabalho:

- na tela SENTIDO do programa Digiopc, escolher o sentido “vazão”;
- na tela DADOS GERAIS, usar os valores de *defaults* apropriados a essa placa;
- preencher a tela DADOS DO FLUIDO como mostrado na Fig. 8-16;
- na tela CALCULOS, escolher AGA 3, sem dreno;
- a tela RESULTADOS mostra a vazão e outros resultados de cálculo (Fig. 8.17);
- voltar à tela DADOS DO FLUIDO e alterar a pressão diferencial, para os valores recomendados (6,25%, 25%, 56,25% e 100%, da pressão diferencial), e repetir os passos, conforme acima, obtendo os resultados mostrados na Tab. 8-1.

Tabela 8-1 Dados e resultados para se verificar um computador de vazão

Entradas e resultados do exemplo para calibração do computador de vazão				
Δp (%)	100	0,5625	0,2500	0,0625
Δp	6 000	3 375	1 500	375
Coeficiente de descarga C	0,60514	0,60538	0,60578	0,60665
Incerteza sobre C (%)	0,459	0,460	0,461	0,464
Fator de expansão ε	0,9895	0,9934	0,9971	0,9994
Número de Reynolds	2 581 000	1 944 000	1 302 000	6 534 000
Vazão (m^3/h)	11 403	8 589,5	5 751,3	2 886,2

A Tab. 8-2 mostra as diferenças em relação à vazão em 100%, evidenciando a não-linearidade intrínseca da placa de orifício corrigida pelo computador de vazão. Importante é comparar os resultados do programa de cálculo da Tab. 8-1 (última linha) com os do computador de vazão que está sendo verificado. Os valores deverão ser iguais, com uma tolerância inferior a 0,02%, por arredondamentos.

Tabela 8-2 Diferenças da vazão em relação a Q_{FE} (100%)

Vazão (m^3/h)	11 403	8 589,5	5 751,3	2 886,2
Vazão (%)	100	75	50	25
Vazão (%) × m^3/h /100	11 403	8 552,3	5 701,5	2 850,8
Diferença relativa a 100%	0%	0,43%	0,87%	1,23%

Observação: a Tab. 8-2 é apenas ilustrativa para o exemplo escolhido e não deve ser levada em conta para a verificação do computador de vazão.

Para uma verificação completa, é necessário simular variações de pressão e de temperatura, cada qual nos valores máximo e mínimo da faixa de trabalho prevista. Caso tenha correção automática do fator Z, em função da composição do gás, informada por um cromatógrafo, o cálculo utilizando a AGA 8 deverá ser testado também.

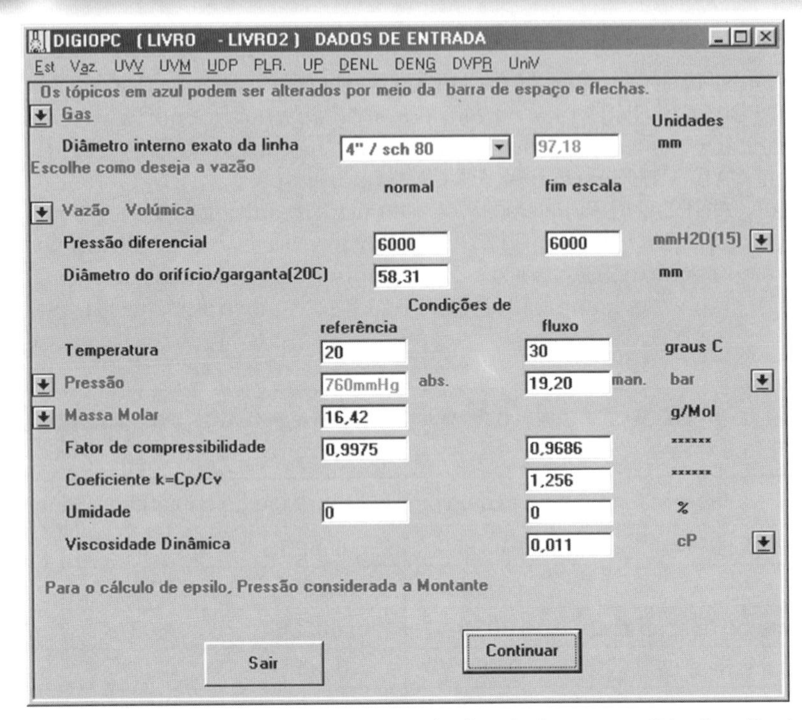

FIGURA 8-16 Programa Digiopc — tela de entrada dos dados no sentido do cálculo da vazão, com Δp normal igual à de fim de escala.

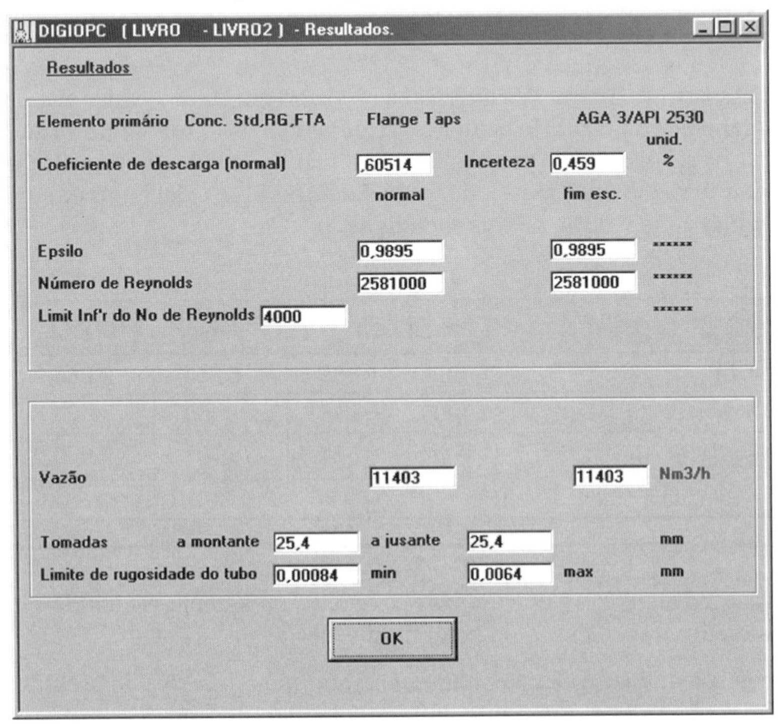

FIGURA 8-17 Programa Digiopc — tela RESULTADOS, mostrando, além da vazão, o coeficiente de descarga, sua incerteza, o valor de épsilon e o número de Reynolds.

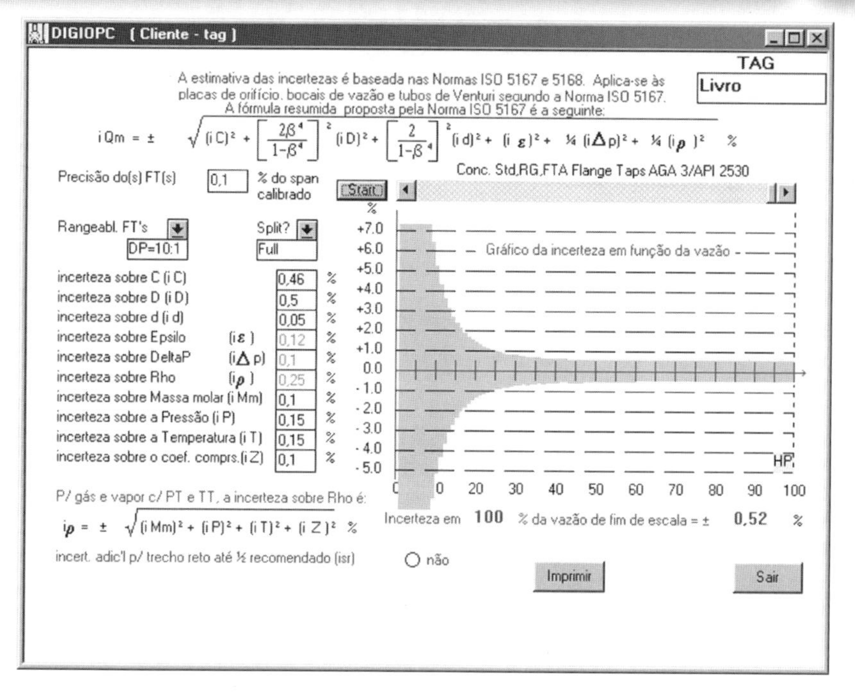

FIGURA 8-18 Tela ESTIMATIVA DAS INCERTEZAS do programa Digiopc, com transmissor de Δp dotado de "precisão" de 0,1%. Vê-se que, entre 100% e 25% da escala de vazão, o EMA é inferior a ±1%.

8.4.6 Calibração de computador/transmissor multivariável

Para calibrar os sensores de pressão e de pressão diferencial de um transmissor multivariável, integrado ou não a um computador de vazão, a forma prática — mas não totalmente conclusiva — consiste em calibrar a pressão diferencial, deixando a baixa pressão à atmosférica e calibrar a pressão estática aplicando a pressão de calibração ao mesmo tempo dos dois lados (alta e baixa pressão) do transmissor.

A forma totalmente conclusiva seria utilizar uma balança de peso morto dupla, como a mostrada na Fig. 8-14, o que é feito somente em laboratório. Admite-se, usando a forma mais simples de calibração, que a célula de pressão diferencial foi corrigida com relação a efeitos de pressão estática na fábrica e que a característica não muda no tempo. A calibração da temperatura se faz de modo convencional, como explicado em 8.4.4.

8.5 CONCLUSÃO SOBRE A CALIBRAÇÃO DE MEDIDORES DE VAZÃO

A calibração dos medidores de vazão pode ser realizada de forma direta ou indireta, em laboratório ou no campo. O equipamento de calibração deverá sempre ser verificado por padrões primários, através do Inmetro, para permitir a emissão de certificados de calibração válidos.

No caso de calibração em laboratório, este deverá ser certificado pelo Inmetro. Após certificação, o laboratório deverá lacrar o instrumento, em todos os pontos que determinam sua calibração.

ANEXOS

ANEXO A.01 GLOSSÁRIO
Definição de termos e expressões

Termo ou expressão	símbolo	Definição
Aerômetro		Instrumento que serve para determinar a densidade dos líquidos ou ainda o grau de concentração de uma solução ou de uma mistura. Os mais usuais, de peso constante, mergulhados num líquido, flutuam verticalmente e afundam tanto mais quanto menos denso o líquido. Compõem-se de um cilindro de peso determinado, que é provido, na parte superior, de uma haste graduada. **FIGURA A.01-1** Na versão de transmissor, o afundamento é transformado em saída analógica.
Beta	β	Relação dos diâmetros d/D. Símbolo usado para placas de orifício e outros elementos deprimogênios.
Cavitação		Formação de cavidades (bolhas) de vapor num líquido em movimento. É provocada por uma súbita queda de pressão, abaixo da pressão do vapor, à temperatura de saturação. A recondensação do vapor nas bolhas provoca pontos de sobrepressão elevadíssima, danificando o material adjacente.

Coluna hidrostática	***H*,*h***	Pressão criada pela altura (*H*, *h*) de uma coluna de líquido de massa específica definida, de acordo com a fórmula P (kgf/m^2) = h (m). γ (kgf/m^3). Pode ser usada para medir a vazão, conforme mostra a Fig. A.01-1. **FIGURA A.01-1** Vazão medida por tubo em U. Quando existem colunas hidrostáticas nas linhas de impulso dos transmissores de pressão diferencial, deve-se cuidar, sempre, para que as duas colunas tenham o mesmo valor, não afetando o Δp medido pelo transmissor. Ver Figs. 3-69 a 3-76.
Condições de operação (condições reais)		Condições de pressão e temperatura (às vezes de umidade e de viscosidade também) em que o fluido escoa.
Condições de referência, de leitura, de base ou de contrato		Expressões aplicadas à vazão volúmica para definir em que condições de pressão e/ou de temperatura (às vezes também de umidade) é interpretada a leitura. Por exemplo, Nm^3/h significa que a leitura é entendida a 0°C e 760 mmHg (1 atm.) e em seco, para os gases. Às vezes empregam-se os m^3/h a 20°C ou, ainda, a 21°C e 760 mmHg. Convém esclarecer com o usuário, daí o termo "contrato".
Compressibilidade		*Ver* "Fator de compressibilidade *Z*".
Cruzeta		Acessório usado para interligar tubos. Consiste em uma conexão em forma de cruz, com quatro roscas fêmeas, no caso geral.
Densidade absoluta	ρ	O mesmo que a massa específica. É definida em massa por unidade de volume; por exemplo, em kg/m^3.
Densidade relativa	δ	Em inglês, *specific gravity*. Tem várias interpretações, dependendo do fluido. No caso de líquidos, é a relação entre a densidade absoluta $\rho_{(p,t)}$ do líquido e a da água a uma temperatura definida. Por exemplo: $\delta_{(15)}$ teria como referência a água a 15°C. No caso de gases, a *densidade relativa ideal* é a relação entre a massa molar do gás em questão e a do ar (28,9625).
Deprimogênio		Elemento primário que gera uma diferença de pressões (pressão diferencial).

Elemento primário		Numa malha de medição, é o instrumento que interage com o escoamento para produzir um sinal; por exemplo, uma placa de orifício.
Escoamento bifásico		Ocorre quando líquido e vapor estão presentes ao mesmo tempo. No caso de extração de petróleo, fala-se em "vazão multifásica" quando óleo, água e gás escoam juntos.
Expoente isentrópico	k	Fator que caracteriza uma propriedade termodinâmica de um gás ou vapor. O mesmo que a relação $k = C_p/C_v$ para os efeitos deste manual.
Fator de compressibilidade	Z	Caracteriza o afastamento das propriedades PVT dos gases reais em relação aos gases ideais. É o fator Z na equação $\rho = M_m \cdot P/(R.T.Z)$. Para um gás ideal, $Z = 1$.
Flange		Acessório empregado para interligar equipamentos com trechos de tubulação. A norma norte-americana que trata das dimensões dos flanges é a ANSI B16.1/5/36 (ASME 16.47). Os principais tipos são *weld neck* (solda de pescoço) e *slip on* (sobreposto). Existem flanges de 150#, 300#, ... , 3 000#, onde # = libras.
Flange-orifício		Flange provido de tomadas (*flange taps*) para placas de orifício. Geralmente é provido de parafusos de afastamento (*jack screw*). 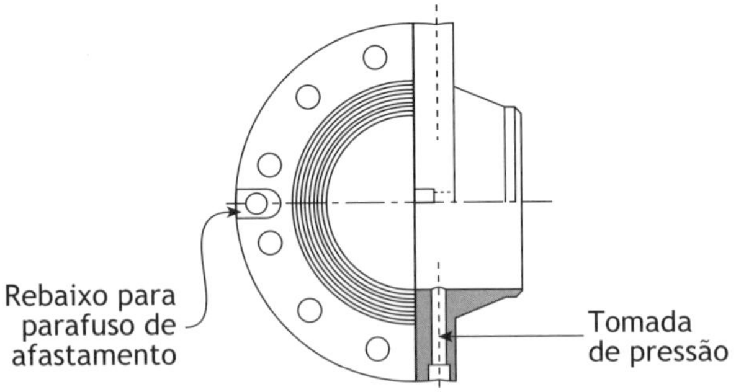 **FIGURA A-02-1**
Jusante		Depois do elemento primário (ou outro objeto), no sentido da vazão.
Linearidade		Característica de um instrumento que fornece uma saída diretamente proporcional ao valor da variável que representa. O afastamento em relação à reta teórica (não-linearidade). Pode ser expressa em valor absoluto, na mesma unidade que a escala do instrumento, ou em porcentagem da escala.
Massa específica	ρ	O mesmo que densidade absoluta.

Medição fiscal		Empregado na portaria conjunta ANP/Inmetro nº 1, de 19 de junho de 2001, por empresas da indústria petrolífera e de gás, para designar uma medição de "produção a que se refere o inciso IV do art. 3º do Decreto no 2705, de 03/08/1998". Medição usada para cálculo de impostos, sob o controle do fisco.
Montante		Antes do elemento primário (ou outro objeto), no sentido da vazão.
Nipple		Acessório de tubulação usado para interligar tubos. Trata-se de uma conexão de tubo reta, com rosca macho nas extremidades.
Normas		Conjunto de regras e preceitos que organizam, orientam e estabelecem padrões nas produções industriais. As mais conhecidas mudialmente são: · AFNOR (Association Française de Normalisation); · ANSI (American National Standard); · BS (British Standard); · ISO (Internacional Standard Organisation); · JIS (Japanese International Standard); · ABNT (Associação Brasileira de Normas Técnicas) que publica as normas com prefixo NBR.
Número de Reynolds	$\mathbf{R}_D$, $\mathbf{R}_d$	A relação $V \,.\, D/\nu$ [velocidade × (diâmetro/viscosidade)], que define se o regime de escoamento é laminar (até R_D = 2 000), turbulento (> 4 000) ou transitório (2 000 < R_D < 4 000). Esses limites não são precisos, mais suficientes para a maioria das aplicações. R_D se refere ao escoamento na tubulação e R_d ao escoamento no orifício ou na garganta.
Perda de carga		Queda de pressão permanente provocada por um obstáculo em um fluido em movimento.
Precisão		Define a qualidade do medidor no tocante ao erro percentual na medição. Critérios: ±1% FS define que a porcentagem do erro (em relação a um padrão) refere-se aos fundos de escala, enquanto que ±1% do ponto se refere ao valor medido. A precisão também pode ser definida pela combinação dos critérios ±0,1% FS e ±0,25% do ponto. *Importante:* esse é um termo a ser evitado; deve-se dar preferência a "exatidão".

Pressão	$\boldsymbol{p}$	A letra p refere-se à pressão *relativa* ou *manométrica*, que tem como referência a pressão barométrica.
	$\boldsymbol{P}$	Na pressão *absoluta* (P), a referência é o vácuo; assim, $P = p + P_{atm}$.
	$\boldsymbol{P}_{atm}$	A pressão *atmosférica* (P_{atm}), também chamada de "barométrica", é a pressão no local da medição, condicionada pela altitude da localidade.
	$\boldsymbol{\Delta p}$	A pressão *diferencial* (Δp) é a diferença de pressão entre duas tomadas, geralmente para placas de orifício.
Rangeabilidade		Faixa da escala do instrumento em que a precisão é respeitada. Define-se como a relação (fração) entre o maior e o menor valor da escala do instrumento. Por exemplo: 10/1.
Recuperação (de pressão)		Subida de pressão observada num fluido em movimento depois que este passa por um obstáculo e perde localmente pressão até um valor mínimo. No caso de placas de orifícios, o plano em que ocorre a pressão mínima é conhecido como da "*vena contracta*".
Repetibilidade		A qualidade de um instrumento em fornecer a mesma indicação para a mesma vazão. Definida em valor absoluto ou em porcentagem do fundo da escala. Nos instrumentos modernos a repetibilidade é uma característica mais importante que a linearidade, já que a linearização pode ser realizada, de forma precisa à parte.
Schedule		Empregado em tubulações industriais para classificar dimensões, em particular a espessura de tubos. A norma norte-americana que trata de dimensões de tubulações industriais é a ASME B36.10M. Ver o Anexo A.08 para as tubulações mais usuais.
Split range		Literalmente, "faixa dividida". Expressão empregada neste livro para designar uma técnica de colocação de dois ou três transmissores de pressão diferencial em paralelo nas tomadas de pressão de uma única placa de orifício, sendo cada transmissor calibrado para medir a vazão na sua melhor faixa de exatidão, como se vê no esquema da Fig. A.01-3. O efeito do *split range* sobre a incerteza pode ser observado nas Figs. 3-14 e 3-15. 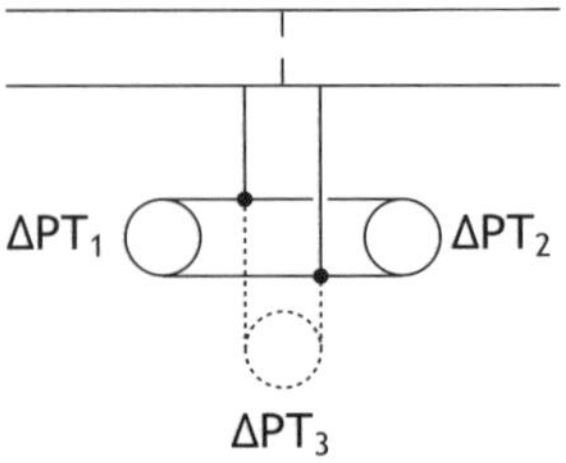 ΔPT_1 ΔPT_2 ΔPT_3 **FIGURA A.01-3**

Tê		Acessório utilizado para interligar tubos. Consiste, no caso geral, numa conexão em forma de T, com três roscas fêmeas.
Transferência de custódia		Designa uma medição com totalização para transferência comercial. A custódia do produto passa do produtor ao cliente. O termo sugere também responsabilidade sobre possíveis problemas e acidentes.
Tubulação industrial		Entre ¼ pol e 12 pol, o diâmetro externo é nominal, diferente do referencial. Para um mesmo diâmetro nominal, a espessura, definida pelo *schedule*, afeta o diâmetro interno. De 14 a 30 pol, o diâmetro externo é igual ao nominal.
Umidade	φ	A umidade relativa de um gás é a relação, expressa em porcentagem, entre a pressão parcial do vapor d'água presente no gás e a pressão de saturação da água à temperatura do gás.
Vazão crítica	Q_c	Quando a velocidade do fluido na garganta ou no orifício atinge a velocidade do som, temos a vazão crítica.
Vazão mássica	Q_m	A massa por unidade de tempo que atravessa uma seção reta de um duto. As unidades podem ser kg/h, g/min., g/s, t/dia, (lb/h), etc.
Vazão volúmica	Q_v	O volume por unidade de tempo que atravessa uma seção reta de um duto. As unidades podem ser m^3/h, l/min., cm^3/s, (cuft/dia), etc. A vazão volúmica pode ser expressa nas condições de referência ($m^3/h_{(0°C,\ 1\ atm)}$, por exemplo) ou nas condições reais (acuft/h).
Vapor saturado		É o vapor (não necessariamente vapor de água) em presença do líquido, em equilíbrio térmico a uma determinada temperatura. A cada temperatura de saturação corresponde uma pressão de saturação e vice-versa.
Vapor superaquecido		É o vapor (geralmente de água, mas pode ser de qualquer produto) a uma temperatura superior à de saturação.

ANEXO A.02 DENSIDADE DOS LÍQUIDOS

Produto	Densidade (kg/m^3)	Temperatura (°C)
Acetaldeído	787,14	16,1
Ácido acético — concentrado	1 059,94	15,0
Ácido acético — 50%	1 029,98	15,0
Anidrido acético	583,39	15,0
Acetato de etila	906,16	15,0
Acetona	791,15	15,6
Ácido hidroclorídrico – 31,5%	1 149,00	20,0
Ácido bórico saturado	1 013,00	8,0
Ácido butírico	958,06	20,0
Ácido fórmico	1 120,65	20,0
Ácido nítrico – 50%	1 309,82	20,0
Ácido propiônico	989,14	20,0
Ácido sulfúrico	1498,52	15,6
Álcool butílico	809,25	20,0
Álcool etílico	788,91	20,0
Álcool isopropílico	784,90	20,0
Álcool metílico	791,95	20,0
Amônia saturada	654,83	-12,2
Anilina	1 021,01	20,0
Azeite de oliva	914,17	15,6
Benzeno	878,93	20,0
Bromo	2 897,25	20,0
n-Butano	583,39	15,6
Carbono (dióxido de)	1 100,62	-8,6
Carbono (dissulfeto de)	1 290,92	0,0
Carbono (tetracloreto de)	1 592,39	20,0
Cerveja	1 009,00	15,6
Cloro	1 559,87	-33,3
Clorofórmio	1 487,63	20,0
n-Decano	729,32	20,0
Dietilenoglicol	1 118,89	15,6
Dietil-éter	713,30	20,0
Etano	353,69	15,6

DENSIDADE DOS LÍQUIDOS (*CONTINUAÇÃO*)

Produto	Densidade (kg/m^3)	Temperatura (°C)
Etileno (brometo de)	2 177,86	20,0
Etileno (cloreto)	1 244,79	20,0
Fréon 12	1 440,86	21,1
Gasolina	750,30	15,6
Glicerina	1 259,85	0,0
n-Heptano	687,19	15,6
n-Hexano	663,32	15,6
Hidróxido de sódio — 50%	1524,95	20,0
Leite	1031,58	15,6
Mercúrio	13537,15	15,6
Metanol	790,99	20,0
Metila (acetato de)	929,07	20,0
Metila (cloreto de)	830,07	15,6
Metila (iodeto de)	2277,82	20,0
Naftaleno	1143,87	20,0
n-Octano	706,25	15,6
Óleo combustível C	1 013,16	15,6
Óleo cru — 48 API	789,71	15,6
Óleo de milho	923,14	15,6
Óleo de soja	925,06	15,6
Óleo lubrificante SAE 10	875,09	15,6
Pentano	622,96	15,0
Propano	508,42	15,6
Propilenoglicol	1 037,03	20,0
Querosene	819,18	15,6
Sacarose — 60 Brix	1287,24	15,6
Salmoura — 10% de CaCl	1 090,21	0,0
Salmoura — 10% de NaCl	1 077,24	0,0
Sulfato de alumínio — 36%	1 054,01	15,6
Tolueno	865,15	20,0
Terebintina	864,19	15,6
Xarope de trigo — 86,4 Brix	1 457,64	15,6
Xileno-O	869,16	20,0

ANEXO A.03 MASSA ESPECÍFICA DO VAPOR D'ÁGUA

TABELA A.03-1 Vapor saturado					
Pressão absoluta, p_s (bar)	Temperatura, t_s (°C)	Massa específica, ρ (kg/m³)	Pressão absoluta, p_s (bar)	Temperatura, t_s (°C)	Massa específica, ρ (kg/m³)
0,1	45,833	0,06814	4,0	143,623	2,163
0,2	60,086	0,1307	4,2	145,390	2,265
0,3	69,124	0,1912	4,4	147,090	2,366
0,4	75,886	0,2504	4,6	148,729	2,467
			4,8	150,313	2,568
0,5	81,345	0,3086	5,0	151,844	2,669
0,6	85,954	0,3661	5,2	153,327	2,769
0,7	89,959	0,4229	5,4	154,765	2,870
0,8	93,512	0,4792	5,6	156,161	2,970
0,9	96,713	0,5350	5,8	157,518	3,070
1,0	99,632	0,5904	6,0	158,838	3,170
1,1	102,317	0,6455	6,2	160,123	3,270
1,2	104,808	0,7002	6,4	161,376	3,369
1,3	107,133	0,7547	6,6	162,598	3,469
1,4	109,315	0,8089	6,8	163,791	3,568
1,5	111,372	0,8628	7,0	164,956	3,667
1,6	113,320	0,9165	7,2	166,095	3,766
1,7	115,170	0,9700	7,4	167,209	3,865
1,8	116,933	1,023	7,6	168,300	3,964
1,9	118,916	1,076	7,8	169,368	4,063
2,0	120,231	1,129	8,0	170,415	4,162
2,1	121,780	1,182	8,2	171,441	4,261
2,2	123,270	1,235	8,4	172,448	4,360
2,3	124,705	1,287	8,6	173,436	4,458
2,4	126,091	1,340	8,8	174,405	4,557
2,5	127,430	1,392	9,0	175,358	4,655
2,6	128,727	1,444	9,2	176,294	4,754
2,7	129,984	1,496	9,4	177,214	4,852
2,8	131,203	1,548	9,6	178,119	4,950
2,9	132,388	1,600	9,8	179,009	5,049
3,0	133,540	1,651	10,0	179,884	5,147
3,1	134,661	1,703	10,5	182,015	5,392
3,2	135,753	1,754	11,0	184,067	5,638
3,3	136,819	1,806	11,5	186,048	5,883
3,4	137,858	1,857	12,0	187,961	6,127
3,5	138,873	1,908	12,5	189,814	6,372
3,6	139,865	1,960	13,0	191,609	6,617
3,7	140,835	2,011	13,5	193,350	6,862
3,8	141,784	2,062	14,0	195,042	7,106
3,9	142,713	2,113	14,5	196,688	7,351

TABELA A.03-1 Vapor saturado (Continuação)

Pressão absoluta, p_s (bar)	Temperatura, t_s (°C)	Massa específica, ρ (kg/m^3)	Pressão absoluta, p_s (bar)	Temperatura, t_s (°C)	Massa específica, ρ (kg/m^3)
15,0	198,289	7,595	70,0	285,790	36,53
15,5	199,850	7,840	72,0	287,702	37,70
16,0	201,372	8,085	74,0	289,574	38,89
16,5	202,857	8,330	76,0	291,408	40,08
17,0	204,307	8,575	78,0	293,205	41,29
17,5	205,725	8,820	80,0	294,968	42,51
18,0	207,111	9,065	82,0	296,697	43,74
18,5	208,468	9,310	84,0	298,394	44,98
19,0	209,797	9,556	86,0	300,060	46,24
19,5	211,099	9,801	88,0	301,697	47,51
20,0	212,375	10,05	90,0	303,306	48,79
21,0	214,855	10,54	92,0	304,887	50,09
22,0	217,244	11,03	94,0	306,443	51,40
23,0	219,552	11,52	96,0	307,973	52,73
24,0	221,783	12,02	98,0	309,479	54,07
25,0	223,943	12,51	100,0	310,961	55,43
26,0	226,037	13,01	104,0	313,858	58,19
27,0	228,071	13,51	108,0	316,669	61,03
28,0	230,047	14,01	112,0	319,402	63,94
29,0	231,969	14,51	116,0	322,059	66,93
30,0	233,841	15,01	120,0	324,646	70,01
31,0	235,666	15,51	124,0	327,165	73,19
32,0	237,445	16,02	128,0	329,621	76,46
33,0	239,183	16,52	132,0	332,018	79,85
34,0	240,881	17,03	136,0	334,357	83,36
35,0	242,541	17,54	140,0	336,641	86,99
36,0	244,164	18,05	144,0	338,874	90,77
37,0	245,754	18,56	148,0	341,057	94,69
38,0	247,311	19,07	152,0	343,193	98,77
39,0	248,836	19,58	156,0	345,282	103,02
40,0	250,333	20,10	160,0	347,328	107,44
41,0	251,800	20,62	164,0	349,332	112,05
42,0	253,241	21,14	168,0	351,295	116,91
43,0	254,656	21,66	172,0	353,220	122,08
44,0	256,045	22,18	176,0	355,106	127,56
45,0	257,411	22,71	180,0	356,957	133,37
46,0	258,753	23,23	184,0	358,771	139,57
47,0	260,074	23,76	188,0	360,552	146,23
48,0	261,373	24,29	192,0	362,301	153,44
49,0	262,652	24,83	196,0	364,107	161,34
50,0	263,911	25,36	200,0	365,701	170,16
52,0	266,373	26,44	204,0	367,356	180,23
54,0	268,763	27,52	208,0	368,982	192,12
56,0	271,086	28,61	212,0	370,580	206,98
58,0	273,347	29,72	216,0	372,149	227,69
60,0	275,550	30,83	220,0	373,692	268,25
62,0	277,697	31,95			
64,0	279,791	33,08	221,2	374,150	315,46
66,0	281,837	34,22			
68,0	283,835	35,37			

TABELA A.03-2 Massa específica do vapor d'água superaquecido

Temperatura (°C)	Pressão absoluta (bar)								
	0,5	0,6	0,7	0,8	0,9	1	1,2	1,4	1,6
100	0,2926	0,3516	0,4109	0,4703	0,5300	0,5898			
120	0,2772	0,3331	0,3890	0,4452	0,5014	0,5578	0,6711	0,7849	0,8994
140	0,2635	0,3165	0,3696	0,4228	0,4761	0,5295	0,6366	0,7442	0,8522
160	0,2511	0,3015	0,3520	0,4026	0,4533	0,5041	0,6059	0,7080	0,8104
180	0,2398	0,2880	0,3362	0,3844	0,4328	0,4812	0,5781	0,6754	0,7728
200	0,2296	0,2756	0,3217	0,3679	0,4141	0,4603	0,5530	0,6458	0,7389
220	0,2202	0,2643	0,3085	0,3527	0,3970	0,4413	0,5300	0,6189	0,7080
240	0,2115	0,2539	0,2963	0,3388	0,3813	0,4238	0,5090	0,5942	0,6796
260	0,2035	0,2443	0,2851	0,3260	0,3668	0,4077	0,4896	0,5715	0,6536
280	0,1961	0,2354	0,2747	0,3141	0,3534	0,3928	0,4716	0,5505	0,6295
300	0,1893	0,2272	0,2651	0,3030	0,3410	0,3790	0,4550	0,5311	0,6072
320	0,1828	0,2195	0,2561	0,2927	0,3294	0,3661	0,4395	0,5130	0,5865
340	0,1769	0,2123	0,2477	0,2831	0,3186	0,3541	0,4250	0,4961	0,5671
360	0,1713	0,2055	0,2398	0,2741	0,3085	0,3428	0,4115	0,4802	0,5490
380	0,1660	0,1992	0,2325	0,2657	0,2990	0,3322	0,3988	0,4654	0,5321
400	0,1611	0,1933	0,2255	0,2578	0,2901	0,3223	0,3869	0,4515	0,5161
420	0,1564	0,1877	0,2190	0,2503	0,2816	0,3130	0,3757	0,4384	0,5011
440	0,1520	0,1824	0,2128	0,2433	0,2737	0,3042	0,3651	0,4260	0,4870
460	0,1478	0,1774	0,2070	0,2366	0,2662	0,2958	0,3551	0,4143	0,4736
480	0,1439	0,1727	0,2015	0,2303	0,2591	0,2880	0,3456	0,4033	0,4610
500	0,1402	0,1682	0,1963	0,2243	0,2524	0,2805	0,3366	0,3928	0,4490
520	0,1366	0,1640	0,1913	0,2187	0,2460	0,2734	0,3281	0,3829	0,4376
540	0,1333	0,1599	0,1866	0,2133	0,2400	0,2666	0,3200	0,3734	0,4268
560	0,1301	0,1561	0,1821	0,2082	0,2342	0,2602	0,3123	0,3644	0,4165
580	0,1270	0,1524	0,1779	0,2033	0,2287	0,2541	0,3050	0,3558	0,4067

Temperatura (°C)	Pressão absoluta (bar)								
	1,8	2	2,2	2,4	2,6	2,8	3	3,2	3,4
120	1,0144								
140	0,9607	1,0697	1,1791	1,2889	1,3993	1,5102	1,6215	1,7334	1,8458
160	0,9132	1,0163	1,1197	1,2235	1,3277	1,4322	1,5371	1,6424	1,7480
180	0,8706	0,9686	1,0668	1,1654	1,2642	1,3632	1,4626	1,5622	1,6621
200	0,8321	0,9256	1,0192	1,1131	1,2072	1,3015	1,3960	1,4907	1,5856
220	0,7972	0,8865	0,9761	1,0658	1,1556	1,2456	1,3358	1,4262	1,5167
240	0,7652	0,8508	0,9366	1,0226	1,1086	1,1948	1,2812	1,3676	1,4542
260	0,7358	0,8181	0,9005	0,9830	1,0656	1,1483	1,2311	1,3140	1,3971
280	0,7086	0,7878	0,8671	0,9464	1,0259	1,1054	1,1850	1,2648	1,3446
300	0,6835	0,7598	0,8362	0,9126	0,9892	1,0658	1,1425	1,2192	1,2961
320	0,6601	0,7337	0,8075	0,8812	0,9551	1,0290	1,1030	1,1770	1,2511
340	0,6383	0,7095	0,7807	0,8520	0,9233	0,9947	1,0662	1,1377	1,2093
360	0,6179	0,6868	0,7557	0,8247	0,8937	0,9628	1,0319	1,1010	1,1702
380	0,5988	0,6655	0,7323	0,7991	0,8659	0,9328	0,9997	1,0667	1,1337
400	0,5808	0,6455	0,7103	0,7750	0,8398	0,9047	0,9696	1,0345	1,0994
420	0,5639	0,6267	0,6896	0,7524	0,8153	0,8782	0,9412	1,0042	1,0672
440	0,5480	0,6090	0,6700	0,7311	0,7922	0,8533	0,9145	0,9757	1,0369
460	0,5329	0,5923	0,6516	0,7110	0,7704	0,8298	0,8892	0,9487	1,0082
480	0,5187	0,5764	0,6342	0,6919	0,7497	0,8076	0,8654	0,9232	0,9811
500	0,5052	0,5614	0,6176	0,6739	0,7302	0,7865	0,8428	0,8991	0,9555
520	0,4924	0,5472	0,6020	0,6568	0,7116	0,7665	0,8214	0,8762	0,9311
540	0,4802	0,5336	0,5871	0,6405	0,6940	0,7475	0,8010	0,8545	0,9080
560	0,4686	0,5208	0,5729	0,6251	0,6772	0,7294	0,7816	0,8338	0,8860
580	0,4576	0,5085	0,5594	0,6103	0,6613	0,7122	0,7632	0,8141	0,8651

TABELA A.03-2 Massa específica do vapor... (Continuação)

Temperatura (°C)	Pressão absoluta (bar)								
	3,6	3,8	4	4,5	5	6	7	8	9
140	1,9588								
160	1,8541	1,9605	2,0674	2,3362	2,6077	3,1591			
180	1,7623	1,8628	1,9636	2,2169	2,4721	2,9886	3,5135	4,0475	4,5911
200	1,6808	1,7761	1,8717	2,1117	2,3532	2,8406	3,3342	3,8345	4,3417
220	1,6074	1,6983	1,7894	2,0178	2,2473	2,7098	3,1771	3,6494	4,1269
240	1,5410	1,6278	1,7149	1,9330	2,1520	2,5928	3,0374	3,4858	3,9381
260	1,4802	1,5635	1,6469	1,8559	2,0655	2,4870	2,9115	3,3391	3,7698
280	1,4245	1,5045	1,5846	1,7852	1,9864	2,3906	2,7972	3,2063	3,6179
300	1,3730	1,4500	1,5271	1,7201	1,9136	2,3021	2,6926	3,0851	3,4797
320	1,3253	1,3995	1,4738	1,6598	1,8463	2,2204	2,5962	2,9737	3,3529
340	1,2809	1,3526	1,4243	1,6039	1,7838	2,1447	2,5070	2,8707	3,2359
360	1,2395	1,3088	1,3782	1,5517	1,7256	2,0743	2,4241	2,7752	3,1275
380	1,2008	1,2679	1,3350	1,5030	1,6713	2,0086	2,3469	2,6862	3,0267
400	1,1644	1,2294	1,2945	1,4573	1,6203	1,9470	2,2746	2,6031	2,9325
420	1,1303	1,1933	1,2565	1,4144	1,5725	1,8893	2,2068	2,5252	2,8443
440	1,0981	1,1593	1,2206	1,3740	1,5275	1,8349	2,1431	2,4520	2,7615
460	1,0677	1,1273	1,1868	1,3358	1,4850	1,7837	2,0831	2,3830	2,6835
480	1,0390	1,0969	1,1549	1,2998	1,4449	1,7354	2,0264	2,3180	2,6100
500	1,0118	1,0682	1,1246	1,2657	1,4069	1,6896	1,9728	2,2565	2,5406
520	0,9861	1,0410	1,0959	1,2334	1,3709	1,6463	1,9221	2,1982	2,4748
540	0,9616	1,0151	1,0687	1,2027	1,3367	1,6051	1,8739	2,1430	2,4125
560	0,9383	0,9905	1,0428	1,1735	1,3043	1,5660	1,8281	2,0906	2,3533
580	0,9161	0,9671	1,0181	1,1457	1,2733	1,5288	1,7846	2,0407	2,2970

Temperatura (°C)	Pressão absoluta (bar)								
	10	11	12	13	14	16	18	20	22
180	5,1451								
200	4,8563	5,3786	5,9090	6,4481	6,9962				
220	4,6098	5,0983	5,5928	6,0934	6,6004	7,6350	8,6990	9,7952	10,9266
240	4,3946	4,8554	5,3206	5,7904	6,2649	7,2290	8,2142	9,2222	10,2546
260	4,2037	4,6410	5,0816	5,5258	5,9736	6,8805	7,8032	8,7427	9,7000
280	4,0321	4,4490	4,8685	5,2908	5,7159	6,5750	7,4462	8,3303	9,2277
300	3,8763	4,2752	4,6762	5,0794	5,4849	6,3029	7,1305	7,9681	8,8161
320	3,7338	4,1165	4,5010	4,8873	5,2754	6,0574	6,8472	7,6449	8,4510
340	3,6025	3,9706	4,3402	4,7113	5,0840	5,8339	6,5903	7,3531	8,1227
360	3,4811	3,8358	4,1919	4,5492	4,9078	5,6289	6,3553	7,0871	7,8245
380	3,3681	3,7107	4,0543	4,3989	4,7447	5,4396	6,1389	6,8428	7,5513
400	3,2628	3,5940	3,9261	4,2592	4,5932	5,2640	5,9386	6,6170	7,2994
420	3,1642	3,4849	3,8064	4,1287	4,4517	5,1004	5,7522	6,4074	7,0659
440	3,0717	3,3826	3,,6942	4,0064	4,3194	4,9474	5,5783	6,2120	6,8486
460	2,9847	3,2864	3,5887	3,8916	4,1951	4,8040	5,4154	6,0292	6,6454
480	2,9026	3,1957	3,4894	3,7835	4,0782	4,6692	5,2623	5,8576	6,4550
500	2,8251	3,1102	3,3956	3,6816	3,9680	4,5422	5,1183	5,6962	6,2761
520	2,7518	3,0292	3,3070	3,5852	3,8638	4,4233	4,9823	5,5441	6,1075
540	2,6823	2,9525	3,2230	3,4939	3,7652	4,3088	4,8538	5,4003	5,9482
560	2,6163	2,8797	3,1434	3,4073	3,6717	4,2012	4,7321	5,2642	5,7976
580	2,5536	2,8105	3,0676	3,3251	3,5828	4,0991	4,6165	5,1351	5,6548

TABELA A.03-2 Massa específica do vapor... (Continuação)

Temperatura (°C)	Pressão absoluta (bar)								
	24	26	28	30	35	40	45	50	60
240	11,3135	12,4008	13,5191	14,6709					
260	10,6762	11,6725	12,6903	13,7308	16,4426	19,3365	22,4520		
280	10,1393	11,0657	12,0077	12,9661	15,4398	18,0374	20,7779	23,6859	30,1452
300	9,6750	10,5452	11,4272	12,3215	14,6147	16,9972	19,4797	22,0746	27,6664
320	9,2656	10,0891	10,9218	11,7640	13,9134	16,1300	18,4203	20,7914	25,8104
340	8,8992	9,6829	10,4738	11,2723	13,3030	15,3859	17,5252	19,7252	24,3277
360	8,5676	9,3164	10,0713	10,8322	12,7622	14,7337	16,7495	18,8124	23,0926
380	8,2646	8,9826	9,7056	10,4336	12,2763	14,1526	16,0645	18,0139	22,0337
400	7,9858	8,6762	9,3708	10,0695	11,8351	13,6285	15,4510	17,3038	21,1065
420	7,7278	8,3932	9,0620	9,7344	11,4312	13,1511	14,8952	16,6642	20,2816
440	7,4880	8,1305	8,7759	9,4243	11,0588	12,7129	14,3872	16,0824	19,5385
460	7,2642	7,8856	8,5095	9,1360	10,7137	12,3081	13,9197	15,5490	18,8624
480	7,0547	7,6565	8,2605	8,8668	10,3924	11,9323	13,4870	15,0566	18,2425
500	6,8578	7,4415	8,0271	8,6146	10,0921	11,5819	13,0845	14,5999	17,6705
520	6,6725	7,2392	7,8077	8,3778	9,8105	11,2541	12,7086	14,1743	17,1399
540	6,4976	7,0485	7,6009	8,1547	9,5458	10,9464	12,3565	13,7763	16,6455
560	6,3323	6,8683	7,4055	7,9441	9,2963	10,6568	12,0256	13,4029	16,1831
580	6,1756	6,6976	7,2207	7,7449	9,0606	10,3836	11,7138	13,0515	15,7493

Temperatura (°C)	Pressão absoluta (bar)								
	70	80	90	100	120	140	160	180	200
300	33,9475	41,2132							
320	31,2717	37,2982	44,0798	51,9248					
340	29,2405	34,5249	40,2645	46,5789	61,7378	83,2219			
360	27,6030	32,3782	37,4616	42,9089	55,2226	70,3541	90,5910	122,9116	
380	26,2306	30,6261	35,2455	40,1188	50,7850	63,0587	77,6894	96,0757	121,1312
400	25,0491	29,1458	33,4124	37,8671	47,4286	58,0498	70,0537	83,9421	100,5264
420	24,0117	27,8642	31,8496	35,9797	44,7279	54,2348	64,6664	76,2497	89,3038
440	23,0869	26,7344	30,4882	34,3562	42,4700	51,1546	60,5065	70,6456	81,7253
460	22,2527	25,7244	29,2826	32,9327	40,5325	48,5758	57,1231	66,2449	76,0248
480	21,4930	24,8113	28,2010	31,6659	38,8377	46,3620	54,2788	62,6323	71,4727
500	20,7959	23,9785	27,2207	30,5252	37,3328	44,4258	51,8311	59,5779	67,6981
520	20,1523	23,2133	26,3247	29,4884	35,9807	42,7073	49,6869	56,9393	64,4853
540	19,5550	22,5062	25,5003	28,5386	34,7538	41,1639	47,7818	54,6213	61,6964
560	18,9983	21,8495	24,7374	27,6630	33,6318	39,7643	46,0698	52,5576	59,2375
580	18,4776	21,2369	24,0280	26,8515	32,5989	38,4852	44,5168	50,7002	57,0423

ANEXO A.04 VISCOSIDADE DOS LÍQUIDOS

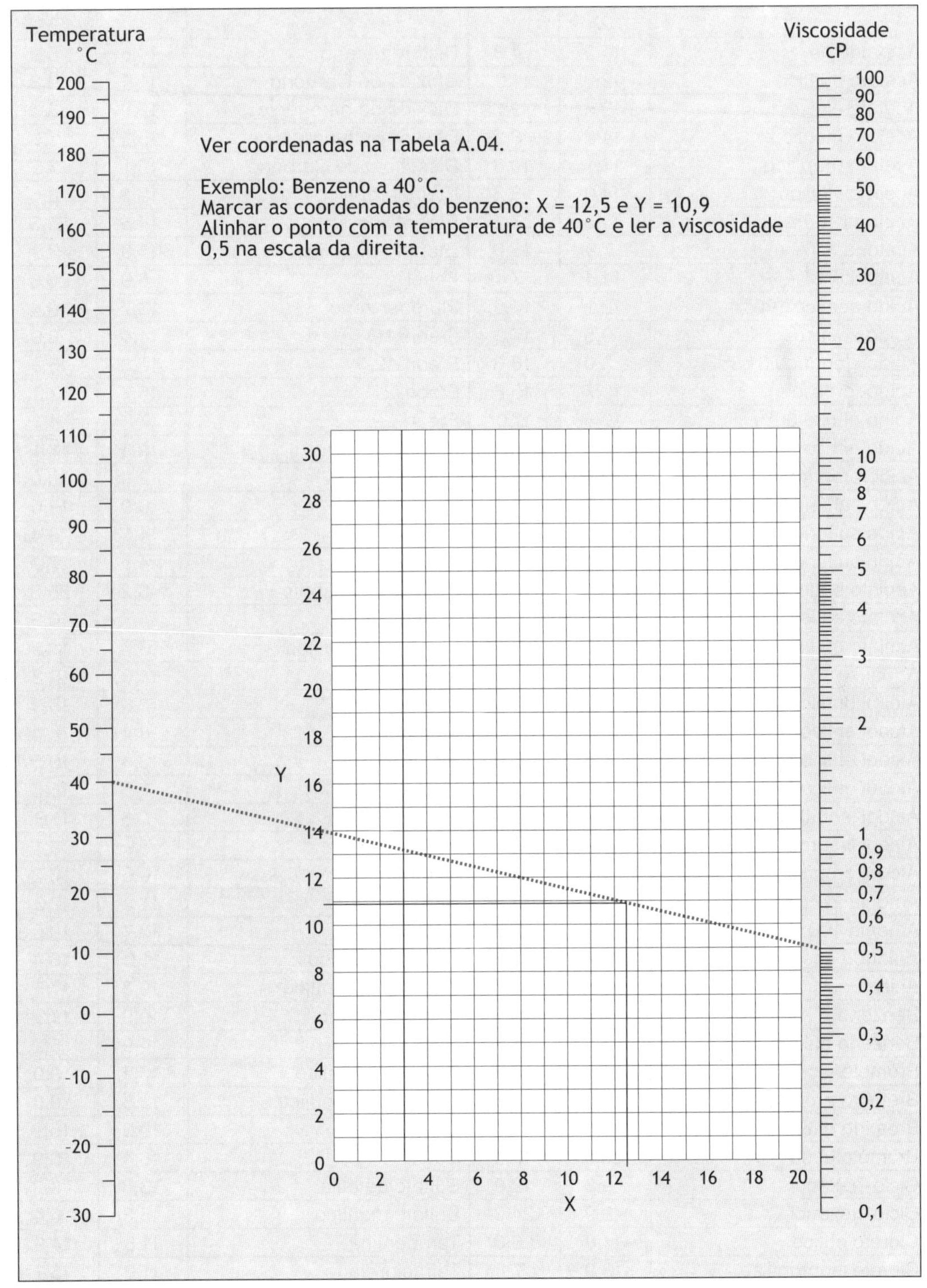

Figura A.04-1 Ábaco para viscosidade dos líquidos.

TABELA A.04 Coordenadas para líquidos (ver Fig. A.04-1)

	X	Y		X	Y
Acetaldeído	15,2	4,8	Diclorometano	14,6	8,9
Acetato butílico	12,3	11,0	Dióxido de Carbono	11,6	0,3
Acetato etílico	13,7	9,1	Dióxido de nitrogênio	12,9	8,6
Acetato metílico	14,2	8,2	Dióxido sulfúrico	15,2	7,1
Acetato propílico	13,1	10,3	Dissulfeto de Carbono	16,1	7,5
Acetato vinílico	14,0	8,8	Éter dipropílico	13,2	8,6
Acetona 100%	14,5	7,2	Éter etílico	14,5	5,3
Acetona 35%	7,9	15,0	Éter etil-propilico	14,0	7,0
Acetonitrila	14,4	7,4	Fenol	6,9	20,8
Ácido acético 100%	12,1	14,2	Flurobenzeno	13,7	10,4
Ácido acético 20%	9,5	17,0	Freon-11	14,4	9,0
Ácido clorídrico 31,5%	13,0	16,6	Freon-12	16,8	15,6
Ácido fórmico	10,7	15,8	Freon-21	15,7	7,5
Ácido nítrico 60%	10,8	17,0	Freon-22	17,2	4,7
Ácido nítrico 95%	12,8	13,8	Freon 113	12,5	11,4
Acido propriónico	12,8	13,8	Glicerol 100%	2,0	30,0
Ácido sulfúrico 100%	8,0	25,1	Glicerol 50%	6,9	19,6
Ácido sulfúrico 98%	7,0	24,8	Heptano	14,1	8,4
Ácido sulfúrico 60%	10,2	21,3	Hexano	14,7	7,0
Acrilato butílico	11,5	12,6	Hidróxido de sódio	3,2	25,8
Acrilato etílico	12,7	10,4	Iodedo etílico	14,7	10,3
Acrilato metílico	13,0	9,5	Iodeto isopropílico	13,7	11,2
Água	10,2	13,0	Iodeto metílico	14,3	9,3
Álcool butílico	8,6	17,2	Iodobenzeno	12,8	15,9
Álcool etílico 100%	10,5	13,8	Mercúrio	18,4	16,4
Álcool etílico 40%	6,5	16,6	Metanol 100%	12,4	10,5
Álcool etílico 95%	9,8	14,3	Metanol 40%	7,8	15,5
Álcool isobutílico	7,1	18,0	Metanol 90%	12,3	11,8
Álcool isopropílico	8,2	16,0	Naftalena	7,9	18,1
Álcool propílico	9,1	16,5	Nitrobenzeno	10,6	16,2
Amônia 26%	10,1	13,9	Nitrotolueno	11,0	17,0
Amônia 100%	12,6	2,0	Octano	13,7	10,0
Anídrido acético	12,7	12,8	Oxalato dietílico	11,0	16,4
Anilina	8,1	18,7	Oxalato dipropílico	10,3	17,7
Benzeno	12,5	10,9	Pentacloretano	10,9	17,3
Benzeno etílico	13,2	11,5	Pentano	14,9	5,2
Brometo isopropílico	14,1	9,2	Propionato etílico	13,2	9,9
Brometo propílico	14,5	9,6	Propionato metílico	13,5	9,0
Bromido etílico	14,5	8,1	Querosene	10,2	16,9
Bromotolueno	20,0	15,9	Sódio	16,4	13,9
Ciclo-hexano	9,8	12,9	Sulfeto de etila	13,8	8,9
Ciclo-hexanol	2,9	24,3	Sulfeto metílico	15,3	6,4
Cloreto etílico	14,8	6,0	Terebentina	11,5	14,9
Cloreto isopropílico	13,9	7,1	Tetracloretano	11,9	15,7
Cloreto metílico	15,0	3,8	Tetracloreto de carbono	12,7	13,1

Cloreto propílico	14,4	7,5
Clorobenzeno	12,3	12,4
Cloroformo	14,4	10,2
Clorotolueno (meta)	13,3	12,5
Clorotolueno (orto)	13,0	13,3
Clorotolueno (para)	13,3	12,5
Dibromometano	12,7	15,8
Dicloetano	13,2	12,2
Tolueno	13,7	10,4
Tribrometo fosforoso	13,8	16,7
Tricloretileno	14,8	10,5
Tricloreto fosforoso	16,2	10,9
Xileno (meta)	13,9	10,6
Xileno (orto)	13,5	12,1
Xileno (para)	13,9	10,9

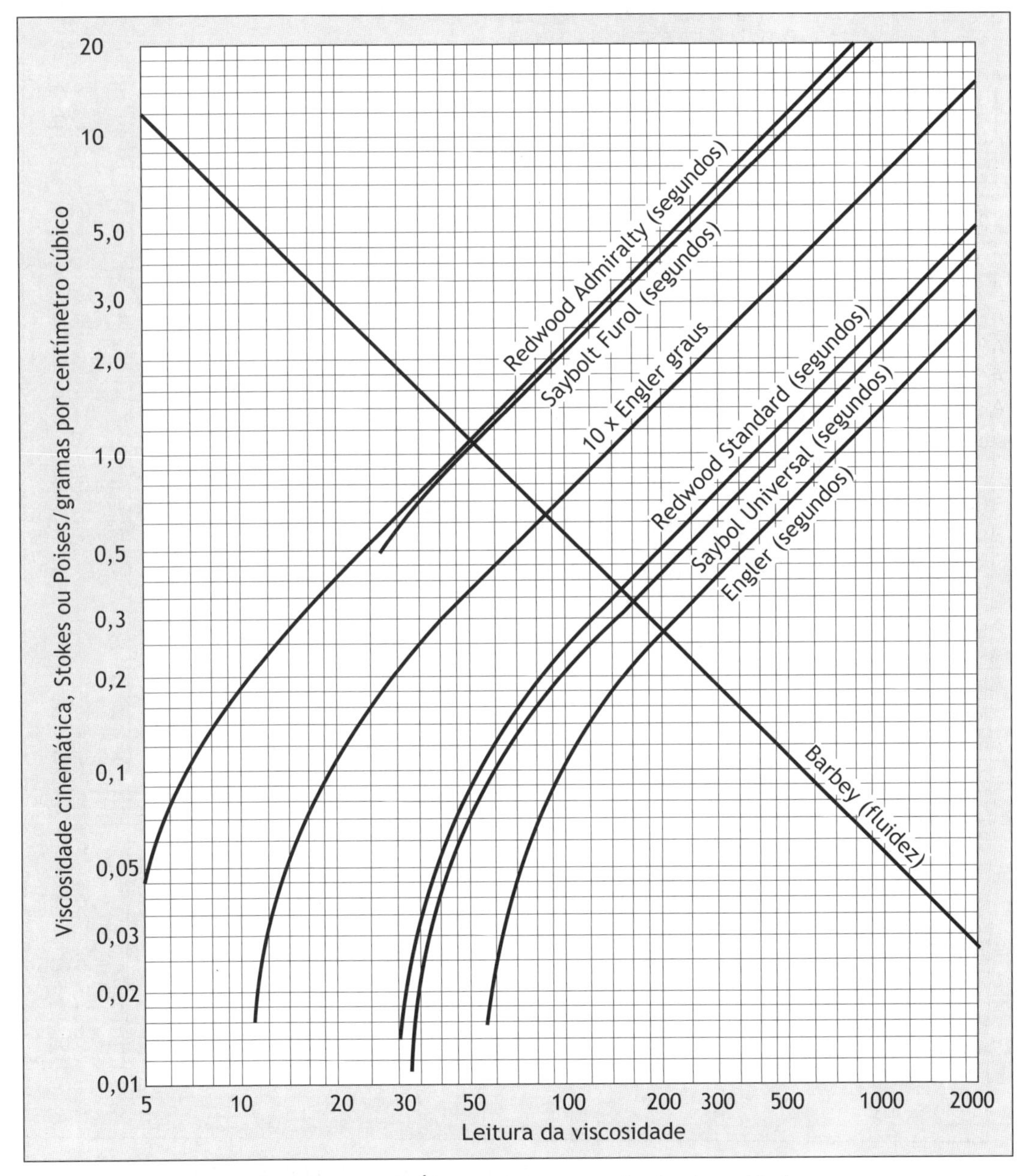

FIGURA A-04-2 Ábaco para conversão de viscosidade.

ANEXO A.05 VISCOSIDADE DOS GASES

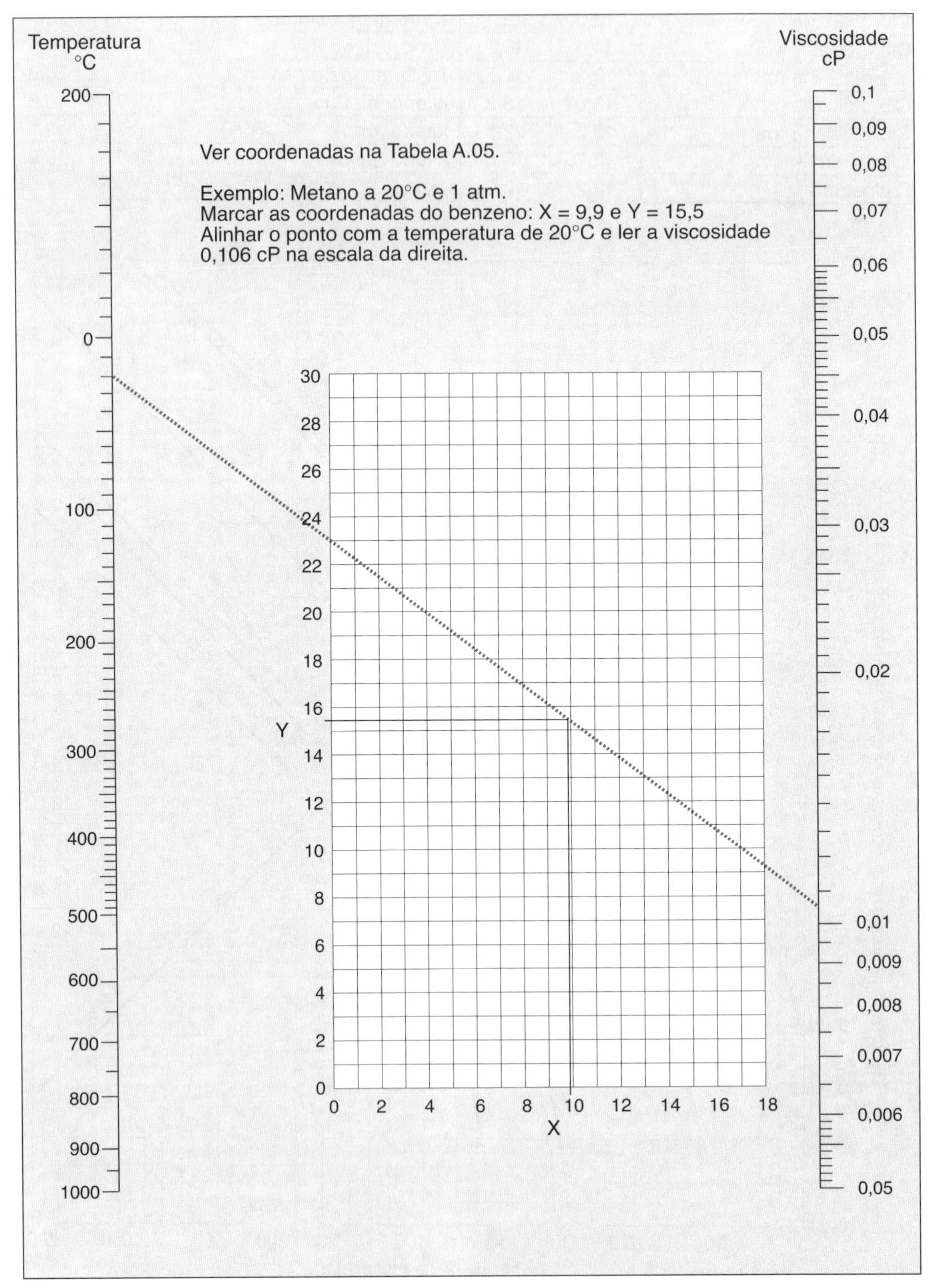

FIGURA A.05-1 Ábaco para viscosidade dos gases à pressão atmosférica.

TABELA A.05 Coordenadas para gases

Gás	X	Y	Gás	X	Y
Acetato etílico	8,5	13,2	Éter etílico	8,9	13,0
Acetileno	9,8	14,9	Etileno	9,5	15,1
Acetona	8,9	13,0	Flúor	7,3	23,8
Ácido acético	7,7	14,3	Fréon-11	10,6	15,1
Água	8,0	16,0	Fréon-113	11,3	14,0
Álcool etílico	9,2	14,2	Fréon-12	11,1	16,0
Álcool metílico	8,5	15,6	Fréon-21	10,8	15,3
Alcool propílico	8,4	13,4	Hélio	10,9	20,5
Amônia	8,4	16,0	Hexano	8,6	11,8
Ar	11,0	20,0	Hidrogênio	11,2	12,4
Argônio	10,5	22,4	Mercúrio	5,3	22,9
Benzeno	8,5	13,2	Metano	9,9	15,5
Buteno	9,2	13,7	Monóxido de carbono	11,0	20,0
Butileno	8,9	13,0	Nitrogênio	10,6	20,0
Ciclo-hexano	9,2	12,0	Óxido nítrico	10,9	20,5
Cloreto etílico	8,5	15,6	Óxido nitroso	8,8	19,0
Cloro	9,0	18,4	Oxigênio	11,0	21,3
Clorofórmio	8,9	15,7	Pentano	7,0	12,8
Dióxido de carbono	9,5	18,7	Propano	9,7	12,9
Dióxido de enxofre	9,6	17,0	Propileno	9,0	13,8
Dissulfeto de carbono	8,0	16,0	Tolueno	8,6	12,4
Etano	9,1	14,5			

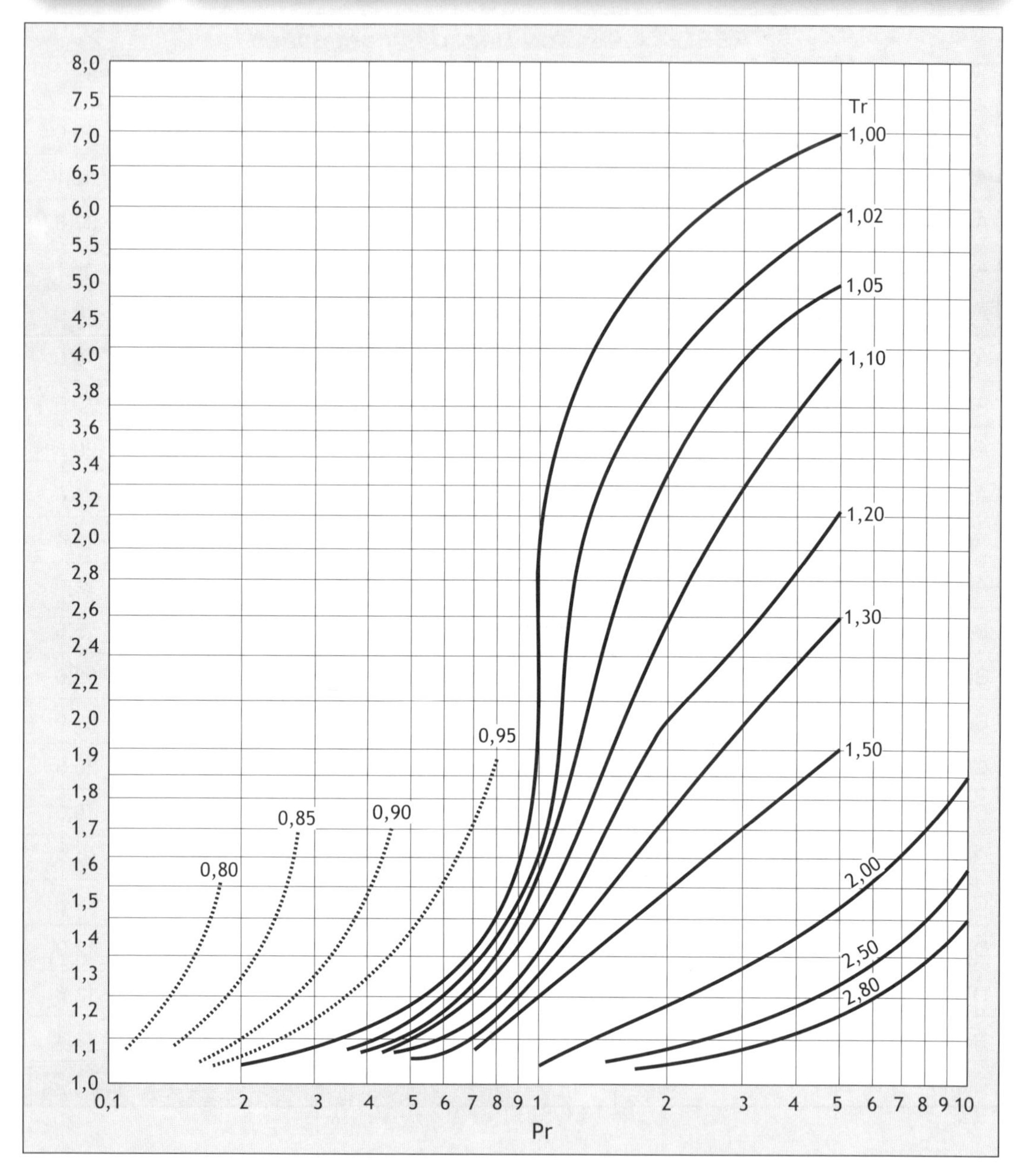

FIGURA A.05-2 Correção da viscosidade dos gases sob alta pressão, em função da pressão e da temperatura: a viscosidade absoluta à pressão atmosférica e à temperatura de operação deve ser modificada pelo fator da Fig. A.05-2.

ANEXO A.05.1 VISCOSIDADE DO VAPOR D'ÁGUA

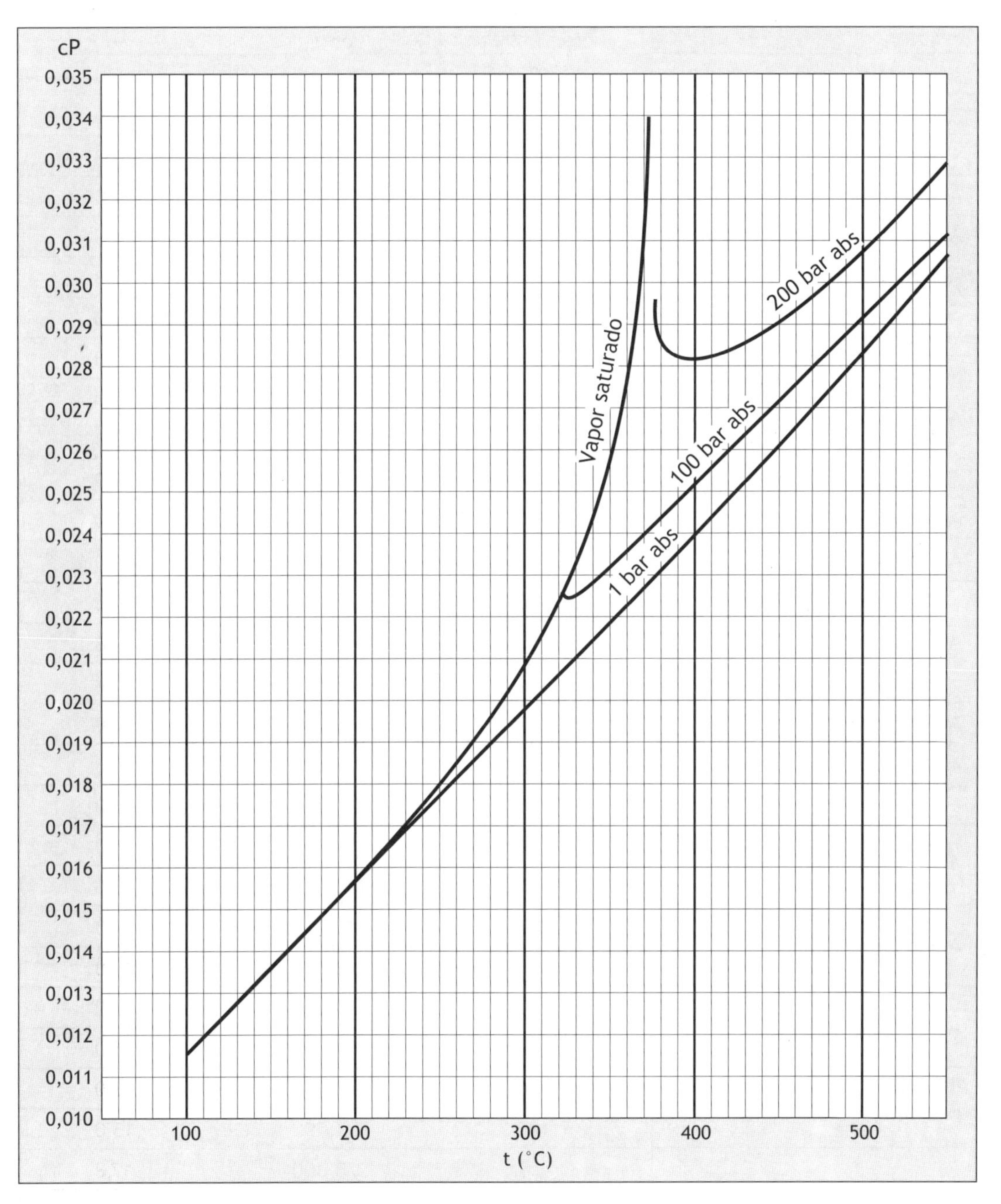

FIGURA A.05-3 Viscosidade do vapor, em centipoises.

ANEXO A.06 CONDUTIVIDADE DOS LÍQUIDOS

Produto	Concentração (% do peso)	Condutividade (μS)	Temperatura (°C)
Acetaldeído	100	1,7	15,0
Acetamida	100	43	100,0
Ácido acético	99,7	0,04	17,8
Ácido acético	70	235	17,8
Ácido acético	40	1 080	17,8
Ácido acético	10	1 530	17,8
Ácido acético	0,3	318	17,8
Ácido butírico	100	0,06	25,0
	70,01	56	17,8
	20,1	888	17,8
	1	455	17,8
Ácido carboxílico	100	5	25,0
Ácido esteárico	100	$4 \cdot 10^{-7}$	80,0
Ácido fórmico	100	280	17,8
	50	8 640	17,8
	4,94	5 500	17,8
Ácido hidriólico	50	8 640	17,8
Ácido hidrobrómico	4,94	5 500	17,8
	5	191 000	15,0
Ácido hidroclórico	40	515 000	15,0
	5	395 000	15,0
Ácido hidrofluórico	29,8	341 000	17,8
	1,5	19 800	17,8
Ácido fosfórico	87	70 900	15,0
	50	207 000	15,0
Ácido oléico	10	56 600	15,0
	100	0,0002	15,0
Ácido oxálico	7	78 300	17,8
	3,5	50 800	17,8
Ácido propiônico	100	0,07	17,8
	69,99	85	17,8
	10,08	1110	17,8

Produto	Concentração (% do peso)	Condutividade (μS)	Temperatura (°C)
Ácido sulfúrico	99,4	8 500	17,8
	97	80 000	17,8
	80	111 000	17,8
	30	739 000	17,8
	5	209 000	17,8
Ácido tricloroacético	100	0,003	25,0
Água destilada	100	0,04	25,0
Água para consumo, tratada	100	72	25,0
Alil-álcool	100	7	25,0
Alume	100	9 000	25,0
Amido	100	3 000	27,2
Amônia	100	0,13	–78,9
	30,5	193	15,0
	8,03	1040	15,0
	0,8	657	15,0
Amônia (cloreto de)	25	403 000	17,8
	5	91 800	17,8
Amônia (iodeto de)	50	420 000	17,8
	10	77 200	17,8
Amônia (nitrato de)	50	363 000	15,0
	5	59 000	15,0
Amônia (sulfato de)	31	232 000	15,0
	5	55 200	15,0
Anilina	100	0,024	25,0
Antraceno	100	0,0003	230,0
Arsênico (tribrometo de)	100	1,5	35,0
Arsênico (tricloreto de)	100	1,2	25,0
Asfalto (emulsão)	100	9 000	30,0
Banha	100	10^{-7}	25,0
Bário (cloreto de)	24	153 000	17,8
	5	38 900	17,8
Bário (nitrato de)	4,2	20 900	17,8
Bário (hidróxido de)	1,25	25 000	17,8

Produto	Concentração (% do peso)	Condutividade (μS)	Temperatura (°C)
Benzaldeído	100	0,15	25,0
Benzina	100	0,076	25,0
Benzonitrila	100	0,05	25,0
Benzil-álcool	100	1,8	25,0
Benzil-benzoato	100	0,001	25,0
Benzilamina	100	0,0017	25,0
Bromina	100	$1,3 \cdot 10^{-7}$	17,2
Bromobenzeno	100	0,0002	25,0
Bromofórmio	100	0,02	25,0
Cádmio (brometo de)	43	26 100	17,8
	5	10 900	17,8
	1	3 570	17,8
Cádmio (cloreto de)	50	13 700	17,8
	5	16 700	17,8
	1	5 510	17,8
Cádmio (iodeto de)	45	31 400	17,8
	10	10 400	17,8
	1	2 120	17,8
Cádmio (nitrato de)	48	75 500	17,8
	1	6 940	17,8
Cádmio (sulfato de)	36	42 100	17,8
	1	4 160	17,8
Café (extrato)	100	5000	83,9
Cálcio (cloreto de)	35	137 000	17,8
	5	64 300	17,8
Cálcio (nitrato de)	50	46 900	17,8
	6,25	49 100	17,8
Capronitrila	100	3,7	25,0
Carbono (dissulfeto de)	100	$7,8 \cdot 10^{-12}$	1,1
Carbono (tetracloreto de)	100	$4 \cdot 10^{-12}$	17,8
Chocolate (licor de)	100	10^{-7}	25,0
Cianógeno	100	0,007	17,8
Cimeno	100	0,02	25,0

Produto	Concentração (% do peso)	Condutividade (µS)	Temperatura (°C)
Cloreto cúprico	35,2	69 900	17,8
	1,35	18 700	17,8
Cloreto de estrôncio	22	158 000	17,8
	5	48 300	17,8
Cloreto de sulfonila	100	2	25,0
Cloroacético (ácido)	100	1,4	60,0
m-Cloroanilina	100	0,05	25,0
Clorofórmio	100	0,02	25,0
Creme de queijo	100	5 000	78,9
Creme dental	100	150	25,0
m-Creosol	100	0,017	25,0
Dicloracético	100	0,07	25,0
Dicloro-hidrina	100	12	25,0
Dietilcarbonato)	100	0,017	25,0
Dietil-oxalato)	100	0,76	25,0
Dietilsulfato)	100	0,26	25,0
Dietilamina	100	0,0022	-33,9
Dimetilsulfato)	100	0,16	0,0
Dióxido de enxofre	100	0,015	35,0
Enxofre (130)	100	0,00005	130,0
Enxofre (110)	100	0,12	440,0
Epicloro-hidrina	100	0,034	25,0
Etil-acetato	100	0,001	25,0
Etil-acetoacetato	100	0,04	25,0
Etil-álcool	100	0,0013	25,0
Etil-benzoato	100	0,001	25,0
Etil-éter	100	$4 \cdot 10^{-7}$	25,0
Etil-iodeto	100	0,02	25,0
Etil-isotiocianato	100	0,126	25,0
Etil-nitrato	100	0,53	25,0
Etil-tiocianato	100	1,2	25,0
Etilamina	100	0,4	0,0
Etileno (brometo de)	100	0,0002	18,9

Produto	Concentração (% do peso)	Condutividade (µS)	Temperatura (°C)
Etileno (cloreto de)	100	0,03	25,0
Eugenol	100	0,017	25,0
Fenetole	100	0,017	25,0
Fenol	100	0,017	25,0
Fenil-isotiocianato	100	1,4	25,0
Fluido hidráulico	100	10^{-7}	17,8
Formaldeído	44	175	37,8
Formamina	100	4	25,0
Fósforo	100	0,4	25,0
Fosgênio	100	0,007	25,0
Furfural	100	1,5	25,0
Germânio (tetrabrometo de)	100	78	30,0
Gim (bebida)	100	10	25,0
Glicerol	100	0,064	25,0
Glicol	100	0,3	25,0
Gordura animal	100	10^{-7}	70,0
Guaiacol	100	0,28	25,0
Heptano	100	10^{-7}	25,0
Hexano	100	10^{-12}	17,8
Hidrogênio (brometo de)	100	0,008	-80,0
Hidrogênio (cloreto de)	100	0,01	-95,6
Hidrogênio (cianeto de)	100	3,3	0,0
Hidrogênio (iodeto de)	100	0,2	ponto de ebulição
Hidrogênio (peróxido de)	90	2	60,0
Hidrogênio (sulfeto de)	100	0,00001	ponto de ebulição
Iodina	100	0,00013	110,0
Isobutil-álcool	100	0,02	25,0
Isopropil-álcool	100	3,5	25,0
Látex	100	1 750	25,0
Látex (tinta)	100	700	25,0
Licor negro (*Black liquor*)	100	5 000	92,8
Lítio (carbonato de)	0,63	8 850	17,8
Lítio (cloreto de)	40	84 400	17,8

Produto	Concentração (% do peso)	Condutividade (μS)	Temperatura (°C)
Lítio (cloreto de)	2,5	41 000	17,8
Lítio (hidróxido de)	7,5	300 000	17,8
	1,25	78 100	17,8
Lítio (iodeto de)	25	135 000	17,8
	5	29 600	17,8
Lítio (sulfato de)	10	61 000	15,0
	5	40 000	15,0
Magnésio (cloreto de)	34	76 800	17,8
	10	113 000	17,8
	5	68 300	17,8
Magnésio (nitrato de)	17	11 000	17,8
	10	77 000	17,8
	5	43 800	17,8
Magnésio (sulfato de)	25	41 500	15,0
	5	26 300	15,0
Manganês (cloreto de)	28	102 000	15,0
	5	52 600	15,0
Mercúrio (brometo de)	0,422	26	17,8
Mercúrio (cloreto de)	5,08	421	17,8
	0,229	44	17,8
Metil-acetato	100	3,4	25,0
Metil-álcool	100	0,44	17,8
Metil-etilcetona	100	0,1	25,0
Metil-iodeto	100	0,02	25,0
Metil-nitrato	100	4,5	25,0
Metil-tiocianato	100	1,5	25,0
Naftaleno	100	0,0004	82,2
Nitrato de chumbo	30	66 800	15,0
	5	19 100	15,0
Nitrato cúprico	35	106 000	15,0
	5	36 500	15,0
Nitrato de estrôncio	35	86 100	15,0
	5	30 900	15,0

Produto	Concentração (% do peso)	Condutividade (µS)	Temperatura (°C)
Nitrato de prata	60	210 000	17,8
	5	25 600	17,8
Nitrobenzeno	100	0,005	0,0
Nitrometano	100	0,6	17,8
o- ou *m*-Nitrotolueno	100	0,2	25,0
Nonano	100	0,017	25,0
Óleo combustível	100	10^{-7}	57,2
Óleo de soja	100	10^{-7}	103,9
Óleo vegetal	100	10^{-7}	25,0
Oleum	20	500	25,0
Oxicloreto de fósforo	100	2,2	25,0
Oxigênio	100	10^{-7}	17,8
Parafina	100	10^{-7}	65,6
Pasta de amendoim	100	10^{-7}	92,8
Pentano	100	0,0002	19,4
Petróleo	100	$3{\cdot}10^{-7}$	19,4
Pinemo	100	0,0002	22,8
Piperideno	100	0,2	25,0
Poliestireno	100	1 200	53,9
Potássio (acetato de)	65,33	47900	15,0
	28	126 000	15,0
	4,67	34 700	15,0
Potássio (brometo de)	36	351 000	15,0
	5	46 500	15,0
Potássio (carbonato de)	50	147 000	15,0
	30	222 000	15,0
	5	56 100	15,0
Potássio (cloreto de)	21	281 000	17,8
	5	69 000	15,0
Potássio (cianeto de)	6,5	103 000	15,0
	3,25	52,700	17,8
Potássio (fluoreto de)	40	252 000	17,8
	5	65 200	17,8

Produto	Concentração (% do peso)	Condutividade (µS)	Temperatura (°C)
Potássio (hidróxido de)	42	421 000	15,0
	25,2	540 000	15,0
	4,2	146 000	15,0
Potássio (iodeto de)	55	423 000	17,8
	5	33 800	17,8
Potássio (nitrato de)	22	163 000	17,8
	5	45 400	17,8
Potássio (oxalato de)	10	91 500	17,8
	5	48 800	17,8
Potássio (sulfato de)	10	86000	17,8
	5	45 800	17,8
Potássio (sulfeto de)	47,26	258 000	17,8
	29,97	456 000	17,8
	3,18	84 500	17,8
Proionaldeído	100	0,85	25,0
m-Propil-álcool	100	0,05	17,8
m-Propil (brometo)	100	0,02	25,0
Propionitrila	100	0,1	25,0
Piridina	100	0,053	17,8
Querosene	100	0,017	25,0
Quinolina	100	0,022	25,0
Salicilaldeído	100	0,16	25,0
Sódio (acetato de)	32	569 000	17,8
	5	29 500	17,8
Sódio (carbonato de)	15	83 600	17,8
	5	45 100	17,8
Sódio (cloreto de)	26	215 000	17,8
	5	67 200	17,8
Sódio (hidróxido de)	50	82 000	17,8
	15	349 000	17,8
	1	46 500	17,8
Sódio (iodeto de)	40	211 000	17,8
	5	29 800	17,8

Produto		Concentração (% do peso)	Condutividade (µS)	Temperatura (°C)
Sódio (nitrato de)		30	161 000	17,8
		5	43 600	17,8
Sódio (sulfato de)		15	88 600	17,8
		5	40 900	17,8
Sódio (sulfeto de)		18,15	218 000	17,8
		2,02	61 200	17,8
Sulfato cúprico		17,5	45 800	17,8
		2,5	10 900	17,8
Solução de açúcar	diluída	5	585	30,0
	pura	5	3	10,0
Titânio (dióxido de)		100	4 000	25,0
Tinta		100	10^{-7}	92,8
Tinta (pintura de metais)		100	10^{-7}	25,0
Tolueno		100	10^{-8}	25,0
o-Toludine		100	2	25,0
p-Toludine		100	0,062	100,0
Trimetilamina		100	0,00022	–33,3
Turpentina		100	$2 \cdot 10^{-7}$	–33,3
Uréia		100	5 000	25,0
Xarope de milho		100	16	32,2
Xileno		100	10^{-9}	25,0
Zinco (cloreto de)		60	36 900	15,0
		30	92 600	15,0
		2,5	27 600	15,0
Zinco (óxido de)		100	2 000	25,0
Zinco (sulfato)		30	44 400	17,8
		25	48 000	17,8
		5	19 100	17,8

ANEXO A.07 COEFICIENTES DE ATRITO

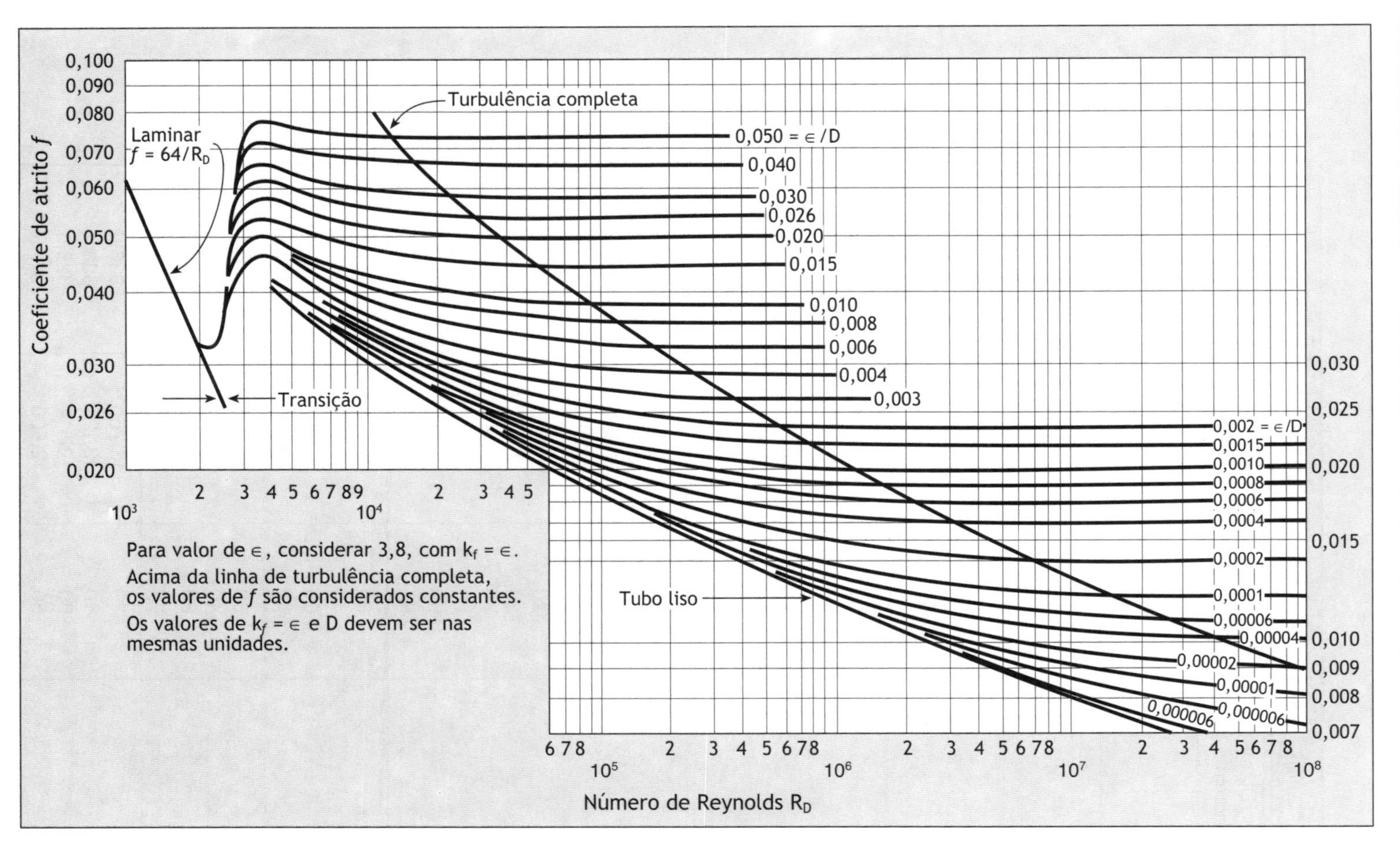

FIGURA 1.07 Coeficiente de atrito em função do número de Reynolds e da relação de rugosidade $\in/D$.

ANEXO A.08 VALORES DE *D* PARA TUBOS

TABELA A.08-1 Tubos de 1 a 30 pol			
Diâmetro nominal (pol)	Schedule	Diâmetro interno, *D* (pol.)	Diâmetro interno, *D* (mm)
1	40 80 160	1,049 0,957 0,815	26,64 24,31 20,70
1½	40 80 160	1,610 1,500 1,338	40,89 38,10 33,99
2	40 80 160	2,067 1,939 1,689	52,50 49,25 42,90
3	40 80 160	3,068 2,900 2,626	77,93 73,66 66,70
4	40 80 120 160	4,026 3,826 3,624 3,438	102,26 97,18 92,05 87,33
6	40 80 120 160	6,065 5,761 5,501 5,189	154,1 146,3 139,7 131,8
8	20 30 40 60 80 120	8,125 8,071 7,981 7,813 7,625 7,189	206,4 205,0 202,7 198,5 193,7 182,6
10	30 40 60 80	10,136 10,020 9,750 9,564	257,5 254,5 247,7 242,9
12	30 40 60 80	12,090 11,938 11,626 11,376	307,1 303,2 295,3 289,0
14	30 40 60 80	13,250 13,124 12,814 12,500	336,6 333,4 325,5 317,5

16	30 40 60 80	15,250 15,000 14,688 14,314	387,4 381,0 373,1 363,6
18	20 30 40 60 80	17,376 17,126 16,876 16,500 16,126	441,4 435,0 428,7 419,1 409,6
20	20 30 40 60 80	19,250 19,000 18,814 18,376 17,938	488,9 482,6 477,9 466,8 455,6
24	20 30 40 60 80	23,250 22,876 22,626 22,064 21,564	590,6 581,1 574,7 560,4 547,7
30	20 30	29,000 28,750	736,6 730,3

Observações:

1) Usar estes valores somente como indicativos; medir sempre o diâmetro efetivo do tubo.

2) Para tubos acima de 2 pol, a incerteza será ± 0,5%, quando [D] não for efetivamente medido, e ± 0,1% quando [D] for efetivamente medido.

TABELA A.08-2 Tubos com diâmetro nominal (NW) de 10 a 500			
Diâmetro nominal (mm)	Pressão nominal	Diâmetro interno *D* (pol)	Diâmetro interno *D* (mm)
25	25 25/40,64 100	1,071 1,075 1,043	27,3 27,3 26,5
40	25 25/40,64 100	1,586 1,586 1,547	40,3 40,3 39,3
50	25 25/40,64 100	2,059 2,059 2,019	52,3 52,3 51,3
80	25 25/40 64 100	3,185 3,185 3,106 3,059	80,9 80,9 78,9 77,7
100	25 25/40,64 100	4,185 4,059 3,870	106,3 103,1 98,3
150	25 25/40 64	6,232 6,130 6,067	158,3 155,7 154,1
200	25 25/40 64	8,232 8,067 7,996	209,1 204,9 203,1
250	25 25/40 64	10,307 10,189 10,055	261,8 258,8 255,4
300	25 25/40 64	12,255 12,122 11,886	311,3 307,9 301,9
350	25 25/40 64	13,440 13,307 13,016	341,4 338,0 330,6
400	25 25/40 64	15,370 15,213 14,882	390,4 386,4 378,0
500	25 25/40 64	19,307 19,016 18,622	490,4 483,0 473,0

Observações:

1) Usar estes valores somente como indicativos; medir sempre o diâmetro efetivo do tubo.

2) Para tubos acima de 2 pol, a incerteza será ± 0,5%, quando [*D*] não for efetivamente medido, e ± 0,1% quando [*D*] for efetivamente medido.

ANEXO A.09 VERIFICAÇÃO DA AGA 8

Temperatura (°C)	Pressão (bar)	Composição 1		Composição 2		Composição 3	
		Valor	Dif. (%)	Valor	Dif. (%)	Valor	Dif. (%)
10	1,0156	0,9977$_{07}$ 0,9977	0,00	0,9976$_{15}$ 0,9976	0,00	0,9971$_{45}$ 0,9971	0,00
	13,789	0,9688$_{77}$ 0,9690	0,01	0,9675$_{97}$ 0,9676	0,00	0,9609$_{82}$ 0,9610	0,00
	55,158	0,8779$_{58}$ 0,8782	0,03	0,8726$_{93}$ 0,8727	0,00	0,8433$_{07}$ 0,8433	0,00
	82,737	0,8240$_{23}$ 0,8241	0,01	0,8164$_{27}$ 0,8160	−0,05	0,7712$_{64}$ 0,7706	−0,06
37,78	1,0156	0,9983$_{63}$ 0,9983	0,00	0,9982$_{94}$ 0,9983	0,00	0,9979$_{38}$ 0,9979	0,00
	13,789	0,9779$_{82}$ 0,9780	0,00	0,9770$_{52}$ 0,9771	0,00	0,9721$_{07}$ 0,9722	0,01
	55,158	0,9163$_{08}$ 0,9166	0,03	0,9126$_{70}$ 0,9129	0,02	0,8920$_{18}$ 0,8923	0,03
	82,737	0,8814$_{10}$ 0,8818	0,04	0,8762$_{65}$ 0,8764	0,01	0,8454$_{91}$ 0,8455	0,00
54,44	1,0156	0,9986$_{60}$ 0,9986	0,00	0,9986$_{02}$ 0,9986	0,00	0,9982$_{96}$ 0,9983	0,00
	13,789	0,9820$_{66}$ 0,9821	0,00	0,9812$_{90}$ 0,9813	0,00	0,9770$_{78}$ 0,9772	0,01
	55,158	0,9329$_{11}$ 0,9332	0,03	0,9299$_{33}$ 0,9302	0,03	0,9127$_{47}$ 0,9131	0,04
	82,737	0,9058$_{26}$ 0,9062	0,04	0,9016$_{45}$ 0,9019	0,03	0,8763$_{12}$ 0,8766	0,03
Diferença média*		+0,016%		+0,011%		+0,015%	

* Calculada como sendo a média dos valores absolutos das diferenças.

Observação. As composições consideradas são as seguintes:

Componentes	Porcentagem molar do gás natural		
	Composição 1	Composição 2	Composição 3
i-Butano	0,0977	0,1037	0,3486
n-Butano	0,1007	0,1563	0,3506
Dióxido de carbono	0,5951	0,4676	1,4954
Etano	1,8186	4,5279	8,4919
n-Hexano	0,0664	0,0393	0,0000
Metano	96,5222	90,6724	85,9063
Nitrogênio	0,2595	3,1284	1,0068
Propano	0,4596	0,8280	2,3015
i-Pentano	0,0473	0,0321	0,0509
n-Pentano	0,0324	0,0443	0,0480
Total	100,0000	100,0000	100,0000

VERIFICAÇÃO DA AGA 8 - (FIM)

Temperatura (°C)	Pressão (bar)	Alto N_2		Alto CO_2	
		Valor	Dif. (%)	Valor	Dif. (%)
10	1,0156	$0{,}9979_{49}$	0,00	$0{,}9975_{31}$	0,00
		0,9979		0,9975	
	13,789	$0{,}9723_{03}$	0,00	$0{,}9664_{11}$	0,00
		0,9723		0,9664	
	55,158	$0{,}8934_{70}$	0,00	$0{,}8673_{43}$	0,01
		0,8934		0,8674	
	82,737	$0{,}8485_{83}$	−0,05	$0{,}8079_{70}$	−0,02
		0,8482		0,8078	
37,78	1,0156	$0{,}9985_{56}$	0,00	$0{,}9982_{33}$	0,00
		0,9985		0,9982	
	13,789	$0{,}9806_{76}$	0,00	$0{,}9761_{94}$	0,01
		0,9807		0,9763	
	55,158	$0{,}9278_{95}$	0,01	$0{,}9089_{82}$	0,04
		0,9280		0,9094	
	82,737	$0{,}8992_{27}$	0,00	$0{,}8705_{84}$	0,06
		0,8993		0,8711	
54,44	1,0156	$0{,}9988_{30}$	0,00	$0{,}9985_{51}$	0,00
		0,9988		0,9985	
	13,789	$0{,}9844_{29}$	0,00	$0{,}9805_{71}$	0,01
		0,9844		0,9807	
	55,158	$0{,}9428_{69}$	0,01	$0{,}9268_{98}$	0,06
		0,9430		0,9275	
	82,737	$0{,}9209_{75}$	0,02	$0{,}8970_{08}$	0,09
		0,9212		0,8978	
Diferença média*		0,007%		+0,024%	

* Calculada como sendo a média dos valores absolutos das diferenças.

Observação. As composições consideradas são as seguintes:

Componentes	Porcentagem molar do gás natural	
	Alto N_2	Alto CO_2
i-Butano	0,1000	0,1510
n-Butano	0,1040	0,1520
Dióxido ce carbono	0,9850	7,5850
Etano	3,3000	4,3030
Metano	81,4410	81,2120
Nitrogênio	13,4650	5,7020
Propano	0,6050	0,8950
Total	100,0000	100,0000

Importante: Os valores formatados como $0{,}9977_{07}$ indicam que os dois últimos algarismos não são significativos, já que a incerteza sobre os valores é ±0,1%. Esses valores são fornecidos pela AGA 8 para verificação da programação. Os valores da tabela formatados como 0,9977 são os resultados fornecidos pelo programa Digiopc.

ANEXO A.10 CORREÇÃO DE AFOGAMENTO COM CALHA PARSHALL

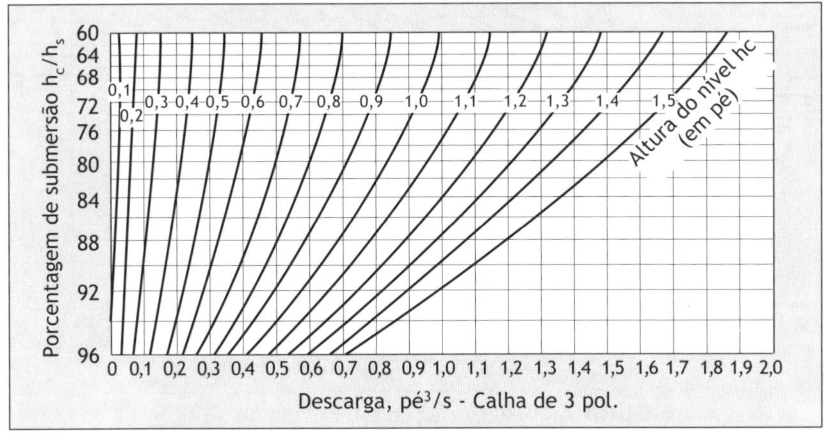

FIGURA A.10-1 Correção em calhas de 3 pol.

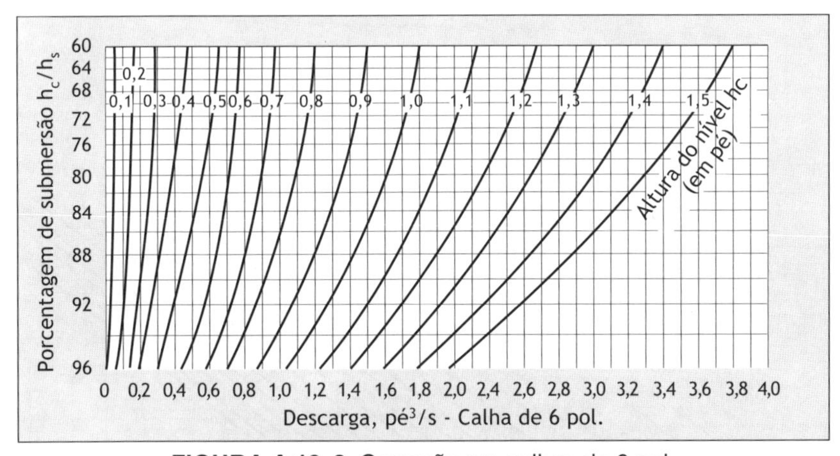

FIGURA A.10-2 Correção em calhas de 6 pol.

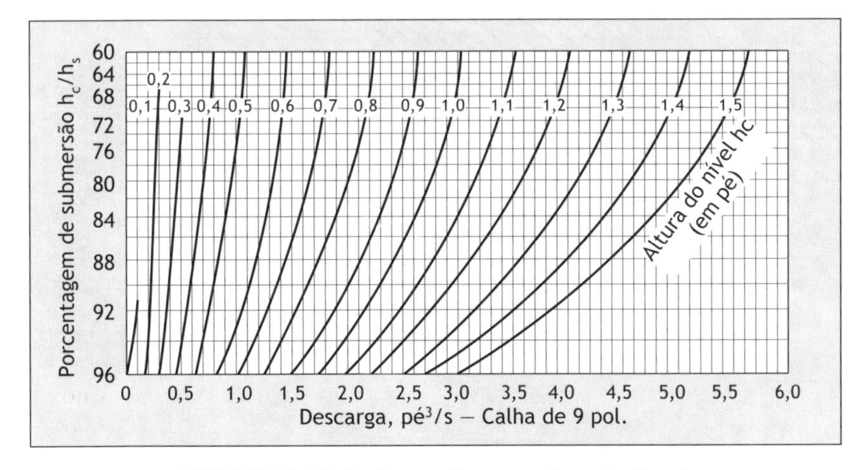

FIGURA A.10-3 Correção em calhas de 9 pol.

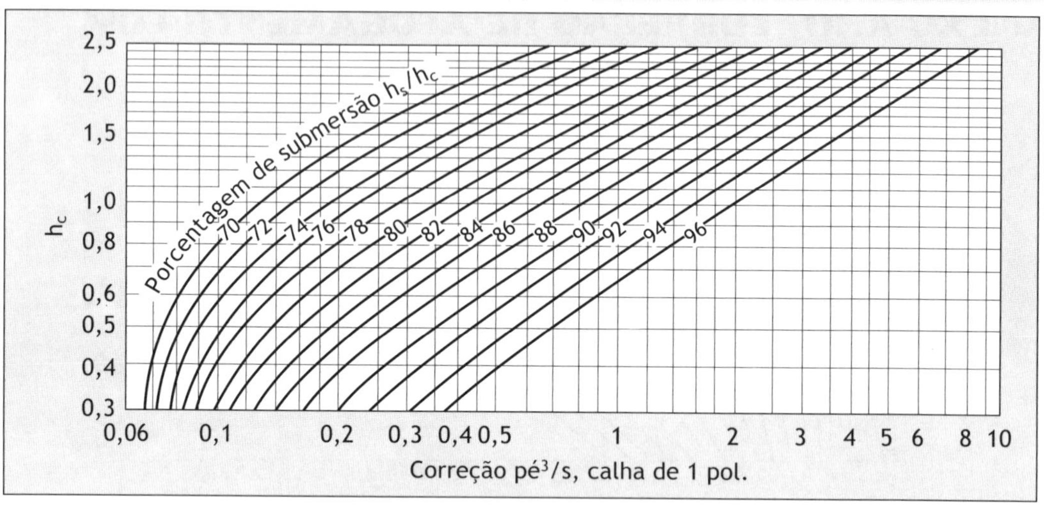

FIGURA A.10-4 Correção em calhas de 1 pol.

Tamanho da calha (em pés)	Fator de Correção	Tamanho da calha (em pés)	Fator de Correção
1	× 1,0	4	× 3,1
1,5	× 1,4	6	× 4,3
2	× 1,8	8	× 5,4
3	× 2,4		

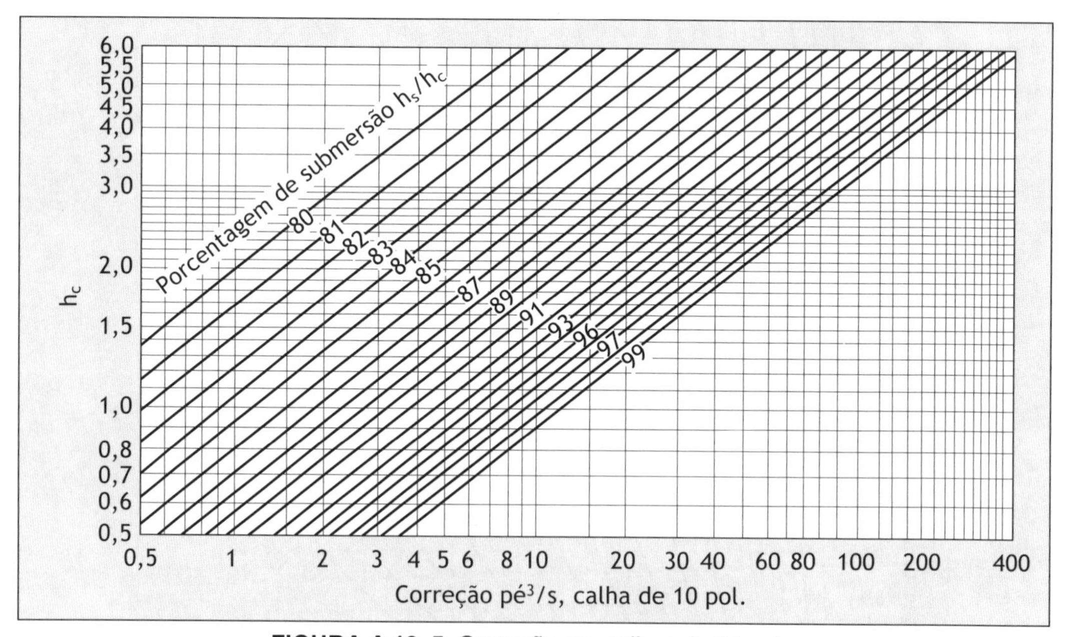

FIGURA A.10-5 Correção em calhas de 10 pol.

Tamanho da calha (em pés)	Fator de Correção	Tamanho da calha (em pés)	Fator de Correção
10	× 1,0	25	× 2,5
12	× 1,2	30	× 3,0
15	× 1,5	40	× 4,0
20	× 2,0	50	× 5,0

ANEXO A.11 TABELAS DE CONVERSÃO

Nas tabelas de conversão deste anexo, o grafismo:

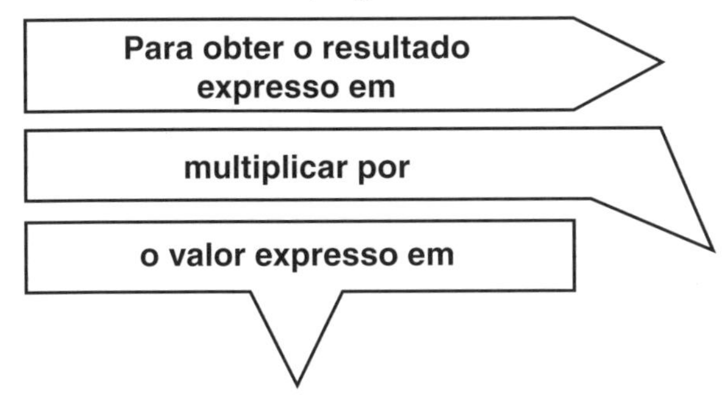

deve ser utilizado de acordo com o seguinte exemplo:

Exemplo

Converter 100 psi em bar. O valor é expresso em psi e desejamos o resultado expresso em bar; o fator de conversão é, portanto, 0,0689476, e 100 psi = 6,89476 bar.

Outros conversores

Além das unidades de vazão volúmica, vazão mássica, pressão, massa específica (densidade) e viscosidade, as seguintes conversões são utilizadas neste livro:

Temperatura

°C = (°F – 32) · 5/9 ou °F = (°C · 9/5) + 32 Portanto, 212°F = 100°C.
K = °R · 5/9 ou °R = K · 9/5 Atenção: para as temperaturas absolutas, não há a constante 32.

Comprimento

1 pé = 12 pol e 1 pol = 25,4 mm; ou, de outra forma, 1 pé = 12 pol = 25,4 mm

1 pé = 0,3048 m = 304,8 mm; 1 m = 3,2808 pés.

O cuidado a tomar é com as unidades de rugosidade, em μm ou em μpol.

1 μm = 10^{-6} m = 10^{-3} mm
1 μpol = 10^{-6} pol
1 μpol = 0,0254 μm = 0,0254 milésimos de mm
1 μm = 0,00003937 μpol.

anexo A.11 Tabelas de conversão: Vazão volúmica

Para obter o resultado expresso em / multiplicar por / o valor expresso em	m^3/h	m^3/min	m^3/s	GPM	BPH	BPD	$Pé^3/h$	$Pé^3/min$
m^3/h	1	0,016667	0,00027778	4,40287	6,28982	150,956	35,314	0,588579
m^3/min	60	1	0,016667	263,1721	377,3892	9 057,34	2 118,88	35,3147
m^3/s	3 600	60	1	15 850,33	22 643,35	543 440,7	127 132,8	2 118,884
Galão por minuto GPM	0,22712	0,0037854	$63,06 \cdot 10^{-6}$	1	1,42857	34,2857	8,0208	0,13368
Barril por hora BPH	0,158987	0,0026497	$44,161 \cdot 10^{-6}$	0,7	1	24	5,614583	0,093576
Barril por dia BPD	0,0066245	0,00011041	$1,8401 \cdot 10^{-6}$	0,029167	0,041667	1	0,23394	0,003899
$pé^3/h$ CFH	0,0283168	0,00047195	$7,8657 \cdot 10^{-6}$	0,124676	0,178108	4,2746	1	0,016667
$pé^3/$ CFM	1,69901	0,028317	$471,95 \cdot 10^{-6}$	7,480519	10,686	256,476	60	1

anexo A.11 Tabelas de conversão: Vazão mássica

Para obter o resultado expresso em → / multiplicar por / o valor expresso em ↓	t/dia	t/h	kg/h	kg/s	lb/h	lb/min	lb/s
Tonelada/dia t/dia	1	0,041667	41,667	0,011574	91.858	1,5310	0,0255516
Tonelada/hora t/h	24	1	1 000	0,27778	2 204,6	36, 7433	0,61239
Kilograma/hora kg/h	0,0240	0,001	1	0,000278	2,2046	0,36674	0,000612
Kilograma/segundo kg/s	86,400	3,6	3 600	1	7936,6	132,276	2,2046
Libra/hora lb/h	0,01089	0,0004536	0,4536	0,000126	1	0,01667	0,000278
Libra/minuto lb/min	0,65317	0,02722	27,216	0,00756	60	1	0,01667
Libra/segundo lb/s	39,1907	1,63295	1 632,95	0,45360	3 600	60	1

anexo A.11 Tabelas de conversão: Pressão

Para obter o resultado expresso em → / multiplicar por / o valor expresso em ↓	bar	pascal	kPa	kgf/cm^2	atm. fís.	torr = mmHg a 0°C	kgf/m^2 = mmH_2O a 4°C	Pol. H_2O a 60°F	p.s.i.
bar	1	$1 \cdot 10^5$	100	1,019716	0,986923	750,062	10 197,16	401,832	14,5038
pascal Pa	$1 \cdot 10^5$	1	0,001	$10{,}1972 \cdot 10^{-6}$	$9{,}8692 \cdot 10^{-6}$	0,00750062	0,1019716	0,00401832	$145{,}04 \cdot 10^{-6}$
quilo pascal kPa	0,01	1 000	1	0,0101972	0,0098692	7,50062	101,9716	4,01832	0,145038
kgf/cm^2	0,980665	98066,5	98,0665	1	0,9667841	735,556	10 000	394,062	14,2233
atmosfera física	1,01325	101 325	101,315	1,03323	1	760	10 332,3	407,158	14,6959
torr = mmHg a 0°C	0,00133322	133,322	0,133322	0,00135951	0,00131579	1	13,5951	0,535732	0,0193368
kgf/m^2 = mmH_2O a 4°C	$9{,}80665 \cdot 10^{-5}$	9,80665	0,00980665	10^{-4}	$96{,}7841 \cdot 10^{-6}$	0,073556	1	0,039406	0,00142233
polegada de H_2O a 60°F	0,0024886	248,860	0,24886	0,002537	0,0024560	1,8665	25,3767	1	0,036094
p.s.i. (libra por pol quadrada)	0,0689476	6 894,76	6,89476	0,070307	0,068046	51,7148	703.07	27,705	1

anexo A.11 TABELAS DE CONVERSÃO (*Continuação*)

Para obter o resultado expresso em → multiplicar por → o valor expresso em ↓	Densidade		
	g/cm^3	kg/m^3	lb/pé^3
g/cm^3	1	1 000	62,42796
kg/m^3	10^{-3}	1	0,062428
lb/pé^3 (pound per cubic foot)	0,0160185	16,0185	1

Para obter o resultado expresso em → multiplicar por → o valor expresso em ↓	Viscosidade absoluta					
	poise	cP	g/cm · s	kg/pé · s	lb/pé · s	lb · s/pé
Poise P	11	100	1	0,1	0,067197	0,002089
centipoise cP	0,01	1	0,01	0,001	0,00067197	$2{,}089 \cdot 10^{?}$
g/cm · s	1	100	1	0,1	0,067197	0,002089
kg/m · s = Pa · s	10	1 000	10	1	0,67197	0,02089
lb/pé · s	14,8816	1 488,16	14,8816	1,48816	1	0,031081
lb · s/pé^2	478,80	47,880	478,80	47,880	32,174	1

Para obter o resultado expresso em → multiplicar por → o valor expresso em ↓	Viscosidade cinemática			
	m^2/s	pé^2/s	stokes	cSt
m^2/s	1	10,7639	10^4	10^6
pé^2/s	0,092903	1	929,03	92 903
stokes	10^{-4}	0,00107639	1	100
centipoise cSt	10^{-6}	10,7639 · 10–6	0,01	1

REFERÊNCIAS

[1] Normas e referências nacionais (Brasil e outros países)

[1.1] NBR ISO 5167 (12-94), *Medição de vazão por meio de instrumentos de pressão* — Parte 1, "Placas de orifício, bocais e tubos de Venturi".

[1.2] NBR ISO 6817, *Medição de vazão de líquido condutivo em condutos fechados* — Método utilizando medidores de vazão eletromagnéticos.

[1.3] NBR ISO 9104, *Medição de vazão em condutos fechados* — Métodos para avaliação de desempenho de medidores de vazão eletromagnéticos para líquidos.

[1.4] Portaria conjunta ANP/Inmetro 2000, sobre medição de petróleo e gás para medição fiscal e operacional.

[1.5] Portaria 114 de 16-10-97 sobre medidores rotativos para gás.

[1.6] Inmetro, *Vocabulário internacional de termos fundamentais e gerais de metrologia* (1995).

[1.7] Afnor NF X10-102 (fr.), *Mesure de débit des fluides au moyen de diaphragmes, tuyères et tubes de Venturi insérés dans des conduites en charge de section circulaire.*

[1.8] BS 1042 (ingl.), *Measurement of fluid flow in closed conduit.*

[2] AGA (American Gas Association)

[2.1] Report n.º 3 (1991/2000) — *Gas Measurement Committee.*

[2.2] Report n.º 7 — *Measurement of fuel gas by turbine meters.*

[2.3] Report n.º 8 (1998) — *Compressibility and supercompressibility for natural gas and other hydrocarbon gases.*

[2.4] Report n.º 9 — *Measurement of gas by multipath ultrasonic meters.*

[3] API/ANSI/ASME

[3.1] Manual on installation of refinery instruments and control systems.

[3.2] Norma API 2531 (1963) e ANSI, *Mechanical displacement meter provers.*

[3.3] Manual of petroleum measurement standards, Cap. 4, *Proving systems* Sec. 1, *Introduction.*

[3.4] Manual of petroleum measurement standards, Cap. 4, *Proving systems*, Sec. 3, *Small volume provers.*

[3.5] Manual of petroleum measurement standards, Cap. 4, *Proving systems*, Sec.5, *Master-meter provers.*

[3.6] Manual of petroleum measurement standards, Cap. 4, *Proving systems*, Sec.7, *Field-standard test measures.*

[3.7] Manual of petroleum measurement standards, Cap. 4, *Proving systems*, Sec. 8, *Operation of proving systems.*

[3.8] Manual of petroleum measurement standards, Cap., 12, *Calc. of petroleum quant*, Sec. 2, *Calculation of petroleum quantities using dynamic measurement methods and volumetric correction factors*, Parte 1 (Introduction).

[3.9] Manual of petroleum measurement standards, Cap. 12, *Calc. of petroleum quant.*, Sec. 2, *Calculation of petroleum quantities using dynamic measurement methods and volumetric correction factors*, Parte 2 (Measurement tickets).

[3.10] Manual of petroleum measurement standards, Cap. 13, *Statistical aspects of measuring and sampling*, Sec.2 (Methods of evaluating meter proving data).

[3.11] Manual of petroleum measurement standards, Cap. 21, *Flow measurement using electronic metering systems.*

[3.12] Manual of petroleum measurement standards, Cap. 14, *Natural gas fluid measurement.*

[3.13] ANSI/API MPMS 12.2F, *Instructions for calculating liquid petroleum quantities measured by turbine or displacement meters.*

[3.14] ANSI / ASME MFC-YY, *Measurement of liquid flow in closed conduits using transit time ultrasonic flowmeters.*

[3.15] ASME / ANSI MFC-4M, *Measurement of gas flow by turbine meters.*

[4] ISO (International Standardization Organization)/OIML

[4.1] ISO/TR15377 (1988), *Measurement of fluid flow by means of pressure-differential devices.*

Guidelines for specification of nozzles and orifice plates beyond the scope of ISO 5167-1.

[4.2] ISO 2715, *Hydrocarbures liquides — Mesurage volumétrique au moyen de compteurs à turbine.*

[4.3] ISO/CD 5167-1, *Measurement of fluid flow by means of pressure differential devices inserted in circular cross-section conduits running full.*

[4.4] ISO 5168, *Measurement of fluid flow — Estimation of uncertainty of a flowrate measurement.*

[4.5] ISO 6416 (1985), *Liquid flow measurement in open channels — Measurementof discharge by ultrasonic method.*

[4.6] ISO 6419 (1985), *Liquid flow measurement in open channels — Ultrasonic velocity meters.*

[4.7] ISO 9300, *Measurement of gas flow by means of critical flow Venturi nozzles.*

[4.8] *ISO 9951, Measurement of gas flow in closed conduits — Turbine meters.*

[4.9] OIML, *Diaphragm gas meters.*

[4.10] OIML, *General specification for gas volume meters.*

[5] Livros diversos

[5.1] *Fluid meters, their theory and application*. ASME, 1971.

[5.2] David W. Spitzer, *Industrial flow measurement*. ISA, 1990.

[5.3] Reid, Praunsnitz e Poling, *The properties of gases and liquids*. McGraw-Hill, 1988.

[5.4] J. Lefebvre, *Mesure des débits et des vitesses des fluides*. Masson, 1986.

[5.5] R. W. Miller, *Flow measurement engineering handbook*. McGraw-Hill, 1989.

[5.6] J. H. Perry, *Chemical engineer's handbook*. McGraw-Hall

[5.7] Béla G. Lipták, *Instrument engineer's handbook*. Chilton Book Company, 1970.

[5.8] L. K. Spink, *Principles and pratices of flow meter engineering*. The Foxboro Company

[5.9] *Shell meter engineering handbook*. Royal Dutch/Grupo Shell.

[5.10] Roger C. Baker, *Flow measurement handbook*. Cambridge University Press, 2000.

[5.11] *Flow of fluids through valves — Fittings and pipes*. Crane Co.

[6] Apresentações/artigos

[6.1] Carvalho, J. G., "A precisão da medição de vazão à base de ultra-som".

[6.2] Delmée, G., "Medidores de vazão mássica a efeito Coriolis".

[6.3] Delmée, G., "Instalação de placas de orifício — problemas e soluções".

[6.4] Dietrich, H., et alii., "Flow meter calibration with sonic nozzles in high-pressure natural gas".

[6.5] Fozail, "A case for standardizing orifice-bore diameter".

[6.6] Harbrink, B., *et alii*, "The basic coefficient data in the EEC 250 mm orifice plate program".

[6.7] Johnson, J. C., "Calculations of the flow of natural gas through critical flow nozzles".

[6.8] Koichro, A., "Development of new flow rectifier for shortening upstream straight pipe length of flow meter".

[6.9] Leys & Leigh, "Experiments on metering orifices for use at low Reynolds numbers".

[6.10] Litchinko, V. M., "La mesure des débits sans perte de charge". Chaleur Industrie, outubro de 1958.

[6.11] Morgan, V. T., "The overall connective heat transfer from smooth circular cylinders". Academic Press, 1975.

[6.12] NEL, "Sonic nozzle calibration against a gravimetric gas standard".

[6.13] Owen R., "Medição de vazão".

[6.14] Pereira, M. T. , Taira, N. M., e Pimenta, M.M., "Flow metering with a modified sonic nozzle".

[6.15] Pereira, M. T., "O estado da arte na metrologia de vazão de gás".

[6.16] Pereira, M. T., "Placas de orifício, desenvolvimentos recentes e normalização".

[6.17] Stolz, J., "Na approach towards a general correlation of discharge coefficients of orifice plate meters".

[6.18] Stolz, J., "A universal equations for the calculation of discharge coeficients of orifice plates".

[6.19] Templin, R. J, "Approximate theory of the cross-flowing fluidic velocity sensor". National Aeronautical Establishment, Canadá.

[6.20] Fakamoto e Takao, "Development of standard vortex shadding clowmetyer (Flomeko 94).

[7] Flomeko 2000

[7.1] Carvalho, J. G., e Antunes, B. de C., "Measurement using ultrasonic transit time method".

[7.2] Bignell, N., "Ultrasonic domestic gas meters — a review".

[7.3] Borges, M. J. F., Costa e Silva, C. B., Dias da Mata, J., Pinheiro da Silva Filho, J. A., "Multiphase flow metering technology updated".

[7.4] Casciny, L., Taira, N. M., "Divided flow technique for the calibration of gas flowmeters".

[7.5] Dietrich, H., *et alii*, "Flow meter calibration with sonic nozzles in high-pressure natural gas".

[7.6] Jabardo, P., e Kawakita, K., "Numerical study of critical flow in small orifices".

[7.7] Mendonça, J. C., e Leenhoven, T., "An ultrasonic measurement system for custody transfer".

[7.8] Monteiro, J. V., d'Oliveira, R. D., "New meter reading techniques applied to the Brazilian gas market".

[7.9] Reader-Harris *et alii*, "Discharge coefficients of Venturi tubes with non-standard convergent angles".

[7.10] Ruis, V., Taira, N. M., Brito, J. C., "Flow measurement uncertainty of natural gas metering station in gas processing unit".

[7.11] Safta, I., "In-situ validation of ultrasonic meters based on speed of sound comparision using non-flowing natural-gas".

[7.12] van Cleve, C. et alii, "Development and validation of a new single straight tube Coriolis meter" (Micro Motion).

[7.13] Yeh, T. T., e Mattingly, G. E., "Ultrasonic technology. Prospects for improving flow measurements and standards".

[7.14] Zhang Liangjie et alii, "In-situ calibration of natural gas orifice meters – a recent accepted concept in China".

ÍNDICE REMISSIVO

Download gratuito com os programas citados no livro
"Manual de Medição de Vazão" do Eng. Gérard J. Delmée, no site
<www.blucher.com.br/vazao>

EDITORA EDGARD BLÜCHER LTDA.

Rua Pedroso Alvarenga, 1245 - 4° andar
Fax: (55_011) 3079-2707
CEP 04531-012 - São Paulo - SP

GRÁFICA PAYM
Tel. (11) 4392-3344
paym@terra.com.br